q-级数理论及其应用

张之正　著

科学出版社

北京

内 容 简 介

本书系统介绍 q-级数研究领域的主要理论、方法及其应用. 全书共九章, 内容包括正整数的分拆、基本超几何级数、求和与变换公式及其应用、双边基本超几何级数及其应用、Bailey 对及其应用、Carlitz 反演及其应用、q-微分算子及其应用、q-指数算子及其应用、一类 Hecke 型恒等式等. 本书吸纳了 q-级数理论研究领域的新成果.

本书可作为 q-级数理论学习的入门读物, 适合 q-级数理论及其相关领域的研究者以及高等院校的硕士研究生、博士研究生学习和参考, 还可供高等院校数学专业本科生选修特色创新课使用.

图书在版编目(CIP)数据

q-级数理论及其应用/张之正著. —北京: 科学出版社, 2021.3

ISBN 978-7-03-068461-5

Ⅰ. ①q⋯ Ⅱ. ①张⋯ Ⅲ. ①级数-理论 Ⅳ. ①O173

中国版本图书馆 CIP 数据核字 (2021) 第 052039 号

责任编辑: 胡海霞　贾晓瑞/责任校对: 杨聪敏
责任印制: 赵　博/封面设计: 蓝正设计

科学出版社 出版

北京东黄城根北街 16 号
邮政编码: 100717
http://www.sciencep.com

北京富资园科技发展有限公司印刷
科学出版社发行　　各地新华书店经销

*

2021 年 3 月第 一 版　　开本: 720×1000　B5
2024 年 11 月第四次印刷　　印张: 16 1/2
字数: 333 000

定价: 89.00 元
(如有印装质量问题, 我社负责调换)

前　　言

　　q-级数, 亦称基本超几何级数, 源于组合数学中的计数问题, 可以追溯到 Euler. Euler 发现正整数分拆的生成函数是一类非常特殊的级数, 并且得到了若干重要的结果. 之后, Gauss、Jacobi、Abel、Heine、Rogers 等建立了一些非常经典的结果. 从 20 世纪以来, 经过 Ramanujan、Bailey、Slater、Andrews、Askey、Berndt 等著名组合学家、数论学家的涉足, 特别经过印度传奇数学家 Ramanujan 的推动, q-级数发展成为当今数学的一个重要领域, 吸引了国内外众多专家和学者去研究, 使其前所未有的发展和壮大.

　　q-级数理论通俗地讲是通过增加一个参数 q (称为基) 的数学命题的推广, 例如 $(1-q^n)/(1-q)$ 可以视为正整数 n 的推广, 这是因为当 $q \to 1^-$ 时, $(1-q^n)/(1-q) \to n$. 数学世界中, 关于正整数 n 的命题从某种意义上来讲, 都可作这样的推广. 基本超几何级数的概念就是普通的超几何级数通过增加了新参数 q 的进一步的推广. 也就是说, 基本超几何级数经过变换, 当 $q \to 1^-$ 时, 就退化成超几何级数. 正因如此, 这才形成了数学上靓丽多彩的 q 的世界.

　　对 q-级数理论做出重大推动作用的当属印度数学家 Ramanujan. 他传奇的人生经历吸引了大家的目光, 推动了 q-级数理论的发展. 其留下的 Ramanujan 笔记本以及 "丢失" 笔记本, 是给世界留下的不朽的遗产. 在 Ramanujan 的笔记中, q-级数理论占有非常重要的地位, 他给出了 q-级数领域的许多重要结果. 他在基本超几何级数、椭圆函数、超几何函数、发散级数、素数理论等领域有众多成果, 他虽然没有受过严格的数学训练, 却独立发现了近 3900 个数学公式和命题, 这是一个惊人的数字, 对现代数学发展产生了重大影响. 他发现的一些定理在粒子物理、统计力学、计算机科学、密码技术和空间技术等不同领域起着相当重要的作用, 甚至晶体和塑料的研制也受到他创立的整数分拆理论的启发. 他生命中的最后一项成果——Mock Theta 函数, 有力地推动了用孤立波理论来研究癌细胞的恶化和扩散以及海啸的运动. 最近有专家认为, 这一函数很可能被用来解释宇宙黑洞的部分奥秘, 而令人吃惊的是, 当 Ramanujan 首次提出这种函数的时候, 人们连黑洞是什么都还一无所知. 美国佛罗里达州立大学于 1997 年创办了 *The Ramanujan Journal*, 专门刊登有关 "受到 Ramanujan 影响的数学领域" 的研究论文, 该校还成立了一个国际性的 Ramanujan 学会, 此外, 国际上还有两项以 Ramanujan 命名的数学大奖, 专门奖励与 Ramanujan 有相同研究方向的杰出青年数学家.

　　q-级数理论由许多著名的求和与变换公式组成, 是组合学、数论、特殊函数论以及经典分析研究的重要内容. 一方面, 随着物理学的发展, 特别是 q-级数理论与量子群的关系以及对非线性现象中特殊函数推广的需要, q-级数理论的应用与重要性不断增加; 另一方面, 从纯粹数学理论的角度来讲, 因为 q-级数理论在组合论、数论、特殊函数论、李代数理论、模形式理论等方面都有重要的应用, 所以尽可能地把已有著名结果推广到 q-模拟和建立更多的 q-形式有着重要意义. Cauchy 恒等式 (q-二项式定理) 是 q-级数理论最基本的结果. 本书以此为开端, 首先建立了一系列经典的著名结果, 然后各章围绕研究方法、深刻结果及其应用去阐明 q-级数理论. 读者可能会感受到本书几乎是由各种各样的众多数学公式组成, 这也许正是 q-级数理论的最大的特点和魅力所在.

　　本书是笔者多年为本科生开设的特色创新课程的教材, 由笔者长期研究积累而成, 希望为学习者和研究者提供一定的参考. 书中包含了 q-级数理论的新成果, 更包含了笔者的部分研究成果, 力求做到条理清晰、论证严谨、深入浅出. 为保持本书知识的系统性、完整性, 尽可能对所涉内容作了更详尽的解读, 使之更容易阅读、学习.

　　笔者对洛阳师范学院数学科学学院教师张彩环、胡秋霞、杨继真、朱军明等辛勤的付出, 对自己的学生宋捍飞、谷晶、高沛等人认真的校对以及科学出版社胡海霞编辑对本书的出版给予的帮助, 表示诚挚的感谢! 特别对爱妻杨秋荣数十年如一日的关心、理解与支持表示由衷的谢意!

　　本书的出版得到了国家自然科学基金 (11871258) 与河南省一级重点学科的资助.

　　限于水平, 书中难免出现疏漏或不当之处, 敬请批评指正.

作　者

2020 年 6 月

目　　录

第 1 章　正整数的分拆

正整数分拆理论可追溯到 18 世纪的 Euler, Euler 引入生成函数研究正整数分拆, 得到多个重要结果. 后经过 20 世纪 McMahon、Hardy、Ramanujan、Rademacher 等的研究, 特别是 Andrews 的杰出贡献, 形成了系统的分拆理论[1]. 本章主要介绍正整数分拆的基本概念和思想.

1.1　基 本 概 念

定义 1.1.1　正整数 n 的一个分拆定义为一个非增有限正整数序列 $\lambda_1, \lambda_2, \cdots, \lambda_r$, 且满足 $\sum_{i=1}^{r} \lambda_i = n$. λ_i 被称为分拆的分部.

分拆 $(\lambda_1, \lambda_2, \cdots, \lambda_r)$ 常常用 λ 来表示. λ 是 n 的一个分拆, 记作 $\lambda \vdash n$. 若分部 λ_i 在分拆中恰好出现了 m_i 次, 则分拆也表示为

$$\lambda = (1^{m_1} 2^{m_2} 3^{m_3} \cdots).$$

显然, $\sum_{i \geqslant 1} m_i i = n$.

定义 1.1.2　整数 n 的分拆的个数称为分拆函数, 记作 $p(n)$.

显然, 若 n 为负数, $p(n) = 0$. 约定 $p(0) = 1$. 下面列出 $p(n)$ 的前六个值:

$$p(1) = 1: \quad 1 = (1);$$

$$p(2) = 2: \quad 2 = (2), 1 + 1 = (1^2);$$

$$p(3) = 3: \quad 3 = (3), 2 + 1 = (12), 1 + 1 + 1 = (1^3);$$

$$p(4) = 5: \quad 4 = (4), 3 + 1 = (13), 2 + 2 = (2^2),$$
$$2 + 1 + 1 = (1^2 2), 1 + 1 + 1 + 1 = (1^4);$$

$$p(5) = 7: \quad 5 = (5), 4 + 1 = (14), 3 + 2 = (23),$$
$$3 + 1 + 1 = (1^2 3), 2 + 2 + 1 = (12^2),$$
$$2 + 1 + 1 + 1 = (1^3 2), 1 + 1 + 1 + 1 + 1 = (1^5);$$

$$p(6) = 11: \quad 6 = (6), 5 + 1 = (15), 4 + 2 = (24),$$
$$4 + 1 + 1 = (1^2 4), 3 + 3 = (3^2), 3 + 2 + 1 = (123),$$

$$3 + 1 + 1 + 1 = (1^3 3), 2 + 2 + 2 = (2^3),$$
$$2 + 2 + 1 + 1 = (1^2 2^2), 2 + 1 + 1 + 1 + 1 = (1^4 2),$$
$$1 + 1 + 1 + 1 + 1 + 1 = (1^6).$$

定义 1.1.3　所有分拆组成的集合表示为 $\mathscr{P}$.

定义 1.1.4　$p(S, n) = \big|\{\lambda | \lambda \in S, S \subseteq \mathscr{P}\}\big|$, 即分拆均取自分拆集合 S 的 n 的分拆的个数.

例 1.1.1　设 $\mathscr{O}$ 表示所有分部为奇数的分拆所组成的集合, $\mathscr{D}$ 表示分部互异的所有分拆所组成的集合. 则

$$p(\mathscr{O}, 6) = 4: \quad 5 + 1 = (15), 3 + 3 = (3^2), 3 + 1 + 1 + 1 = (1^3 3),$$
$$1 + 1 + 1 + 1 + 1 + 1 = (1^6);$$
$$p(\mathscr{D}, 6) = 4: \quad 6 = (6), 5 + 1 = (15), 4 + 2 = (24),$$
$$3 + 2 + 1 = (123).$$

设 $p(n, k)$ 表示 n 分拆成 k 个分部的分拆的个数, $P(n, k)$ 表示 n 分拆成至多 k 个分部的分拆的个数, 则显然有

$$p(n) = \sum_{k=1}^{n} p(n, k), \quad n = 1, 2, \cdots,$$

$$P(n, k) = \sum_{r=1}^{k} p(n, r),$$
$$p(n, k) = P(n, k) - P(n, k - 1),$$
$$P(n, k) = p(n), \quad k \geqslant n,$$
$$p(n, 2) = \left[\frac{n}{2}\right].$$

定理 1.1.1　$p(n, k)$ 满足下列递归关系:

$$p(n, k) = \sum_{r=1}^{m} p(n - k, r), \quad k = 2, 3, \cdots,$$

这里 $m = \min\{k, n - k\}$ 和初值

$$p(n, 1) = p(n, n) = 1, \quad n = 1, 2, \cdots,$$

$$p(n, k) = 0, \quad k > n.$$

证明 设 S 表示具有 k 个分部的 n 的所有分拆组成的集合. 现将 S 进行分类, 设 H_r 表示 S 中, 大于 1 的分部有 r $(1 \leqslant r \leqslant k)$ 个的所有分拆组成的集合, 显然, $S = \bigcup H_r$. 设 $\lambda \in H_r$ $(1 \leqslant r \leqslant k)$, 去掉 λ 中等于 1 的分部, 其余各分部均减少 1, 就得到一个分部个数为 r 的 $(n-k)$-分拆, 因此, $H_r = p(n-k, r)$. 由组合计数的加法原理得

$$p(n,k) = \sum_{r=1}^{\min\{k,n-k\}} p(n-k,r). \qquad \square$$

例 1.1.2 计算 $p(10,6)$: 由于 $p(10,6) = \sum_{r=1}^{4} p(10-6,r) = \sum_{r=1}^{4} p(4,r) = p(4,1) + p(4,2) + p(4,3) + p(4,4) = 1 + 2 + p(4,3) + 1 = 4 + p(4,3)$, $p(4,3) = p(1,1) = 1$, 故 $p(10,6) = 4 + 1 = 5$.

注 1.1.1 事实上, $p(n,k)$ 为不定方程

$$n = x_1 + x_2 + \cdots + x_k, \quad x_1 \geqslant x_2 \geqslant \cdots \geqslant 1$$

的整数解的个数. 或者说, 也是不定方程

$$n - k = x_1 + x_2 + \cdots + x_k, \quad x_1 \geqslant x_2 \geqslant \cdots \geqslant 0$$

的非负整数解的个数.

从定理 1.1.1, 易得下面的推论.

推论 1.1.1 $P(n,k)$ 满足下列递归关系:

$$P(n,k) = P(n,k-1) + P(n-k,k), \quad k = 2, 3, \cdots, n-1, n = 2, 3, \cdots$$

和初值

$$P(n,1) = 1, \quad P(0,k) = 1.$$

1.2 分拆的单变量生成函数

定义 1.2.1 序列 $a_0, a_1, a_2, \cdots$ 的生成函数 $f(q)$ 定义为

$$f(q) = \sum_{n \geqslant 0} a_n q^n.$$

定义 1.2.2 设 H 表示正整数的一个集合, 用 $\mathcal{H}$ 表示分部均属于 H 的所有分拆的集合, 相应地, $p(\mathcal{H}, n)$ 表示分部均属于 H 的 n 的所有分拆的个数.

若 H_o 表示所有奇正整数组成的集合, 则 $\mathcal{H}_o = \mathscr{O}$,

$$p(\mathcal{H}_o, n) = p(\mathscr{O}, n).$$

定义 1.2.3 设 H 表示正整数的一个集合, 用 $\mathcal{H}^{(\leqslant d)}$ 表示分部均属于 H 且所有分部出现的次数均不超过 d 的所有分拆的集合, 相应地, $p(\mathcal{H}^{(\leqslant d)}, n)$ 表示分部均属于 H 且所有分部出现的次数均不超过 d 的 n 的所有分拆的个数.

若 N 表示所有正整数组成的集合, 则 $p(N^{(\leqslant 1)}, n) = p(\mathcal{D}, n)$.

定理 1.2.1 设 H 表示正整数组成的一个集合, 且

$$f(q) = \sum_{n \geqslant 0} p(\mathcal{H}, n) q^n, \tag{1.2.1}$$

$$f_d(q) = \sum_{n \geqslant 0} p(\mathcal{H}^{(\leqslant d)}, n) q^n, \tag{1.2.2}$$

则

$$f(q) = \prod_{n \in H} (1 - q^n)^{-1}, \tag{1.2.3}$$

$$f_d(q) = \prod_{n \in H} (1 + q^n + \cdots + q^{dn}) = \prod_{n \in H} \frac{1 - q^{(d+1)n}}{1 - q^n}, \tag{1.2.4}$$

这里 $|q| < 1$.

证明 设 $H = \{a, b, c, \cdots\}$. 则

$$\prod_{n \in H} (1 - q^n)^{-1} = \prod_{n \in H} (1 + q^n + q^{2n} + q^{3n} + \cdots)$$

$$= (1 + q^a + q^{2a} + q^{3a} + \cdots)(1 + q^b + q^{2b} + q^{3b} + \cdots)$$

$$\times (1 + q^c + q^{2c} + q^{3c} + \cdots) \cdots$$

$$= \sum_{i \geqslant 0} \sum_{j \geqslant 0} \sum_{k \geqslant 0} \cdots q^{ia + jb + kc + \cdots}.$$

因此, q 的指数正是分拆 $\{a^i b^j c^k \cdots\}$. 故对分部来自 H 的 n 的每一个分拆, q^n 将在前面的求和中出现一次, 从而

$$\prod_{n \in H} (1 - q^n)^{-1} = \sum_{n \geqslant 0} p(\mathcal{H}, n) q^n.$$

第二个式子的证明类似第一个, 这里略.   □

显然有如下推论.

推论 1.2.1 (Euler) 分拆数 $p(n)$ 的生成函数为

$$\sum_{n=0}^{\infty} p(n) q^n = \prod_{n=1}^{\infty} \frac{1}{(1 - q^n)}.$$

推论 1.2.2(Euler) 对所有 n, 则有 $p(\mathscr{O},n) = p(\mathscr{D},n)$.

证明 由定理 1.2.1 知

$$\sum_{n\geqslant 0} p(\mathscr{O},n)q^n = \prod_{n=1}^{\infty}(1-q^{2n-1})^{-1}$$

和

$$\sum_{n\geqslant 0} p(\mathscr{D},n)q^n = \prod_{n=1}^{\infty}(1+q^n).$$

由于

$$\prod_{n=1}^{\infty}(1+q^n) = \prod_{n=1}^{\infty}\frac{1-q^{2n}}{1-q^n} = \prod_{n=1}^{\infty}\frac{1}{1-q^{2n-1}},$$

因此

$$\sum_{n\geqslant 0} p(\mathscr{O},n)q^n = \sum_{n\geqslant 0} p(\mathscr{D},n)q^n.$$

由于一个函数的幂级数展开是唯一的, 故对所有 n, $p(\mathscr{O},n) = p(\mathscr{D},n)$. □

推论 1.2.3(Glaisher) 设 N_d 表示不被 d 整除的所有正整数的集合, 则对所有 n, 有

$$p(\mathscr{N}_{d+1},n) = p(\mathscr{N}^{(\leqslant d)},n).$$

证明 由定理 1.2.1 知

$$\sum_{n\geqslant 0} p(\mathscr{N}^{(\leqslant d)},n)q^n = \prod_{n=1}^{\infty}\frac{1-q^{(d+1)n}}{1-q^n} = \prod_{n=1,(d+1)\nmid n}^{\infty}\frac{1}{1-q^n} = \sum_{n\geqslant 0} p(\mathscr{N}_{d+1},n)q^n,$$

结论可得. □

1.3 分拆的表示

研究分拆的另一个有效的基本工具是 Ferrers 图表示. 分拆 $\lambda = (\lambda_1, \lambda_2, \cdots, \lambda_r)$ 的 Ferrers 图可以定义为作为点的集合

$$\lambda = \{(i,j) | 1 \leqslant j \leqslant \lambda_i,\ 1 \leqslant i \leqslant r\},$$

约定为矩阵形式画下来. 也就是指把分拆的每一项分部用点组成的行来表示, 其中每一行的点数就是此行表示的分部的大小. 例如, 分拆 $\lambda = (9,8,6,6,4,1)$ 的 Ferrers 图为

显然, 每一个分拆都可以用一个 Ferrers 图来表示, 反之, 每一个 Ferrers 图也都表示一个分拆. 对于分拆 $\lambda = (\lambda_1, \lambda_2, \cdots, \lambda_r)$, 我们定义一个新的分拆 $\lambda' = (\lambda'_1, \lambda'_2, \cdots, \lambda'_s)$, 这里 λ'_i 为 λ 的 $\geqslant i$ 的分部个数. 则称 λ' 为 λ 的共轭分拆. 例如分拆 $\lambda = (9, 8, 6, 6, 4, 1)$ 的共轭分拆为 $\lambda' = (6, 5, 5, 5, 4, 4, 2, 2, 1)$, 此共轭可以通过连续计数列的点数而得到. 也就是, 共轭的 Ferrers 图表示就是通过在主对角线的图的反射而得到, 共轭 λ' 的 Ferrers 图为

定理 1.3.1 具有至多 k 个分部的 n 的分拆的个数等于最大分部为 k 的 n 的分拆的个数.

证明 考虑 n 分拆成 k 个分部的 Ferrers 图, 它的共轭分拆为 n 分拆成最大分部为 k 的分拆, 这个对应为一一对应, 因此, 它们的个数相等.   □

定理 1.3.2 设 $p_e(\mathscr{D}, n)$ (或 $p_o(\mathscr{D}, n)$) 表示 n 分拆为偶数 (或奇数) 个不同分部的分拆数, 则

$$p_e(\mathscr{D}, n) - p_o(\mathscr{D}, n) = \begin{cases} (-1)^m, & n = \dfrac{1}{2}m(3m \pm 1), \\ 0, & \text{其他.} \end{cases} \tag{1.3.1}$$

证明 我们将在计数 $p_e(\mathscr{D}, n)$ 的分拆与计数 $p_o(\mathscr{D}, n)$ 的分拆之间建立一一对应. 对大多数整数 n 是成功的, 但对五角数 $\dfrac{1}{2}m(3m \pm 1)$ 是例外. 现在开

始证明, 注意到 n 的每一个分拆 $\lambda = (\lambda_1, \lambda_2, \cdots, \lambda_r)$ 都有一个最小分部 $s(\lambda) = \lambda_r$, $\sigma(\lambda)$ 为分拆 $\lambda = (\lambda_1, \lambda_2, \cdots, \lambda_r)$ 中从最大分部 λ_1 开始, 分部构成连续整数的分部的个数, 或者说, $\sigma(\lambda)$ 是满足 $\lambda_j = \lambda_1 - j + 1$ 的最大的 j. 例如参数 $s(\lambda)$ 和 $\sigma(\lambda)$ 如下图描述:

$$\lambda = (7,6,4,3,2), \quad \sigma(\lambda) = 2, \quad s(\lambda) = 2.$$

$$\lambda = (8,7,6,5), \quad \sigma(\lambda) = 4, \quad s(\lambda) = 5. \qquad (1.3.2)$$

我们转换分拆如下.

情形 1. 若 $s(\lambda) \leqslant \sigma(\lambda)$, 在这种情形下, 我们在 λ 的前 $s(\lambda)$ 个最大分部都增加 1, 然后删去最小分部. 则

$$\lambda = (7,6,5,3,2) \to \lambda' = (8,7,5,3),$$

也就是

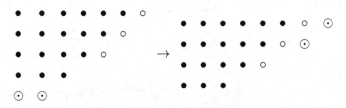

情形 2. 若 $s(\lambda) > \sigma(\lambda)$, 在这种情形下, 我们在 λ 的前 $\sigma(\lambda)$ 个最大分部都减去 1, 然后插入一个新的大小为 $\sigma(\lambda)$ 的最小分部. 则

$$\lambda = (8,7,4,3) \to (7,6,4,3,2).$$

无论哪种情况, 前面的过程都会改变分拆分部个数的奇偶性, 并且注意到恰好一种情形适合于任何分拆 λ, 我们直接看到这个映射建立了一一对应. 然而, 有一种分拆不行, 例如, $\lambda = (8, 7, 6, 5)$ 正是这种情形, 它符合第二情形, 但转换后分拆不再具有分部全部相异的要求. 当分拆具有 r 个分部, $\sigma(\lambda) = r$ 和 $s(\lambda) = r + 1$ 时, 情形 2 恰好发生故障, 在这种情形下, 被分拆的整数是

$$(r + 1) + (r + 2) + \cdots + 2r = \frac{1}{2}r(3r + 1).$$

另一方面, 当分拆具有 r 个分部, $\sigma(\lambda) = r$ 和 $s(\lambda) = r$ 时, 情形 1 恰好发生故障, 在这种情形下, 被分拆的整数是

$$r + (r + 1) + \cdots + (2r - 1) = \frac{1}{2}r(3r - 1).$$

因此, 如果 n 不是五角数, 则 $p_e(\mathscr{D}, n) = p_o(\mathscr{D}, n)$. 如果 $n = \frac{1}{2}r(3r \pm 1)$, 则 $p_e(\mathscr{D}, n) = p_o(\mathscr{D}, n) + (-1)^r$. 　　　□

推论 1.3.1 (Euler 五角数定理)

$$\prod_{n=1}^{\infty}(1 - q^n) = 1 + \sum_{m=1}^{\infty}(-1)^m q^{\frac{1}{2}m(3m-1)}(1 + q^m) = \sum_{m=-\infty}^{\infty}(-1)^m q^{\frac{1}{2}m(3m-1)}.$$

$$(1.3.3)$$

证明　由定理 1.3.2 知

$$\sum_{m=-\infty}^{\infty}(-1)^m q^{\frac{1}{2}m(3m-1)} = 1 + \sum_{m=1}^{\infty}(-1)^m q^{\frac{1}{2}m(3m-1)} + \sum_{m=-1}^{-\infty}(-1)^m q^{\frac{1}{2}m(3m-1)}$$

$$= 1 + \sum_{m=1}^{\infty}(-1)^m q^{\frac{1}{2}m(3m-1)} + \sum_{m=1}^{\infty}(-1)^m q^{\frac{1}{2}m(3m+1)}$$

$$= 1 + \sum_{m=1}^{\infty}(-1)^m q^{\frac{1}{2}m(3m-1)}(1 + q^m)$$

$$= 1 + \sum_{n=1}^{\infty}(p_e(\mathscr{D}, n) - p_o(\mathscr{D}, n))q^n.$$

现在需要证明

$$1 + \sum_{n=1}^{\infty}(p_e(\mathscr{D}, n) - p_o(\mathscr{D}, n))q^n = \prod_{n=1}^{\infty}(1 - q^n).$$

由于

$$\prod_{n=1}^{\infty}(1 - q^n) = \sum_{n_1=0}^{1}\sum_{n_2=0}^{1}\sum_{n_3=0}^{1}\cdots(-1)^{n_1+n_2+n_3+\cdots}q^{n_1+n_2 2+n_3 3+\cdots},$$

我们注意到, 每个具有不同分部的分拆用权重 $(-1)^{n_1+n_2+n_3+\cdots}$ 计数, 若分部的个数为偶数, 则为 $+1$; 若分部的个数为奇数, 则为 -1, 因此

$$\prod_{n=1}^{\infty}(1-q^n) = \sum_{n_1=0}^{1}\sum_{n_2=0}^{1}\sum_{n_3=0}^{1}\cdots(-1)^{n_1+n_2+n_3+\cdots}q^{n_1+n_2 2+n_3 3+\cdots}$$

$$= 1 + \sum_{n=1}^{\infty}(p_e(\mathscr{D},n) - p_o(\mathscr{D},n))q^n.$$

命题得证. □

设 λ' 是 λ 的共轭分拆, 且 $\lambda' = \lambda$, 则称此分拆为自共轭分拆. 例如, $\lambda = (5,3,2,1,1)$ 是一个自共轭分拆, 其 Ferrers 图为

定理 1.3.3 n 的自共轭分拆的个数等于 n 分拆成不相等的奇分部的个数.

证明 设 P 表示 n 的自共轭分拆所组成的集合, Q 表示 n 分拆成不相等的奇分部的分拆所组成的集合. 任取 P 中一个元素, 即 P 中的一个 n 的自共轭分拆 $\lambda = (\lambda_1, \lambda_2, \cdots)$, 作分拆 $\mu = (\mu_1, \mu_2, \cdots)$, 这里 $\mu_i = 2(\lambda_i - i) + 1$, 对所有 $i = 1, 2, \cdots$. 也就是把 Ferrers 图中取出第一行和第一列中所有点作为 (新分拆的) 第一个分部 μ_1, 取出第二行和第二列中剩余的点作为 (新分拆的) 第二个分部 μ_2, 以此类推. 因为自共轭分拆关于对角线对称, 我们总是在合并一样长的行和列, 但它们有一个公共点, 致使该行的长度是原来行的两倍减一, 故为奇数, 并且从 Ferrers 图看出新分拆分部相异. 故得到一个分部互异且为奇数的分拆 $\mu \in Q$. 反之, 任取 Q 中一个元素, 即 Q 中的一个 n 不相等的奇分部 $\mu = (\mu_1, \mu_2, \cdots)$, 作分拆 $\lambda = (\lambda_1, \lambda_2, \cdots)$, 这里 $\lambda_i = \dfrac{\mu_i - 1}{2} + i$, 对所有 $i = 1, 2, \cdots$, 也就是从相异奇分拆, 将每个奇数分部弯曲成为唯一的对称直角, 并且可以前后相套覆盖, 构成一个自共轭的 Ferrers 图, 从而得到一个的自共轭分拆 $\lambda \in P$. 故 P 与 Q 之间存在双射. 定理成立. □

第 2 章　基本超几何级数

基本超几何级数形成系统的理论始于英国数学家 Bailey [2], 之后, Slater [3], Andrews[4] 相继完善, 直到 Gasper 与 Rahman 集大成建立了系统的理论[5]. 本章以 q-级数理论最基本的结果, 即 Cauchy 恒等式为出发点, 主要讲解 q-级数理论研究的基本思想、方法和结果.

2.1　从二项式定理到 q-二项式恒等式

设函数 $f(z) = (1 - z)^{-A}$, 则对 $f(z)$ 的 Taylor 级数展开式为

$$f(z) = \sum_{n=0}^{\infty} \frac{f^{(n)}(0)}{n!} z^n.$$

由于

$$f^{(n)}(z) = A(A + 1) \cdots (A + n - 1)(1 - z)^{-A-n},$$

故有

$$(1 - z)^{-A} = 1 + \sum_{n=1}^{\infty} \frac{A(A + 1) \cdots (A + n - 1)}{n!} z^n, \quad |z| < 1.$$

考虑下述函数

$$f(z) = \prod_{n=0}^{\infty} \frac{(1 - azq^n)}{(1 - zq^n)} = \frac{(1 - az)(1 - azq) \cdots (1 - azq^n) \cdots}{(1 - z)(1 - zq) \cdots (1 - zq^n) \cdots},$$

则此函数的 Taylor 展式如何?

定理 2.1.1 (q-二项式恒等式或 Cauchy 恒等式)　设 $|z| < 1, |q| < 1$, 则

$$\prod_{n=0}^{\infty} \frac{(1 - azq^n)}{(1 - zq^n)} = 1 + \sum_{n=1}^{\infty} \frac{(1 - a)(1 - aq) \cdots (1 - aq^{n-1})}{(1 - q)(1 - q^2) \cdots (1 - q^n)} z^n.$$

证明　由

$$f(z) = \prod_{n=0}^{\infty} \frac{(1 - azq^n)}{(1 - zq^n)} = \frac{(1 - az)(1 - azq)(1 - azq^2) \cdots}{(1 - z)(1 - zq)(1 - zq^2) \cdots} = \frac{(1 - az)}{(1 - z)} f(zq),$$

故 $(1-z)f(z) = (1-az)f(zq)$. 令 $f(z) = \sum\limits_{n=0}^{\infty} A_n z^n$, $A_0 = 1 = f(0)$, 则

$$(1-z)\sum_{n=0}^{\infty} A_n z^n = (1-az)\sum_{n=0}^{\infty} A_n q^n z^n,$$

即

$$\sum_{n=0}^{\infty} A_n z^n - \sum_{n=0}^{\infty} A_n z^{n+1} = \sum_{n=0}^{\infty} A_n q^n z^n - a\sum_{n=0}^{\infty} A_n q^n z^{n+1}.$$

比较两边 z^n 系数, 可得

$$A_n - A_{n-1} = q^n A_n - a q^{n-1} A_{n-1},$$

即

$$(1-q^n)A_n = (1-aq^{n-1})A_{n-1}.$$

因此

$$\begin{aligned}
A_n &= \frac{1-aq^{n-1}}{1-q^n}A_{n-1} = \frac{(1-aq^{n-1})(1-aq^{n-2})}{(1-q^n)(1-q^{n-1})}A_{n-2}\\
&= \frac{(1-aq^{n-1})(1-aq^{n-2})\cdots(1-a)}{(1-q^n)(1-q^{n-1})\cdots(1-q)}A_0\\
&= \frac{(1-a)(1-aq)\cdots(1-aq^{n-1})}{(1-q)(1-q^2)\cdots(1-q^n)}.
\end{aligned}$$

故

$$\prod_{n=0}^{\infty}\frac{(1-azq^n)}{(1-zq^n)} = 1 + \sum_{n=1}^{\infty}\frac{(1-a)(1-aq)\cdots(1-aq^{n-1})}{(1-q)(1-q^2)\cdots(1-q^n)}z^n.$$

定理得证. □

注 2.1.1 q-二项式恒等式先后被几位数学家独立发现, 包括 Cauchy[6], Heine[7], Gauss[8].

注 2.1.2 假设 $a = q^A$, 这里 A 为一个正整数, 则

$$f(z) = \prod_{n=0}^{\infty}\frac{(1-zq^{A+n})}{(1-zq^n)},$$

即

$$f(z) = \prod_{n=0}^{\infty}\frac{(1-zq^{A+n})}{(1-zq^n)} = \frac{(1-zq^A)(1-zq^{A+1})\cdots}{(1-z)(1-zq)\cdots}$$

$$= \frac{1}{(1-z)(1-zq)\cdots(1-zq^{A-1})}.$$

当 $q \to 1$ 时, $f(z) = \dfrac{1}{(1-z)^A}$, 此时 Cauchy 恒等式右边

$$1 + \sum_{n=1}^{\infty} \frac{(1-a)(1-aq)(1-aq^{n-1})}{(1-q)(1-q^2)(1-q^n)} z^n$$

$$= \lim_{q\to 1}\left\{ 1 + \sum_{n=1}^{\infty} \frac{(1-q^A)(1-q^{A+1})\cdots(1-q^{A+n-1})}{(1-q)(1-q^2)\cdots(1-q^n)} z^n \right\}$$

$$= 1 + \sum_{n=1}^{\infty} \frac{A(A+1)\cdots(A+n-1)}{12\cdots n} z^n$$

$$= 1 + \sum_{n=1}^{\infty} \frac{A(A+1)\cdots(A+n-1)}{n!} z^n.$$

因此, Cauchy 恒等式是二项式定理的推广.

推论 2.1.1(Euler) 设 $|t| < 1$, $|q| < 1$, 则有

$$1 + \sum_{n=1}^{\infty} \frac{t^n q^n}{(1-q)(1-q^2)\cdots(1-q^n)} = \prod_{n=0}^{\infty} \frac{1}{(1-tq^{n+1})}.$$

证明　在 Cauchy 恒等式中取 $z \to tq$, 令 $a = 0$ 即可. □

推论 2.1.2(Euler) 设 $|t| < 1$, $|q| < 1$, 则有

$$1 + \sum_{n=1}^{\infty} \frac{(-1)^n t^n q^{\binom{n+1}{2}}}{(1-q)(1-q^2)\cdots(1-q^n)} = \prod_{n=0}^{\infty} (1-tq^{n+1}).$$

证明　取 $a = \dfrac{w}{z}$, 代入 Cauchy 恒等式得

$$\prod_{n=0}^{\infty} \frac{(1-wq^n)}{(1-zq^n)} = 1 + \sum_{n=1}^{\infty} \frac{\left(1-\dfrac{w}{z}\right)\left(1-\dfrac{w}{z}q\right)\cdots\left(1-\dfrac{w}{z}q^{n-1}\right)}{(1-q)(1-q^2)\cdots(1-q^n)} z^n.$$

令 $z \to 0$, $w \to tq$, 则

$$\prod_{n=0}^{\infty} (1-tq^{n+1}) = 1 + \sum_{n=1}^{\infty} \frac{(-1)^n tq \cdot tq^2 \cdots tq^n}{(1-q)(1-q^2)\cdots(1-q^n)}$$

$$= 1 + \sum_{n=1}^{\infty} \frac{(-1)^n t^n q^{\binom{n+1}{2}}}{(1-q)(1-q^2)\cdots(1-q^n)}. \quad \square$$

2.2 基 本 符 号

定义 2.2.1 *q*-移位阶乘定义为

$$(a;q)_\infty = \prod_{k=0}^{\infty}(1-aq^k) = (1-a)(1-aq)(1-aq^2)\cdots,$$

这里 $|q| < 1$.

注 2.2.1 在上式中, 当 $a \neq 0$ 及 $|q| \geqslant 1$ 时, 上式不收敛, 故我们总假设 $|q| < 1$.

定义 2.2.2 有限 *q*-移位阶乘定义为

$$(a;q)_n = \prod_{k=0}^{n-1}(1-aq^k) = (1-a)(1-aq)(1-aq^2)\cdots(1-aq^{n-1}) \quad (n \geqslant 1).$$

注 2.2.2 显然有 $(a;q)_n = \dfrac{(a;q)_\infty}{(aq^n;q)_\infty}$, 并且约定 $(a;q)_0 = 1$.

依照上面的定义, Cauchy 恒等式可以重写为

$$\sum_{n=0}^{\infty} \frac{(a;q)_n}{(q;q)_n} z^n = \frac{(az;q)_\infty}{(z;q)_\infty}, \quad |z| < 1, \quad |q| < 1. \tag{2.2.1}$$

而 2.1 节中的两个推论可以分别写为

$$\sum_{n=0}^{\infty} \frac{z^n}{(q;q)_n} = \frac{1}{(z;q)_\infty}, \quad |z| < 1, \quad |q| < 1. \tag{2.2.2}$$

$$\sum_{n=0}^{\infty} \frac{(-1)^n q^{\binom{n}{2}}}{(q;q)_n} z^n = (z;q)_\infty, \quad |q| < 1. \tag{2.2.3}$$

下面性质将在后面经常被引用.

性质 2.2.1 设 n, k 均为非负整数, 且 $n \geqslant k$. 则

$$(a;q)_{n+k} = (a;q)_n(aq^n;q)_k, \tag{2.2.4}$$

$$(a;q)_{n-k} = \frac{(a;q)_n}{(a^{-1}q^{1-n};q)_k} \left(-\frac{q}{a}\right)^k q^{\binom{k}{2}-nk} \quad (n \geqslant k), \tag{2.2.5}$$

$$(aq^n;q)_k = \frac{(a;q)_k(aq^k;q)_n}{(a;q)_n}, \tag{2.2.6}$$

$$(aq^k;q)_{n-k} = \frac{(a;q)_n}{(a;q)_k}, \tag{2.2.7}$$

$$\left(\frac{q^{1-n}}{a};q\right)_n = (a;q)_n\left(-\frac{1}{a}\right)^n q^{-\binom{n}{2}}, \tag{2.2.8}$$

$$(aq^{2k};q)_{n-k} = \frac{(a;q)_n(aq^n;q)_k}{(a;q)_{2k}}, \tag{2.2.9}$$

$$(q^{-n};q)_k = \frac{(q;q)_n}{(q;q)_{n-k}}(-1)^k q^{\binom{k}{2}-nk} = (q^{n-k+1};q)_k(-1)^k q^{\binom{k}{2}-nk}, \tag{2.2.10}$$

$$(aq^{-n};q)_k = (-1)^k a^k q^{-nk+\binom{k}{2}}(q^{n-k+1}/a;q)_k = \frac{(a;q)_k\left(\dfrac{q}{a};q\right)_n}{\left(\dfrac{q^{1-k}}{a};q\right)_n}q^{-nk}, \tag{2.2.11}$$

$$(q/a;q)_n = (-1)^n\frac{(aq^{-n};q)_\infty}{(a;q)_\infty}a^{-n}q^{\binom{n+1}{2}}, \tag{2.2.12}$$

$$(a;q)_{2n} = (a;q^2)_n(aq;q^2)_n, \tag{2.2.13}$$

$$(a^2;q^2)_n = (a;q)_n(-a;q)_n, \tag{2.2.14}$$

$$(a;q^{-1})_n = (-1)^n a^n q^{-\binom{n}{2}}(1/a;q)_n, \tag{2.2.15}$$

$$(aq^{-n};q)_\infty = (-1)^n a^n q^{-\binom{n+1}{2}}(q/a;q)_n(a;q)_\infty. \tag{2.2.16}$$

定义 2.2.3　设 n 为非负整数, 则负指标 q-移位阶乘定义为

$$(a;q)_{-n} = \frac{1}{(1-aq^{-1})(1-aq^{-2})\cdots(1-aq^{-n})} = \frac{1}{(aq^{-n};q)_n} = \frac{\left(-\dfrac{q}{a}\right)^n q^{\binom{n}{2}}}{\left(\dfrac{q}{a};q\right)_n}. \tag{2.2.17}$$

为方便计, 引入下述记号:

$$(a_1;q)_n(a_2;q)_n\cdots(a_m;q)_n = (a_1,a_2,\cdots,a_m;q)_n,$$

$$(a_1;q)_\infty(a_2;q)_\infty\cdots(a_m;q)_\infty = (a_1,a_2,\cdots,a_m;q)_\infty.$$

定义 2.2.4　设 n,k 均为非负整数, 且 $n \geqslant k$, 则 q-二项式系数定义为

$$\begin{bmatrix} n \\ k \end{bmatrix} = \frac{(q;q)_n}{(q;q)_k(q;q)_{n-k}}.$$

易证 q-二项式系数具有下列性质:

(1) 对称性: $\begin{bmatrix} n \\ k \end{bmatrix} = \begin{bmatrix} n \\ n-k \end{bmatrix}$;

(2) 递归关系: $\begin{bmatrix} n+1 \\ k \end{bmatrix} = q^k \begin{bmatrix} n \\ k \end{bmatrix} + \begin{bmatrix} n \\ k-1 \end{bmatrix}$, $\begin{bmatrix} n+1 \\ k \end{bmatrix} = \begin{bmatrix} n \\ k \end{bmatrix} + q^{n+1-k} \begin{bmatrix} n \\ k-1 \end{bmatrix}$;

(3) $\begin{bmatrix} n \\ k \end{bmatrix} \begin{bmatrix} k \\ r \end{bmatrix} = \begin{bmatrix} n \\ r \end{bmatrix} \begin{bmatrix} n-r \\ k-r \end{bmatrix}$;

(4) $\begin{bmatrix} n+1 \\ k+1 \end{bmatrix} = \dfrac{1-q^{n+1}}{1-q^{k+1}} \begin{bmatrix} n \\ k \end{bmatrix}$;

(5) $\begin{bmatrix} n \\ k \end{bmatrix} = (-1)^k q^{nk-\binom{k}{2}} \dfrac{(q^{-n};q)_k}{(q;q)_k}$;

(6) $\lim\limits_{q \to 1^-} \begin{bmatrix} n \\ k \end{bmatrix} = \binom{n}{k}$;

(7) $\begin{bmatrix} n \\ k \end{bmatrix}_{q^{-1}} = \begin{bmatrix} n \\ k \end{bmatrix} q^{\binom{n-k}{2}+\binom{k}{2}-\binom{n}{2}} = q^{-k(n-k)} \begin{bmatrix} n \\ k \end{bmatrix}$, 这里 $\begin{bmatrix} n \\ k \end{bmatrix}_{q^{-1}}$ 表示当 $q \to$

q^{-1} 时, $\begin{bmatrix} n \\ k \end{bmatrix}$ 的值;

(8) $\begin{bmatrix} n+k-1 \\ k \end{bmatrix} = \dfrac{(q^n;q)_k}{(q;q)_k}$.

下面给出 Cauchy 恒等式的另两个推论.

推论 2.2.1 设 N 为非负整数, 则

$$\sum_{k=0}^{N} \begin{bmatrix} N \\ k \end{bmatrix} (-1)^k q^{\binom{k}{2}} z^k = (z;q)_N. \tag{2.2.18}$$

证明 在 Cauchy 恒等式 (2.2.1) 中, 取 $a \to q^{-N}$, 应用 (2.2.10), 有

$$(q^{-N};q)_k = (-1)^k q^{-Nk+\binom{k}{2}} \frac{(q;q)_N}{(q;q)_{N-k}},$$

因此

$$\sum_{k=0}^{\infty} \begin{bmatrix} N \\ k \end{bmatrix} (-1)^k q^{-Nk+\binom{k}{2}} z^k = \frac{(q^{-N}z;q)_\infty}{(z;q)_\infty}.$$

取 $z \to q^N z$, 则

$$\sum_{k=0}^{\infty} \begin{bmatrix} N \\ k \end{bmatrix} (-1)^k q^{\binom{k}{2}} z^k = \frac{(z;q)_\infty}{(q^N z;q)_\infty} = (z;q)_N.$$

由于若 $k > N$, 则 $\begin{bmatrix} N \\ k \end{bmatrix} = 0$, 所以

$$\sum_{k=0}^{N} \begin{bmatrix} N \\ k \end{bmatrix} (-1)^k q^{\binom{k}{2}} z^k = (z;q)_N. \qquad \square$$

注 2.2.3　式子 (2.2.18) 可能是二项式定理的第一个 q-模拟, 由 Rothe 在 1811 年给出, 但他没有发表.

推论 2.2.2　设 $|z| < 1$, 则有

$$\sum_{k=0}^{\infty} \begin{bmatrix} N+k-1 \\ k \end{bmatrix} z^k = \frac{1}{(z;q)_N}. \tag{2.2.19}$$

证明　在 Cauchy 恒等式中取 $a \to q^N$, 则

$$\sum_{k=0}^{\infty} \frac{(q^N;q)_k}{(q;q)_k} z^k = \frac{(zq^N;q)_\infty}{(z;q)_\infty} = \frac{1}{(z;q)_N},$$

其中

$$\frac{(q^N;q)_k}{(q;q)_k} = \frac{(q^N;q)_k(q;q)_{N-1}}{(q;q)_k(q;q)_{N-1}} = \frac{(q;q)_{N+k-1}}{(q;q)_k(q;q)_{N-1}} = \begin{bmatrix} N+k-1 \\ k \end{bmatrix}.$$

因此可得

$$\sum_{k=0}^{\infty} \begin{bmatrix} N+k-1 \\ k \end{bmatrix} z^k = \frac{1}{(z;q)_N} \quad (|z| < 1). \qquad \square$$

注 2.2.4　若 $q \to 1$, 则上式变为

$$\sum_{k=0}^{\infty} \binom{N+k-1}{k} z^k = \frac{1}{(1-z)^N}, \quad |z| < 1.$$

定理 2.2.1　设 m 为非负整数, 则

$$\sum_{j=0}^{m} (-1)^j \begin{bmatrix} m \\ j \end{bmatrix} = \begin{cases} (q;q^2)_{\frac{m}{2}}, & m\text{为偶数}, \\ 0, & m\text{为奇数}. \end{cases}$$

证明　由于

$$\sum_{m=0}^{\infty} \left(\sum_{j=0}^{m} (-1)^j \begin{bmatrix} m \\ j \end{bmatrix} \right) \frac{z^m}{(q;q)_m} = \sum_{m=0}^{\infty} \sum_{j=0}^{m} (-1)^j \frac{z^m}{(q;q)_j(q;q)_{n-j}}$$

$$= \sum_{j=0}^{\infty} \sum_{m=j}^{\infty} (-1)^j \frac{z^m}{(q;q)_j(q;q)_{m-j}}$$

$$= \sum_{j=0}^{\infty} \sum_{m=0}^{\infty} (-1)^j \frac{z^{m+j}}{(q;q)_j(q;q)_m}$$

$$= \sum_{j=0}^{\infty} (-1)^j \frac{z^j}{(q;q)_j} \sum_{m=0}^{\infty} \frac{z^m}{(q;q)_m}$$

$$= \frac{1}{(-z;q)_\infty} \frac{1}{(z;q)_\infty}$$

$$= \frac{1}{(z^2;q^2)_\infty}$$

$$= \sum_{n=0}^\infty \frac{z^{2n}}{(q^2;q^2)_n},$$

比较 z^n 的系数, 可得结论. □

2.3 基本超几何级数

定义 2.3.1 设 $\{a_i\}_{i=0}^r$ 和 $\{b_j\}_{j=1}^s$ 为两个复序列, 且 $b_j \neq q^{-k}$ 对所有的 $j = 1, 2, \cdots, s$ 成立, 则变量为 z 的基本超几何级数定义为

$$_{r+1}\phi_s \left[\begin{array}{cccccc} a_0, & a_1, & a_2, & \cdots, & a_r \\ & b_1, & b_2, & \cdots, & b_s \end{array} ; q, z \right]$$

$$= \sum_{n=0}^\infty \frac{(a_0, a_1, a_2, \cdots, a_r; q)_n}{(q, b_1, b_2, \cdots, b_s; q)_n} \left[(-1)^n q^{\binom{n}{2}} \right]^{s-r} z^n,$$

其中 $a_1, a_2, \cdots, a_r$ 称为分子参数, $b_1, b_2, \cdots, b_s$ 称为分母参数, q 称为基.

注 2.3.1 (1) 若在分子参数中, 有某个 $a_i = q^{-k}(k$ 为一个非负整数), 则此级数为有限项, 实际上就是关于 z 的一个多项式.

(2) 条件中分母参数 $b_j \neq q^{-k}$ 是因为分母不能为零.

(3) 当级数为非有限项时, 考虑到级数收敛性, 常假定 $|q| < 1$.

定理 2.3.1(收敛条件) 对于上述定义的基本超几何级数, 其收敛条件如下:

(1) 若 $s > r$, 则对所有的 $z \in \mathbb{C}$, 级数收敛;

(2) 若 $s < r$, 则仅当 $z = 0$ 时, 级数收敛;

(3) 若 $s = r$, 则当 $|z| < 1$ 时, 级数收敛.

证明 设

$$T_n = \frac{(a_0, a_1, a_2, \cdots, a_r; q)_n}{(q, b_1, b_2, \cdots, b_s; q)_n} \left[(-1)^n q^{\binom{n}{2}} \right]^{s-r} z^n.$$

为确定收敛条件, 考虑项比

$$\frac{T_{n+1}}{T_n} = \frac{\dfrac{(a_0, a_1, a_2, \cdots, a_r; q)_{n+1}}{(q, b_1, b_2, \cdots, b_s; q)_{n+1}} \left[(-1)^{n+1} q^{\binom{n+1}{2}} \right]^{s-r} z^{n+1}}{\dfrac{(a_0, a_1, a_2, \cdots, a_r; q)_n}{(q, b_1, b_2, \cdots, b_s; q)_n} \left[(-1)^n q^{\binom{n}{2}} \right]^{s-r} z^n}$$

$$= \frac{(1 - a_0 q^n)(1 - a_1 q^n) \cdots (1 - a_r q^n)(-q^n)^{s-r} z}{(1 - q^{n+1})(1 - b_1 q^n) \cdots (1 - b_s q^n)}.$$

由于 $|q| < 1$, 则 $\lim\limits_{n \to +\infty} q^n = 0$. 因此

$$\lim_{n \to +\infty} \left| \frac{T_{n+1}}{T_n} \right| = \lim_{n \to +\infty} |q^{n(s-r)} z| = \begin{cases} 0, & s > r, \\ +\infty, & s < r, \\ |z|, & s = r. \end{cases}$$

根据达朗贝尔法则, 则可得上述定理中的收敛条件. $\qquad \square$

注 2.3.2 若基本超几何级数为有限项, 则其为一个关于 z 的多项式, 在任何条件下都收敛.

定义 2.3.2 在基本超几何级数

$$_{r+1}\phi_r \left[\begin{array}{cccccc} a_0, & a_1, & a_2, & \cdots, & a_r \\ & b_1, & b_2, & \cdots, & b_r \end{array} ; q, z \right]$$

中, 如果参数满足

$$qa_1 = a_2 b_1 = a_3 b_2 = \cdots = a_{r+1} b_r,$$

则称为均衡 (well-poised) 基本超几何级数; 如果进一步还满足 $a_2 = qa_1^{\frac{1}{2}}$, $a_3 = -qa_1^{\frac{1}{2}}$, 则称为非常均衡 (very-well-poised) 基本超几何级数. 如果满足

$$qa_1 \neq a_2 b_1 = a_3 b_2 = \cdots = a_{r+1} b_r,$$

则称为第一类接近均衡的 (nearly-poised) 基本超几何级数; 如果满足

$$qa_1 = a_2 b_1 = a_3 b_2 = \cdots = a_r b_{r-1} \neq a_{r+1} b_r,$$

则称为第二类接近均衡的 (nearly-poised) 基本超几何级数.

为方便计, 对非常均衡的基本超几何级数

$$_{r+1}\phi_r \left[\begin{array}{cccccc} a_1, & qa_1^{\frac{1}{2}}, & -qa_1^{\frac{1}{2}}, & q_4, & \cdots, & a_{r+1} \\ & a_1^{\frac{1}{2}}, & -a_1^{\frac{1}{2}}, & qa_1/q_4, & \cdots, & qa_1/a_{r+1} \end{array} ; q, z \right]$$

常常用记号

$$_{r+1}W_r (a_1; a_4, a_5, \cdots, a_{r+1}; q, z)$$

来表示.

例 2.3.1 (Cauchy 恒等式) 若 $|z| < 1$, $|q| < 1$, 则

$$\sum_{n=0}^{\infty} \frac{(a; q)_n}{(q; q)_n} z^n = \frac{(az; q)_\infty}{(z; q)_\infty} \Rightarrow {}_1\phi_0 \left[\begin{array}{c} a \\ \ \end{array} ; q, z \right] = \frac{(az; q)_\infty}{(z; q)_\infty}.$$

特别地

$$\sum_{n=0}^{\infty} \frac{1}{(q;q)_n} z^n = \frac{1}{(z;q)_\infty} \Rightarrow {}_1\phi_0 \left[\begin{array}{c} 0 \\ \end{array} ; q, z \right] = \frac{1}{(z;q)_\infty},$$

$$\sum_{n=0}^{\infty} \frac{(-1)^n q^{\binom{n}{2}}}{(q;q)_n} z^n = (z;q)_\infty \Rightarrow {}_0\phi_0 \left[\begin{array}{c} \\ \end{array} ; q, z \right] = (z;q)_\infty.$$

注 2.3.3 表达式中参数为零与没有参数是不一样的.

定理 2.3.2 设 $|z| < 1$, 则

$$ {}_2\phi_1 \left[\begin{array}{cc} a^2, & aq \\ & a \end{array} ; q, z \right] = (1 + az) \frac{(a^2 q z; q)_\infty}{(z; q)_\infty}. \tag{2.3.1}$$

证明 利用 $(aq;q)_n/(a;q)_n = (1 - aq^n)/(1 - a)$, 可得. $\quad\square$

下面讨论几个初等函数的 q-模拟.

定义 2.3.3 正整数 n 的 q-模拟 (也称 q-数) 定义为

$$[n] = \frac{1 - q^n}{1 - q} = 1 + q + q^2 + \cdots + q^{n-1}$$

和 q-阶乘定义为

$$[n]! = [1][2] \cdots [n].$$

定义 2.3.4 指数函数的 q-模拟 (也称 q-指数函数) 定义为

$$e_q(z) = \sum_{n=0}^{\infty} \frac{1}{(q;q)_n} z^n = \frac{1}{(z;q)_\infty},$$

$$E_q(z) = \sum_{n=0}^{\infty} \frac{q^{\binom{n}{2}}}{(q;q)_n} z^n = (-z;q)_\infty.$$

易证下面的性质.

性质 2.3.1

$$e_q(z) E_q(-z) = 1,$$

$$e_{q^{-1}}(z) = E_q(-qz),$$

$$\lim_{q \to 1^-} e_q(z(1-q)) = \lim_{q \to 1^-} E_q(z(1-q)) = e^z.$$

定义 2.3.5 q-正弦函数与 q-余弦函数定义为

$$\sin_q(z) = \frac{e_q(iz) - e_q(-iz)}{2i} = \sum_{n=0}^{\infty} \frac{(-1)^n z^{2n+1}}{(q;q)_{2n+1}},$$

$$\cos_q(z) = \frac{e_q(\mathrm{i}z) + e_q(-\mathrm{i}z)}{2} = \sum_{n=0}^{\infty} \frac{(-1)^n z^{2n}}{(q;q)_{2n}}.$$

也可定义

$$\mathrm{Sin}_q(z) = \frac{E_q(\mathrm{i}z) - E_q(-\mathrm{i}z)}{2\mathrm{i}}, \quad \mathrm{Cos}_q(z) = \frac{E_q(\mathrm{i}z) + E_q(-\mathrm{i}z)}{2}.$$

根据定义, 容易得到下述性质.

性质 2.3.2

$$e_q(\mathrm{i}z) = \cos_q(z) + \mathrm{i}\sin_q(z);$$

$$E_q(\mathrm{i}z) = \mathrm{Cos}_q(z) + \mathrm{iSin}_q(z);$$

$$\sin_q(z)\mathrm{Sin}_q(z) + \cos_q(z)\mathrm{Cos}_q(z) = 1;$$

$$\sin_q(z)\mathrm{Cos}_q(z) - \mathrm{Sin}_q(z)\cos_q(z) = 0.$$

2.4　对 $_2\phi_1$ 级数的 Heine 变换

1847 年, Heine[7] 证明了下述公式.

定理 2.4.1(Heine 第一变换公式) 设 $|z| < 1$ 与 $|b| < 1$, 则

$$_2\phi_1\left[\begin{array}{cc} a, & b \\ & c \end{array}; q, z\right] = \frac{(b, az; q)_\infty}{(c, z; q)_\infty} {}_2\phi_1\left[\begin{array}{cc} \dfrac{c}{b}, & z \\ & az \end{array}; q, b\right]. \tag{2.4.1}$$

证明　利用 Cauchy 恒等式 (2.2.1), 可得

$$\begin{aligned}
_2\phi_1\left[\begin{array}{cc} a, & b \\ & c \end{array}; q, z\right] &= \sum_{n=0}^{\infty} \frac{(a;q)_n (b;q)_n}{(q;q)_n (c;q)_n} z^n \\
&= \frac{(b;q)_\infty}{(c;q)_\infty} \sum_{n=0}^{\infty} \frac{(a;q)_n}{(q;q)_n} z^n \frac{(cq^n;q)_\infty}{(bq^n;q)_\infty} \\
&= \frac{(b;q)_\infty}{(c;q)_\infty} \sum_{n=0}^{\infty} \frac{(a;q)_n}{(q;q)_n} z^n \sum_{m=0}^{\infty} \frac{\left(\dfrac{c}{b};q\right)_m}{(q;q)_m} (bq^n)^m \\
&= \frac{(b;q)_\infty}{(c;q)_\infty} \sum_{m=0}^{\infty} \frac{\left(\dfrac{c}{b};q\right)_m}{(q;q)_m} b^m \sum_{n=0}^{\infty} \frac{(a;q)_n}{(q;q)_n} (zq^m)^n \\
&= \frac{(b;q)_\infty}{(c;q)_\infty} \sum_{m=0}^{\infty} \frac{\left(\dfrac{c}{b};q\right)_m}{(q;q)_m} b^m \frac{(azq^m;q)_\infty}{(zq^m;q)_\infty}
\end{aligned}$$

$$= \frac{(b;q)_\infty}{(c;q)_\infty} \sum_{m=0}^\infty \frac{\left(\frac{c}{b};q\right)_m}{(q;q)_m} b^m \frac{(az;q)_\infty (z;q)_m}{(az;q)_m (z;q)_\infty}$$

$$= \frac{(b;q)_\infty (az;q)_\infty}{(c;q)_\infty (z;q)_\infty} \sum_{m=0}^\infty \frac{\left(\frac{c}{b},z;q\right)_m}{(q,az;q)_m} b^m$$

$$= \frac{(b,az;q)_\infty}{(c,z;q)_\infty} {}_2\phi_1 \left[\begin{array}{cc} \frac{c}{b}, & z \\ & az \end{array} ;q,b \right].$$

定理得证. □

注 2.4.1 Heine 第一变换公式在 $b=c$ 时, 退化为 Cauchy 恒等式.

定理 2.4.2(Heine 第二变换公式) 设 $|z|<1$, $\left|\dfrac{abz}{c}\right|<1$, 则

$$_2\phi_1 \left[\begin{array}{cc} a, & b \\ & c \end{array} ;q,z \right] = \frac{\left(\frac{abz}{c};q\right)_\infty}{(z;q)_\infty} {}_2\phi_1 \left[\begin{array}{cc} \frac{c}{a}, & \frac{c}{b} \\ & c \end{array} ;q,\frac{abz}{c} \right]. \tag{2.4.2}$$

证明 利用 Heine 第一变换公式 (2.4.1), 则

$$_2\phi_1 \left[\begin{array}{cc} a, & b \\ & c \end{array} ;q,z \right] = \frac{(b,az;q)_\infty}{(c,z;q)_\infty} {}_2\phi_1 \left[\begin{array}{cc} \frac{c}{b}, & z \\ & az \end{array} ;q,b \right]$$

$$= \frac{(b,az;q)_\infty}{(c,z;q)_\infty} \frac{\left(\frac{c}{b},bz;q\right)_\infty}{(az,b;q)_\infty} {}_2\phi_1 \left[\begin{array}{cc} \frac{abz}{c}, & b \\ & bz \end{array} ;q,\frac{c}{b} \right]$$

$$= \frac{\left(\frac{c}{b},bz;q\right)_\infty}{(c,z;q)_\infty} \frac{\left(\frac{abz}{c},c;q\right)_\infty}{\left(bz,\frac{c}{b};q\right)_\infty} {}_2\phi_1 \left[\begin{array}{cc} \frac{c}{a}, & \frac{c}{b} \\ & c \end{array} ;q,\frac{abz}{c} \right]$$

$$= \frac{\left(\frac{abz}{c};q\right)_\infty}{(z;q)_\infty} {}_2\phi_1 \left[\begin{array}{cc} \frac{c}{a}, & \frac{c}{b} \\ & c \end{array} ;q,\frac{abz}{c} \right].$$

定理得证. □

此变换公式也称为 Euler 变换的 q-模拟形式.

利用同样的方法, 我们可以得到如下定理.

定理 2.4.3[9] 若 h 是一个正整数, 对 $|t|$, $|b|<1$, 则有

$$\sum_{m=0}^\infty \frac{(a;q^h)_m (b;q)_{hm}}{(q^h;q^h)_m (c;q)_{hm}} t^m = \frac{(b;q)_\infty (at;q^h)_\infty}{(c;q)_\infty (t;q^h)_\infty} \sum_{m=0}^\infty \frac{(c/b;q)_m (t;q^h)_m}{(q;q)_m (at;q^h)_m} b^m \tag{2.4.3}$$

和

$$\sum_{n=0}^{\infty} \frac{(a;q^2)_n(b;q)_n}{(q^2;q^2)_n(c;q)_n} t^n = \frac{(b;q)_{\infty}(at;q^2)_{\infty}}{(c;q)_{\infty}(t;q^2)_{\infty}} \sum_{n=0}^{\infty} \frac{(c/b;q)_{2n}(t;q^2)_n}{(q;q)_{2n}} (at;q^2)_n b^{2n}$$

$$+ \frac{(b;q)_{\infty}(atq;q^2)_{\infty}}{(c;q)_{\infty}(tq;q^2)_{\infty}} \sum_{n=0}^{\infty} \frac{(c/b;q)_{2n+1}(tq;q^2)_n}{(q;q)_{2n+1}(atq;q^2)_n} b^{2n+1}.$$

$$(2.4.4)$$

Bailey[10], Daum[11] 分别独立发现下述求和公式.

定理 2.4.4(Bailey-Daum 求和公式, Kummer 定理的 q-模拟) 设 $|q| < \min\{1, |b|\}$, 则

$$_2\phi_1 \left[\begin{array}{cc} a, & b \\ & aq/b \end{array} ; q, -\frac{q}{b} \right] = \frac{(-q;q)_{\infty}(aq, aq^2/b^2;q^2)_{\infty}}{(aq/b, -q/b;q)_{\infty}}. \qquad (2.4.5)$$

证明

$$_2\phi_1 \left[\begin{array}{cc} a, & b \\ & aq/b \end{array} ; q, -\frac{q}{b} \right] = \frac{(a, -q;q)_{\infty}}{(aq/b, -q/b;q)_{\infty}} {}_2\phi_1 \left[\begin{array}{cc} q/b, & -q/b \\ & -q \end{array} ; q, a \right]$$

$$= \frac{(a, -q;q)_{\infty}}{(aq/b, -q/b;q)_{\infty}} \sum_{k=0}^{\infty} \frac{(q/b, -q/b;q)_k}{(q, -q;q)_k} a^k$$

$$= \frac{(a, -q;q)_{\infty}}{(aq/b, -q/b;q)_{\infty}} \sum_{k=0}^{\infty} \frac{(q^2/b^2;q^2)_k}{(q^2;q^2)_k} a^k$$

$$= \frac{(a, -q;q)_{\infty}}{(aq/b, -q/b;q)_{\infty}} \frac{(aq^2/b^2;q^2)_{\infty}}{(a;q^2)_{\infty}}$$

$$= \frac{(-q;q)_{\infty}(aq, aq^2/b^2;q^2)_{\infty}}{(aq/b, -q/b;q)_{\infty}}.$$

定理得证.   □

进一步, 利用 (2.4.5), 我们可以得到如下定理.

定理 2.4.5[12]   设 $|q| < \min\{1, |b|\}$, 则

$$_2\phi_1 \left[\begin{array}{cc} a, & b \\ & aq^2/b \end{array} ; q, -\frac{q}{b} \right] = \frac{(q^2/b;q)_{\infty}(-q;q)_{\infty}}{(q/b;q)_{\infty}(aq^2/b;q)_{\infty}(-q/b;q)_{\infty}}$$

$$\times \left[(aq;q^2)_{\infty}(aq^2/b^2;q^2)_{\infty} - \frac{q}{b}(a;q^2)_{\infty}(aq^3/b^2;q^2)_{\infty} \right];$$

$$(2.4.6)$$

$$_2\phi_1 \left[\begin{array}{cc} a, & b \\ & a/b \end{array} ; q, -\frac{q}{b} \right] = \frac{(-q;q)_\infty}{(a/b;q)_\infty(-1/b;q)_\infty}$$

$$\times \left[(aq;q^2)_\infty(a/b^2;q^2)_\infty + \frac{1}{b}(a;q^2)_\infty(aq/b^2;q^2)_\infty \right].$$

$$(2.4.7)$$

定理 2.4.6[13] 设 $|a| < 1, |bq/a^2| < 1$ 时, 则

$$_2\phi_1 \left[\begin{array}{cc} a^2, & a^2/b \\ & b \end{array} ; q^2, \frac{bq}{a^2} \right] = \frac{(a^2,q;q^2)_\infty}{2(b,bq/a^2;q^2)_\infty} \left[\frac{(b/a;q)_\infty}{(a;q)_\infty} + \frac{(-b/a;q)_\infty}{(-a;q)_\infty} \right].$$

证明 对左端先作 Heine 变换, 整理得偶数项求和, 将偶数项求和按正负项相加分成两部分, 再分别应用 Cauchy 恒等式可证. □

定理 2.4.7 (q-Gauss 求和公式) 设 $\left| \dfrac{c}{ab} \right| < 1$, 则有

$$_2\phi_1 \left[\begin{array}{cc} a, & b \\ & c \end{array} ; q, \frac{c}{ab} \right] = \frac{(c/a,c/b;q)_\infty}{(c,c/ab;q)_\infty}.$$

$$(2.4.8)$$

证明 在 Heine 第一变换 (定理 2.4.1) 中, 取 $z = \dfrac{c}{ab}$, 则可得

$$_2\phi_1 \left[\begin{array}{cc} a, & b \\ & c \end{array} ; q, \frac{c}{ab} \right] = \frac{(b,c/b;q)_\infty}{(c,c/ab;q)_\infty} {_1\phi_0} \left[\begin{array}{c} c/ab \\ \\ \end{array} ; q, b \right]$$

$$= \frac{(b,c/b;q)_\infty}{(c,c/ab;q)_\infty} \frac{(c/a;q)_\infty}{(b;q)_\infty}$$

$$= \frac{(c/a,c/b;q)_\infty}{(c,c/ab;q)_\infty}.$$

定理得证. □

注 2.4.2 式 (2.4.8) 为 Gauss 求和公式的 q-模拟.

利用 q-Gauss 求和公式可以得到下面的定理.

定理 2.4.8[14] 设 $\left| \dfrac{c}{ab} \right| < 1$, 则有

$$_2\phi_1 \left[\begin{array}{cc} a, & b \\ & qc \end{array} ; q, \frac{c}{ab} \right] = \frac{(cq/a,cq/b;q)_\infty}{(cq,cq/ab;q)_\infty} \left\{ \frac{ab(1+c)-c(a+b)}{ab-c} \right\}$$

$$(2.4.9)$$

和

$$_2\phi_1 \left[\begin{array}{cc} a, & b \\ & cq^2 \end{array} ; q, \frac{c}{ab} \right] = \frac{(cq/a,cq/b)_\infty}{(cq^2,cq/ab)_\infty} \left(\frac{ab(1+c)-c(a+b)}{ab-c} \right)$$

$$+ cq\frac{(cq^2/a, cq^2/b)_\infty}{(cq^2, cq^2/ab)_\infty}\left(\frac{ab(1+cq) - cq(a+b)}{ab - cq}\right).$$
(2.4.10)

推论 2.4.1 (*q*-朱世杰-Vandermonde 第一求和公式)

$$_2\phi_1\left[\begin{array}{cc} q^{-n}, & b \\ & c \end{array}; q, \frac{cq^n}{b}\right] = \frac{(c/b; q)_n}{(c; q)_n}.$$
(2.4.11)

证明　在 *q*-Gauss 求和公式中令 $a = q^{-n}$ 即可. □

推论 2.4.2 (*q*-朱世杰-Vandermonde 第二求和公式)

$$_2\phi_1\left[\begin{array}{cc} q^{-n}, & b \\ & c \end{array}; q, q\right] = \frac{(c/b; q)_n}{(c; q)_n}b^n.$$
(2.4.12)

证明　利用恒等式

$$(a; q^{-1})_n = (-1)^n a^n q^{-\binom{n}{2}}(1/a; q)_n,$$

在推论 2.4.1 中取 $q \to \frac{1}{q}$, 则

$$\sum_{k=0}^{n}\frac{(q^n, b; q^{-1})_k}{(q^{-1}, c; q^{-1})_k}\left(\frac{cq^{-n}}{b}\right)^k = \frac{(c/b; q^{-1})_n}{(c; q^{-1})_n}.$$

变形展开得

$$\sum_{k=0}^{n}\frac{(-1)^k q^{nk}q^{-\binom{k}{2}}(q^{-n};q)_k(-1)^k b^k q^{-\binom{k}{2}}\left(\frac{1}{b};q\right)_k\left(\frac{cq^{-n}}{b}\right)^k}{(-1)^k q^{-k}q^{-\binom{k}{2}}(q;q)_k(-1)^k c^k q^{-\binom{k}{2}}\left(\frac{1}{c};q\right)_k}$$

$$= \frac{(-1)^n\left(\frac{c}{b}\right)^n q^{-\binom{n}{2}}\left(\frac{b}{c};q\right)_n}{(-1)^n c^n q^{-\binom{n}{2}}\left(\frac{1}{c};q\right)_n}.$$

化简得

$$\sum_{k=0}^{n}\frac{\left(q^{-n}, \frac{1}{b};q\right)_k}{\left(q, \frac{1}{c};q\right)_k}q^k = \frac{\left(\frac{b}{c};q\right)_n}{\left(\frac{1}{c};q\right)_n}\left(\frac{1}{b}\right)^n.$$

取 $b \to \frac{1}{b}$, $c \to \frac{1}{c}$, 则可得

$$\sum_{k=0}^{n} \frac{(q^{-n}, b; q)_k}{(q, c; q)_k} q^k = \frac{\left(\frac{c}{b}; q\right)_n}{(c; q)_n} b^n,$$

即

$$_2\phi_1 \left[\begin{array}{cc} q^{-n}, & b \\ & c \end{array} ; q, q \right] = \frac{\left(\frac{c}{b}; q\right)_n}{(c; q)_n} b^n.$$

定理得证. □

注 2.4.3 设 a 与 b 和 c 其中之一为 q^{-n}, n 为正整数, 则两个 q-朱世杰-Vandermonde 求和公式 (2.4.11) 与 (2.4.12) 可以共同推广为下列形式[15]:

$$_2\phi_1 \left[\begin{array}{cc} a, & b \\ & e \end{array} ; q, \frac{ec}{ab} \right] = \frac{(e/a, e/b; q)_\infty}{(e, e/ab; q)_\infty} {}_3\phi_2 \left[\begin{array}{ccc} a, & b, & c \\ & abq/e, & 0 \end{array} ; q, q \right]. \quad (2.4.13)$$

注 2.4.4 朱世杰 (1249—1314), 字汉卿, 号松庭, 元代数学家、教育家, 毕生从事数学教育, 有 "中世纪世界最伟大的数学家" 之誉, 代表作有《算学启蒙》(1299) 和《四元玉鉴》(1303).

利用两个 q-朱世杰-Vandermonde 求和公式可以得到

定理 2.4.9 我们有

$$\sum_{k=0}^{n} \begin{bmatrix} n \\ k \end{bmatrix} b^k (a; q)_k (b; q)_{n-k} = \sum_{k=0}^{n} \begin{bmatrix} n \\ k \end{bmatrix} a^{n-k} (a; q)_k (b; q)_{n-k} = (ab; q)_n, \quad (2.4.14)$$

$$\sum_{k=0}^{n} \frac{(q^{-n}, c; q)_k q^k}{(q, cq^{1-n}/b; q)_k} (cq^k; q)_m = \frac{(c, bq^n; q)_m (b; q)_n}{(b; q)_m (b/c; q)_n}, \quad (2.4.15)$$

$$_2\phi_1 \left[\begin{array}{cc} q^{-n}, & q^{1-n} \\ & qb^2 \end{array} ; q^2, q^2 \right] = \frac{(b^2; q^2)_n}{(b^2; q)_n} q^{-\binom{n}{2}}. \quad (2.4.16)$$

设 x 为任意复数, k 为非负整数, 则广义 q-二项式系数定义为

$$\begin{bmatrix} x \\ k \end{bmatrix} = \frac{(q^{x-k+1}; q)_k}{(q; q)_k}.$$

显然有

$$\begin{bmatrix} x \\ k \end{bmatrix} = \frac{(q^{-x}; q)_k}{(q; q)_k} (-1)^k q^{xk - \binom{k}{2}}. \quad (2.4.17)$$

定理 2.4.10 (朱世杰-Vandermonde 恒等式的 q-模拟) 设 x, y 为任意复数, n 为非负整数, 则

$$\sum_{k=0}^{n} \begin{bmatrix} x \\ k \end{bmatrix} \begin{bmatrix} y \\ n-k \end{bmatrix} q^{(x-k)(n-k)} = \begin{bmatrix} x+y \\ n \end{bmatrix}. \quad (2.4.18)$$

证明　应用广义 q-二项式系数定义和 (2.4.17), 则有

$$\begin{bmatrix} y \\ n-k \end{bmatrix} = \frac{(q^{y-n+k+1};q)_{n-k}}{(q;q)_{n-k}} = \frac{(q^{y-n+1};q)_k(q^{y-n+k+1};q)_{n-k}}{(q^{y-n+1};q)_k(q;q)_{n-k}}$$

$$= \frac{(q^{y-n+1};q)_n}{(q^{y-n+1};q)_k(q;q)_{n-k}} = (-1)^k q^{nk-\binom{k}{2}} \frac{(q^{-n};q)_k(q^{y-n+1};q)_n}{(q;q)_n(q^{y-n+1};q)_k}.$$

因此

$$\sum_{k=0}^{n} \begin{bmatrix} x \\ k \end{bmatrix} \begin{bmatrix} y \\ n-k \end{bmatrix} q^{(x-k)(n-k)}$$

$$= \sum_{k=0}^{n} (-1)^k q^{xk-\binom{k}{2}} \frac{(q^{-x};q)_k}{(q;q)_k} (-1)^k q^{nk-\binom{k}{2}} \frac{(q^{-n};q)_k(q^{y-n+1};q)_n}{(q;q)_n(q^{y-n+1};q)_k} q^{(x-k)(n-k)}$$

$$= \frac{(q^{y-n+1};q)_n}{(q;q)_n} q^{nx} \sum_{k=0}^{n} \frac{(q^{-n},q^{-x};q)_k}{(q,q^{y-n+1};q)_k} q^k = q^{nx} \frac{(q^{y-n+1};q)_n}{(q;q)_n} {}_2\phi_1\begin{bmatrix} q^{-n},q^{-x} \\ q^{y-n+1} \end{bmatrix}; q,q \end{bmatrix}$$

$$= q^{nx} \frac{(q^{y-n+1};q)_n}{(q;q)_n} q^{-nx} \frac{(q^{y-n+1+x};q)_n}{(q^{y-n+1};q)_n} = \frac{(q^{y-n+1+x};q)_n}{(q;q)_n}$$

$$= \begin{bmatrix} x+y \\ n \end{bmatrix}.$$

定理得证.　　　　　　　　　　　　　　　　　　　　　　　　　　　　　　　　　　　□

注 2.4.5　当 $q \to 1^-$ 时, 则得到朱世杰-Vandermonde 恒等式

$$\sum_{k=0}^{n} \binom{x}{k}\binom{y}{n-k} = \binom{x+y}{n}.$$

通过三次利用朱世杰-Vandermonde 恒等式的 q-模拟, 即公式 (2.4.18), 可得下述 Stanley 恒等式.

定理 2.4.11[16]　设 x, y 为任意复数, a, b 为非负整数, 则

$$\begin{bmatrix} x+a \\ a \end{bmatrix}\begin{bmatrix} y+b \\ b \end{bmatrix} = \sum_{k=0}^{m} \begin{bmatrix} x+y+k \\ k \end{bmatrix}\begin{bmatrix} x+a-b \\ a-k \end{bmatrix}\begin{bmatrix} y+b-a \\ b-k \end{bmatrix} q^{(a-k)(b-k)}, \quad (2.4.19)$$

这里 $m = \min\{a, b\}$.

具体证明过程见 [17].

注 2.4.6　当 $q \to 1^-$ 时, 则得到 Nanjundiah 恒等式[18]:

$$\binom{x+a}{a}\binom{y+b}{b} = \sum_{k=0}^{m} \binom{x+y+k}{k}\binom{x+a-b}{a-k}\binom{y+b-a}{b-k}.$$

定理 2.4.12[19]　设 x 为任意复数, n, k 为非负整数, 则

$$\begin{bmatrix} x+k \\ k \end{bmatrix}\begin{bmatrix} x+n \\ n \end{bmatrix} = \sum_{j=0}^{k} \begin{bmatrix} k \\ j \end{bmatrix}\begin{bmatrix} n \\ j \end{bmatrix}\begin{bmatrix} x+k+n-j \\ k+n \end{bmatrix} q^{j^2}. \quad (2.4.20)$$

具体证明过程见 [19].

注 2.4.7 当 $q \to 1^-$ 时, 则得到 Surányi 恒等式[20]:

$$\binom{x+k}{k}\binom{x+n}{n} = \sum_{j=0}^{k}\binom{k}{j}\binom{n}{j}\binom{x+k+n-j}{k+n}.$$

当 $n = k$ 时, 此式退化为李善兰恒等式[21]:

$$\binom{x+k}{k}^2 = \sum_{j=0}^{k}\binom{k}{j}^2\binom{x+2k-j}{2k}.$$

注 2.4.8 李善兰 (1811—1882), 字竟芳, 号秋纫, 别号壬叔, 浙江海宁人, 是中国清代著名的数学、天文学、力学和植物学家. 他创立二次平方根的幂级数展开式, 研究各种三角函数、反三角函数和对数函数的幂级数展开式, 这是 19 世纪中国数学界最重大的成就. 李善兰与人合作翻译出版《几何原本》后九卷 (前六卷是由明朝徐光启与利玛窦合译)、《代数学》、《代微积拾级》、《圆锥曲线说》、《奈端数理》(即牛顿《自然哲学的数学原理》) 等, 这是解析几何、微积分、哥白尼日心说、牛顿力学传入中国的开端. 他创译了许多科学名词, 如 "代数""函数""常数""未知数""单项式""多项式""方程式""微分""积分""圆锥曲线""抛物线""双曲线""切线""级数""植物""细胞"等. "李善兰恒等式"是被国际数学界广泛承认的优美结果. 其代表作《则古昔斋算学》, 汇集了他二十多年来在数学、天文学和弹道学等方面的著作, 计有《方圆阐幽》、《弧矢启秘》、《对数探源》、《垛积比类》、《四元解》、《麟德术解》、《椭圆正术解》、《椭圆新术》、《椭圆拾遗》、《火器真诀》、《对数尖锥变法释》、《级数回求》和《天算或问》等 13 种 24 卷.

2.5   Jackson $_2\phi_2$ 级数变换公式

定理 2.5.1[22] 设 $|z| < 1$, $|bz| < 1$, 则

$$_2\phi_1\left[\begin{array}{cc} a, & b \\ & c \end{array}; q, z\right] = \frac{(az;q)_\infty}{(z;q)_\infty}\sum_{k=0}^{\infty}\frac{(a,c/b;q)_k}{(q,c,az;q)_k}(-bz)^k q^{\binom{k}{2}}$$

$$= \frac{(az;q)_\infty}{(z;q)_\infty}{}_2\phi_2\left[\begin{array}{cc} a, & c/b \\ c, & az \end{array}; q, bz\right]. \qquad (2.5.1)$$

证明   由于

$$_2\phi_1\left[\begin{array}{cc} a, & b \\ & c \end{array}; q, z\right] = \sum_{k=0}^{\infty}\frac{(a;q)_k(b;q)_k}{(q;q)_k(c;q)_k}z^k$$

$$= \sum_{k=0}^{\infty} \frac{(a;q)_k}{(q;q)_k} z^k \sum_{n=0}^{k} \frac{(q^{-k},c/b;q)_n}{(q,c;q)_n} (bq^k)^n$$

$$= \sum_{n=0}^{\infty} \sum_{k=n}^{\infty} \frac{(a;q)_k}{(q;q)_k} z^k \frac{(q^{-k},c/b;q)_n}{(q,c;q)_n} (bq^k)^n$$

$$= \sum_{n=0}^{\infty} \frac{(c/b;q)_n}{(q,c;q)_n} b^n \sum_{k=n}^{\infty} \frac{(a;q)_k}{(q;q)_k} z^k (q^{-k};q)_n q^{kn}$$

$$= \sum_{n=0}^{\infty} \frac{(c/b;q)_n}{(q,c;q)_n} b^n \sum_{k=0}^{\infty} \frac{(a;q)_{n+k}}{(q;q)_{n+k}} z^{n+k} (q^{-n-k};q)_n q^{(n+k)n},$$

利用 (2.2.10), 有

$$(q^{-n-k};q)_n = \frac{(q;q)_{n+k}}{(q;q)_k}(-1)^n q^{-\frac{1}{2}n(n+2k+1)},$$

因此

$$_2\phi_1\left[\begin{array}{cc} a, & b \\ & c \end{array};q,z\right]$$

$$= \sum_{n=0}^{\infty} \frac{(c/b;q)_n}{(q,c;q)_n} b^n \sum_{k=0}^{\infty} \frac{(a;q)_{n+k}}{(q;q)_{n+k}} z^{n+k} \frac{(q;q)_{n+k}}{(q;q)_k}(-1)^n q^{-\frac{1}{2}n(n+2k+1)} q^{(n+k)n}$$

$$= \sum_{n=0}^{\infty} \frac{(c/b;q)_n(a;q)_n}{(q,c;q)_n}(-bz)^n q^{\binom{n}{2}} \sum_{k=0}^{\infty} \frac{(aq^n;q)_k}{(q;q)_k} z^k$$

$$= \sum_{n=0}^{\infty} \frac{(a,c/b;q)_n}{(q,c;q)_n}(-bz)^n \frac{(azq^n;q)_\infty}{(z;q)_\infty} q^{\binom{n}{2}}$$

$$= \sum_{n=0}^{\infty} \frac{(a,c/b;q)_n}{(q,c;q)_n}(-bz)^n \frac{(az;q)_\infty}{(az;q)_n(z;q)_\infty} q^{\binom{n}{2}}$$

$$= \frac{(az;q)_\infty}{(z;q)_\infty} {}_2\phi_2\left[\begin{array}{cc} a, & c/b \\ c, & az \end{array};q,bz\right].$$

定理得证. □

推论 2.5.1(Sear 变换公式[23]) 设 n 为非负整数, 则

$$_2\phi_1\left[\begin{array}{cc} q^{-n}, & b \\ & c \end{array};q,z\right] = \frac{(c/b;q)_n}{(c;q)_n}\left(\frac{bz}{q}\right)^n {}_3\phi_2\left[\begin{array}{ccc} q^{-n}, & q/z, & q^{1-n}/c \\ bq^{1-n}/c, & & 0 \end{array};q,q\right].$$

(2.5.2)

证明 在定理 2.5.1 中取 $a \mapsto q^{-n}$, 且将右边和翻转 (代 k 为 $n-k$), 化简可得. □

定理 2.5.2 我们有

$$_1\phi_1\left[\begin{array}{c} a \\ c \end{array}; q, \frac{c}{a}\right] = \frac{(c/a; q)_\infty}{(c; q)_\infty}. \tag{2.5.3}$$

特别地

$$\sum_{n=0}^{\infty} \frac{q^{n(n-1)}c^n}{(q; q)_n(c; q)_n} = \frac{1}{(c; q)_\infty} \quad \text{(Cauchy)}. \tag{2.5.4}$$

证明   在 (2.5.1) 中, 取 $a = c$. 参数作相应变化, 可得 (2.5.3). 在 (2.5.3) 中, 取 $a \to \infty$, 可得 (2.5.4). $\qquad\square$

定理 2.5.3(Bailey 定理的 q-模拟[24])

$$\sum_{n=0}^{\infty} \frac{(b, q/b; q)_n}{(q^2; q^2)_n(c; q)_n} c^n q^{\frac{1}{2}n(n-1)} = \frac{(qc/b, bc; q^2)_\infty}{(c; q)_\infty}. \tag{2.5.5}$$

证明   在 Jackson 变换公式 (2.5.1) 中, 取 $a \to b$, $c \to -q$, $b \to -b$, $z \to c/b$, 则

$$\begin{aligned}
\sum_{n=0}^{\infty} \frac{(b, q/b; q)_n}{(q^2; q^2)_n(c; q)_n} c^n q^{\frac{1}{2}n(n-1)} &= \frac{(c/b; q)_\infty}{(c; q)_\infty} {}_2\phi_1\left[\begin{array}{cc} b, & -b \\ & -q \end{array}; q, c/b\right] \\
&= \frac{(c/b; q)_\infty}{(c; q)_\infty} \sum_{n=0}^{\infty} \frac{(b^2; q^2)_n}{(q^2; q^2)_n}\left(\frac{c}{b}\right)^n \\
&= \frac{(c/b; q)_\infty}{(c; q)_\infty} \cdot \frac{(bc; q^2)_\infty}{(c/b; q^2)_\infty} = \frac{(qc/b, bc; q^2)_\infty}{(c; q)_\infty}.
\end{aligned}$$

定理得证. $\qquad\square$

定理 2.5.4(Gauss 第二求和定理的 q-模拟[24])

$$\sum_{n=0}^{\infty} \frac{(a; q)_n(b; q)_n}{(q; q)_n(qab; q^2)_n} q^{\frac{1}{2}n(n+1)} = \frac{(-q; q)_\infty(aq, bq; q^2)_\infty}{(abq; q^2)_\infty}. \tag{2.5.6}$$

证明   在 Jackson 变换公式 (2.5.1) 中, 取 $a \to a$, $c \to q^{\frac{1}{2}}a^{\frac{1}{2}}b^{\frac{1}{2}}$, $z \to -q^{\frac{1}{2}}a^{-\frac{1}{2}}b^{\frac{1}{2}}$, $b \to q^{\frac{1}{2}}a^{\frac{1}{2}}b^{-\frac{1}{2}}$, 应用 Bailey-Daum 求和公式 (2.4.5), 则

$$\begin{aligned}
\sum_{n=0}^{\infty} \frac{(a; q)_n(b; q)_n}{(q; q)_n(qab; q^2)_n} q^{\frac{1}{2}n(n+1)} &= \frac{(-q^{\frac{1}{2}}a^{-\frac{1}{2}}b^{\frac{1}{2}}; q)_\infty}{(-q^{\frac{1}{2}}a^{\frac{1}{2}}b^{\frac{1}{2}}; q)_\infty} {}_2\phi_1\left[\begin{array}{cc} a, & q^{\frac{1}{2}}a^{\frac{1}{2}}b^{-\frac{1}{2}} \\ & q^{\frac{1}{2}}a^{\frac{1}{2}}b^{\frac{1}{2}} \end{array}; q, -q^{\frac{1}{2}}a^{-\frac{1}{2}}b^{\frac{1}{2}}\right] \\
&= \frac{(-q^{\frac{1}{2}}a^{-\frac{1}{2}}b^{\frac{1}{2}}; q)_\infty}{(-q^{\frac{1}{2}}a^{\frac{1}{2}}b^{\frac{1}{2}}; q)_\infty} \times \frac{(aq; q^2)_\infty(-q; q)_\infty(bq; q^2)_\infty}{(q^{\frac{1}{2}}a^{\frac{1}{2}}b^{\frac{1}{2}}; q)_\infty(-q^{\frac{1}{2}}a^{-\frac{1}{2}}b^{\frac{1}{2}}; q)_\infty}
\end{aligned}$$

$$= \frac{(-q;q)_\infty (aq, bq; q^2)_\infty}{(abq; q^2)_\infty}.$$

定理得证.   □

推论 2.5.2 (Lebesgue 恒等式[25,26])

$$\sum_{n=0}^{\infty} \frac{(a;q)_n q^{n(n+1)/2}}{(q;q)_n} = (aq;q^2)_\infty (-q;q)_\infty.$$

证明 在 Gauss 第二求和定理的 q-模拟公式 (2.5.6) 中, 令 $b \to 0$ 即可. □

2.6 q-Saalschütz 求和公式

1910 年, Jackson 首先发现了下列公式.

定理 2.6.1 (q-Saalschütz 求和公式[27])

$$_3\phi_2 \left[\begin{array}{ccc} a, & b, & q^{-n} \\ & c, & abc^{-1}q^{1-n} \end{array} ; q, q \right] = \frac{\left(\dfrac{c}{a}, \dfrac{c}{b}; q \right)_n}{\left(c, \dfrac{c}{ab}; q \right)_n}. \tag{2.6.1}$$

证明 由 Euler 变换的 q-模拟 (2.4.2) 和利用

$$\frac{\left(\dfrac{abz}{c}; q \right)_\infty}{(z;q)_\infty} = \sum_{k=0}^{\infty} \frac{\left(\dfrac{ab}{c}; q \right)_k}{(q;q)_k} z^k,$$

则有

$$\sum_{n=0}^{\infty} \frac{(a,b;q)_n}{(q,c;q)_n} z^n = \sum_{k=0}^{\infty} \frac{\left(\dfrac{ab}{c}; q \right)_k}{(q;q)_k} z^k \sum_{m=0}^{\infty} \frac{\left(\dfrac{c}{a}, \dfrac{c}{b}; q \right)_m}{(q,c;q)_m} \left(\frac{abz}{c} \right)^m,$$

即

$$\sum_{n=0}^{\infty} \frac{(a,b;q)_n}{(q,c;q)_n} z^n = \sum_{n=0}^{\infty} \left(\sum_{m+k=n} \frac{\left(\dfrac{ab}{c}; q \right)_k}{(q;q)_k} \frac{\left(\dfrac{c}{a}, \dfrac{c}{b}; q \right)_m}{(q,c;q)_m} \left(\frac{ab}{c} \right)^m \right) z^n.$$

比较两边 z^n 的系数, 则有

$$\frac{(a,b;q)_n}{(q,c;q)_n} = \sum_{m+k=n} \frac{\left(\dfrac{ab}{c}; q \right)_k}{(q;q)_k} \frac{\left(\dfrac{c}{a}, \dfrac{c}{b}; q \right)_m}{(q,c;q)_m} \left(\frac{ab}{c} \right)^m$$

$$= \sum_{m=0}^{n} \frac{\left(\dfrac{c}{a}, \dfrac{c}{b}; q\right)_m}{(q, c; q)_m} \left(\frac{ab}{c}\right)^m \frac{\left(\dfrac{ab}{c}; q\right)_{n-m}}{(q; q)_{n-m}}$$

$$= \sum_{m=0}^{n} \frac{\left(\dfrac{c}{a}, \dfrac{c}{b}; q\right)_m}{(q, c; q)_m} \left(\frac{ab}{c}\right)^m \frac{\left(\dfrac{ab}{c}; q\right)_n \left(\dfrac{-qc}{ab}\right)^m \left(\dfrac{q^{1-n}}{q}; q\right)_m}{\left(\dfrac{q^{1-n}c}{ab}; q\right)_m (q; q)_n (-1)^m}$$

$$= \frac{\left(\dfrac{ab}{c}; q\right)_n}{(q; q)_n} \sum_{m=0}^{n} \frac{\left(\dfrac{c}{a}, \dfrac{c}{b}, q^{-n}; q\right)_m}{\left(q, c, \dfrac{q^{1-n}c}{ab}; q\right)_m} q^m.$$

因此

$$\frac{(a, b; q)_n}{\left(c, \dfrac{ab}{c}; q\right)_n} = \sum_{m=0}^{n} \frac{\left(\dfrac{c}{a}, \dfrac{c}{b}, q^{-n}; q\right)_m}{\left(q, c, \dfrac{q^{1-n}c}{ab}; q\right)_m} q^m.$$

作变换 $a \to \dfrac{c}{a}$, $b \to \dfrac{c}{b}$, 则

$$_3\phi_2 \left[\begin{matrix} a, & b, & q^{-n} \\ & c, & abc^{-1}q^{1-n} \end{matrix} ; q, q \right] = \frac{\left(\dfrac{c}{a}, \dfrac{c}{b}; q\right)_n}{\left(c, \dfrac{c}{ab}; q\right)_n}. \qquad \square$$

注 2.6.1 (1) 若令 $n \to \infty$, 则得到 q-Gauss 求和公式 (2.4.8).

(2) 若令 $a \to \infty$, 则得到 q-朱世杰-Vandermonde 第一求和公式 (2.4.11).

(3) 若令 $a \to 0$, 则得到 q-朱世杰-Vandermonde 第二求和公式 (2.4.12).

定理 2.6.2[15, 28]

$$_3\phi_2 \left[\begin{matrix} q^a, & q^b, & q^{-N} \\ & q^{1+d}, & q^{1+e} \end{matrix} ; q, q \right]$$

$$= \frac{(q^{1+d-a}; q)_N q^{Na}(q^{1+e-a}; q)_{N-1}}{(q^{1+d}; q)_N (q^{1+e}; q)_N (1 - q^{e-b})}$$

$$\times \left[q^{e+N(a-e)-N^2}(1 + q^{-e} - q^{-a} - q^N) - q^{e-b}(1 - q^{e-a+N}) \right], \qquad (2.6.2)$$

这里 $d + e = a + b - N$. 以及

$$_2\phi_1 \left[\begin{matrix} q^\alpha, & q^m \\ & q^\beta \end{matrix} ; q, q \right] = \frac{(q^\alpha; q)_\infty q^{-m\alpha}}{(q^\beta; q)_\infty (q^{\beta-\alpha-m}; q)_m}$$

$$\times \left\{ \frac{(q^{\beta-m};)_\infty}{(q^\alpha;q)_\infty} - \sum_{r=0}^{m-1} \frac{(q^{\beta-\alpha-m};q)_r}{(q;q)_r} q^{r\alpha} \right\}, \qquad (2.6.3)$$

这里 $|q| < 1$ 和 m 为一个正整数. 特别地

$$\sum_{k=0}^{\infty} \frac{(q^\alpha;q)_k}{(q^\beta;q)_k} q^k = \frac{1}{q^\alpha - q^{\beta-1}} \left\{ 1 - q^{\beta-1} - \frac{(q^\alpha;q)_\infty}{(q^\beta;q)_\infty} \right\}. \qquad (2.6.4)$$

证明　利用 q-Gauss 求和公式、Cauchy 恒等式等可证, 这里略. □

应用 (2.2.8), 可以将 q-Saalschütz 求和公式写成下列对称形式.

定理 2.6.3 (q-Saalschütz 求和公式的对称形式)　设 k 为非负整数, 则

$$_3\phi_2 \left[\begin{matrix} aq^k, & aq/bc, & q^{-k} \\ & aq/b, & aq/c \end{matrix} ; q, q \right] = \frac{(b,c;q)_k}{(aq/b, aq/c;q)_k} \left(\frac{aq}{bc} \right)^k. \qquad (2.6.5)$$

定理 2.6.4　设 n 为非负整数, 则

$$_3\phi_2 \left[\begin{matrix} q^{-n}, & q^{1-n}, & \dfrac{q^{1-2n}}{a^2b^2} \\[2mm] & \dfrac{q^{2-2n}}{a^2}, & \dfrac{q^{2-2n}}{b^2} \end{matrix} ; q^2, q^2 \right] = \frac{(a^2q, b^2q; q^2)_n}{(a^2q^n, b^2q^n; q)_n} q^{\binom{n}{2}} = \frac{(a^2, b^2; q)_n}{(a^2, b^2; q^2)_n} q^{\binom{n}{2}}.$$

$$(2.6.6)$$

2.7　q-Gamma 与 q-Beta 函数

Thomae (1869) 和 Jackson (1904) 给出下述 Gamma 函数的 q-模拟.

定义 2.7.1　q-Gamma 函数 $\Gamma_q(x)$ 定义为

$$\Gamma_q(x) = \frac{(q;q)_\infty}{(q^x;q)_\infty} (1-q)^{1-x} \quad (0 < q < 1). \qquad (2.7.1)$$

易知, 当 $x = n+1$ 时, 这里 n 为非负整数, 则有

$$\begin{aligned}
\Gamma_q(n+1) &= \frac{(q;q)_\infty}{(q^{n+1};q)_\infty} (1-q)^{1-n-1} \\
&= \frac{(q;q)_n}{(1-q)^n} \\
&= \frac{(1-q)(1-q^2)\cdots(1-q^n)}{(1-q)(1-q)\cdots(1-q)} \\
&= 1(1+q)(1+q+q^2)\cdots(1+q+q^2+\cdots+q^{n-1}),
\end{aligned}$$

因此, $\displaystyle\lim_{q\to 1^-} \Gamma_q(n+1) = n!$.

定理 2.7.1

$$\lim_{q \to 1^-} \Gamma_q(x) = \Gamma(x).$$

证明   由定义知

$$\Gamma_q(x+1) = \frac{(q;q)_\infty}{(q^{x+1};q)_\infty}(1-q)^{-x} = \prod_{n=1}^{\infty} \frac{(1-q^n)(1-q^{n+1})^x}{(1-q^{n+x})(1-q^n)^x}.$$

因此

$$\lim_{q \to 1^-} \Gamma_q(x+1) = \lim_{q \to 1^-} \prod_{n=1}^{\infty} \frac{(1-q^n)(1-q^{n+1})^x}{(1-q^{n+x})(1-q^n)^x} = \prod_{n=1}^{\infty} \left[\frac{n}{n+x}\left(\frac{n+1}{n}\right)^x \right]$$

$$= x \left\{ x^{-1} \prod_{n=1}^{\infty} \left[\frac{1}{1+\dfrac{x}{n}}\left(1+\frac{1}{n}\right)^x \right] \right\} = x\Gamma(x)$$

$$= \Gamma(x+1).$$

定理得证.   □

从定义, 易得下述乘法公式的 q-模拟.

性质 2.7.1 (q-Legendre 倍角公式)

$$\Gamma_q(2x)\Gamma_{q^2}\left(\frac{1}{2}\right) = (1+q)^{2x-1}\Gamma_{q^2}(x)\Gamma_{q^2}\left(x+\frac{1}{2}\right). \tag{2.7.2}$$

注 2.7.1   若 $q \to 1$, 得到 Legendre 倍角公式:

$$\Gamma(2x)\Gamma\left(\frac{1}{2}\right) = 2^{2x-1}\Gamma(x)\Gamma\left(x+\frac{1}{2}\right).$$

性质 2.7.2 (q-Gauss 乘法公式)

$$\Gamma_q(nx)\Gamma_{q^n}\left(\frac{1}{n}\right)\Gamma_{q^n}\left(\frac{2}{n}\right)\cdots\Gamma_{q^n}\left(\frac{n-1}{n}\right)$$

$$= (1+q+\cdots+q^{n-1})^{nx-1}\Gamma_{q^n}(x)\Gamma_{q^n}\left(x+\frac{1}{n}\right)\cdots\Gamma_{q^n}\left(x+\frac{n-1}{n}\right). \tag{2.7.3}$$

注 2.7.2   若 $q \to 1$, 得到 Gauss 乘法公式:

$$\Gamma(nx)(2\pi)^{\frac{1}{2}(n-1)} = n^{nx-1}\Gamma(x)\Gamma\left(x+\frac{1}{n}\right)\cdots\Gamma\left(x+\frac{n-1}{n}\right).$$

在分析中, 我们知道 Beta 函数 $B(x, y)$ 可以用 Gamma 函数 $\Gamma(x)$ 来定义, 即

$$B(x, y) = \frac{\Gamma(x)\Gamma(y)}{\Gamma(x+y)}.$$

因此我们类似地定义 q-Beta 函数.

定义 2.7.2 q-Beta 函数定义为

$$B_q(x, y) = \frac{\Gamma_q(x)\Gamma_q(y)}{\Gamma_q(x+y)}.$$

易知, $\lim\limits_{q \to 1^-} B_q(x, y) = B(x, y)$.

定理 2.7.2 设 $\operatorname{Re} x$, $\operatorname{Re} y > 0$, 则

$$B_q(x, y) = (1-q) \sum_{n=0}^{\infty} \frac{(q^{n+1}; q)_\infty}{(q^{n+y}; q)_\infty} q^{nx}. \tag{2.7.4}$$

证明   由 q-Beta 函数的定义, 有

$$
\begin{aligned}
B_q(x, y) &= \frac{\Gamma_q(x)\Gamma_q(y)}{\Gamma_q(x+y)} \\
&= \frac{(q;q)_\infty (1-q)^{1-x}(q;q)_\infty (1-q)^{1-y}(q^{x+y};q)_\infty}{(q^x;q)_\infty (q^y;q)_\infty (q;q)_\infty (1-q)^{1-x-y}} \\
&= (1-q)\frac{(q, q^{x+y};q)_\infty}{(q^x, q^y;q)_\infty} \\
&= (1-q)\frac{(q;q)_\infty}{(q^y;q)_\infty} \sum_{n=0}^{\infty} \frac{(q^y;q)_n}{(q;q)_n} q^{nx} \\
&= (1-q) \sum_{n=0}^{\infty} \frac{(q^{1+n};q)_\infty}{(q^{n+y};q)_\infty} q^{nx}.
\end{aligned}
$$

定理得证. $\square$

两类 q 函数还具有下列性质.

性质 2.7.3 设 $\operatorname{Re} x > 0$ 和 $0 < q < 1$, 则

(i) $\Gamma_q(x) = (q;q)_\infty (1-q)^{1-x} \sum\limits_{n=0}^{\infty} \dfrac{q^{nx}}{(q;q)_n}$;

(ii) $\dfrac{1}{\Gamma_q(x)} = \dfrac{(1-q)^{x-1}}{(q;q)_\infty} \sum\limits_{n=0}^{\infty} \dfrac{(-1)^n q^{nx}}{(q;q)_n} q^{\binom{n}{2}}$.

性质 2.7.4 对 $0 < q < 1$ 和 $x > 0$, 有

$$\frac{d^2}{dx^2} \log \Gamma_q(x) = (\log q)^2 \sum_{n=0}^{\infty} \frac{q^{n+x}}{(1-q^{n+x})^2}.$$

性质 2.7.5 设 n 为非负整数, 则有

$$B_q(n+c, d-c) = (1-q)\frac{(q, q^d; q)_\infty}{(q^{d-c}, q^c; q)_\infty}\frac{(q^c; q)_n}{(q^d; q)_n}. \tag{2.7.5}$$

2.8 Jacobi 三重积恒等式

引理 2.8.1 设 m, n 与 k 均为非负整数, 则有

$$\sum_{j=0}^{n}\begin{bmatrix} m \\ k+j \end{bmatrix}\begin{bmatrix} n \\ j \end{bmatrix}q^{j(j+k)} = \begin{bmatrix} m+n \\ n+k \end{bmatrix}.$$

证明 应用 (2.4.17), 则

$$\sum_{j=0}^{n}\begin{bmatrix} m \\ k+j \end{bmatrix}\begin{bmatrix} n \\ j \end{bmatrix}q^{j(j+k)}$$

$$= \sum_{j=0}^{n}(-1)^{k+j}q^{m(k+j)-\binom{k+j}{2}}\frac{(q^{-m}; q)_{k+j}}{(q; q)_{k+j}}(-1)^{j}q^{nj-\binom{j}{2}}\frac{(q^{-n}; q)_j}{(q; q)_j}q^{j(j+k)}$$

$$= \sum_{j=0}^{n}(-1)^{k}q^{mk-\binom{k}{2}+mj+nj+j}\frac{(q^{-m}; q)_k}{(q; q)_k}\frac{(q^{-m+k}; q)_j}{(q^{k+1}; q)_j}\frac{(q^{-n}; q)_j}{(q; q)_j}$$

$$= (-1)^{k}q^{mk-\binom{k}{2}}\frac{(q^{-m}; q)_k}{(q; q)_k}\sum_{j=0}^{n}q^{(m+n+1)j}\frac{(q^{-m+k}; q)_j(q^{-n}; q)_j}{(q^{k+1}; q)_j(q; q)_j}$$

$$= (-1)^{k}q^{mk-\binom{k}{2}}\frac{(q^{-m}; q)_k}{(q; q)_k}\,{}_2\phi_1\left[\begin{matrix} q^{-m+k}, & q^{-n} \\ & q^{k+1} \end{matrix}; q, q^{m+n+1}\right]$$

$$= (-1)^{k}q^{mk-\binom{k}{2}}\frac{(q^{-m}; q)_k}{(q; q)_k}\frac{(q^{1+m}; q)_n}{(q^{k+1}; q)_n}.$$

应用

$$(q^{-m}; q)_k = \frac{(q; q)_m}{(q; q)_{m-k}}(-1)^{k}q^{\binom{k}{2}-mk} = (q^{m-k+1}; q)_k(-1)^{k}q^{\binom{k}{2}-mk},$$

则

$$\sum_{j=0}^{n}\begin{bmatrix} m \\ k+j \end{bmatrix}\begin{bmatrix} n \\ j \end{bmatrix}q^{j(j+k)} = \frac{(q^{m-k+1}; q)_k(q^{m+1}; q)_n}{(q; q)_k(q^{k+1}; q)_n} = \frac{(q^{m-k+1}; q)_{k+n}}{(q; q)_{k+n}} = \begin{bmatrix} m+n \\ n+k \end{bmatrix}.$$

$\square$

注 2.8.1 若 $q \to 1^-$, 则有

$$\sum_{j=0}^{n}\binom{m}{k+j}\binom{n}{j} = \binom{m+n}{n+k}.$$

定理 2.8.1(Jacobi 三重积恒等式的有限形式)

$$(x;q)_m(q/x;q)_n = \sum_{k=-n}^{m}(-1)^k q^{\binom{k}{2}}\begin{bmatrix} m+n \\ n+k \end{bmatrix}x^k. \tag{2.8.1}$$

证明　由 Euler 公式

$$(x;q)_m = \sum_{i=0}^{m}(-1)^i \begin{bmatrix} m \\ i \end{bmatrix}q^{\binom{i}{2}}x^i,$$

有

$$(q/x;q)_n = \sum_{j=0}^{n}(-1)^j \begin{bmatrix} n \\ j \end{bmatrix}q^{\binom{j}{2}}(q/x)^j = \sum_{j=0}^{n}(-1)^j \begin{bmatrix} n \\ j \end{bmatrix}q^{\binom{j}{2}+j}x^{-j}$$

$$= \sum_{j=0}^{n}(-1)^j \begin{bmatrix} n \\ j \end{bmatrix}q^{\binom{j+1}{2}}x^{-j},$$

因此

$$(x;q)_m(q/x;q)_n = \sum_{i=0}^{m}(-1)^i \begin{bmatrix} m \\ i \end{bmatrix}q^{\binom{i}{2}}x^i \sum_{j=0}^{n}(-1)^j \begin{bmatrix} n \\ j \end{bmatrix}q^{\binom{j+1}{2}}x^{-j}$$

$$= \sum_{k=-n}^{m}\sum_{j=0}^{n}(-1)^{k+j}\begin{bmatrix} m \\ k+j \end{bmatrix}q^{\binom{k+j}{2}}(-1)^j\begin{bmatrix} n \\ j \end{bmatrix}q^{\binom{j+1}{2}}x^k$$

$$= \sum_{k=-n}^{m}(-1)^k\sum_{j=0}^{n}\begin{bmatrix} m \\ k+j \end{bmatrix}\begin{bmatrix} n \\ j \end{bmatrix}q^{\binom{k}{2}+j(k+j)}x^k$$

$$= \sum_{k=-n}^{m}(-1)^k q^{\binom{k}{2}}x^k\sum_{j=0}^{n}\begin{bmatrix} m \\ k+j \end{bmatrix}\begin{bmatrix} n \\ j \end{bmatrix}q^{j(k+j)}$$

$$= \sum_{k=-n}^{m}(-1)^k q^{\binom{k}{2}}\begin{bmatrix} m+n \\ n+k \end{bmatrix}x^k. \qquad \Box$$

定理 2.8.2(Jacobi 三重积恒等式)　设 $|q| < 1$ 且 $x \neq 0$, 则

$$(x, q/x, q;q)_\infty = \sum_{n=-\infty}^{+\infty}(-1)^n q^{\binom{n}{2}}x^n. \tag{2.8.2}$$

证明　证法一: 由于

$$\lim_{m,n\to\infty}\begin{bmatrix} m+n \\ n+k \end{bmatrix} = \lim_{m,n\to\infty}\frac{(q;q)_{m+n}}{(q;q)_{n+k}(q;q)_{m-k}} = \frac{1}{(q;q)_\infty},$$

因此, 在 Jacobi 三重积恒等式的有限形式中, 取 $m, n \to \infty$, 即可得证.

证法二: 由 Euler 公式

$$\sum_{k=0}^{N} \begin{bmatrix} N \\ k \end{bmatrix} (-1)^k q^{\binom{k}{2}} x^k = (x;q)_N.$$

取 $N = 2n$, 则

$$\sum_{k=0}^{2n} \begin{bmatrix} 2n \\ k \end{bmatrix} (-1)^k q^{\binom{k}{2}} x^k = (x;q)_{2n}.$$

取 $x \to xq^{-n}$, 则

$$(xq^{-n};q)_{2n} = \sum_{k=0}^{2n} \begin{bmatrix} 2n \\ k \end{bmatrix} (-1)^k q^{\binom{k}{2}} (xq^{-n})^k$$

$$= \sum_{k=-n}^{n} \begin{bmatrix} 2n \\ k+n \end{bmatrix} (-1)^{k+n} q^{\binom{k+n}{2}} x^{k+n} q^{-n(k+n)}.$$

又由于

$$(xq^{-n};q)_{2n} = (xq^{-n};q)_n (x;q)_n = (-1)^n x^n q^{-\binom{n+1}{2}} \left(\frac{q}{x};q \right)_n (x;q)_n,$$

因此, 有

$$(-1)^n x^n q^{-\binom{n+1}{2}} \left(\frac{q}{x};q \right)_n (x;q)_n = \sum_{k=-n}^{n} \begin{bmatrix} 2n \\ n+k \end{bmatrix} (-1)^{n+k} q^{\binom{n+k}{2}-n(n+k)} x^{n+k},$$

即

$$(q/x, x;q)_n = \sum_{k=-n}^{n} \begin{bmatrix} 2n \\ n+k \end{bmatrix} (-1)^k q^{\binom{k}{2}} x^k.$$

取 $n \to \infty$, 则

$$(q/x, x;q)_\infty = \sum_{k=-\infty}^{\infty} (-1)^k q^{\binom{k}{2}} x^k \frac{1}{(q;q)_\infty}. \qquad \square$$

注 2.8.2 证法二的思想由 Cauchy 提出, 被称为 Cauchy 方法. 其主要思想是从一个有限单边级数开始, 将求和范围 $n \to 2n$, 然后将和进行下列操作:

$$\sum_{k=0}^{2n} a(k) = \sum_{k=-n}^{n} a(k+n),$$

再设 $n \to \infty$, 经过一系列运算可得双边级数的结果.

推论 2.8.1 (Euler)

$$(q;q)_\infty = \sum_{n=-\infty}^{+\infty} (-1)^n q^{\frac{1}{2}n(3n+1)}.$$

证明　由于

$$(q;q)_\infty = (q;q^3)_\infty (q^2;q^3)_\infty (q^3;q^3)_\infty,$$

在 Jacobi 三重积恒等式 (2.8.2) 中, 取 $q \to q^3$, $x \to q^2$, 则

$$(q;q)_\infty = \sum_{n=-\infty}^{+\infty} (-1)^n q^{\frac{3}{2}n(n-1)} q^{2n}$$

$$= \sum_{n=-\infty}^{+\infty} (-1)^n q^{\frac{n}{2}(3n+1)}.$$ □

推论 2.8.2 (Gauss)

$$\sum_{n=-\infty}^{+\infty} (-1)^n q^{n^2} = \frac{(q;q)_\infty}{(-q;q)_\infty}.$$

证明　在 Jacobi 三重积恒等式 (2.8.2) 中, 取 $q \to q^2$, $x \to q$, 得

$$\sum_{n=-\infty}^{+\infty} (-1)^n q^{n^2} = (q, q^2/q, q^2; q^2)_\infty = (q, q, q^2; q^2)_\infty = (q;q^2)_\infty (q;q)_\infty = \frac{(q;q)_\infty}{(-q;q)_\infty}.$$ □

推论 2.8.3 (Gauss)

$$\sum_{n=0}^{+\infty} q^{\binom{n+1}{2}} = \frac{(q^2;q^2)_\infty}{(q;q^2)_\infty}.$$

证明

$$\frac{(q^2;q^2)_\infty}{(q;q^2)_\infty} = (q^2;q^2)_\infty (-q;q)_\infty = (q;q)_\infty (-q;q)_\infty (-q;q)_\infty$$

$$= \frac{1}{2}(q;q)_\infty (-1;q)_\infty (-q;q)_\infty$$

$$= \frac{1}{2} \sum_{n=-\infty}^{+\infty} q^{\binom{n}{2}} = \frac{1}{2} \sum_{n=-\infty}^{+\infty} q^{\binom{-n}{2}} = \frac{1}{2} \sum_{n=-\infty}^{+\infty} q^{\binom{n+1}{2}}$$

$$= \frac{1}{2} \sum_{n=0}^{+\infty} q^{\binom{n+1}{2}} + \frac{1}{2} \sum_{n=-1}^{-\infty} q^{\binom{n+1}{2}} = \frac{1}{2} \sum_{n=0}^{+\infty} q^{\binom{n+1}{2}} + \frac{1}{2} \sum_{n=1}^{+\infty} q^{\binom{-n+1}{2}}$$

$$= \frac{1}{2}\sum_{n=0}^{+\infty} q^{\binom{n+1}{2}} + \frac{1}{2}\sum_{n=0}^{+\infty} q^{\binom{-n}{2}} = \sum_{n=0}^{+\infty} q^{\binom{n+1}{2}}. \qquad \square$$

推论 2.8.4(Gauss)

$$\sum_{n=-\infty}^{+\infty} q^{n^2} = (q^2;q^2)_\infty (-q;q^2)_\infty^2.$$

证明   在 Jacobi 三重积恒等式 (2.8.2) 中, 取 $q \to q^2$, 然后取 $x \to -q$, 可得结论. $\qquad \square$

推论 2.8.5(Jacobi)

$$(q;q)_\infty^3 = \sum_{n=0}^{+\infty} (-1)^n (2n+1) q^{\binom{n+1}{2}}.$$

证明   重写 Jacobi 三重积恒等式为

$$\begin{aligned}
(x, q/x, q; q)_\infty &= \sum_{n=-\infty}^{+\infty} (-1)^n q^{\binom{n}{2}} x^n = \sum_{n=-\infty}^{+\infty} (-1)^n q^{\binom{-n}{2}} x^{-n} \\
&= \sum_{n=-\infty}^{+\infty} (-1)^n q^{\binom{n+1}{2}} x^{-n} \\
&= \sum_{n=0}^{+\infty} (-1)^n q^{\binom{n+1}{2}} x^{-n} + \sum_{n=-1}^{-\infty} (-1)^n q^{\binom{n+1}{2}} x^{-n} \\
&= \sum_{n=0}^{+\infty} (-1)^n q^{\binom{n+1}{2}} x^{-n} + \sum_{n=0}^{+\infty} (-1)^{-1-n} q^{\binom{-1-n+1}{2}} x^{1+n} \\
&= \sum_{n=0}^{+\infty} (-1)^n q^{\binom{n+1}{2}} x^{-n} - \sum_{n=0}^{+\infty} (-1)^n q^{\binom{n+1}{2}} x^{1+n} \\
&= \sum_{n=0}^{+\infty} (-1)^n q^{\binom{n+1}{2}} (x^{-n} - x^{1+n}),
\end{aligned}$$

即

$$(x, q/x, q; q)_\infty = \sum_{n=0}^{+\infty} (-1)^n q^{\binom{n+1}{2}} (x^{-n} - x^{1+n}).$$

则

$$(xq, q/x, q; q)_\infty = \sum_{n=0}^{+\infty} (-1)^n q^{\binom{n+1}{2}} \frac{x^{-n} - x^{1+n}}{1-x}.$$

两边取极限 $x \to 1$, 则有

$$(q;q)_\infty^3 = \sum_{n=0}^{+\infty} (-1)^n q^{\binom{n+1}{2}}(2n+1).$$ □

定理 2.8.3　设 k 为非负整数, i 为任意实数, 则

$$\sum_{n=-\infty}^{+\infty} (-1)^n q^{\frac{1}{2}(2k+1)n(n+1)-in}$$

$$= \sum_{n=0}^{+\infty} (-1)^n q^{\frac{1}{2}(2k+1)n(n+1)-in}(1-q^{(2n+1)i})$$

$$= \prod_{n=0}^{+\infty} (1-q^{(2k+1)(n+1)})(1-q^{(2k+1)n+i})(1-q^{(2k+1)(n+1)-i}).$$

证明　在 Jacobi 三重积恒等式 (2.8.2) 中, 取 $q \to q^{2k+1}$, 然后取 $x \to q^{2k+1-i}$, 可得结论.   □

利用 Heine 第一、第二变换 (2.4.1), (2.4.2), 可以得到下面的定理.

定理 2.8.4[29]

$$\left(\sum_{n=0}^{\infty} (-1)^n a^n q^{n(n-1)/2}\right)\left(\sum_{n=0}^{\infty} (-1)^n b^n q^{n(n-1)/2}\right) = (q,a,b;q)_\infty \sum_{n=0}^{\infty} \frac{(abq^{n-1};q)_n q^n}{(q,a,b;q)_n}.$$

进一步, 有广义 Jacobi 三重积恒等式[30]:

$$1 + \sum_{n=1}^{\infty} (-1)^n q^{n(n-1)/2}(a^n + b^n) = (q,a,b;q)_\infty \sum_{n=0}^{\infty} \frac{(ab/q;q)_{2n} q^n}{(q,a,b,ab;q)_n}.$$

2.9　五重积恒等式

五重积恒等式由英国组合学家 Watson 首先发现, 它在组合分析、数论和特殊函数理论等方面均有重要的应用.

定理 2.9.1[31]　设 $|q| < 1$ 且 $z \neq 0$, 则

$$(q,z,q/z;q)_\infty(qz^2,q/z^2;q^2)_\infty = \sum_{n=-\infty}^{+\infty} (1-zq^n)q^{3\binom{n}{2}}(qz^3)^n \qquad (2.9.1)$$

$$= \sum_{n=-\infty}^{+\infty} (1-z^{1+6n})q^{3\binom{n}{2}}(q^2/z^3)^n. \qquad (2.9.2)$$

证明　在 Jacobi 三重积恒等式 (2.8.2) 中, 使 $q \to q^2$, $z \to qz^2$, 则

$$(q^2, qz^2, q/z^2; q^2)_\infty = \sum_{j=-\infty}^{+\infty} (-1)^j q^{j^2} z^{2j}.$$

令 $A(q,z) = (q, z, q/z; q)_\infty (q^2, qz^2, q/z^2; q^2)_\infty$，因此有

$$
\begin{aligned}
A(q,z) &= \sum_{i=-\infty}^{+\infty} \sum_{j=-\infty}^{+\infty} (-1)^{i+j} q^{\binom{i}{2}+j^2} z^{i+2j} \\
&= \sum_{k=-\infty}^{+\infty} \sum_{j=-\infty}^{+\infty} (-1)^{k-2j+j} q^{\binom{k-2j}{2}+j^2} z^k \\
&= \sum_{k=-\infty}^{+\infty} (-1)^k z^k \sum_{j=-\infty}^{+\infty} (-1)^j q^{\binom{k-2j}{2}+j^2} \\
&= \sum_{k=-\infty}^{+\infty} (-1)^k z^k q^{\binom{k}{2}} \sum_{j=-\infty}^{+\infty} (-1)^j q^{3j^2-2kj+j}.
\end{aligned}
$$

要计算上式中内部和, 需在 Jacobi 三重积恒等式 (2.8.2) 中, 取 $q \to q^6, z \to q^{4-2k}$, 则

$$\sum_{j=-\infty}^{+\infty} (-1)^j q^{3j^2-2kj+j} = \sum_{j=-\infty}^{+\infty} (-1)^j q^{6\binom{j}{2}} (q^{4-2k})^j = (q^6, q^{4-2k}, q^{2+2k}; q^6)_\infty.$$

而在 $(q^6, q^{4-2k}, q^{2+2k}; q^6)_\infty$ 中, 当 $k > 0$, 且 $k \equiv 2 \pmod 3$, 即 $k \equiv -1 \pmod 3$ 时, $(q^{4-2k}; q^6)_\infty = 0$; 当 $k < 0$, 且 $k \equiv -1 \pmod 3$ 时, $(q^{2+2k}; q^6)_\infty = 0$. 故只有当 $k \equiv 0 \pmod 3$ 和 $k \equiv 1 \pmod 3$ 时, 内部和 $\sum_{j=-\infty}^{+\infty} (-1)^j q^{3j^2-2kj+j}$ 不为零. 令 $A_1(q,z)$ 与 $A_2(q,z)$ 分别表示 $A(q,z)$ 所对应的 $k \equiv 0 \pmod 3$ 和 $k \equiv 1 \pmod 3$ 情形, 故

$$A_1(q,z) = \sum_{k=-\infty}^{+\infty} (-1)^k z^{3k} q^{\binom{3k}{2}} \sum_{j=-\infty}^{+\infty} (-1)^j q^{3j^2-6kj+j}.$$

作变换 $m = j - k$, 则

$$
\begin{aligned}
A_1(q,z) &= \sum_{k=-\infty}^{+\infty} z^{3k} q^{\frac{3}{2}k^2-\frac{1}{2}k} \sum_{m=-\infty}^{+\infty} (-1)^m q^{3m^2+m} \\
&= \sum_{k=-\infty}^{+\infty} z^{3k} q^{\frac{3}{2}k^2-\frac{1}{2}k} \sum_{m=-\infty}^{+\infty} (-1)^m q^{6\binom{m}{2}} (q^4)^m \\
&= \sum_{k=-\infty}^{+\infty} z^{3k} q^{\frac{3}{2}k^2-\frac{1}{2}k} (q^4, q^2, q^6; q^6)_\infty
\end{aligned}
$$

$$= (q^2; q^2)_\infty \sum_{k=-\infty}^{+\infty} z^{3k} q^{\frac{3}{2}k^2 - \frac{1}{2}k}. \tag{2.9.3}$$

类似地, 可以得到

$$A_2(q, z) = -(q^2; q^2)_\infty \sum_{k=-\infty}^{+\infty} z^{3k+1} q^{\frac{3}{2}k^2 + \frac{1}{2}k}. \tag{2.9.4}$$

联立 $A_1(q, z)$ 与 $A_2(q, z)$ 和 $A(q, z)$, 则得

$$(q, z, q/z; q)_\infty (qz^2, q/z^2; q^2)_\infty = \sum_{k=-\infty}^{+\infty} (1 - zq^k) q^{3\binom{k}{2}} (qz^3)^k.$$

又

$$(q, z, q/z; q)_\infty (qz^2, q/z^2; q^2)_\infty = \sum_{k=-\infty}^{+\infty} (1 - zq^k) q^{3\binom{k}{2}} (qz^3)^k$$

$$= \sum_{k=-\infty}^{+\infty} q^{3\binom{k}{2}+k} z^{3k} - \sum_{k=-\infty}^{+\infty} q^{3\binom{k}{2}+2k} z^{3k+1}$$

$$= \sum_{k=-\infty}^{+\infty} q^{3\binom{-k}{2}-k} z^{-3k} - \sum_{k=-\infty}^{+\infty} q^{3\binom{k}{2}+2k} z^{3k+1}$$

$$= \sum_{k=-\infty}^{+\infty} q^{3\binom{k}{2}+2k} z^{-3k} - \sum_{k=-\infty}^{+\infty} q^{3\binom{k}{2}+2k} z^{3k+1}$$

$$= \sum_{k=-\infty}^{+\infty} (1 - z^{1+6k}) q^{3\binom{k}{2}+2k} z^{-3k}$$

$$= \sum_{k=-\infty}^{+\infty} (1 - z^{1+6k}) q^{3\binom{k}{2}} (q^2/z^3)^k.$$

故

$$(q, z, q/z; q)_\infty (qz^2, q/z^2; q^2)_\infty = \sum_{n=-\infty}^{+\infty} (1 - zq^n) q^{3\binom{n}{2}} (qz^3)^n$$

$$= \sum_{n=-\infty}^{+\infty} (1 - z^{1+6n}) q^{3\binom{n}{2}} (q^2/z^3)^n. \qquad \Box$$

注 2.9.1 此证明由 Carlitz 和 Subbarao[32] 给出.

推论 2.9.1

$$(q; q)_\infty^3 (q; q^2)_\infty^2 = \sum_{n=-\infty}^{+\infty} (1 + 6n) q^{\frac{1}{2}n(3n+1)}. \tag{2.9.5}$$

证明 将五重积恒等式两边同除以 $(1-z)$ 得

$$(q, qz, q/z; q)_\infty (qz^2, q/z^2; q^2)_\infty = \sum_{n=-\infty}^{+\infty} \frac{1-z^{1+6n}}{1-z} q^{3\binom{n}{2}} (q^2/z^3)^n.$$

取 $z \to 1$, 得

$$(q; q)_\infty^3 (q; q^2)_\infty^2 = \sum_{n=-\infty}^{+\infty} (1+6n) q^{3\binom{n}{2}+2n}$$

$$= \sum_{n=-\infty}^{+\infty} (1+6n) q^{\frac{1}{2}n(3n+1)}. \qquad \square$$

2.10 基本变换公式及应用

本节给出两个基本变换公式, 并且给出它们的重要应用. 首先给出一个引理.

引理 2.10.1 设 A_k 是任意一个复序列, 则有

$$\sum_{k=0}^{n} \frac{(b, c, q^{-n}; q)_k}{(q, aq/b, aq/c; q)_k} A_k$$

$$= \sum_{j=0}^{n} \frac{(aq/bc, aq^j, q^{-n}; q)_j}{(q, aq/b, aq/c; q)_j} (-1)^j q^{-\binom{j}{2}} \sum_{k=0}^{n-j} \frac{(q^{j-n}, aq^{2j}; q)_k}{(q, aq^j; q)_k} q^{-kj} \left(\frac{bc}{aq}\right)^{k+j} A_{k+j}.$$

证明 应用 (2.6.5), 则

$$\sum_{k=0}^{n} \frac{(b, c, q^{-n}; q)_k}{(q, aq/b, aq/c; q)_k} A_k$$

$$= \sum_{k=0}^{n} \frac{(q^{-n}; q)_k}{(q; q)_k} A_k \frac{(b, c; q)_k}{(aq/b, aq/c; q)_k} \left(\frac{aq}{bc}\right)^k \left(\frac{bc}{aq}\right)^k$$

$$= \sum_{k=0}^{n} \frac{(q^{-n}; q)_k}{(q; q)_k} \left(\frac{bc}{aq}\right)^k A_k \sum_{j=0}^{k} \frac{(q^{-k}, aq^k, aq/bc; q)_j}{(q, aq/b, aq/c; q)_j} q^j$$

$$= \sum_{j=0}^{n} \frac{(aq/bc; q)_j}{(q, aq/b, aq/c; q)_j} q^j \sum_{k=j}^{n} \frac{(q^{-n}; q)_k}{(q; q)_k} \left(\frac{bc}{aq}\right)^k A_k (q^{-k}, aq^k; q)_j$$

$$= \sum_{j=0}^{n} \frac{(aq/bc; q)_j}{(q, aq/b, aq/c; q)_j} q^j \sum_{k=0}^{n-j} \frac{(q^{-n}; q)_{k+j}}{(q; q)_{k+j}} \left(\frac{bc}{aq}\right)^{k+j} A_{k+j} (q^{-k-j}, aq^{k+j}; q)_j.$$

由于

$$(q^{-n}; q)_{k+j} = (q^{-n}; q)_j (q^{-n+j}; q)_k,$$

$$(q^{-k-j};q)_j = (-1)^j q^{-kj-\binom{j+1}{2}}(q^{k+1};q)_j,$$

$$(q;q)_{k+j} = (q;q)_k(q^{k+1};q)_j,$$

$$(aq^{k+j};q)_j = \frac{(aq^j;q)_k(aq^{k+j};q)_j}{(aq^j;q)_k} = \frac{(aq^j;q)_{k+j}}{(aq^j;q)_k} = \frac{(aq^j;q)_j(aq^{2j};q)_k}{(aq^j;q)_k},$$

代换之后得

$$\sum_{k=0}^n \frac{(b,c,q^{-n};q)_k}{(q,aq/b,aq/c;q)_k} A_k$$

$$= \sum_{j=0}^n \frac{\left(\dfrac{aq}{bc};q\right)_j}{\left(q,\dfrac{aq}{b},\dfrac{aq}{c};q\right)_j} q^j \sum_{k=0}^{n-j}\left(\frac{bc}{aq}\right)^{k+j} A_{k+j}$$

$$\times \frac{(q^{-n};q)_j(q^{-n+j};q)_k(-1)^j q^{-kj-\binom{j+1}{2}}}{(q;q)_k(q^{k+1};q)_j(aq^j;q)_k}(q^{k+1};q)_j(aq^j;q)_j(aq^{2j};q)_k$$

$$= \sum_{j=0}^n \frac{(aq/bc,aq^j,q^{-n};q)_j}{(q,aq/b,aq/c;q)_j}(-1)^j q^{-\binom{j}{2}} \sum_{k=0}^{n-j}\frac{(q^{j-n},aq^{2j};q)_k}{(q,aq^j;q)_k} q^{-kj}\left(\frac{bc}{aq}\right)^{k+j} A_{k+j}. \quad\square$$

若

$$A_k = \frac{(a,a_1,\cdots,a_r;q)_k}{(b_1,b_2,\cdots,b_r,b_{r+1};q)_k} z^k,$$

则

$$\sum_{k=0}^n \frac{(b,c,q^{-n};q)_k(a,a_1,\cdots,a_r;q)_k}{(q,aq/b,aq/c;q)_k(b_1,b_2,\cdots,b_r,b_{r+1};q)_k} z^k$$

$$= \sum_{j=0}^n \frac{\left(\dfrac{aq}{bc},aq^j,q^{-n};q\right)_j}{(q,aq/b,aq/c;q)_j}(-1)^j q^{-\binom{j}{2}}$$

$$\times \sum_{k=0}^{n-j}\frac{(q^{-n+j},aq^{2j};q)_k}{(q,aq^j;q)_k} q^{-kj}\left(\frac{bc}{aq}\right)^{k+j}\frac{(a,a_1,\cdots,a_r;q)_{k+j}}{(b_1,b_2,\cdots,b_r,b_{r+1};q)_{k+j}} z^{k+j}.$$

化简, 得

$$_{r+4}\phi_{r+3}\left[\begin{matrix} a, & b, & c, & a_1, & a_2, & \cdots, & a_r, & q^{-n} \\ & aq/b, & aq/c, & b_1, & b_2, & \cdots, & b_r, & b_{r+1} \end{matrix}; q,z\right]$$

$$= \sum_{j=0}^n \frac{\left(\dfrac{aq}{bc},aq^j,q^{-n},a,a_1,a_2,\cdots,a_r;q\right)_j}{(q,aq/b,aq/c,b_1,b_2,\cdots,b_{r+1};q)_j}(-1)^j q^{-\binom{j}{2}}$$

$$\times \sum_{k=0}^{n-j} \frac{(q^{j-n}, aq^{2j}, aq^j, a_1q^j, \cdots, a_rq^j; q)_k}{(q, aq^j, b_1q^j, \cdots, b_rq^j, b_{r+1}q^j; q)_k} q^{-kj} \left(\frac{bc}{aq}\right)^{j+k} z^{k+j}$$

$$= \sum_{j=0}^{n} \frac{\left(\dfrac{aq}{bc}, aq^j, q^{-n}, a, a_1, a_2, \cdots, a_r; q\right)_j}{(q, aq/b, aq/c, b_1, b_2, \cdots, b_{r+1}; q)_j} \left(\frac{bc}{aq}\right)^j z^j (-1)^j q^{-\binom{j}{2}}$$

$$\times {}_{r+2}\phi_{r+1} \left[\begin{matrix} q^{j-n}, aq^{2j}, a_1q^j, \cdots, a_rq^j \\ b_1q^j, b_2q^j, \cdots, b_{r+1}q^j \end{matrix} ; q, \frac{bcz}{aq^{j+1}} \right]$$

$$= \sum_{j=0}^{n} \frac{\left(\dfrac{aq}{bc}, q^{-n}, a_1, a_2, \cdots, a_r; q\right)_j}{(q, aq/b, aq/c, b_1, b_2, \cdots, b_{r+1}; q)_j} (a; q)_{2j} \left(\frac{bc}{aq}\right)^j z^j (-1)^j q^{-\binom{j}{2}}$$

$$\times {}_{r+2}\phi_{r+1} \left[\begin{matrix} q^{j-n}, & aq^{2j}, & a_1q^j, & \cdots, & a_rq^j \\ b_1q^j, & b_2q^j, & \cdots, & & b_{r+1}q^j \end{matrix} ; q, \frac{bcz}{aq^{j+1}} \right].$$

故有

命题 2.10.1 (基本变换公式 I[5])

$$_{r+4}\phi_{r+3} \left[\begin{matrix} a, & b, & c, & a_1, & a_2, & \cdots, & a_r, & q^{-n} \\ & aq/b, & aq/c, & b_1, & b_2, & \cdots, & b_r, & b_{r+1} \end{matrix} ; q, z \right]$$

$$= \sum_{j=0}^{n} \frac{\left(\dfrac{aq}{bc}, q^{-n}, a_1, a_2, \cdots, a_r; q\right)_j}{(q, aq/b, aq/c, b_1, b_2, \cdots, b_r, b_{r+1}; q)_j} (a; q)_{2j} \left(-\frac{bcz}{aq}\right)^j q^{-\binom{j}{2}}$$

$$\times {}_{r+2}\phi_{r+1} \left[\begin{matrix} aq^{2j}, & a_1q^j, & a_2q^j, & \cdots, & a_rq^j, & q^{j-n} \\ b_1q^j, & b_2q^j, & \cdots, & b_rq^j, & b_{r+1}q^j \end{matrix} ; q, \frac{bcz}{aq^{j+1}} \right]. \quad (2.10.1)$$

注 2.10.1 此基本变换公式是将 $_{r+4}\phi_{r+3}$ 表达为 $_{r+2}\phi_{r+1}$ 级数的和, 因此, 若将 $_{r+2}\phi_{r+1}$ 取一些特殊的参数而能够求和, 就可确定一个 $_{r+4}\phi_{r+3}$ 的变换公式.

定理 2.10.1 ($_4\phi_3$ 正交关系)

$$_4\phi_3 \left[\begin{matrix} a, & qa^{\frac{1}{2}}, & -qa^{\frac{1}{2}}, & q^{-n} \\ & a^{\frac{1}{2}}, & -a^{\frac{1}{2}}, & aq^{n+1} \end{matrix} ; q, q^n \right] = \delta_{n,0} = \begin{cases} 1, & n = 0, \\ 0. & n \neq 0. \end{cases} \quad (2.10.2)$$

证明 在基本变换公式 (2.10.1) 中, 取 $b = qa^{\frac{1}{2}}$, $c = -qa^{\frac{1}{2}}$ 和 $a_k = b_k$ ($k = 1, 2, \cdots, r$), $b_{r+1} = aq^{n+1}$, 则

$$_4\phi_3 \left[\begin{matrix} a, & qa^{\frac{1}{2}}, & -qa^{\frac{1}{2}}, & q^{-n} \\ & a^{\frac{1}{2}}, & -a^{\frac{1}{2}}, & aq^{n+1} \end{matrix} ; q, z \right]$$

$$= \sum_{j=0}^{n} \frac{(-q^{-1}, q^{-n}; q)_j (a; q)_{2j}}{(q, a^{\frac{1}{2}}, -a^{\frac{1}{2}}, aq^{n+1}; q)_j} (qz)^j q^{-\binom{j}{2}} (a; q)_{2j} \cdot {}_2\phi_1 \left[\begin{matrix} aq^{2j}, & q^{j-n} \\ & aq^{n+1+j} \end{matrix} ; q, -zq^{1-j} \right].$$

取 $z = q^n$, 应用 Bailey-Daum 求和公式 (2.4.5), 则

$$
{}_2\phi_1 \left[\begin{array}{cc} aq^{2j}, & q^{j-n} \\ & aq^{j+n+1} \end{array} ; q, -q^{n+1-j} \right] = \frac{(-q;q)_\infty (aq^{2j+1}, aq^{2n+2}; q^2)_\infty}{(aq^{n+j+1}, -q^{1+n-j}; q)_\infty}.
$$

因此

$$
{}_4\phi_3 \left[\begin{array}{cccc} a, & qa^{\frac{1}{2}}, & -qa^{\frac{1}{2}}, & q^{-n} \\ & a^{\frac{1}{2}}, & -a^{\frac{1}{2}}, & aq^{n+1} \end{array} ; q, q^n \right]
$$

$$
= \sum_{j=0}^n \frac{(-q^{-1}, q^{-n}; q)_j (a;q)_{2j} q^{nj+j-\binom{j}{2}}}{(q, a^{\frac{1}{2}}, -a^{\frac{1}{2}}, aq^{n+1}; q)_j} \frac{(-q;q)_\infty (aq^{2j+1}, aq^{2n+2}; q^2)_\infty}{(aq^{j+1+n}, -q^{n-j+1}; q)_\infty}.
$$

应用下列恒等式

$$
(a;q)_{2j} = (a;q^2)_j (aq;q^2)_j,
$$

$$
(a^{\frac{1}{2}}, -a^{\frac{1}{2}}; q)_j = (a;q^2)_j,
$$

$$
(-q^{n-j+1}; q)_\infty = \frac{(-q;q)_{n-j}(-q^{n-j+1};q)_\infty}{(-q;q)_{n-j}} = \frac{(-q;q)_\infty}{\frac{(-q;q)_n}{(-q^{-n};q)_j} q^{\binom{j}{2}-nj}}
$$

$$
= \frac{(-q;q)_\infty (-q^{-n};q)_j}{(-q;q)_n} q^{nj-\binom{j}{2}},
$$

则有

$$
{}_4\phi_3 \left[\begin{array}{cccc} a, & qa^{\frac{1}{2}}, & -qa^{\frac{1}{2}}, & q^{-n} \\ & a^{\frac{1}{2}}, & -a^{\frac{1}{2}}, & aq^{n+1} \end{array} ; q, q^n \right]
$$

$$
= \sum_{j=0}^n \frac{(-q^{-1}, q^{-n}; q)_j (aq;q^2)_\infty q^j}{(q, aq^{n+1}; q)_j} \frac{(aq^{2n+2}; q^2)_\infty}{(aq^{j+1+n}; q)_\infty} \frac{(-q;q)_n}{(-q^{-n};q)_j}
$$

$$
= \frac{(aq;q^2)_\infty (aq^{2n+2}; q^2)_\infty (-q;q)_n (aq;q)_n}{(aq;q)_\infty} \sum_{j=0}^n \frac{(-q^{-1}, q^{-n}; q)_j}{(q, -q^{-n};q)_j} q^j.
$$

若 $n = 0$, 则两边均等于 1. 若 $n > 0$, 则

$$
\sum_{j=0}^n \frac{(-q^{-1}, q^{-n}; q)_j}{(q, -q^{-n};q)_j} q^j = {}_2\phi_1 \left[\begin{array}{cc} -q^{-1}, & q^{-n} \\ & -q^{-n} \end{array} ; q, q \right] = \frac{(q^{1-n};q)_n}{(-q^{-n};q)_n} (-q^{-1})^n.
$$

由于

$$
(q^{1-n};q)_n = \begin{cases} 0, & n > 0, \\ 1, & n = 0. \end{cases}
$$

所以, 当 $n > 0$ 时,

$$\sum_{j=0}^{n} \frac{(-q^{-1}, q^{-n}; q)_j}{(q, -q^{-n}; q)_j} q^j = 0.$$

因此

$${}_4\phi_3 \left[\begin{array}{cccc} a, & qa^{\frac{1}{2}}, & -qa^{\frac{1}{2}}, & q^{-n} \\ & a^{\frac{1}{2}}, & -a^{\frac{1}{2}}, & aq^{n+1} \end{array} ; q, q^n \right] = \delta_{n,0}. \qquad \square$$

定理 2.10.2(可终止型 ${}_6\phi_5$ 求和公式)

$${}_6\phi_5 \left[\begin{array}{cccccc} a, & qa^{\frac{1}{2}}, & -qa^{\frac{1}{2}}, & b, & c, & q^{-n} \\ & a^{\frac{1}{2}}, & -a^{\frac{1}{2}}, & aq/b, & aq/c, & aq^{n+1} \end{array} ; q, \frac{aq^{n+1}}{bc} \right] = \frac{(aq, aq/bc; q)_n}{(aq/b, aq/c; q)_n}.$$

$$(2.10.3)$$

证明   在基本变换公式 (2.10.1) 中, 取 $a_1 = qa^{\frac{1}{2}}$, $a_2 = -qa^{\frac{1}{2}}$, $b_1 = a^{\frac{1}{2}}$, $b_2 = -a^{\frac{1}{2}}$, $b_{r+1} = aq^{n+1}$, $a_k = b_k (k = 3, 4, \cdots, r)$, 则

$${}_6\phi_5 \left[\begin{array}{cccccc} a, & b, & c, & qa^{\frac{1}{2}}, & -qa^{\frac{1}{2}}, & q^{-n} \\ & aq/b, & aq/c, & a^{\frac{1}{2}}, & -a^{\frac{1}{2}}, & aq^{n+1} \end{array} ; q, z \right]$$

$$= \sum_{j=0}^{n} \frac{\left(\dfrac{aq}{bc}, q^{-n}, qa^{\frac{1}{2}}, -qa^{\frac{1}{2}}; q \right)_j}{(q, aq/b, aq/c, a^{\frac{1}{2}}, -a^{\frac{1}{2}}, aq^{n+1}; q)_j} \left(-\frac{bcz}{aq} \right)^j q^{-\binom{j}{2}} (a; q)_{2j}$$

$$\times {}_4\phi_3 \left[\begin{array}{cccc} aq^{2j}, & qa^{\frac{1}{2}}q^j, & -qa^{\frac{1}{2}}q^j, & q^{-(n-j)} \\ & a^{\frac{1}{2}}q^j, & -a^{\frac{1}{2}}q^j, & aq^{n+1}q^j \end{array} ; q, \frac{bcz}{aq^{j+1}} \right].$$

令 $\dfrac{bcz}{aq^{j+1}} = q^{n-j}$, 则 $z = \dfrac{aq^{n+1}}{bc}$. 因此

$${}_6\phi_5 \left[\begin{array}{cccccc} a, & qa^{\frac{1}{2}}, & -qa^{\frac{1}{2}}, & q^{-n}, & b, & c \\ & a^{\frac{1}{2}}, & -a^{\frac{1}{2}}, & aq/b, & aq/c, & aq^{n+1} \end{array} ; q, \frac{aq^{n+1}}{bc} \right]$$

$$= \sum_{j=0}^{n} \frac{\left(\dfrac{aq}{bc}, qa^{\frac{1}{2}}, -qa^{\frac{1}{2}}, q^{-n}; q \right)_j (a; q)_{2j}}{(q, a^{\frac{1}{2}}, -a^{\frac{1}{2}}, aq/b, aq/c, aq^{n+1}; q)_j} (-q^n)^j q^{-\binom{j}{2}}$$

$$\times {}_4\phi_3 \left[\begin{array}{cccc} aq^{2j}, & q^{j+1}a^{\frac{1}{2}}, & -q^{j+1}a^{\frac{1}{2}}, & q^{j-n} \\ & q^j a^{\frac{1}{2}}, & -q^j a^{\frac{1}{2}}, & aq^{j+n+1} \end{array} ; q, q^{n-j} \right]$$

$$= \sum_{j=0}^{n} \frac{\left(\dfrac{aq}{bc}, qa^{\frac{1}{2}}, -qa^{\frac{1}{2}}, q^{-n}; q \right)_j (a; q)_{2j}}{(q, a^{\frac{1}{2}}, -a^{\frac{1}{2}}, aq/b, aq/c, aq^{n+1}; q)_j} (-q^n)^j q^{-\binom{j}{2}} \times \delta_{n-j,0}$$

$$= \frac{\left(\dfrac{aq}{bc}, qa^{\frac{1}{2}}, -qa^{\frac{1}{2}}, q^{-n}; q\right)_n (a;q)_{2n}}{(q, a^{\frac{1}{2}}, -a^{\frac{1}{2}}, aq/b, aq/c, aq^{n+1}; q)_n}(-q^n)^n q^{-\binom{n}{2}}.$$

由于

$$(q^{-n};q)_n = (-1)^n q^{-\binom{n}{2}-n}(q;q)_n,$$

$$\frac{(qa^{\frac{1}{2}}, -qa^{\frac{1}{2}};q)_n}{(a^{\frac{1}{2}}, -a^{\frac{1}{2}};q)_n} = \frac{1-aq^{2n}}{1-a},$$

$$(a;q)_{2n} = (a;q)_n(aq^{n+1})_n,$$

则有

$$_6\phi_5\left[\begin{matrix} a, & qa^{\frac{1}{2}}, & -qa^{\frac{1}{2}}, & q^{-n}, & b, & c \\ & a^{\frac{1}{2}}, & -a^{\frac{1}{2}}, & aq/b, & aq/c, & aq^{n+1} \end{matrix}; q, \frac{aq^{n+1}}{bc}\right]$$

$$= \frac{\left(\dfrac{aq}{bc};q\right)_n}{(aq/b, aq/c;q)_n}\frac{1-aq^{2n}}{1-a}\frac{(q;q)_n(-1)^n q^{-n-\binom{n}{2}}(a;q)_{2n}}{(q, aq^{n+1};q)_n}(-1)^n q^{n^2-\binom{n}{2}}$$

$$= \frac{\left(\dfrac{aq}{bc};q\right)_n (aq;q)_n(aq^{n+1};q)_n(q;q)_n q^{-n+n^2-2\binom{n}{2}}}{(aq/b, aq/c;q)_n(q, aq^{n+1};q)_n}$$

$$= \frac{\left(aq, \dfrac{aq}{bc};q\right)_n}{(aq/b, aq/c;q)_n}. \qquad\qquad\qquad \square$$

注 2.10.2 当 $aq = bc$ 时, 终止型 $_6\phi_5$ 求和公式变为 $_4\phi_3$ 正交关系.

定理 2.10.3($_8\phi_7$ 的 Waston 变换公式)

$$_8\phi_7\left[\begin{matrix} a, & qa^{\frac{1}{2}}, & -qa^{\frac{1}{2}}, & b, & c, & d, & e, & q^{-n} \\ & a^{\frac{1}{2}}, & -a^{\frac{1}{2}}, & aq/b, & aq/c, & aq/d, & aq/e, & aq^{n+1} \end{matrix}; q, \frac{a^2q^{2+n}}{bcde}\right]$$

$$= \frac{(aq, aq/de;q)_n}{(aq/d, aq/e;q)_n}{}_4\phi_3\left[\begin{matrix} q^{-n}, & d, & e, & aq/bc \\ & aq/b, & aq/c, & deq^{-n}/a \end{matrix}; q, q\right]. \qquad (2.10.4)$$

证明 在基本公式 (2.10.1) 中, 取 $r = 4$, $a_1 = qa^{\frac{1}{2}}$, $a_2 = -qa^{\frac{1}{2}}$, $a_3 = d$, $a_4 = e$, $b_1 = a^{\frac{1}{2}}$, $b_2 = -a^{\frac{1}{2}}$, $b_3 = aq/d$, $b_4 = aq/e$, $b_5 = aq^{n+1}$, $z = \dfrac{a^2q^{2+n}}{bcde}$, 则

$$_8\phi_7\left[\begin{matrix} a, & qa^{\frac{1}{2}}, & -qa^{\frac{1}{2}}, & b, & c, & d, & e, & q^{-n} \\ & a^{\frac{1}{2}}, & -a^{\frac{1}{2}}, & aq/b, & aq/c, & aq/d, & aq/e, & aq^{n+1} \end{matrix}; q, \frac{a^2q^{2+n}}{bcde}\right]$$

$$= \sum_{j=0}^{n}\frac{(aq/bc, qa^{\frac{1}{2}}, -qa^{\frac{1}{2}}, d, e, q^{-n};q)_j(a;q)_{2j}}{(q, a^{\frac{1}{2}}, -a^{\frac{1}{2}}, aq/b, aq/c, aq/d, aq/e, aq^{n+1};q)_j}\left(-\frac{aq^{n+1}}{de}\right)^j q^{-\binom{j}{2}}$$

$$\times {}_6\phi_5 \left[\begin{array}{cccccc} aq^{2j}, & q^{j+1}a^{\frac{1}{2}}, & -q^{j+1}a^{\frac{1}{2}}, & dq^j, & eq^j, & q^{j-n} \\ q^j a^{\frac{1}{2}}, & -q^j a^{\frac{1}{2}}, & aq^{j+1}/d, & aq^{j+1}/e, & aq^{j+n+1} \end{array} ; q, \frac{aq^{1+n-j}}{de} \right]$$

$$= \sum_{j=0}^{n} \frac{(aq/bc, qa^{\frac{1}{2}}, -qa^{\frac{1}{2}}, d, e, q^{-n}; q)_j (a; q)_{2j}}{(q, a^{\frac{1}{2}}, -a^{\frac{1}{2}}, aq/b, aq/c, aq/d, aq/e, aq^{n+1}; q)_j}$$

$$\times \left(-\frac{aq^{n+1}}{de} \right)^j q^{-\binom{j}{2}} \frac{(aq^{2j+1}, aq/de; q)_{n-j}}{(aq^{j+1}/d, aq^{j+1}/e; q)_{n-j}}.$$

由于

$$(aq/d; q)_j (aq^{j+1}/d; q)_{n-j} = (aq/d; q)_n,$$

$$(aq/e; q)_j (aq^{j+1}/e; q)_{n-j} = (aq/e; q)_n,$$

$$\frac{(qa^{\frac{1}{2}}, -qa^{\frac{1}{2}}; q)_j (a; q)_{2j} (aq^{2j+1}; q)_{n-j}}{(a^{\frac{1}{2}}, -a^{\frac{1}{2}}; q)_j (aq^{n+1})_j} = (aq; q)_n,$$

$$(aq/de; q)_{n-j} = \frac{(aq/de; q)_n}{(q^{1-n}de/aq; q)_j} (-de/a)^j q^{\binom{j}{2}-nj},$$

则有

$$ {}_8\phi_7 \left[\begin{array}{cccccccc} a, & qa^{\frac{1}{2}}, & -qa^{\frac{1}{2}}, & b, & c, & d, & e, & q^{-n} \\ & a^{\frac{1}{2}}, & -a^{\frac{1}{2}}, & aq/b, & aq/c, & aq/d, & aq/e, & aq^{n+1} \end{array} ; q, \frac{a^2 q^{2+n}}{bcde} \right]$$

$$= \frac{(aq; q)_n}{(aq/d, aq/e; q)_n} \sum_{j=0}^{n} \frac{(aq/bc, d, e, q^{-n}; q)_j}{(q, aq/b, aq/c; q)_j} \left(-\frac{aq^{n+1}}{de} \right)^j q^{-\binom{j}{2}}$$

$$\times \frac{(aq/de; q)_n}{\left(\dfrac{q^{1-n}de}{aq}; q \right)_j} \left(-\frac{de}{a} \right)^j q^{\binom{j}{2}-nj}$$

$$= \frac{(aq, aq/de; q)_n}{(aq/d, aq/e; q)_n} \sum_{j=0}^{n} \frac{(aq/bc, d, e, q^{-n}; q)_j}{(q, aq/b, aq/c, deq^{-n}/a; q)_j} q^j$$

$$= \frac{(aq, aq/de; q)_n}{(aq/d, aq/e; q)_n} {}_4\phi_3 \left[\begin{array}{cccc} q^{-n}, & d, & e, & aq/bc \\ & aq/b, & aq/c, & deq^{-n}/a \end{array} ; q, q \right]. \qquad \Box$$

命题 2.10.2(基本变换公式 II[5]) 设 $|z| < 1$, m 为非负整数, 则

$$ {}_{r+1}\phi_r \left[\begin{array}{cccc} a_1, & \cdots, & a_r, & b_r q^m \\ b_1, & \cdots, & b_{r-1}, & b_r \end{array} ; q, z \right]$$

$$= \sum_{k=0}^{m} \frac{(q^{-m}, a_1, \cdots, a_r; q)_k}{(q, b_1, \cdots, b_r; q)_k} (-zq^m)^k q^{-\binom{k}{2}} {}_r\phi_{r-1} \left[\begin{array}{cccc} a_1 q^k, & \cdots, & a_r q^k \\ b_1 q^k, & \cdots, & b_{r-1} q^k \end{array} ; q, zq^{m-k} \right].$$

$$(2.10.5)$$

证明　应用 q-朱世杰-Vandermonde 第二求和公式 (2.4.12), 则有

$$
{}_2\phi_1\left[\begin{array}{cc} q^{-n}, & q^{-m} \\ & b_r \end{array} ; q, q\right] = \frac{(b_r q^m; q)_n}{(b_r; q)_n} q^{-mn},
$$

这里 $m \geqslant n$, 因此

$$
{}_{r+1}\phi_r\left[\begin{array}{cccc} a_1, & \cdots, & a_r, & b_r q^m \\ b_1, & \cdots, & b_{r-1}, & b_r \end{array} ; q, z\right]
$$

$$
= \sum_{n=0}^{\infty} \frac{(a_1, \cdots, a_r; q)_n}{(q, b_1, \cdots, b_{r-1}; q)_n} z^n \frac{(b_r q^m; q)_n}{(b_r; q)_n}
$$

$$
= \sum_{n=0}^{\infty} \frac{(a_1, \cdots, a_r; q)_n}{(q, b_1, \cdots, b_{r-1}; q)_n} z^n \sum_{k=0}^{n} \frac{(q^{-n}, q^{-m}; q)_k}{(q, b_r; q)_k} q^{mn+k}
$$

$$
= \sum_{n=0}^{\infty} \sum_{k=0}^{m} \frac{(a_1, \cdots, a_r; q)_n}{(q, b_1, \cdots, b_{r-1}; q)_n} z^n \frac{(q^{-n}, q^{-m}; q)_k}{(q, b_r; q)_k} q^{mn+k}.
$$

由于

$$
\frac{(q^{-n}; q)_k}{(q; q)_n} = \frac{(-1)^k q^{\binom{k}{2}-nk}}{(q; q)_{n-k}},
$$

则

$$
I = \sum_{n=0}^{\infty} \sum_{k=0}^{m} \frac{(a_1, \cdots, a_r; q)_n}{(b_1, \cdots, b_{r-1}; q)_n} \frac{(q^{-m}; q)_k}{(q; q)_{n-k}(q, b_r; q)_k} z^n (-1)^k q^{mn+k+\binom{k}{2}-nk}
$$

$$
= \sum_{k=0}^{m} \frac{(q^{-m}; q)_k}{(q, b_r; q)_k} \sum_{n=k}^{\infty} \frac{(a_1, \cdots, a_r; q)_n}{(b_1, \cdots, b_{r-1}; q)_n(q; q)_{n-k}} z^n (-1)^k q^{mn+k+\binom{k}{2}-nk}
$$

$$
= \sum_{k=0}^{m} \frac{(q^{-m}; q)_k}{(q, b_r; q)_k} \sum_{n=0}^{\infty} \frac{(a_1, \cdots, a_r; q)_{n+k}}{(b_1, \cdots, b_{r-1}; q)_{n+k}(q; q)_n} z^{n+k} (-1)^k q^{m(n+k)+k+\binom{k}{2}-n(n+k)}
$$

$$
= \sum_{k=0}^{m} \frac{(q^{-m}; q)_k (a_1, \cdots, a_r; q)_k}{(q, b_r; q)_k (b_1, \cdots, b_{r-1}; q)_k} z^k
$$

$$
\times \sum_{n=0}^{\infty} \frac{(a_1 q^k, \cdots, a_r q^k; q)_n}{(b_1 q^k, \cdots, b_{r-1} q^k; q)_n(q; q)_n} z^n (-1)^k q^{mn+mk-\binom{k}{2}-nk}
$$

$$
= \sum_{k=0}^{m} \frac{(q^{-m}, a_1, \cdots, a_r; q)_k}{(q, b_1, \cdots, b_r; q)_k} z^k (-1)^k q^{mk-\binom{k}{2}}
$$

$$
\times \sum_{n=0}^{\infty} \frac{(a_1 q^k, \cdots, a_r q^k; q)_n}{(q, b_1 q^k, \cdots, b_{r-1} q^k; q)_n} z^n q^{(m-k)n}
$$

$$= \sum_{k=0}^{m} \frac{(q^{-m}, a_1, \cdots, a_r; q)_k}{(q, b_1, \cdots, b_r; q)_k} (-zq^m)^k q^{-\binom{k}{2}}{}_r\phi_{r-1}$$

$$\times \begin{bmatrix} a_1 q^k, & \cdots, & a_r q^k \\ b_1 q^k, & \cdots, & b_{r-1} q^k \end{bmatrix} ; q, zq^{m-k} \end{bmatrix}. \qquad \square$$

定理 2.10.4 设 $|a^{-1}q^{1-m}| < 1$, m 为非负整数, 则

$$_3\phi_2 \begin{bmatrix} a, & b, & b_1 q^m \\ & bq, & b_1 \end{bmatrix} ; q, a^{-1}q^{1-m} \end{bmatrix} = \frac{(q, bq/a; q)_\infty (b_1/b; q)_m}{(bq, q/a; q)_\infty (b_1; q)_m} b^m.$$

证明 在命题 2.10.2 中, 取 $r = 2$, $z = a^{-1}q^{1-m}$, 则

$$_3\phi_2 \begin{bmatrix} a, & b, & b_1 q^m \\ & bq, & b_1 \end{bmatrix} ; q, a^{-1}q^{1-m} \end{bmatrix}$$

$$= \sum_{k=0}^{m} \frac{(q^{-m}, a, b; q)_k}{(q, bq, b_1; q)_k} \left(\frac{-q}{a} \right)^k q^{-\binom{k}{2}} {}_2\phi_1 \begin{bmatrix} aq^k, & bq^k \\ & bq^{1+k} \end{bmatrix} ; q, a^{-1}q^{1-k} \end{bmatrix}.$$

再利用 q-Gauss 求和公式 (2.4.8), 可得

$$_3\phi_2 \begin{bmatrix} a, & b, & b_1 q^m \\ & bq, & b_1 \end{bmatrix} ; q, a^{-1}q^{1-m} \end{bmatrix}$$

$$= \sum_{k=0}^{m} \frac{(q^{-m}, a, b; q)_k}{(q, bq, b_1; q)_k} \left(\frac{-q}{a} \right)^k q^{-\binom{k}{2}} \frac{(bq/a, q; q)_\infty}{(bq^{1+k}, q^{1-k}/a; q)_\infty}$$

$$= \sum_{k=0}^{m} \frac{(q^{-m}, a, b; q)_k}{(q, bq, b_1; q)_k} \left(\frac{-q}{a} \right)^k q^{-\binom{k}{2}} \frac{(bq/a, q; q)_\infty (bq; q)_k}{(bq; q)_\infty (q^{1-k}/a; q)_k (q/a; q)_\infty}$$

$$= \frac{(bq/a, q; q)_\infty}{(bq, q/a; q)_\infty} \sum_{k=0}^{m} \frac{(q^{-m}, a, b; q)_k}{(q, bq, b_1; q)_k} \left(\frac{-q}{a} \right)^k q^{-\binom{k}{2}} \frac{(bq; q)_k a^k}{(-1)^k q^{-\binom{k}{2}} (a; q)_k}$$

$$= \frac{(bq/a, q; q)_\infty}{(bq, q/a; q)_\infty} \sum_{k=0}^{m} \frac{(q^{-m}, b; q)_k}{(q, b_1; q)_k} q^k$$

$$= \frac{(bq/a, q; q)_\infty}{(bq, q/a; q)_\infty} \frac{(b_1/b; q)_m}{(b_1; q)_m} b^m. \qquad \square$$

定理 2.10.5 (q-Karlsson-Minton 求和公式) 设 $m_1, \cdots, m_r$ 均为非负整数, 且 $|a^{-1}q^{1-(m_1+\cdots+m_r)}| < 1$, 则

$$_{r+2}\phi_{r+1} \begin{bmatrix} a, & b, & b_1 q^{m_1}, & \cdots, & b_r q^{m_r} \\ & bq, & b_1, & \cdots, & b_r \end{bmatrix} ; q, \frac{q^{1-(m_1+\cdots+m_r)}}{a} \end{bmatrix}$$

$$= \frac{(q, bq/a; q)_\infty (b_1/b; q)_{m_1} \cdots (b_r/b; q)_{m_r}}{(bq, q/a; q)_\infty (b_1; q)_{m_1} \cdots (b_r; q)_{m_r}} b^{m_1+\cdots+m_r}. \qquad (2.10.6)$$

证明　(归纳证明) 若 $r=1$, 则此定理就是定理 2.10.4, 即成立. 现假设此定理对 r 成立, 需证明此定理对 $r+1$ 也成立. 由命题 2.10.2, 我们有

$$_{r+3}\phi_{r+2}\left[\begin{array}{cccccc} a, & b, & b_1q^{m_1}, & \cdots, & b_rq^{m_r}, & b_{r+1}q^{m_{r+1}} \\ & bq, & b_1, & \cdots, & b_r, & b_{r+1} \end{array} ; q, \dfrac{q^{1-(m_1+\cdots+m_{r+1})}}{a}\right]$$

$$=\sum_{k=0}^{m_{r+1}} \frac{(q^{-m_{r+1}},a,b,b_1q^{m_1},\cdots,b_rq^{m_r};q)_k}{(q,bq,b_1,\cdots,b_r,b_{r+1};q)_k}\left(\frac{-q^{1-(m_1+\cdots+m_{r+1})}}{a}q^{m_{r+1}}\right)^k q^{-\binom{k}{2}}$$

$$\times\,_{r+2}\phi_{r+1}\left[\begin{array}{ccccc} aq^k, & bq^k, & b_1q^{k+m_1}, & \cdots, & b_rq^{k+m_r} \\ bq^{1+k}, & b_1q^k, & \cdots, & b_rq^k \end{array} ; q, \dfrac{q^{1-(m_1+\cdots+m_{r+1})}}{a}q^{m_{r+1}-k}\right]$$

$$=\sum_{k=0}^{m_{r+1}} \frac{(q^{-m_{r+1}},a,b,b_1q^{m_1},\cdots,b_rq^{m_r};q)_k}{(q,bq,b_1,\cdots,b_r,b_{r+1};q)_k}\left(\frac{-q^{1-(m_1+\cdots+m_r)}}{a}\right)^k q^{-\binom{k}{2}}$$

$$\times\,_{r+2}\phi_{r+1}\left[\begin{array}{ccccc} aq^k, & bq^k, & b_1q^{k+m_1}, & \cdots, & b_rq^{k+m_r} \\ bq^{1+k}, & b_1q^k, & \cdots, & b_rq^k \end{array} ; q, \dfrac{q^{1-(m_1+\cdots+m_r)}}{a}q^{-k}\right]$$

$$=\sum_{k=0}^{m_{r+1}} \frac{(q^{-m_{r+1}},a,b,b_1q^{m_1},\cdots,b_rq^{m_r};q)_k}{(q,bq,b_1,\cdots,b_r,b_{r+1};q)_k}\left(\frac{-q^{1-(m_1+\cdots+m_r)}}{a}\right)^k q^{-\binom{k}{2}}$$

$$\times \frac{(q,bq/a;q)_\infty}{(bq^{k+1},q^{1-k}/a;q)_\infty}\frac{(b_1/b;q)_{m_1}\cdots(b_r/b;q)_{m_r}}{(b_1q^k;q)_{m_1}\cdots(b_rq^k;q)_{m_r}}(bq^k)^{m_1+\cdots+m_r}.$$

由于

$$(q^{1-k}/a;q)_\infty=(q^{1-k}/a;q)_k(q/a;q)_\infty=(q/a;q)_\infty(-1)^k\frac{1}{a^k}q^{-\binom{k}{2}}(a;q)_k,$$

$$\frac{(b_1q^{m_1};q)_k}{(b_1;q)_k(b_1q^k;q)_{m_1}}=\frac{(b_1q^{m_1};q)_k}{(b_1;q)_{m_1}(b_1q^{m_1};q)_k}=\frac{1}{(b_1;q)_{m_1}},$$

因此

$$_{r+3}\phi_{r+2}\left[\begin{array}{cccccc} a, & b, & b_1q^{m_1}, & \cdots, & b_rq^{m_r}, & b_{r+1}q^{m_{r+1}} \\ & bq, & b_1, & \cdots, & b_r, & b_{r+1} \end{array} ; q, \dfrac{q^{1-(m_1+\cdots+m_{r+1})}}{a}\right]$$

$$=\frac{(q,bq/a;q)_\infty}{(bq,q/a;q)_\infty}\frac{(b_1/b;q)_{m_1}\cdots(b_r/b;q)_{m_r}}{(b_1;q)_{m_1}\cdots(b_r;q)_{m_r}}\sum_{k=0}^{m_{r+1}}\frac{(q^{-m_{r+1}},a,b;q)_k(bq;q)_k}{(q,bq,a;q)_k(b_{r+1};q)_k}$$

$$\times\left(\frac{-q^{1-(m_1+\cdots+m_r)}}{a}\right)^k q^{-\binom{k}{2}}b^{m_1+\cdots+m_r}q^{k(m_1+\cdots+m_r)}\frac{a^k}{(-1)^kq^{-\binom{k}{2}}}$$

$$=\frac{(q,bq/a;q)_\infty}{(bq,q/a;q)_\infty}\frac{(b_1/b;q)_{m_1}\cdots(b_r/b;q)_{m_r}}{(b_1;q)_{m_1}\cdots(b_r;q)_{m_r}}b^{m_1+\cdots+m_r}\,_2\phi_1\left[\begin{array}{cc} q^{-m_{r+1}}, & b \\ & b_{r+1} \end{array} ; q, q\right]$$

$$=\frac{(q,bq/a;q)_\infty}{(bq,q/a;q)_\infty}\frac{(b_1/b;q)_{m_1}\cdots(b_r/b;q)_{m_r}}{(b_1;q)_{m_1}\cdots(b_r;q)_{m_r}}b^{m_1+\cdots+m_r}\frac{(b_{r+1}/b;q)_{m_{r+1}}}{(b_{r+1};q)_{m_{r+1}}}b^{m_{r+1}}$$

$$= \frac{(q, bq/a; q)_\infty}{(bq, q/a; q)_\infty} \frac{(b_1/b; q)_{m_1} \cdots (b_r/b; q)_{m_r} (b_{r+1}/b; q)_{m_{r+1}}}{(b_1; q)_{m_1} \cdots (b_r; q)_{m_r} (b_{r+1}; q)_{m_{r+1}}} b^{m_1 + \cdots + m_r + m_{r+1}}.$$

即当 $r + 1$ 时结论成立. 由归纳法知定理成立. □

推论 2.10.1 设 $m_1, \cdots, m_r$ 均为非负整数, 以及 $|q^{-(m_1 + \cdots + m_r)}/a| < 1$, 则

$$_{r+1}\phi_r \left[\begin{array}{cccc} a, & b_1 q^{m_1}, & \cdots, & b_r q^{m_r} \\ & b_1, & \cdots, & b_r \end{array} ; q, \frac{q^{-(m_1 + \cdots + m_r)}}{a} \right] = 0.$$

证明 在定理 2.10.5 中, 取 $b_r = b$, $m_r = 1$, 然后令 $r \to r + 1$, 即可得证. □

推论 2.10.2 设 $m_1, \cdots, m_r$ 均为非负整数, 则

$$_{r+1}\phi_r \left[\begin{array}{cccc} q^{-(m_1 + \cdots + m_r)}, & b_1 q^{m_1}, & \cdots, & b_r q^{m_r} \\ & b_1, & \cdots, & b_r \end{array} ; q, 1 \right]$$

$$= \frac{(-1)^{m_1 + \cdots + m_r} (q; q)_{m_1 + \cdots + m_r}}{(b_1; q)_{m_1}, \cdots, (b_r; q)_{m_r}} q^{-(m_1 + \cdots + m_r)(m_1 + \cdots + m_r + 1)/2}.$$

证明 在定理 2.10.5 中, 令 $a = q^{-(m_1 + \cdots + m_r)}$ 以及使 $b \to \infty$, 可得. □

2.11 q-积分

Thomae[33,34], Jackson[22,35] 引入了如下 q-积分定义:

$$\int_0^a f(t) d_q t = a(1 - q) \sum_{n=0}^\infty f(aq^n) q^n. \tag{2.11.1}$$

更进一步, Jackson 给出

$$\int_a^b f(t) d_q t = \int_0^b f(t) d_q t - \int_0^a f(t) d_q t. \tag{2.11.2}$$

在 $(0, \infty)$ 上定义

$$\int_0^\infty f(t) d_q t = (1 - q) \sum_{n=-\infty}^\infty f(q^n) q^n, \tag{2.11.3}$$

以及在 $(-\infty, \infty)$ 上定义双边 q-积分

$$\int_{-\infty}^\infty f(t) d_q t = (1 - q) \sum_{n=-\infty}^\infty \left[f(q^n) + f(-q^n) \right] q^n. \tag{2.11.4}$$

q-积分由 Thomae 和 Jackson 所引进并研究, 但本质的思想是著名数学家 Fermat 首先发现的. q-积分在 q-级数理论占有十分重要的地位, 也是研究 q-级数理论的一个重要工具.

例 **2.11.1**

$$\int_a^b t^m d_q t = \int_0^b t^m d_q t - \int_0^a t^m d_q t$$

$$= b(1-q)\sum_{n=0}^{\infty}(bq^n)^m q^n - a(1-q)\sum_{n=0}^{\infty}(aq^n)^m q^n$$

$$= b^{m+1}(1-q)\frac{1}{1-q^{m+1}} - a^{m+1}(1-q)\frac{1}{1-q^{m+1}}$$

$$= (b^{m+1}-a^{m+1})\frac{1-q}{1-q^{m+1}}$$

$$= \frac{b^{m+1}-a^{m+1}}{1+q+q^2+\cdots+q^m}.$$

$$\int_0^b (qt/b;q)_\infty d_q t = b(1-q)\sum_{n=0}^{\infty}(q^{n+1};q)_\infty q^n = b(1-q)\sum_{n=0}^{\infty}\frac{(q;q)_\infty}{(q;q)_n}q^n$$

$$= b(1-q)(q;q)_\infty \sum_{n=0}^{\infty}\frac{q^n}{(q;q)_n} = b(1-q)(q;q)_\infty \frac{1}{(q;q)_\infty}$$

$$= b(1-q).$$

从 (2.7.4), 根据 q-积分的定义 (2.11.1), 则有如下定理.

定理 **2.11.1**

$$B_q(x,y) = \int_0^1 t^{x-1}\frac{(tq;q)_\infty}{(tq^y;q)_\infty}d_q t, \quad \operatorname{Re} x > 0, \quad y \neq 0, -1, -2, \cdots, \quad (2.11.5)$$

这里 $B_q(x,y)$ 为 q-Beta 函数.

从这个定理, 我们可以得到下述推论.

推论 2.11.1　若 y 为大于零的整数, 则有

$$B_q(x,y) = \int_0^1 t^{x-1}(tq;q)_{y-1}d_q t, \quad \operatorname{Re} x > 0. \quad (2.11.6)$$

定理 **2.11.2** (Heine 公式[5,33])

$$_2\phi_1\left[\begin{matrix} q^a, & q^b \\ & q^c \end{matrix}; q, z\right] = \frac{\Gamma_q(c)}{\Gamma_q(b)\Gamma_q(c-b)}\int_0^1 t^{b-1}\frac{(tzq^a, tq;q)_\infty}{(tz, tq^{c-b};q)_\infty}d_q t. \quad (2.11.7)$$

证明　在 Heine 第一变换公式 (2.4.1) 中, 取 $a \to q^a$, $b \to q^b$, $c \to q^c$, 利用 q-Gamma 函数 $\Gamma_q(x)$ 的定义 (2.7.1) 和 q-积分的定义得证.　□

例 2.11.2(Heine 公式的应用[36]: q-Gauss 求和公式的一个证明) 在 Heine 公式 (2.11.7) 中, 取 $z = q^z$, 则

$$
{}_2\phi_1\left[\begin{array}{cc} q^a, & q^b \\ & q^c \end{array}; q, q^z\right] = \frac{\Gamma_q(c)}{\Gamma_q(a)\Gamma_q(c-a)}\int_0^1 t^{a-1}\frac{(tq^{z+b}, tq; q)_\infty}{(tq^z, tq^{c-a}; q)_\infty}d_q t
$$

$$
= \frac{(q^a, q^{c-a}; q)_\infty}{(q^c, q; q)_\infty}\frac{1}{1-q}\int_0^1 t^{a-1}\frac{(tq^{z+b}, tq; q)_\infty}{(tq^z, tq^{c-a}; q)_\infty}d_q t.
$$

取 $z = c - a - b$, 则

$$
{}_2\phi_1\left[\begin{array}{cc} q^a, & q^b \\ & q^c \end{array}; q, q^{c-a-b}\right] = \frac{(q^a, q^{c-a}; q)_\infty}{(q^c, q; q)_\infty}\frac{1}{1-q}\int_0^1 t^{a-1}\frac{(tq; q)_\infty}{(tq^{c-a-b}; q)_\infty}d_q t
$$

$$
= \frac{(q^a, q^{c-a}; q)_\infty}{(q^c, q^{c-a-b}; q)_\infty}\sum_{n=0}^\infty \frac{(q^{c-a-b}; q)_n}{(q; q)_n}q^{na}
$$

$$
= \frac{(q^{c-a}, q^{c-b}; q)_\infty}{(q^c, q^{c-a-b}; q)_\infty}.
$$

应用 Watson 的符号, 将 a, b, c 分别代替 q^a, q^b, q^c, 得到 q-Gauss 求和公式 (2.4.8):

$$
{}_2\phi_1\left[\begin{array}{cc} a, & b \\ & c \end{array}; q, \frac{c}{ab}\right] = \frac{(c/a, c/b; q)_\infty}{(c, c/ab; q)_\infty}.
$$

2.12 (q,h)-分析

q-分析是通过增加一个额外参数 q 的一般分析的拓广. 1999 年, Benaoum[37] 引入了 (q,h)-变形量子平面, 导致了更一般的分析理论, 称为 (q,h)-分析. 先看 q-分析中的 q-Newton 二项式定理.

定理 2.12.1(q-Newton 二项式定理) 设 $xy = qyx$. 则

$$
(x+y)^n = \sum_{k=0}^n \begin{bmatrix} n \\ k \end{bmatrix} y^k x^{n-k}. \tag{2.12.1}
$$

证明 由于 $x(yx) = (xy)x = q(yx)x$, 故要证 (2.12.1), 只需证下式:

$$
(x+yx)^n = \sum_{k=0}^n \begin{bmatrix} n \\ k \end{bmatrix}(yx)^k x^{n-k}.
$$

由 $xy = qyx$ 知, $(yx)^k = yxyx\cdots yx = y^k x^k q^{k(k-1)/2}$, 以及

$$
(x+yx)(x+yx)\cdots(x+yx) = (1+y)x(1+y)x\cdots(1+y)x(1+y)x
$$

$$= (1+y)(1+qy)x^2(1+y)x\cdots(1+y)x(1+y)x$$
$$= (1+y)(1+qy)\cdots(1+q^{n-1}y)x^n.$$

故有

$$(1+y)(1+qy)\cdots(1+q^{n-1}y)x^n = \sum_{k=0}^{n} q^{k(k-1)/2}\begin{bmatrix}n\\k\end{bmatrix}y^k x^n.$$

因此

$$(1+y)(1+qy)\cdots(1+q^{n-1}y) = \sum_{k=0}^{n} q^{k(k-1)/2}\begin{bmatrix}n\\k\end{bmatrix}y^k.$$

此式正是 Rothe 恒等式 (2.2.18).　　　　　　　　　　　　□

注 2.12.1　非交换二项式定理起源于 Schützenberger[38]. q-二项式定理在 19 世纪被多个数学家独立得到.

归纳可证下面多项式定理的情形.

定理 2.12.2(多项式定理的 q-模拟[39])　设 $x_i x_j = q x_j x_i$ 当且仅当 $i < j$, 则

$$(x_1 + x_2 + \cdots + x_m)^n = \sum_{k_1+k_2+\cdots+k_m=n} \begin{bmatrix}n\\k_1,k_2,\cdots,k_m\end{bmatrix} x_m^{k_1} x_{m-1}^{k_2}\cdots x_1^{k_m},$$
$$(2.12.2)$$

这里 Gauss 多项式系数定义为

$$\begin{bmatrix}n\\k_1,k_2,\cdots,k_m\end{bmatrix} = \frac{[n]!}{[k_1]![k_2]!\cdots[k_n]!}.$$

Benaoum 通过线性变换:

$$\begin{pmatrix}x'\\y'\end{pmatrix} = \begin{pmatrix}1 & \dfrac{h}{q-1}\\0 & 1\end{pmatrix}\begin{pmatrix}x\\y\end{pmatrix},$$

考虑 Manin q-平面 $x'y' = qy'x'$[40]. 若将 Manin q-平面改为

$$xy = qyx + hy^2,$$

即使 $q = 1$ 的线性变换是奇异的, 但得到的量子平面是良定义的, 称为 (q,h)-分析. 若取 $h = 0$, $q = 1$, 对应普通分析; 取 $q = 1$, 对应 h-分析[41].

引理 2.12.1[42]　设 $xy = qyx + hy^2$, 则

$$x^m y^n = \sum_{k=0}^{m} \begin{bmatrix}m\\k\end{bmatrix}\frac{(q^n;q)_k}{(1-q)^k}h^k q^{n(m-k)}y^{n+k}x^{m-k},\qquad(2.12.3)$$

特别地

$$x^k y = \sum_{r=0}^{k} \frac{[k]!}{[k-r]!} q^{k-r} h^r y^{r+1} x^{k-r},$$

$$xy^k = q^k y^k x + h[k] y^{k+1}.$$

利用上述关系, 可以得到下面的定理.

定理 2.12.3 (Newton 二项式定理的 (q,h)-模拟[37]) 设 $xy = qyx + hy^2$. 则

$$(x+y)^n = \sum_{k=0}^{n} \begin{bmatrix} n \\ k \end{bmatrix}_{(q,h)} y^k x^{n-k}, \tag{2.12.4}$$

这里 $\begin{bmatrix} n \\ k \end{bmatrix}_{(q,h)}$ 被称为 (q,h)-二项式系数, 定义为

$$\begin{bmatrix} n \\ 0 \end{bmatrix}_{(q,h)} = 1, \qquad \begin{bmatrix} n \\ k \end{bmatrix}_{(q,h)} = \begin{bmatrix} n \\ k \end{bmatrix} \prod_{j=0}^{k-1} (1+h[j]),$$

并且具有下列递归关系:

$$\begin{bmatrix} n+1 \\ k \end{bmatrix}_{(q,h)} = q^k \begin{bmatrix} n \\ k \end{bmatrix}_{(q,h)} + (1+k[k-1]) \begin{bmatrix} n \\ k-1 \end{bmatrix}_{(q,h)},$$

$$\begin{bmatrix} n+1 \\ k+1 \end{bmatrix}_{(q,h)} = (1+h[k]) \frac{[n+1]}{[k+1]} \begin{bmatrix} n \\ k \end{bmatrix}_{(q,h)}.$$

利用归纳, 可以得到下面的定理.

定理 2.12.4 (多项式定理的 (q,h)-模拟[43]) 设 $x_i x_j = q x_j x_i + h x_j^2$ 当且仅当 $i < j$, 则

$$(x_1 + x_2 + \cdots + x_m)^n = \sum_{k_1+k_2+\cdots+k_m=n} \begin{bmatrix} n \\ k_1, k_2, \cdots, k_m \end{bmatrix}_{(q,h)} x_m^{k_1} x_{m-1}^{k_2} \cdots x_1^{k_m}, \tag{2.12.5}$$

这里 (q,h)-多项式系数 $\begin{bmatrix} n \\ k_1, k_2, \cdots, k_m \end{bmatrix}_{(q,h)}$ 定义为

$$\begin{bmatrix} n \\ k_1, k_2, \cdots, k_m \end{bmatrix}_{(q,h)} = \frac{[n]!}{[k_1]![k_2]! \cdots [k_n]!} \prod_{i=1}^{m-1} \prod_{j=1}^{k_i-1} (1+(m-i)h[j]).$$

定理 2.12.5　下列正交关系成立:

$$\sum_{v=0}^{n} \begin{bmatrix} n \\ v \end{bmatrix}_{(q,h)} G_{(q,h)}(v,k) = \sum_{v=0}^{n} G_{(q,h)}(n,v) \begin{bmatrix} v \\ k \end{bmatrix}_{(q,h)} = \delta_{n,k}, \tag{2.12.6}$$

这里 $G_{(q,h)}(n,k)$ 定义为

$$G_{(q,h)}(n,k) = 0 \quad (n < k); \quad G_{(q,h)}(n,0) = 1;$$

$$G_{(q,h)}(n+1,k) = \frac{1}{1+h[n]} G_{(q,h)}(n,k-1) - \frac{q^n}{1+h[n]} G_{(q,h)}(n,k).$$

证明

$$G_{(q,h)}(n,k-1)$$

$$= \sum_{i=0}^{n} G_{(q,h)}(n,i)\delta_{i+1,k}$$

$$= \sum_{i=0}^{n} G_{(q,h)}(n,i) \sum_{j=0}^{i+1} \begin{bmatrix} i+1 \\ j \end{bmatrix}_{(q,h)} G_{(q,h)}(j,k)$$

$$= \sum_{i=0}^{n} G_{(q,h)}(n,i) \sum_{j=0}^{i+1} \left(q^j \begin{bmatrix} i \\ j \end{bmatrix}_{(q,h)} + (1+h[j-1]) \begin{bmatrix} i \\ j-1 \end{bmatrix}_{(q,h)} \right) G_{(q,h)}(j,k)$$

$$= \sum_{j=0}^{n} \left(q^j G_{(q,h)}(j,k) + (1+h[j])G_{(q,h)}(j+1,k) \right) \sum_{i=j}^{n} G_{(q,h)}(n,i) \begin{bmatrix} i \\ j \end{bmatrix}_{(q,h)}$$

$$= \sum_{j=0}^{n} \left(q^j G_{(q,h)}(j,k) + (1+h[j])G_{(q,h)}(j+1,k) \right) \delta_{n,j}$$

$$= q^n G_{(q,h)}(n,k) + (1+h[n])G_{(q,h)}(n+1,k). \qquad \square$$

定理 2.12.6((q,h)-二项式反演公式)　设 a_k 与 b_k 为两个任意序列, 则下述反演公式成立:

$$a_n = \sum_{k=0}^{n} \begin{bmatrix} n \\ k \end{bmatrix}_{(q,h)} b_k, \tag{2.12.7}$$

$$b_n \prod_{j=0}^{n} (1+h[j-1]) = \sum_{k=0}^{n} (-1)^{n-k} \begin{bmatrix} n \\ k \end{bmatrix}_{(q,h)} \frac{q^{\binom{n-k}{2}}}{\prod_{j=0}^{k}(1+h[j-1])} a_k. \tag{2.12.8}$$

证明　易证

$$(-1)^{n-k} \frac{q^{\binom{n-k}{2}}}{\prod_{i=0}^{n}(1+h[i-1]) \prod_{j=0}^{k}(1+h[j-1])} \begin{bmatrix} n \\ k \end{bmatrix}_{(q,h)}$$

满足定理 2.12.5 中的递归. 结论得证. □

下列 (q,h)-恒等式成立, 这里不给出证明.

定理 2.12.7[43]　(1) (朱世杰恒等式的 (q,h)-模拟)

$$\sum_{i=0}^{n-k} q^{ik}(1+h[k-1])\begin{bmatrix} n-i-i \\ k-1 \end{bmatrix}_{(q,h)} = \begin{bmatrix} n \\ k \end{bmatrix}_{(q,h)}.$$

(2) (朱世杰-Vandermonde 恒等式的 (q,h)-模拟)

$$\begin{bmatrix} n+m \\ i \end{bmatrix}_{(q,h)} = \sum_{k+r+l=i}\begin{bmatrix} n \\ k \end{bmatrix}_{(q,h)}\begin{bmatrix} m \\ r \end{bmatrix}_{(q,h)}\frac{[n-k]!}{[n-k-l]!}$$
$$\times \sum_{t_1+\cdots+t_r=l} q^{(n-k)r-rt_1-(r-1)t_2-\cdots-t_r}h^l.$$

第 3 章　求和与变换公式及其应用

q-级数理论由大量的求和与变换公式组成. 本章展示 q-级数理论中求和与变换公式的一些经典结果, 并通过这些结果的推导展示其研究思想与方法.

3.1　Jackson $_8\phi_7$ 求和公式

定理 3.1.1　设 $a^2q^{n+1} = bcde$, 则

$$_8\phi_7\left[\begin{array}{cccccccc} a, & qa^{\frac{1}{2}}, & -qa^{\frac{1}{2}}, & b, & c, & d, & e, & q^{-n} \\ & a^{\frac{1}{2}}, & -a^{\frac{1}{2}}, & aq/b, & aq/c, & aq/d, & aq/e, & aq^{n+1} \end{array} ; q, q\right]$$

$$= \frac{(aq, aq/bc, aq/bd, aq/cd; q)_n}{(aq/b, aq/c, aq/d, aq/bcd; q)_n}. \tag{3.1.1}$$

证明　在 Waston $_8\phi_7$ 变换公式 (2.10.4) 中, 取 $a^2q^{n+1} = bcde$, 则

$$_8\phi_7\left[\begin{array}{cccccccc} a, & qa^{\frac{1}{2}}, & -qa^{\frac{1}{2}}, & b, & c, & d, & e, & q^{-n} \\ & a^{\frac{1}{2}}, & -a^{\frac{1}{2}}, & aq/b, & aq/c, & aq/d, & aq/e, & aq^{n+1} \end{array} ; q, q\right]$$

$$= \frac{(aq, aq/cd; q)_n}{(aq/d, aq/c; q)_n} {}_4\phi_3\left[\begin{array}{cccc} q^{-n}, & d, & c, & aq/be \\ & aq/b, & aq/e, & aq/be \end{array} ; q, q\right]$$

$$= \frac{(aq, aq/cd; q)_n}{(aq/d, aq/c; q)_n} {}_3\phi_2\left[\begin{array}{ccc} q^{-n}, & d, & c \\ & aq/b, & aq/e \end{array} ; q, q\right]$$

$$= \frac{(aq, aq/cd; q)_n}{(aq/d, aq/c; q)_n} \frac{(aq/bd, aq/bc; q)_n}{(aq/b, aq/bcd; q)_n}$$

$$= \frac{(aq, aq/bc, aq/bd, aq/cd; q)_n}{(aq/b, aq/c, aq/d, aq/bcd; q)_n}. \qquad \square$$

注 3.1.1　若将 $e = a^2q^{n+1}/bcd$ 代入 (3.1.1) 中, 令 $d \to \infty$, 可得终止型 $_6\phi_5$ 求和公式 (2.10.3); 若在 (3.1.1) 中, 取 $d \to \dfrac{aq}{d}$, 则有 $e = adq^n/bc$, 再令 $a \to 0$, 则可得 q-Saalschütz 求和公式.

推论 3.1.1 (非终止型 $_6\phi_5$ 求和公式)　令 $|aq/bcd| < 1$, 则

$$_6\phi_5\left[\begin{array}{cccccc} a, & qa^{\frac{1}{2}}, & -qa^{\frac{1}{2}}, & b, & c, & d \\ & a^{\frac{1}{2}}, & -a^{\frac{1}{2}}, & aq/b, & aq/c, & aq/d \end{array} ; q, \dfrac{aq}{bcd}\right]$$

$$= \frac{(aq, aq/bc, aq/bd, aq/cd; q)_\infty}{(aq/b, aq/c, aq/d, aq/bcd; q)_\infty}. \tag{3.1.2}$$

证明 在 (3.1.1) 中, 令 $n \to \infty$, 考虑到

$$\frac{(e, q^{-n}; q)_k}{(aq/e, aq^{n+1}; q)_k} = \frac{\left(\dfrac{a^2 q^{n+1}}{bcd}, q^{-n}; q \right)_k}{\left(\dfrac{bcd}{aq^n}, aq^{n+1}; q \right)_k} \to \left(\frac{a}{bcd} \right)^k,$$

则可得结果. □

注 3.1.2 若在 (3.1.2) 中, 取 $d = a^{\frac{1}{2}}$, 则得到 q-Dixon 求和公式[5]:

$$_4\phi_3 \left[\begin{array}{cccc} a, & -qa^{\frac{1}{2}}, & b, & c \\ & -a^{\frac{1}{2}}, & aq/b, & aq/c \end{array} ; q, \frac{qa^{\frac{1}{2}}}{bc} \right] = \frac{(aq, aq/bc, qa^{\frac{1}{2}}/b, qa^{\frac{1}{2}}/c; q)_\infty}{(aq/b, aq/c, qa^{\frac{1}{2}}, qa^{\frac{1}{2}}/bc; q)_\infty}; \tag{3.1.3}$$

若在 (3.1.2) 中, 取 $d = q^{-n}$, 则退化为 $_6\phi_5$ 终止型求和公式.

Jackson $_8\phi_7$ 求和公式可以改写为下面的定理.

定理 3.1.2 (Jackson $_8\phi_7$ 求和公式的对称形式)

$$_8\phi_7 \left[\begin{array}{ccccccccc} \lambda, & q\lambda^{\frac{1}{2}}, & -q\lambda^{\frac{1}{2}}, & b\lambda/a, & c\lambda/a, & d\lambda/a, & aq^n, & q^{-n} \\ & \lambda^{\frac{1}{2}}, & -\lambda^{\frac{1}{2}}, & aq/b, & aq/c, & aq/d, & \lambda q^{1-n}/a, & \lambda q^{n+1} \end{array} ; q, q \right]$$

$$= \frac{(b, c, d, \lambda q; q)_n}{(aq/b, aq/c, aq/d, a/\lambda; q)_n}, \tag{3.1.4}$$

这里 $\lambda = qa^2/bcd$.

3.2 Rogers-Ramanujan 型恒等式

引理 3.2.1 (Rogers-Selberg 恒等式) 设 $|q| < 1$, 则

$$1 + \sum_{k=1}^\infty \frac{(aq; q)_{k-1}(1 - aq^{2k})}{(q; q)_k} (-1)^k a^{2k} q^{\frac{5}{2}k^2 - \frac{1}{2}k} = (aq; q)_\infty \sum_{k=0}^\infty \frac{a^k q^{k^2}}{(q; q)_k}. \tag{3.2.1}$$

证明 在 Waston $_8\phi_7$ 变换公式 (2.10.4) 中, 取 $b, c, d, e \to \infty$, 由于在

$$\frac{(b, c, d, e; q)_k}{(aq/b, aq/c, aq/d, aq/e; q)_k} \left(\frac{a^2 q^{2+n}}{bcde} \right)^k$$

中, 当 $b \to \infty$ 时, $(b;q)_k \frac{1}{b^k} \to (-1)^k q^{\frac{1}{2}k(k-1)}$, 因此

$$\lim_{b,c,d,e\to\infty} \frac{(b,c,d,e;q)_k}{(aq/b,aq/c,aq/d,aq/e;q)_k} \left(\frac{a^2q^{2+n}}{bcde}\right)^k = a^{2k}q^{nk+2k^2},$$

$$\lim_{b,c,d,e\to\infty} \frac{(d,e,aq/bc;q)_k}{(aq/b,aq/c,deq^{-n}/a;q)_k} = \lim_{d,e\to\infty} \frac{(d,e;q)_k}{(deq^{-n}/a;q)_k}.$$

由于

$$\lim_{d,e\to\infty} \frac{(d,e;q)_k}{(deq^{-n}/a;q)_k} = (-1)^k a^k q^{nk+\frac{1}{2}k(k-1)}.$$

因此, 我们有

$$\sum_{k=0}^{n} \frac{(a;q)_k(1-aq^{2k})(q^{-n};q)_k}{(q;q)_k(1-a)(aq^{n+1};q)_k} q^{2k^2}(a^2q^n)^k$$

$$= (aq;q)_n \sum_{k=0}^{n} \frac{(q^{-n};q)_k}{(q;q)_k} (-aq^{n+1})^k q^{\frac{1}{2}k(k-1)}.$$

令 $n \to \infty$, 由于

$$\lim_{n\to\infty} (q^{-n};q)_k q^{nk} = \lim_{n\to\infty} (1-q^{-n})(1-q^{-n+1})\cdots(1-q^{-n+k-1})q^{nk}$$

$$= (-1)^k q^{\frac{1}{2}k(k-1)},$$

应用 Tannery 定理[44], 因此

$$\sum_{k=0}^{\infty} \frac{(a;q)_k(1-aq^{2k})}{(q;q)_k(1-a)} (-1)^k q^{\frac{1}{2}k(k-1)+2k^2} a^{2k} = (aq;q)_\infty \sum_{k=0}^{\infty} \frac{1}{(q;q)_k} a^k q^{k+k(k-1)},$$

即

$$1 + \sum_{k=1}^{\infty} \frac{(aq;q)_{k-1}(1-aq^{2k})}{(q;q)_k} (-1)^k a^{2k} q^{\frac{5}{2}k^2-\frac{1}{2}k} = (aq;q)_\infty \sum_{k=0}^{\infty} \frac{a^k q^{k^2}}{(q;q)_k}. \qquad \Box$$

注 3.2.1 Tannery 定理[45]: 对于给定的无穷级数 $\{a_k(n)\}_{k\geqslant 0}$, 假设此级数满足条件:

(1) 对任何固定的 k, 有 $\lim\limits_{n\to\infty} a_k(n) = w_k$;

(2) 对任何非负整数 k, 有 $|a_k(n)| \leqslant M_k$, 这里 M_k 与 n 无关;

(3) 级数 $\sum\limits_{k=0}^{\infty} M_k$ 收敛.

则下列结论成立:

$$\lim_{n\to\infty} \sum_{k=0}^{m(n)} a_k(n) = \sum_{k=0}^{\infty} w_k = W,$$

这里 $m(n)$ 是一个递增整数函数, 且当 $n \to \infty$ 时, $m(n) \to \infty$.

定理 3.2.1 (Rogers-Ramanujan 恒等式) 设 $|q| < 1$, 则

$$\sum_{n=0}^{\infty} \frac{q^{n^2}}{(q;q)_n} = \frac{(q^2, q^3, q^5; q^5)_\infty}{(q;q)_\infty}, \tag{3.2.2}$$

$$\sum_{n=0}^{\infty} \frac{q^{n^2+n}}{(q;q)_n} = \frac{(q, q^4, q^5; q^5)_\infty}{(q;q)_\infty}. \tag{3.2.3}$$

证明 (1) 若在 (3.2.1) 中, 取 $a = 1$, 则

$$1 + \sum_{k=1}^{\infty} \frac{(q;q)_{k-1}(1-q^{2k})}{(q;q)_k}(-1)^k q^{\frac{5}{2}k^2 - \frac{1}{2}k} = (q;q)_\infty \sum_{k=0}^{\infty} \frac{q^{k^2}}{(q;q)_k},$$

即

$$(q;q)_\infty \sum_{k=0}^{\infty} \frac{q^{k^2}}{(q;q)_k} = 1 + \sum_{k=1}^{\infty} \frac{1-q^{2k}}{1-q^k}(-1)^k q^{\frac{1}{2}k(5k-1)}$$

$$= 1 + \sum_{k=1}^{\infty} (1+q^k)(-1)^k q^{\frac{1}{2}k(5k-1)}$$

$$= 1 + \sum_{k=1}^{\infty} (-1)^k q^{\frac{1}{2}k(5k-1)} + \sum_{k=1}^{\infty} (-1)^k q^{\frac{1}{2}k(5k+1)}$$

$$= 1 + \sum_{k=1}^{\infty} (-1)^k q^{\frac{1}{2}k(5k-1)} + \sum_{k=-1}^{-\infty} (-1)^{-k} q^{\frac{1}{2}(-k)(-5k+1)}$$

$$= 1 + \sum_{k=1}^{\infty} (-1)^k q^{\frac{1}{2}k(5k-1)} + \sum_{k=-1}^{-\infty} (-1)^k q^{\frac{1}{2}k(5k-1)}$$

$$= \sum_{k=-\infty}^{+\infty} (-1)^k q^{\frac{1}{2}k(5k-1)}.$$

由 Jacobi 三重积恒等式 (2.8.2), 取 $q \to q^5$, $z \to q^2$, 则

$$(q^3, q^2, q^5; q^5)_\infty = \sum_{k=-\infty}^{+\infty} (-1)^k q^{\frac{1}{2}k(5k-1)}.$$

因此

$$(q;q)_\infty \sum_{k=0}^{\infty} \frac{q^{k^2}}{(q;q)_k} = (q^3, q^2, q^5; q^5)_\infty.$$

故得到 Rogers-Ramanujan 第一恒等式

$$\sum_{k=0}^{\infty} \frac{q^{k^2}}{(q;q)_k} = \frac{(q^3, q^2, q^5; q^5)_\infty}{(q;q)_\infty}.$$

(2) 若在 (3.2.1) 中, 取 $a = q$, 则

$$1 + \sum_{k=1}^{\infty} \frac{(q^2; q)_{k-1}(1 - q^{2k+1})}{(q; q)_k}(-1)^k q^{\frac{1}{2}k(5k-1)+2k} = (q^2; q)_{\infty} \sum_{k=0}^{\infty} \frac{q^{k^2+k}}{(q; q)_k},$$

即

$$(q^2; q)_{\infty} \sum_{k=0}^{\infty} \frac{q^{k^2+k}}{(q; q)_k} = 1 + \sum_{k=1}^{\infty} \frac{1 - q^{2k+1}}{1 - q}(-1)^k q^{\frac{1}{2}k(5k+3)}$$

$$= \sum_{k=0}^{\infty} \frac{1 - q^{2k+1}}{1 - q}(-1)^k q^{\frac{1}{2}k(5k+3)}.$$

因此

$$(q; q)_{\infty} \sum_{k=0}^{\infty} \frac{q^{k^2+k}}{(q; q)_k}$$

$$= \sum_{k=0}^{\infty}(1 - q^{2k+1})(-1)^k q^{\frac{1}{2}k(5k+3)}$$

$$= \sum_{k=0}^{\infty}(-1)^k q^{\frac{1}{2}k(5k+3)} + \sum_{k=0}^{\infty}(-1)^{k+1} q^{\frac{1}{2}k(5k+3)+2k+1}$$

$$= \sum_{k=0}^{\infty}(-1)^k q^{\frac{1}{2}k(5k+3)} + \sum_{k=0}^{-\infty}(-1)^{-k+1} q^{\frac{1}{2}(-k)(-5k+3)-2k+1}$$

$$= \sum_{k=0}^{\infty}(-1)^k q^{\frac{1}{2}k(5k+3)} + \sum_{k=-1}^{-\infty}(-1)^{-k-1+1} q^{\frac{1}{2}(-k-1)[-5(k+1)+3-2(k+1)]+1}$$

$$= \sum_{k=0}^{\infty}(-1)^k q^{\frac{1}{2}k(5k+3)} + \sum_{k=-1}^{-\infty}(-1)^k q^{\frac{1}{2}k(5k+3)}$$

$$= \sum_{k=-\infty}^{+\infty}(-1)^k q^{\frac{1}{2}k(5k+3)}.$$

由 Jacobi 三重积恒等式 (2.8.2), 取 $q \to q^5$, $z \to q^4$, 则

$$(q^4, q, q^5; q^5)_{\infty} = \sum_{k=-\infty}^{+\infty}(-1)^k q^{\frac{1}{2}k(5k+3)}.$$

因此

$$(q; q)_{\infty} \sum_{k=0}^{\infty} \frac{q^{k^2+k}}{(q; q)_k} = (q^4, q, q^5; q^5)_{\infty}.$$

故得到 Rogers-Ramanujan 第二恒等式

$$\sum_{k=0}^{\infty} \frac{q^{k^2+k}}{(q;q)_k} = \frac{(q,q^4,q^5;q^5)_\infty}{(q;q)_\infty}.$$ □

例 3.2.1 在 (3.1.2) 中, 令 $c \to -q^{-r}$, $d \to q^{-r}$, 则

$${}_6\phi_5\left[\begin{array}{cccccc} a, & qa^{\frac{1}{2}}, & -qa^{\frac{1}{2}}, & b, & -q^{-r}, & q^{-r} \\ & a^{\frac{1}{2}}, & -a^{\frac{1}{2}}, & aq/b, & -aq^{1+r}, & aq^{1+r} \end{array} ; q, -\frac{a}{b}q^{1+2r}\right]$$

$$= \frac{(a^2q^2;q^2)_r(-aq/b;q)_{2r}}{(-aq;q)_{2r}(a^2q^2/b^2;q^2)_r}.$$

上式两边同时乘以

$$\frac{(x^2,y^2,q^{-2n};q^2)_r q^{2r}}{(q^2,a^2q^2,x^2y^2q^{-2n}/a^2;q^2)_r},$$

并对 r 从 0 到 n 求和, 利用 q-Saalschütz 求和公式 (2.6.1), 则有

$${}_{10}\phi_9\left[\begin{array}{ccccccccc} a, & q\sqrt{a}, & -q\sqrt{a}, & b, & x, & -x, & y, & -y, & q^{-n}, & -q^{-n} \\ & \sqrt{a}, & -\sqrt{a}, & \dfrac{aq}{b}, & \dfrac{aq}{x}, & -\dfrac{aq}{x}, & \dfrac{aq}{y}, & -\dfrac{aq}{y}, & -aq^{1+n}, & aq^{1+n} \end{array} ; q, -\frac{a^2q^{3+2n}}{bx^2y^2}\right]$$

$$= \frac{(a^2q^2,a^2q^2/x^2y^2;q^2)_n}{(a^2q^2/x^2,a^2q^2/y^2;q^2)_n} {}_5\phi_4\left[\begin{array}{ccccc} x^2, & y^2, & -\dfrac{aq}{b}, & -\dfrac{aq^2}{b}, & q^{-2n} \\ & -aq, & -aq^2, & \dfrac{a^2q^2}{b^2}, & \dfrac{x^2y^2}{a^2}q^{-2n} \end{array} ; q^2,q^2\right].$$
$$(3.2.4)$$

在上式中, 令 $x^2 = wq^{-2n}$, $y^2 = w^2q^{-2n}$, 这里 w 为单位立方根, 然后等式两边同时乘以

$$\frac{(x^6,y^6,q^{-6N};q^6)_n q^{6n}}{(a^6q^6,q^6,x^6y^6q^{-6N}/a^6;q^6)_n},$$

并对 n 从 0 到 N 求和, 应用 q-Saalschütz 求和公式 (2.6.1), 则

$$\sum_{n=0}^{N} \frac{(a;q)_n(1-aq^{2n})(b;q)_n(x^6,y^6,q^{-6N};q^6)_n(-1)^n a^{9n} q^{(9+6N)n}}{(q;q)_n(1-a)(aq/b;q)_n(a^6q^6/x^6,a^6q^6/y^6,a^6q^{6+6N};q^6)_n(bx^6y^6)^n}$$

$$= \frac{\left(a^6q^6,\dfrac{a^6q^6}{x^6y^6};q^6\right)_N}{\left(\dfrac{a^6q^6}{x^6},\dfrac{a^6q^6}{y^6};q^6\right)_N}$$

$$\sum_{r=0}^{N}\sum_{n=0}^{N-r} \frac{\left(-\dfrac{aq}{b};q\right)_{2r}(a^2q^2;q^2)_{2n+2r}(x^6,y^6,q^{-6N};q^6)_{n+r} a^{2r} q^{2r^2+6r+6n}}{(q^2;q^2)_r(q^6;q^6)_n(-aq;q)_{2r}(a^6q^6;q^6)_{2n+2r}\left(\dfrac{a^2q^2}{b^2};q^2\right)_r\left(\dfrac{x^6y^6q^{-6N}}{a^6};q^6\right)_{n+r}}.$$

$$(3.2.5)$$

在上式中, 令 $b \to 0$ 和 x, y, $N \to \infty$, 则

$$(a^6q^6;q^6)_\infty \sum_{r=0}^\infty \sum_{n=0}^\infty \frac{(a^2q^2;q^2)_{3n+2r}(-1)^r a^{6n+8r} q^{6n^2+12nr+9r^2}}{(q^2;q^2)_r (q^6;q^6)_n (-aq;q)_{2r} (a^6q^6;q^6)_{2n+2r}}$$

$$= \sum_{n=0}^\infty \frac{(a;q)_n (1-aq^{2n})(-1)^n a^{8n} q^{n(17n-1)/2}}{(q;q)_n (1-a)}. \tag{3.2.6}$$

在上式中, 取 $a = 1$, q, q^2, q^3, 则得到下述 Rogers-Ramanujan 型恒等式[46]:

$$\frac{(q^6;q^6)_\infty}{(q;q)_\infty} \sum_{r=0}^\infty \sum_{n=0}^\infty \frac{(q^2;q^2)_{3n+2r}(-1)^r q^{6n^2+12nr+9r^2}}{(q^2;q^2)_r (q^6;q^6)_n (-q;q)_{2r} (q^6;q^6)_{2n+2r}} = \prod_{n \not\equiv 0,8,9 (\mathrm{mod} 17)} \frac{1}{1-q^n};$$

$$\frac{(q^6;q^6)_\infty}{(q;q)_\infty} \sum_{r=0}^\infty \sum_{n=0}^\infty \frac{(q^2;q^2)_{3n+2r+1}(-1)^r q^{6n^2+12nr+9r^2+6n+8r}}{(q^2;q^2)_r (q^6;q^6)_n (-q;q)_{2r+1} (q^6;q^6)_{2n+2r+1}} = \prod_{n \not\equiv 0,1,16 (\mathrm{mod} 17)} \frac{1}{1-q^n};$$

$$\frac{(q^6;q^6)_\infty}{(q;q)_\infty} \sum_{r=0}^\infty \sum_{n=0}^\infty \frac{(q^2;q^2)_{3n+2r}(-1)^r q^{6n^2+12nr+9r^2-2r}}{(q^2;q^2)_r (q^6;q^6)_n (-q;q)_{2r} (q^6;q^6)_{2n+2r}} = \prod_{n \not\equiv 0,7,10 (\mathrm{mod} 17)} \frac{1}{1-q^n};$$

$$\frac{(q^6;q^6)_\infty}{(q;q)_\infty} \sum_{r=0}^\infty \sum_{n=0}^\infty \frac{(q^2;q^2)_{3n+2r+1}(-1)^r q^{6n^2+12nr+9r^2+6n+6r}}{(q^2;q^2)_r (q^6;q^6)_n (-q;q)_{2r} (q^6;q^6)_{2n+2r+1}} = \prod_{n \not\equiv 0,2,15 (\mathrm{mod} 17)} \frac{1}{1-q^n}.$$

对 Rogers-Ramanujan 型恒等式的其他研究可见文献 [47], [48].

3.3　终止型 $_{10}\phi_9$ 级数 Bailey 变换公式

定理 3.3.1　设 $\lambda = qa^2/bcd$, 则

$$_{10}\phi_9 \left[\begin{matrix} a, & qa^{\frac{1}{2}}, & -qa^{\frac{1}{2}}, & b, & c, & d, & e, & f, & \dfrac{\lambda aq^{n+1}}{ef}, & q^{-n} \\ a^{\frac{1}{2}}, & -a^{\frac{1}{2}}, & \dfrac{aq}{b}, & \dfrac{aq}{c}, & \dfrac{aq}{d}, & \dfrac{aq}{e}, & \dfrac{aq}{f}, & \dfrac{efq^{-n}}{\lambda}, & aq^{n+1} \end{matrix} ; q, q \right]$$

$$= \frac{(aq, aq/ef, \lambda q/e, \lambda q/f; q)_n}{(aq/e, aq/f, \lambda q/ef, \lambda q; q)_n}$$

$$\times\, _{10}\phi_9 \left[\begin{matrix} \lambda, & q\lambda^{\frac{1}{2}}, & -q\lambda^{\frac{1}{2}}, & \dfrac{b\lambda}{a}, & \dfrac{c\lambda}{a}, & \dfrac{d\lambda}{a}, & e, & f, & \dfrac{\lambda aq^{n+1}}{ef}, & q^{-n} \\ \lambda^{\frac{1}{2}}, & -\lambda^{\frac{1}{2}}, & \dfrac{aq}{b}, & \dfrac{aq}{c}, & \dfrac{aq}{d}, & \dfrac{\lambda q}{e}, & \dfrac{\lambda q}{f}, & \dfrac{efq^{-n}}{a}, & \lambda q^{n+1} \end{matrix} ; q, q \right].$$

$$\tag{3.3.1}$$

证明 利用 Jackson $_8\phi_7$ 求和公式的对称形式 (3.1.4), 则有

$$
左边 = \sum_{m=0}^{n} \frac{(a;q)_m(1-aq^{2m})(b,c,d,e,f,\lambda aq^{n+1}/ef,q^{-n};q)_m}{(q;q)_m(1-a)(aq/b,aq/c,aq/d,aq/e,aq/f,efq^{-n}/\lambda,aq^{n+1};q)_m}q^m
$$

$$
= \sum_{m=0}^{n} \frac{(a;q)_m(1-aq^{2m})(e,f,\lambda aq^{n+1}/ef,q^{-n};q)_m}{(q;q)_m(1-a)(aq/e,aq/f,efq^{-n}/\lambda,aq^{n+1};q)_m}q^m \frac{(a/\lambda;q)_m}{(\lambda q;q)_m}
$$

$$
\times \frac{(b,c,d,\lambda q;q)_m}{(aq/b,aq/c,aq/d,a/\lambda;q)_m}
$$

$$
= \sum_{m=0}^{n} \frac{(a;q)_m(1-aq^{2m})(e,f,\lambda aq^{n+1}/ef,q^{-n};q)_m(a/\lambda;q)_m}{(q;q)_m(1-a)(aq/e,aq/f,efq^{-n}/\lambda,aq^{n+1};q)_m(\lambda q;q)_m}q^m
$$

$$
\times \sum_{j=0}^{m} \frac{(\lambda;q)_j(1-\lambda q^{2j})(b\lambda/a,c\lambda/a,d\lambda/a,aq^m,q^{-m};q)_j}{(q;q)_j(1-\lambda)(aq/b,aq/c,aq/d,\lambda q^{1-m}/a,\lambda q^{m+1};q)_j}q^j.
$$

由于

$$
(a/\lambda;q)_{m-j} = \frac{(a/\lambda;q)_m}{(\lambda q^{1-m}/a;q)_j}(-1)^j q^j(\lambda/a)^j q^{\binom{j}{2}-mj},
$$

$$
(q^{-m};q)_j = \frac{(q;q)_m}{(q;q)_{m-j}}(-1)^j q^{\binom{j}{2}-mj},
$$

代入上式等号右边之后

$$
左边 = \sum_{m=0}^{n}\sum_{j=0}^{m} \frac{(a;q)_{m+j}(1-aq^{2m})(e,f,\lambda aq^{n+1}/ef,q^{-n};q)_m}{(q;q)_{m-j}(1-a)(aq/e,aq/f,efq^{-n}/\lambda,aq^{n+1};q)_m}q^m\frac{(a/\lambda;q)_{m-j}}{(\lambda q;q)_{m+j}}
$$

$$
\times \frac{(\lambda;q)_j(1-\lambda q^{2j})(b\lambda/a,c\lambda/a,d\lambda/a;q)_j}{(q;q)_j(1-\lambda)(aq/b,aq/c,aq/d;q)_j}\left(\frac{a}{\lambda}\right)^j
$$

$$
= \sum_{j=0}^{n} \frac{(\lambda;q)_j(1-\lambda q^{2j})(b\lambda/a,c\lambda/a,d\lambda/a;q)_j}{(q;q)_j(1-\lambda)(aq/b,aq/c,aq/d;q)_j}\left(\frac{a}{\lambda}\right)^j
$$

$$
\times \sum_{m=j}^{n} \frac{(a;q)_{m+j}(1-aq^{2m})(e,f,\lambda aq^{n+1}/ef,q^{-n};q)_m}{(q;q)_{m-j}(1-a)(aq/e,aq/f,efq^{-n}/\lambda,aq^{n+1};q)_m}q^m\frac{(a/\lambda;q)_{m-j}}{(\lambda q;q)_{m+j}}
$$

$$
= \sum_{j=0}^{n} \frac{(\lambda;q)_j(1-\lambda q^{2j})(b\lambda/a,c\lambda/a,d\lambda/a;q)_j}{(q;q)_j(1-\lambda)(aq/b,aq/c,aq/d;q)_j}\left(\frac{a}{\lambda}\right)^j
$$

$$
\times \sum_{m=0}^{n-j} \frac{(a;q)_{m+2j}(1-aq^{2m+2j})(e,f,\lambda aq^{n+1}/ef,q^{-n};q)_{m+j}}{(q;q)_m(1-a)(aq/e,aq/f,efq^{-n}/\lambda,aq^{n+1};q)_{m+j}}
$$

$$
\times q^{m+j}\frac{(a/\lambda;q)_m}{(\lambda q;q)_{m+2j}}.
$$

由于

$$(e,f;q)_{m+j} = (e,f;q)_j(eq^j, fq^j;q)_m,$$

$$(\lambda aq^{n+1}/ef, q^{-n};q)_{m+j} = (\lambda aq^{n+1}/ef, q^{-n};q)_j(\lambda aq^{n+j+1}/ef, q^{-n+j};q)_m,$$

$$(aq/e, aq/f;q)_{m+j} = (aq/e, aq/f;q)_j(aq^{j+1}/e, aq^{j+1}/f;q)_m,$$

$$(efq^{-n}/\lambda, aq^{n+1};q)_{m+j} = (efq^{-n}/\lambda, aq^{n+1};q)_j(efq^{-n+j}/\lambda, aq^{n+j+1};q)_m,$$

$$(\lambda q;q)_{m+2j} = (\lambda q;q)_{2j}(\lambda q^{2j+1};q)_m,$$

$$\frac{(a;q)_{m+2j}}{1-a} = (aq;q)_{m+2j-1} = (aq;q)_{2j}\frac{(aq^{2j};q)_m}{1-aq^{2j}},$$

因此

上式

$$= \sum_{j=0}^{n} \frac{(\lambda;q)_j(1-\lambda q^{2j})(b\lambda/a, c\lambda/a, d\lambda/a, e, f, \lambda aq^{n+1}/ef, q^{-n};q)_j}{(q;q)_j(1-\lambda)(aq/b, aq/c, aq/d, aq/e, aq/f, efq^{-n}/\lambda, aq^{n+1};q)_j}$$

$$\times \left(\frac{aq}{\lambda}\right)^j \frac{(aq;q)_{2j}}{(\lambda q;q)_{2j}}$$

$$\times {}_8\phi_7\left[\begin{array}{cccccccc} aq^{2j}, q^{1+j}a^{\frac{1}{2}}, -q^{1+j}a^{\frac{1}{2}}, & eq^j, & fq^j, & \dfrac{a}{\lambda}, & \dfrac{\lambda aq^{n+j+1}}{ef}, & q^{j-n} \\ q^j a^{\frac{1}{2}}, & -q^j a^{\frac{1}{2}}, & \dfrac{aq^{j+1}}{e}, & \dfrac{aq^{j+1}}{f}, & \lambda q^{2j+1}, & \dfrac{efq^{j-n}}{\lambda}, & aq^{n+1+j} \end{array}; q, q\right]$$

$$= \sum_{j=0}^{n} \frac{(\lambda;q)_j(1-\lambda q^{2j})(b\lambda/a, c\lambda/a, d\lambda/a, e, f, \lambda aq^{n+1}/ef, q^{-n};q)_j}{(q;q)_j(1-\lambda)(aq/b, aq/c, aq/d, aq/e, aq/f, efq^{-n}/\lambda, aq^{n+1};q)_j}$$

$$\times \left(\frac{aq}{\lambda}\right)^j \frac{(aq;q)_{2j}}{(\lambda q;q)_{2j}}\frac{(aq^{2j+1}, aq/ef, \lambda q^{j+1}/e, \lambda q^{j+1}/f;q)_{n-j}}{(aq^{j+1}/e, aq^{j+1}/f, \lambda q^{2j+1}, \lambda q/ef;q)_{n-j}}. \tag{3.3.2}$$

由于

$$(aq;q)_{2j}(aq^{2j+1};q)_{n-j} = (aq;q)_{n+j} = (aq;q)_n(aq^{n+1};q)_j,$$

$$(\lambda q;q)_{2j}(\lambda q^{2j+1};q)_{n-j} = (\lambda q;q)_{n+j} = (\lambda q;q)_n(\lambda q^{1+n};q)_j,$$

$$(aq/e, aq/f;q)_j(aq^{j+1}/e, aq^{j+1}/f;q)_{n-j} = (aq/e, aq/f;q)_n,$$

$$(\lambda q^{j+1}/e, \lambda q^{j+1}/f;q)_{n-j} = \frac{(\lambda q/e;q)_n}{(\lambda q/e;q)_j}\frac{(\lambda q/f;q)_n}{(\lambda q/f;q)_j},$$

$$\frac{(aq/ef;q)_{n-j}}{(\lambda q/ef;q)_{n-j}} = \frac{(aq/ef;q)_n(-qef/aq)^j q^{\binom{j}{2}-nj}(q^{1-n}ef/\lambda q;q)_j}{(q^{1-n}ef/aq;q)_j(\lambda q/ef;q)_n(-qef/\lambda q)^j q^{\binom{j}{2}-nj}}$$

$$= \frac{(aq/ef;q)_n(q^{-n}ef/\lambda;q)_j}{(\lambda q/ef;q)_n(q^{-n}ef/a;q)_j}\left(\frac{\lambda}{a}\right)^j,$$

将上述式子分别代入 (3.3.2) 式, 得

$$_{10}\phi_9\left[\begin{array}{ccccccccc} a, & qa^{\frac{1}{2}}, & -qa^{\frac{1}{2}}, & b, & c, & d, & e, & f, & \dfrac{\lambda aq^{n+1}}{ef}, & q^{-n} \\[2mm] & a^{\frac{1}{2}}, & -a^{\frac{1}{2}}, & \dfrac{aq}{b}, & \dfrac{aq}{c}, & \dfrac{aq}{d}, & \dfrac{aq}{e}, & \dfrac{aq}{f}, & \dfrac{efq^{-n}}{\lambda}, & aq^{n+1} \end{array}; q,q\right]$$

$$= \frac{\left(aq, \dfrac{aq}{ef}, \dfrac{\lambda q}{e}, \dfrac{\lambda q}{f}; q\right)_n}{\left(\dfrac{aq}{e}, \dfrac{aq}{f}, \dfrac{\lambda q}{ef}, \lambda q; q\right)_n}$$

$$\times \sum_{j=0}^n \frac{(\lambda;q)_j(1-\lambda q^{2j})\left(\dfrac{b\lambda}{a}, \dfrac{c\lambda}{a}, \dfrac{d\lambda}{a}, e, f, \dfrac{\lambda aq^{n+1}}{ef}, q^{-n}; q\right)_j}{(q;q)_j(1-\lambda)\left(\dfrac{aq}{b}, \dfrac{aq}{c}, \dfrac{aq}{d}, \dfrac{efq^{-n}}{\lambda}, aq^{n+1}; q\right)_j}$$

$$\times q^j \frac{(aq^{n+1};q)_j\left(\dfrac{efq^{-n}}{\lambda}; q\right)_j}{(\lambda q^{n+1};q)_j\left(\dfrac{efq^{-n}}{a}; q\right)_j\left(\dfrac{\lambda q}{e}, \dfrac{\lambda q}{f}; q\right)_j}.$$

因此

$$_{10}\phi_9\left[\begin{array}{ccccccccc} a, & qa^{\frac{1}{2}}, & -qa^{\frac{1}{2}}, & b, & c, & d, & e, & f, & \dfrac{\lambda aq^{n+1}}{ef}, & q^{-n} \\[2mm] & a^{\frac{1}{2}}, & -a^{\frac{1}{2}}, & \dfrac{aq}{b}, & \dfrac{aq}{c}, & \dfrac{aq}{d}, & \dfrac{aq}{e}, & \dfrac{aq}{f}, & \dfrac{efq^{-n}}{\lambda}, & aq^{n+1} \end{array}; q,q\right]$$

$$= \frac{\left(aq, \dfrac{aq}{ef}, \dfrac{\lambda q}{e}, \dfrac{\lambda q}{f}; q\right)_n}{\left(\dfrac{aq}{e}, \dfrac{aq}{f}, \dfrac{\lambda q}{ef}, \lambda q; q\right)_n}$$

$$\times\ _{10}\phi_9\left[\begin{array}{ccccccccc} \lambda, & q\lambda^{\frac{1}{2}}, & -q\lambda^{\frac{1}{2}}, & \dfrac{b\lambda}{a}, & \dfrac{c\lambda}{a}, & \dfrac{d\lambda}{a}, & e, & f, & \dfrac{\lambda aq^{n+1}}{ef}, & q^{-n} \\[2mm] & \lambda^{\frac{1}{2}}, & -\lambda^{\frac{1}{2}}, & \dfrac{aq}{b}, & \dfrac{aq}{c}, & \dfrac{aq}{d}, & \dfrac{\lambda q}{e}, & \dfrac{\lambda q}{f}, & \dfrac{efq^{-n}}{a}, & \lambda q^{n+1} \end{array}; q,q\right].$$

定理得证. $\qquad\qquad\square$

令 $n\to\infty$, 由于

$$\lim_{n\to\infty}\frac{(\lambda aq^{n+1}/ef, q^{-n};q)_k}{(efq^{-n}/\lambda, aq^{n+1};q)_k}=\lim_{n\to\infty}\frac{(q^{-n};q)_k}{(efq^{-n}/\lambda;q)_k}\to\left(\frac{\lambda}{ef}\right)^k=\left(\frac{a^2q}{bcdef}\right)^k,$$

$$\lim_{n\to\infty} \frac{(\lambda aq^{n+1}/ef, q^{-n}; q)_k}{(efq^{-n}/a, \lambda q^{n+1}; q)_k} = \lim_{n\to\infty} \frac{(q^{-n}; q)_k}{(efq^{-n}/a; q)_k} \to \left(\frac{a}{ef}\right)^k,$$

则有下面的推论.

推论 3.3.1

$$_8\phi_7\left[\begin{matrix} a, & qa^{\frac{1}{2}}, & -qa^{\frac{1}{2}}, & b, & c, & d, & e, & f \\ & a^{\frac{1}{2}}, & -a^{\frac{1}{2}}, & aq/b, & aq/c, & aq/d, & aq/e, & aq/f \end{matrix}; q, \frac{a^2q^2}{bcdef}\right]$$

$$= \frac{(aq, aq/ef, \lambda q/e, \lambda q/f; q)_\infty}{(aq/e, aq/f, \lambda q, \lambda q/ef; q)_\infty}$$

$$\times {}_8\phi_7\left[\begin{matrix} \lambda, & q\lambda^{\frac{1}{2}}, & -q\lambda^{\frac{1}{2}}, & \lambda b/a, & \lambda c/a, & \lambda d/a, & e, & f \\ & \lambda^{\frac{1}{2}}, & -\lambda^{\frac{1}{2}}, & aq/b, & aq/c, & aq/d, & \lambda q/e, & \lambda q/f \end{matrix}; q, \frac{aq}{ef}\right],$$

$$(3.3.3)$$

这里 $\lambda = \dfrac{qa^2}{bcd}$, 且 $\max\{|\lambda q/ef|, |aq/ef|\} < 1$.

例 3.3.1　若在 (3.3.3) 中, 取 $f = q^{-n}$, 则

$$_8\phi_7\left[\begin{matrix} a, & qa^{\frac{1}{2}}, & -qa^{\frac{1}{2}}, & b, & c, & d, & e, & q^{-n} \\ & a^{\frac{1}{2}}, & -a^{\frac{1}{2}}, & aq/b, & aq/c, & aq/d, & aq/e, & aq^{n+1} \end{matrix}; q, \frac{a^2q^{n+2}}{bcde}\right]$$

$$= \frac{(aq, aq^{n+1}/e, \lambda q/e, \lambda q^{n+1}; q)_\infty}{(aq/e, aq^{n+1}, \lambda q, \lambda q^{n+1}/e; q)_\infty}$$

$$\times {}_8\phi_7\left[\begin{matrix} \lambda, & q\lambda^{\frac{1}{2}}, & -q\lambda^{\frac{1}{2}}, & \lambda b/a, & \lambda c/a, & \lambda d/a, & e, & q^{-n} \\ & \lambda^{\frac{1}{2}}, & -\lambda^{\frac{1}{2}}, & aq/b, & aq/c, & aq/d, & \lambda q/e, & \lambda q^{n+1} \end{matrix}; q, \frac{aq^{n+1}}{e}\right]$$

$$= \frac{(aq, \lambda q/e; q)_n}{(aq/e, \lambda q; q)_n}$$

$$\times {}_8\phi_7\left[\begin{matrix} \lambda, & q\lambda^{\frac{1}{2}}, & -q\lambda^{\frac{1}{2}}, & \lambda b/a, & \lambda c/a, & \lambda d/a, & e, & q^{-n} \\ & \lambda^{\frac{1}{2}}, & -\lambda^{\frac{1}{2}}, & aq/b, & aq/c, & aq/d, & \lambda q/e, & \lambda q^{n+1} \end{matrix}; q, \frac{aq^{n+1}}{e}\right],$$

即

$$_8\phi_7\left[\begin{matrix} a, & qa^{\frac{1}{2}}, & -qa^{\frac{1}{2}}, & b, & c, & d, & e, & q^{-n} \\ & a^{\frac{1}{2}}, & -a^{\frac{1}{2}}, & aq/b, & aq/c, & aq/d, & aq/e, & aq^{n+1} \end{matrix}; q, \frac{a^2q^{n+2}}{bcde}\right]$$

$$= \frac{(aq, \lambda q/e; q)_n}{(aq/e, \lambda q; q)_n}$$

$$\times {}_8\phi_7\left[\begin{matrix} \lambda, & q\lambda^{\frac{1}{2}}, & -q\lambda^{\frac{1}{2}}, & \lambda b/a, & \lambda c/a, & \lambda d/a, & e, & q^{-n} \\ & \lambda^{\frac{1}{2}}, & -\lambda^{\frac{1}{2}}, & aq/b, & aq/c, & aq/d, & \lambda q/e, & \lambda q^{n+1} \end{matrix}; q, \frac{aq^{n+1}}{e}\right]$$

$$(3.3.4)$$

应用 $_8\phi_7$ Watson 变换公式 (2.10.4)：

$$_8\phi_7\left[\begin{array}{cccccccc} a, & qa^{\frac{1}{2}}, & -qa^{\frac{1}{2}}, & b, & c, & d, & e, & q^{-n} \\ & a^{\frac{1}{2}}, & -a^{\frac{1}{2}}, & aq/b, & aq/c, & aq/d, & aq/e, & aq^{n+1} \end{array}; q, \frac{a^2q^{n+2}}{bcde}\right]$$

$$= \frac{(aq, aq/de; q)_n}{(aq/d, aq/e; q)_n} {}_4\phi_3\left[\begin{array}{cccc} q^{-n}, & d, & e, & aq/bc \\ & aq/b, & aq/c, & deq^{-n}/a \end{array}; q, q\right],$$

若等式 (3.3.4) 左边取 $(b, c, d, e) \to (d, e, b, c)$，则

$$\frac{(aq, aq/bc; q)_n}{(aq/b, aq/c; q)_n} {}_4\phi_3\left[\begin{array}{cccc} q^{-n}, & b, & c, & aq/de \\ & aq/d, & aq/e, & bcq^{-n}/a \end{array}; q, q\right]$$

$$= \frac{(aq, \lambda q/e; q)_n}{(aq/e, \lambda q; q)_n}\frac{(\lambda q, aq/de; q)_n}{(aq/d, \lambda q/e; q)_n} {}_4\phi_3\left[\begin{array}{cccc} q^{-n}, & \lambda d/a, & e, & a^2q/\lambda bc \\ & aq/b, & aq/c, & deq^{-n}/a \end{array}; q, q\right].$$

化简, 整理, 得

$$_4\phi_3\left[\begin{array}{cccc} q^{-n}, & b, & c, & aq/de \\ & aq/d, & aq/e, & bcq^{-n}/a \end{array}; q, q\right]$$

$$= \frac{(aq/de, aq/b, aq/c; q)_n}{(aq/e, aq/d, aq/bc; q)_n} {}_4\phi_3\left[\begin{array}{cccc} q^{-n}, & aq/bc, & e, & d \\ & aq/b, & aq/c, & deq^{-n}/a \end{array}; q, q\right].$$

若等式 (3.3.4) 左边取 $(b, c, d, e) \to (d, c, b, e)$，则

$$\frac{(aq, aq/be; q)_n}{(aq/b, aq/e; q)_n} {}_4\phi_3\left[\begin{array}{cccc} q^{-n}, & b, & e, & aq/cd \\ & aq/c, & aq/d, & beq^{-n}/a \end{array}; q, q\right]$$

$$= \frac{(aq, \lambda q/e; q)_n}{(aq/e, \lambda q; q)_n}\frac{(\lambda q, aq/de; q)_n}{(aq/d, \lambda q/e; q)_n} {}_4\phi_3\left[\begin{array}{cccc} q^{-n}, & aq/bc, & e, & d \\ & aq/b, & aq/c, & deq^{-n}/a \end{array}; q, q\right].$$

化简, 整理, 得

$$_4\phi_3\left[\begin{array}{cccc} q^{-n}, & b, & e, & aq/cd \\ & aq/c, & aq/d, & beq^{-n}/a \end{array}; q, q\right]$$

$$= \frac{(aq/de, aq/b; q)_n}{(aq/be, aq/d; q)_n} {}_4\phi_3\left[\begin{array}{cccc} q^{-n}, & aq/bc, & e, & d \\ & aq/b, & aq/c, & deq^{-n}/a \end{array}; q, q\right].$$

在上式中, 令 $n \to \infty$, 则

$$_3\phi_2\left[\begin{array}{ccc} b, & e, & aq/cd \\ & aq/c, & aq/d \end{array}; q, \frac{aq}{be}\right]$$

$$= \frac{(aq/de, aq/b; q)_\infty}{(aq/be, aq/d; q)_\infty} {}_3\phi_2 \left[\begin{array}{ccc} aq/bc, & e, & d \\ & aq/b, & aq/c \end{array} ; q, \frac{aq}{de} \right].$$

上式可以重写为

$$_3\phi_2 \left[\begin{array}{ccc} x, & b, & c \\ & y, & e \end{array} ; q, ye/xbc \right] = \frac{(e/x, ye/bc; q)_\infty}{(e, ye/xbc; q)_\infty} {}_3\phi_2 \left[\begin{array}{ccc} x, & y/b, & y/c \\ & y, & ye/bc \end{array} ; q, e/x \right],$$

$$(3.3.5)$$

此式为 Hall 变换.

例 3.3.2　若在 (3.3.3) 中, 取 $d = q^{-n}, f \to d$, 则

$$_8\phi_7 \left[\begin{array}{cccccccc} a, & qa^{\frac{1}{2}}, & -qa^{\frac{1}{2}}, & b, & c, & d, & e, & q^{-n} \\ & a^{\frac{1}{2}}, & -a^{\frac{1}{2}}, & aq/b, & aq/c, & aq/d, & aq/e, & aq^{n+1} \end{array} ; q, \frac{a^2 q^{n+2}}{bcde} \right]$$

$$= \frac{(aq, aq/de, a^2 q^{n+2}/bce, a^2 q^{n+2}/bcd; q)_\infty}{(aq/e, aq/d, a^2 q^{n+2}/bc, a^2 q^{n+2}/bcde; q)_\infty}$$

$$\times {}_8\phi_7 \left[\begin{array}{ccccc} \frac{a^2 q^{n+1}}{bc}, & q\left(\frac{a^2 q^{n+1}}{bc}\right)^{\frac{1}{2}}, & -q\left(\frac{a^2 q^{n+1}}{bc}\right)^{\frac{1}{2}}, & \frac{q^{n+1}a}{c}, & \frac{q^{n+1}a}{b}, \\ & \left(\frac{a^2 q^{n+1}}{bc}\right)^{\frac{1}{2}}, & -\left(\frac{a^2 q^{n+1}}{bc}\right)^{\frac{1}{2}}, & \frac{aq}{b}, & \frac{aq}{c}, \end{array} \right.$$

$$\left. \begin{array}{ccc} \frac{aq}{bc}, & d, & e \\ aq^{n+1}, & \frac{a^2 q^{n+2}}{bce}, & \frac{a^2 q^{n+2}}{bcd} \end{array} ; q, \frac{aq}{de} \right].$$

应用 ${}_8\phi_7$ Watson 变换公式 (2.10.4), 则有

$$_4\phi_3 \left[\begin{array}{cccc} q^{-n}, & d, & e, & aq/bc \\ & aq/b, & aq/c, & deq^{-n}/a \end{array} ; q, q \right]$$

$$= \frac{(aq/d, aq/e; q)_n}{(aq, aq/de; q)_n} \frac{(aq, aq/de, a^2 q^{n+2}/bce, a^2 q^{n+2}/bcd; q)_\infty}{(aq/e, aq/d, a^2 q^{n+2}/bc, a^2 q^{n+2}/bcde; q)_\infty}$$

$$\times {}_8\phi_7 \left[\begin{array}{ccccc} \frac{a^2 q^{n+1}}{bc}, & q\left(\frac{a^2 q^{n+1}}{bc}\right)^{\frac{1}{2}}, & -q\left(\frac{a^2 q^{n+1}}{bc}\right)^{\frac{1}{2}}, & \frac{q^{n+1}a}{c}, & \frac{q^{n+1}a}{b}, \\ & \left(\frac{a^2 q^{n+1}}{bc}\right)^{\frac{1}{2}}, & -\left(\frac{a^2 q^{n+1}}{bc}\right)^{\frac{1}{2}}, & \frac{aq}{b}, & \frac{aq}{c}, \end{array} \right.$$

$$\left. \begin{array}{ccc} \frac{aq}{bc}, & d, & e \\ aq^{n+1}, & \frac{a^2 q^{n+2}}{bce}, & \frac{a^2 q^{n+2}}{bcd} \end{array} ; q, \frac{aq}{de} \right]$$

$$= \frac{(aq^{n+1}, aq^{n+1}/de, a^2q^{n+2}/bcd, a^2q^{n+2}/bce; q)_\infty}{(aq^{n+1}/d, aq^{n+1}/e, a^2q^{n+2}/bc, a^2q^{n+2}/bcde; q)_\infty}$$

$$\times \; _8\phi_7 \left[\begin{array}{cccccc} \dfrac{a^2q^{n+1}}{bc}, & q\left(\dfrac{a^2q^{n+1}}{bc}\right)^{\frac{1}{2}}, & -q\left(\dfrac{a^2q^{n+1}}{bc}\right)^{\frac{1}{2}}, & \dfrac{q^{n+1}a}{c}, & \dfrac{q^{n+1}a}{b}, \\[4mm] & \left(\dfrac{a^2q^{n+1}}{bc}\right)^{\frac{1}{2}}, & -\left(\dfrac{a^2q^{n+1}}{bc}\right)^{\frac{1}{2}}, & \dfrac{aq}{b}, & \dfrac{aq}{c}, \end{array} \right.$$

$$\left. \begin{array}{ccc} \dfrac{aq}{bc}, & d, & e \\[4mm] aq^{n+1}, & \dfrac{a^2q^{n+2}}{bce}, & \dfrac{a^2q^{n+2}}{bcd} \end{array} ; q, \dfrac{aq}{de} \right].$$

因此, 我们有

$$_4\phi_3 \left[\begin{array}{cccc} q^{-n}, & d, & e, & aq/bc \\[2mm] & aq/b, & aq/c, & deq^{-n}/a \end{array} ; q, q \right]$$

$$= \frac{(aq^{n+1}, aq^{n+1}/de, a^2q^{n+2}/bcd, a^2q^{n+2}/bce; q)_\infty}{(aq^{n+1}/d, aq^{n+1}/e, a^2q^{n+2}/bc, a^2q^{n+2}/bcde; q)_\infty}$$

$$\times \; _8\phi_7 \left[\begin{array}{cccccc} \dfrac{a^2q^{n+1}}{bc}, & q\left(\dfrac{a^2q^{n+1}}{bc}\right)^{\frac{1}{2}}, & -q\left(\dfrac{a^2q^{n+1}}{bc}\right)^{\frac{1}{2}}, & \dfrac{q^{n+1}a}{c}, & \dfrac{q^{n+1}a}{b}, \\[4mm] & \left(\dfrac{a^2q^{n+1}}{bc}\right)^{\frac{1}{2}}, & -\left(\dfrac{a^2q^{n+1}}{bc}\right)^{\frac{1}{2}}, & \dfrac{aq}{b}, & \dfrac{aq}{c}, \end{array} \right.$$

$$\left. \begin{array}{ccc} \dfrac{aq}{bc}, & d, & e \\[4mm] aq^{n+1}, & \dfrac{a^2q^{n+2}}{bce}, & \dfrac{a^2q^{n+2}}{bcd} \end{array} ; q, \dfrac{aq}{de} \right].$$

3.4 q-级数恒等式变换法及其应用

设 λ 为任意参数, 由于

$$\sum_{j=0}^{k} \frac{(\lambda;q)_j(1-\lambda q^{2j})}{(q;q)_j(1-\lambda)} \frac{(\lambda b/a, \lambda c/a, aq/bc; q)_j}{(aq/b, aq/c, \lambda bc/a; q)_j} \frac{(a;q)_{k+j}(a/\lambda;q)_{k-j}}{(\lambda q;q)_{k+j}(q;q)_{k-j}} \left(\frac{a}{\lambda}\right)^j$$

$$= \frac{(a;q)_k}{(\lambda q;q)_k} \sum_{j=0}^{k} \frac{(\lambda;q)_j(1-\lambda q^{2j})}{(q;q)_j(1-\lambda)} \frac{(\lambda b/a, \lambda c/a, aq/bc; q)_j}{(aq/b, aq/c, \lambda bc/a; q)_j}$$

$$\times \frac{(aq^k;q)_j(a/\lambda;q)_k\left(-\dfrac{q\lambda}{a}\right)^j(q^{-k};q)_j}{(\lambda q^{k+1};q)_j\left(\dfrac{q^{1-k}\lambda}{a};q\right)_j(q;q)_k(-1)^j}\left(\frac{a}{\lambda}\right)^j$$

$$=\frac{(a,a/\lambda;q)_k}{(\lambda q,q;q)_k}$$

$$\times {}_8\phi_7\left[\begin{array}{cccccccc}\lambda, & q\lambda^{\frac{1}{2}}, & -q\lambda^{\frac{1}{2}}, & \lambda b/a, & \lambda c/a, & aq/bc, & aq^k, & q^{-k}\\ & \lambda^{\frac{1}{2}}, & -\lambda^{\frac{1}{2}}, & aq/b, & aq/c, & \lambda bc/a, & \lambda q^{1-k}/a, & \lambda q^{k+1}\end{array};q,q\right],$$

且

$$\lambda^2 q^{k+1}=\frac{\lambda b}{a}\frac{\lambda c}{a}\frac{aq}{bc}aq^k,$$

则

$$\sum_{j=0}^{k}\frac{(\lambda;q)_j(1-\lambda q^{2j})}{(q;q)_j(1-\lambda)}\frac{(\lambda b/a,\lambda c/a,aq/bc;q)_j}{(aq/b,aq/c,\lambda bc/a;q)_j}\frac{(a;q)_{k+j}(a/\lambda;q)_{k-j}}{(\lambda q;q)_{k+j}(q;q)_{k-j}}\left(\frac{a}{\lambda}\right)^j$$

$$=\frac{(a,a/\lambda;q)_k}{(\lambda q,q;q)_k}\frac{(\lambda q,a^2q/\lambda bc,c,b;q)_k}{(aq/b,aq/c,\lambda bc/a,a/\lambda;q)_k}$$

$$=\frac{(a,b,c,a^2q/\lambda bc;q)_k}{(q,aq/b,aq/c,\lambda bc/a;q)_k},$$

即

$$\frac{(a,b,c;q)_k}{\left(q,\dfrac{aq}{b},\dfrac{aq}{c};q\right)_k}=\frac{\left(\dfrac{\lambda bc}{a};q\right)_k}{\left(\dfrac{qa^2}{\lambda bc};q\right)_k}\sum_{j=0}^{k}\frac{(\lambda;q)_j(1-\lambda q^{2j})}{(q;q)_j(1-\lambda)}$$

$$\times\frac{\left(\dfrac{\lambda b}{a},\dfrac{\lambda c}{a},\dfrac{aq}{bc};q\right)_j}{\left(\dfrac{aq}{b},\dfrac{aq}{c},\dfrac{\lambda bc}{a};q\right)_j}\frac{(a;q)_{k+j}\left(\dfrac{a}{\lambda};q\right)_{k-j}}{(\lambda q;q)_{k+j}(q;q)_{k-j}}\left(\frac{a}{\lambda}\right)^j. \tag{3.4.1}$$

应用上式, 通过改变和序, 则得下述 q-级数恒等式变换公式.

命题 3.4.1[5]　设 Ω_k 为任意序列, 则

$$\sum_{k=0}^{\infty}\frac{(a,b,c;q)_k}{(q,aq/b,aq/c;q)_k}\Omega_k$$

$$=\sum_{j=0}^{\infty}\frac{(\lambda;q)_j(1-\lambda q^{2j})}{(q;q)_j(1-\lambda)}\frac{(\lambda b/a,\lambda c/a,aq/bc;q)_j}{(aq/b,aq/c,qa^2/\lambda bc;q)_j}\frac{(a;q)_{2j}}{(\lambda q;q)_{2j}}\left(\frac{a}{\lambda}\right)^j$$

$$\times \sum_{k=0}^{\infty} \frac{(aq^{2j}, a/\lambda, \lambda bcq^j/a; q)_k}{(q, \lambda q^{2j+1}, q^{j+1}a^2/\lambda bc; q)_k} \Omega_{k+j}. \tag{3.4.2}$$

注 3.4.1 显然, 随着 λ 和 Ω_k 的适当选取, 可以得到基本超几何级数的许多变换公式.

例 3.4.1[49,50] 在命题 3.4.1 中, 取 $\Omega_k = q^k \dfrac{(d, q^{-n}; q)_k}{(aq/d, a^2q^{-n}/\lambda^2; q)_k}$ 及 $\lambda = a^2q/bcd$, 则右边的内部和

$$
\begin{aligned}
I &= \sum_{k=0}^{\infty} \frac{(aq^{2j}, a/\lambda, \lambda bcq^j/a; q)_k}{(q, \lambda q^{2j+1}, q^{j+1}a^2/\lambda bc; q)_k} q^{k+j} q^k \frac{(d, q^{-n}; q)_{k+j}}{(aq/d, a^2q^{-n}/\lambda^2; q)_{k+j}} \\
&= q^j \frac{(d, q^{-n}; q)_j}{(aq/d, a^2q^{-n}/\lambda^2; q)_j} \\
&\quad \times {}_5\phi_4 \left[\begin{matrix} aq^{2j}, & a/\lambda, & \lambda q^j bc/a, & dq^j, & q^{-n+j} \\ \lambda q^{2j+1}, & q^{j+1}a^2/\lambda bc, & aq^{j+1}/d, & a^2q^{-n+j}/\lambda^2 \end{matrix} ; q, q \right].
\end{aligned}
$$

由于 $\lambda = a^2q/bcd$, 则

$$q^{j+1}a^2/\lambda bc = dq^j,$$
$$\lambda bcq^j/a = q^{j+1}a/d.$$

因此

$$
\begin{aligned}
I &= q^j \frac{(d, q^{-n}; q)_j}{(aq/d, a^2q^{-n}/\lambda^2; q)_j} {}_3\phi_2 \left[\begin{matrix} aq^{2j}, & a/\lambda, & q^{-n+j} \\ \lambda q^{2j+1}, & a^2q^{-n+j}/\lambda^2 \end{matrix} ; q, q \right] \\
&= q^j \frac{(d, q^{-n}; q)_j}{(aq/d, a^2q^{-n}/\lambda^2; q)_j} \frac{(\lambda q/a, \lambda^2 q^{2j+1}/a; q)_{n-j}}{(\lambda q^{2j+1}, \lambda^2 q/a^2; q)_{n-j}}.
\end{aligned}
$$

故

$$
\begin{aligned}
&\sum_{k=0}^{\infty} \frac{(a, b, c; q)_k}{(q, aq/b, aq/c; q)_k} q^k \frac{(d, q^{-n}; q)_k}{(aq/d, a^2q^{-n}/\lambda^2; q)_k} \\
&= \sum_{j=0}^{\infty} \frac{(\lambda; q)_j}{(q; q)_j} \frac{(1 - \lambda q^{2j})}{(1 - \lambda)} \frac{(\lambda b/a, \lambda c/a, aq/bc; q)_j}{(aq/b, aq/c, qa^2/\lambda bc; q)_j} \frac{(a; q)_{2j}}{(\lambda q; q)_{2j}} \left(\frac{a}{\lambda} \right)^j \\
&\quad \times \frac{(d, q^{-n}; q)_j}{(aq/d, a^2q^{-n}/\lambda^2; q)_j} q^j \frac{(\lambda q/a, \lambda^2 q^{2j+1}/a; q)_{n-j}}{(\lambda q^{2j+1}, \lambda^2 q/a^2; q)_{n-j}}.
\end{aligned}
$$

由于

$$(a; q)_{2j} = (a; q^2)_j (aq; q^2)_j = (a^{\frac{1}{2}}, -a^{\frac{1}{2}}; q)_j ((aq)^{\frac{1}{2}}, -(aq)^{\frac{1}{2}}; q)_j$$

$$= (a^{\frac{1}{2}}, -a^{\frac{1}{2}}, (aq)^{\frac{1}{2}}, -(aq)^{\frac{1}{2}}; q)_j,$$

$$(\lambda q; q)_{2j}(\lambda q^{2j+1}; q)_{n-j} = (\lambda q; q)_{n+j} = (\lambda q; q)_n(\lambda q^{n+1}; q)_j,$$

$$\left(\frac{\lambda^2 q^{2j+1}}{a}; q\right)_{n-j} = \frac{\left(\dfrac{\lambda^2 q}{a}; q\right)_{n+j}}{\left(\dfrac{\lambda^2 q}{a}; q\right)_{2j}}$$

$$= \frac{\left(\dfrac{\lambda^2 q}{a}; q\right)_n \left(\dfrac{\lambda^2 q^{1+n}}{a}; q\right)_j}{\left(\left(\dfrac{\lambda^2 q}{a}\right)^{\frac{1}{2}}; q\right)_j \left(-\left(\dfrac{\lambda^2 q}{a}\right)^{\frac{1}{2}}; q\right)_j \left(\left(\dfrac{\lambda^2 q^2}{a}\right)^{\frac{1}{2}}; q\right)_j \left(-\left(\dfrac{\lambda^2 q^2}{a}\right)^{\frac{1}{2}}; q\right)_j},$$

$$\frac{(\lambda q/a; q)_{n-j}}{(\lambda^2 q/a^2; q)_{n-j}} = \frac{(\lambda q/a; q)_n(a^2 q^{-n}/\lambda^2; q)_j}{(q^{-n}a/\lambda; q)_j(\lambda^2 q/a^2; q)_n}\left(\frac{\lambda}{a}\right)^j,$$

化简, 得到下述变换公式:

$$_5\phi_4\left[\begin{matrix} a, & b, & c, & d, & q^{-n} \\ & aq/b, & aq/c, & aq/d, & a^2 q^{-n}/\lambda^2 \end{matrix}; q, q\right]$$

$$= \frac{\left(\dfrac{\lambda q}{a}, \dfrac{\lambda^2 q}{a}; q\right)_n}{\left(\lambda q, \dfrac{\lambda^2 q}{a^2}; q\right)_n}$$

$$\times\, _{12}\phi_{11}\left[\begin{matrix} \lambda, & q\lambda^{\frac{1}{2}}, & -q\lambda^{\frac{1}{2}}, & \dfrac{b\lambda}{a}, & \dfrac{c\lambda}{a}, & \dfrac{d\lambda}{a}, & a^{\frac{1}{2}}, & -a^{\frac{1}{2}}, & (aq)^{\frac{1}{2}}, & -(aq)^{\frac{1}{2}} \\ & \lambda^{\frac{1}{2}}, & -\lambda^{\frac{1}{2}}, & \dfrac{aq}{b}, & \dfrac{aq}{c}, & \dfrac{aq}{d}, & \dfrac{\lambda q}{a^{\frac{1}{2}}}, & -\dfrac{\lambda q}{a^{\frac{1}{2}}}, & \lambda\sqrt{\dfrac{q}{a}}, & -\lambda\sqrt{\dfrac{q}{a}}, \end{matrix}\right.$$

$$\left.\begin{matrix} \dfrac{\lambda^2 q^{n+1}}{a}, & q^{-n} \\ & \\ \dfrac{aq^{-n}}{\lambda}, & \lambda q^{n+1} \end{matrix}; q, q\right], \tag{3.4.3}$$

这里 $\lambda = a^2 q/bcd$.

例 3.4.2[49,50]　在命题 3.4.1 中, 取 $a \to q^{-n}$, $\Omega_k = \dfrac{(d, e, ; q)_k}{(q^{1-n}/d, eq^{-2n}/\lambda^2; q)_k}q^k$, 则等式 (3.4.2) 右边的内部和

$$I = \sum_{k=0}^{\infty} \frac{(q^{-n+2j}, q^{-n}/\lambda, \lambda q^{j+n}bc; q)_k}{(q, \lambda q^{2j+1}, q^{-2n+j+1}/\lambda bc; q)_k} \frac{(d, e; q)_{k+j}}{(q^{1-n}/d, eq^{-2n}/\lambda^2; q)_{k+j}}q^{k+j}$$

$$= q^j \frac{(d,e;q)_j}{(q^{1-n}/d, eq^{-2n}/\lambda^2;q)_j}$$

$$\times \sum_{k=0}^{\infty} \frac{(q^{-n+2j}, q^{-n}/\lambda, \lambda q^{j+n}bc;q)_k}{(q, \lambda q^{2j+1}, q^{-2n+j+1}/\lambda bc;q)_k} \frac{(dq^j, eq^j;q)_k}{(q^{1-n+j}/d, eq^{-2n+j}/\lambda^2;q)_k} q^k.$$

令 $\lambda = q^{1-2n}/bcd$, 则

$$q^{-2n+j+1}/\lambda bc = bcdq^{-2n+j+1}/q^{1-2n}bc = dq^j,$$

$$\lambda q^{j+n}bc = q^{1-2n}q^{j+n}bc/bcd = q^{1-n+j}/d.$$

因此

$$I = q^j \frac{(d,e;q)_j}{(q^{1-n}/d, eq^{-2n}/\lambda^2;q)_j} \times {}_3\phi_2 \left[\begin{array}{ccc} q^{-(n-2j)}, & q^{-n}/\lambda, & eq^j \\ & \lambda q^{2j+1}, & eq^{-2n+j}/\lambda^2 \end{array} ; q, q \right].$$

又因为

$$q^{-(n-2j)} \frac{q^{-n}}{\lambda} eq^j q = \lambda q^{2j+1} eq^{-2n+j}/\lambda^2,$$

故

$$I = q^j \frac{(d,e,;q)_j}{(q^{1-n}/d, eq^{-2n}/\lambda^2;q)_j} \frac{(eq^{-2n+j}\lambda/\lambda^2 q^{-n}, eq^{-2n+j}/\lambda^2 eq^j;q)_{n-2j}}{(eq^{-2n+j}/\lambda^2, eq^{-2n+j}\lambda/\lambda^2 q^{-n} eq^j;q)_{n-2j}}$$

$$= q^j \frac{(d,e,;q)_j}{(q^{1-n}/d, eq^{-2n}/\lambda^2;q)_j} \frac{(eq^{-n+j}/\lambda, q^{-2n}/\lambda^2;q)_{n-2j}}{(eq^{-2n+j}/\lambda^2, q^{-n}/\lambda;q)_{n-2j}}.$$

因此

$$\sum_{k=0}^{\infty} \frac{(q^{-n}, b, c;q)_k}{(q, q^{1-n}/b, q^{1-n}/c;q)_k} \frac{(d,e;q)_k}{(q^{1-n}/d, eq^{-2n}/\lambda^2;q)_k} q^k$$

$$= \sum_{j=0}^{\infty} \frac{(\lambda;q)_j}{(q;q)_j} \frac{(1-\lambda q^{2j})}{1-\lambda} \frac{(\lambda bq^n, \lambda cq^n, q^{1-n}/bc;q)_j}{(q^{1-n}/b, q^{1-n}/c, d;q)_j} \frac{(q^{-n};q)_{2j}}{(\lambda q;q)_{2j}} (q^{-n}/\lambda)^j$$

$$\times q^j \frac{(d,e;q)_j}{(q^{1-n}/d, eq^{-2n}/\lambda^2;q)_j} \frac{(eq^{-n+j}/\lambda, q^{-2n}/\lambda^2;q)_{n-2j}}{(eq^{-2n+j}/\lambda^2, q^{-n}/\lambda;q)_{n-2j}}.$$

利用如下公式对上式进行化简:

$$(a;q)_{n-2j} = \frac{(a;q)_n}{(a^{-1}q^{1-n};q)_{2j}} (-qa^{-1})^{2j} q^{\binom{2j}{2}-2nj},$$

$$(aq^j;q)_{n-2j} = \frac{(a;q)_{n-j}}{(a;q)_j},$$

$$(a;q)_{n-j} = \frac{(a;q)_n}{(a^{-1}q^{1-n};q)_j}(-qa^{-1})^j q^{\binom{j}{2}-nj},$$

$$(a;q)_{2j} = (a^{\frac{1}{2}}, -a^{\frac{1}{2}}, (aq)^{\frac{1}{2}}, -(aq)^{\frac{1}{2}};q)_j,$$

$$(a^{-1}q^{1-n};q)_n = (a;q)_n(-a^{-1})^n q^{-\binom{n}{2}},$$

则可得下述变换公式:

$$_5\phi_4\left[\begin{matrix} q^{-n}, & b, & c, & d, & e \\ & \dfrac{q^{1-n}}{b}, & \dfrac{q^{1-n}}{c}, & \dfrac{q^{1-n}}{d}, & \dfrac{eq^{-2n}}{\lambda^2} \end{matrix} ;q,q\right]$$

$$= \frac{\left(\lambda^2 q^{n+1}, \dfrac{\lambda q}{e};q\right)_n}{\left(\dfrac{\lambda^2 q^{n+1}}{e}, \lambda q;q\right)_n}{}_{12}\phi_{11}\left[\begin{matrix} \lambda, & q\lambda^{\frac{1}{2}}, & -q\lambda^{\frac{1}{2}}, & \lambda bq^n, \\ & \lambda^{\frac{1}{2}}, & -\lambda^{\frac{1}{2}}, & \dfrac{q^{1-n}}{b}, \end{matrix}\right.$$

$$\left.\begin{matrix} \lambda cq^n, & \lambda dq^n, & q^{-\frac{n}{2}}, & -q^{-\frac{n}{2}}, & q^{\frac{1-n}{2}}, & -q^{\frac{1-n}{2}}, & e, & \dfrac{\lambda^2 q^{n+1}}{e} \\ \dfrac{q^{1-n}}{c}, & \dfrac{q^{1-n}}{d}, & \lambda q^{1+\frac{n}{2}}, & -\lambda q^{1+\frac{n}{2}}, & \lambda q^{\frac{1+n}{2}}, & -\lambda q^{\frac{1+n}{2}}, & \dfrac{\lambda q}{e}, & \dfrac{eq^{-n}}{\lambda} \end{matrix} ;q,q\right],$$

$$\tag{3.4.4}$$

其中 $\lambda = q^{1-2n}/bcd$.

例 3.4.3[50] 在命题 3.4.1 中, 取 $\lambda=qa^2/bcd$, $\Omega_k=\dfrac{q^k(1-aq^{2k})(d,q^{-n};q)_k}{(1-a)(aq/d,a^2q^{2-n}/\lambda^2;q)_k}$, 则等式 (3.4.2) 右边的内部和

$$I = \sum_{k=0}^{\infty} \frac{(aq^{2j}, a/\lambda, \lambda bcq^j/a;q)_k}{(q, \lambda q^{2j+1}, a^2q^{j+1}/\lambda bc;q)_k} q^{k+j} \frac{(1-aq^{2k+2j})}{1-a} \frac{(d, q^{-n};q)_{k+j}}{(aq/d, a^2q^{2-n}/\lambda^2;q)_{k+j}}$$

$$= q^j \frac{(d, q^{-n};q)_j}{(aq/d, a^2q^{2-n}/\lambda^2;q)_j} \sum_{k=0}^{\infty} \frac{(aq^{2j}, a/\lambda, \lambda bcq^j/a, dq^j, q^{-n+j};q)_k}{(q, \lambda q^{2j+1}, a^2q^{j+1}/\lambda bc, aq^{1+j}/d, a^2q^{2-n+j}/\lambda^2;q)_k}$$

$$\times \frac{1-aq^{2k+2j}}{1-a} q^k.$$

由于

$$\frac{\lambda bcq^j}{a} = \frac{qa^2bcq^j}{bcda} = \frac{aq^{1+j}}{d},$$

$$\frac{a^2q^{j+1}}{\lambda bc} = \frac{a^2q^{j+1}bcd}{qa^2bc} = dq^j,$$

因此

$$上式 = q^j \frac{1-aq^{2j}}{1-a} \frac{(d, q^{-n};q)_j}{(aq/d, a^2q^{2-n}/\lambda^2;q)_j}$$

$$\times \sum_{k=0}^{\infty} \frac{(aq^{2j};q)_k}{(q;q)_k} \frac{1-aq^{2j}q^{2k}}{1-aq^{2j}} \frac{(a/\lambda, q^{-n+j};q)_k}{(\lambda q^{2j+1}, a^2 q^{2-n+j}/\lambda^2;q)_k} q^k$$

$$= q^j \frac{1-aq^{2j}}{1-a} \frac{(d, q^{-n};q)_j}{\left(\dfrac{aq}{d}, \dfrac{a^2 q^{2-n}}{\lambda^2};q\right)_j}$$

$$\times {}_5\phi_4 \left[\begin{array}{ccccc} aq^{2j}, & a^{\frac{1}{2}}q^{j+1}, & -a^{\frac{1}{2}}q^{j+1}, & \dfrac{a}{\lambda}, & q^{j-n} \\[2mm] & q^j a^{\frac{1}{2}}, & -q^j a^{\frac{1}{2}}, & \lambda q^{2j+1}, & \dfrac{a^2 q^{j-n+2}}{\lambda^2} \end{array}; q, q\right].$$

利用 ${}_5\phi_4$ 与 ${}_{12}\phi_{11}$ 的关系 (3.4.4), 得

$${}_5\phi_4 \left[\begin{array}{ccccc} a, & b, & c, & d, & q^{-n} \\ aq/b, & aq/c, & aq/d, & a^2 q^{-n}/\lambda^2 \end{array}; q, q\right]$$

$$= \frac{\left(\dfrac{\lambda q}{a}, \dfrac{\lambda^2 q}{a};q\right)_n}{\left(\lambda q, \dfrac{\lambda^2 q}{a^2};q\right)_n}$$

$$\times {}_{12}\phi_{11} \left[\begin{array}{cccccccccc} \lambda, & q\lambda^{\frac{1}{2}}, & -q\lambda^{\frac{1}{2}}, & \dfrac{b\lambda}{a}, & \dfrac{c\lambda}{a}, & \dfrac{d\lambda}{a}, & a^{\frac{1}{2}}, & -a^{\frac{1}{2}}, & (aq)^{\frac{1}{2}}, & -(aq)^{\frac{1}{2}}, \\[2mm] & \lambda^{\frac{1}{2}}, & -\lambda^{\frac{1}{2}}, & \dfrac{aq}{b}, & \dfrac{aq}{c}, & \dfrac{aq}{d}, & \dfrac{\lambda q}{a^{\frac{1}{2}}}, & -\dfrac{\lambda q}{a^{\frac{1}{2}}}, & \lambda\sqrt{\dfrac{q}{a}}, & -\lambda\sqrt{\dfrac{q}{a}}, \end{array}\right.$$

$$\left.\begin{array}{cc} \dfrac{\lambda^2 q^{n+1}}{a}, & q^{-n} \\[2mm] \dfrac{aq^{-n}}{\lambda}, & \lambda q^{n+1} \end{array}; q, q\right],$$

这里 $\lambda = qa^2/bcd$. 定义

$$\lambda' = \frac{qa^2 q^{4j}}{a^{\frac{1}{2}}q^{j+1}(-a^{\frac{1}{2}}q^{j+1})a/\lambda} = -q^{2j-1}\lambda$$

且

$$a^2 q^{4j} q^{-n+j}/(-q^{2j-1}\lambda)^2 = a^2 q^{5j-n}/\lambda^2 q^{4j-2} = a^2 q^{j-n+2}/\lambda^2,$$

因此

$$I = q^j \frac{1-aq^{2j}}{1-a} \frac{(d, q^{-n};q)_j}{(aq/d, a^2 q^{2-n}/\lambda^2;q)_j} \frac{(-\lambda q^{2j-1}q/aq^{2j}, q^{4j-2}\lambda^2 q/aq^{2j};q)_{n-j}}{(-\lambda q^{2j-1}q, \lambda^2 q^{4j-2}q/a^2 q^{4j};q)_{n-j}}$$

$$\times {}_{12}\phi_{11} \left[\begin{array}{cccc} -q^{2j-1}\lambda, & q(-q^{2j-1}\lambda)^{\frac{1}{2}}, & -q(-q^{2j-1}\lambda)^{\frac{1}{2}}, & \dfrac{a^{\frac{1}{2}}q^{j+1}(-q^{2j-1}\lambda)}{aq^{2j}}, \\[2mm] & q^{2j+1}\lambda, & (-q^{2j-1}\lambda)^{\frac{1}{2}}, & -(-q^{2j-1}\lambda)^{\frac{1}{2}}, \end{array}\right.$$

$$-\frac{a^{\frac{1}{2}}q^{j+1}(-q^{2j-1}\lambda)}{aq^{2j}}, \quad \frac{\frac{a}{\lambda}(-q^{2j-1}\lambda)}{aq^{2j}},$$

$$\frac{aq^{2j+1}}{a^{\frac{1}{2}}q^{j+1}}, \qquad -\frac{aq^{2j+1}}{a^{\frac{1}{2}}q^{j+1}},$$

$$q^j a^{\frac{1}{2}}, \qquad -q^j a^{\frac{1}{2}}, \qquad (aq^{2j+1})^{\frac{1}{2}}, \qquad -(aq^{2j+1})^{\frac{1}{2}},$$

$$-\frac{q^{2j-1}\lambda q}{a^{\frac{1}{2}}q^j}, \quad \frac{q^{2j-1}\lambda q}{a^{\frac{1}{2}}q^j}, \quad -q^{2j-1}\lambda\left(\frac{q}{aq^{2j}}\right)^{\frac{1}{2}}, \quad q^{2j-1}\lambda\left(\frac{q}{aq^{2j}}\right)^{\frac{1}{2}},$$

$$\left.\begin{array}{cc} \dfrac{q^{4j-2}\lambda^2 q^{n-j+1}}{aq^{2j}}, & q^{-n+j} \\[2mm] \dfrac{aq^{2j-n+j}}{-q^{2j-1}\lambda}, & -\lambda q^{2j-1}q^{n-j+1} \end{array}\right] ; q,q$$

$$= q^j \frac{1-aq^{2j}}{1-a} \frac{(d,q^{-n};q)_j}{(aq/d,a^2q^{2-n}/\lambda^2;q)_j} \frac{(-\lambda/a,\lambda^2 q^{2j-1}/a;q)_{n-j}}{(-\lambda q^{2j},\lambda^2/a^2q;q)_{n-j}}$$

$$\times {}_8\phi_7\left[\begin{array}{ccccc} -q^{2j-1}, & q\sqrt{-q^{2j-1}\lambda}, & -q\sqrt{-q^{2j-1}\lambda}, \\ & \sqrt{-q^{2j-1}\lambda}, & -\sqrt{-q^{2j-1}\lambda}, \end{array}\right.$$

$$\left.\begin{array}{ccccc} -q^{-1}, & a^{\frac{1}{2}}q^{j+\frac{1}{2}}, & -a^{\frac{1}{2}}q^{j+\frac{1}{2}}, & q^{n+j-1}\lambda^2/a, & q^{-n+j} \\ q^{2j+1}\lambda, & -q^{j-\frac{1}{2}}\lambda a^{-\frac{1}{2}}, & q^{j-\frac{1}{2}}\lambda a^{-\frac{1}{2}}, & -aq^{-n+j+1}/\lambda, & -\lambda q^{n+j} \end{array} ; q,q\right].$$

由于

$$q^{4j-2}\lambda^2 q^{n-j+1} = (-q^{-1})a^{\frac{1}{2}}q^{j+\frac{1}{2}}(-a^{\frac{1}{2}}q^{j+\frac{1}{2}})\frac{q^{n+j-1}\lambda^2}{a},$$

所以

$$I = q^j \frac{1-aq^{2j}}{1-a} \frac{(d,q^{-n};q)_j}{(aq/d,a^2q^{2-n}/\lambda^2;q)_j} \frac{(-\lambda/a,\lambda^2 q^{2j-1}/a;q)_{n-j}}{(-\lambda q^{2j},\lambda^2/a^2q;q)_{n-j}}$$

$$\times \frac{(-q^{2j}\lambda,q^{j+\frac{1}{2}}\lambda a^{-\frac{1}{2}},-q^{j+\frac{1}{2}}\lambda a^{-\frac{1}{2}},\lambda/aq;q)_{n-j}}{(q^{2j+1}\lambda,-q^{j-\frac{1}{2}}\lambda a^{-\frac{1}{2}},q^{j-\frac{1}{2}}\lambda a^{-\frac{1}{2}},-\lambda/a;q)_{n-j}}.$$

利用下列公式对上式进行变换:

$$(aq^{2j};q)_{n-j} = \frac{(a;q)_n (aq^n;q)_j}{(a^{\frac{1}{2}};q)_j(-a^{\frac{1}{2}};q)_j((aq)^{\frac{1}{2}};q)_j(-(aq)^{\frac{1}{2}};q)_j},$$

$$(aq^j;q)_{n-j} = \frac{(a;q)_n}{(a;q)_j},$$

$$(a;q)_{n-j} = \frac{(a;q)_n}{(a^{-1}q^{1-n};q)_j}(-qa^{-1})^j q^{\binom{j}{2}-nj},$$

化简, 得

$$I = q^j \frac{1-aq^{2j}}{1-a} \frac{(d,q^{-n};q)_j}{\left(\dfrac{aq}{d}, \dfrac{a^2q^{2-n}}{\lambda^2};q\right)_j}$$

$$\times \; _5\phi_4 \left[\begin{matrix} aq^{2j}, & q^{j+1}a^{\frac{1}{2}}, & -q^{j+1}a^{\frac{1}{2}}, & \dfrac{a}{\lambda}, & q^{j-n} \\ & q^j a^{\frac{1}{2}}, & -q^j a^{\frac{1}{2}}, & \lambda q^{2j+1}, & \dfrac{a^2 q^{j-n+2}}{\lambda^2} \end{matrix} ; q,q \right].$$

因此

$$_7\phi_6 \left[\begin{matrix} a, & qa^{\frac{1}{2}}, & -qa^{\frac{1}{2}}, & b, & c, & d, & q^{-n} \\ & a^{\frac{1}{2}}, & -a^{\frac{1}{2}}, & \dfrac{aq}{b}, & \dfrac{aq}{c}, & \dfrac{aq}{d}, & \dfrac{a^2 q^{2-n}}{\lambda^2} \end{matrix} ; q,q \right]$$

$$= \sum_{j=0}^{n} \frac{(\lambda;q)_j (\lambda b/a, \lambda c/a, aq/bc;q)_j ((aq)^{\frac{1}{2}}, -(aq)^{\frac{1}{2}}, qa^{\frac{1}{2}}, -qa^{\frac{1}{2}};q)_j}{(q;q)_j (aq/b, aq/c, qa^2/\lambda bc;q)_j (\lambda q;q)_n (\lambda q^{n+1};q)_j} \left(\frac{a}{\lambda} \right)^j q^j$$

$$\times \frac{(d,q^{-n};q)_j \left(\dfrac{\lambda^2}{aq};q \right)_n \left(\dfrac{\lambda^2 q^{n-1}}{a};q \right)_j \left(\dfrac{\lambda}{aq};q \right)_n \left(\dfrac{-q^2 a}{\lambda} \right)^j \left(\dfrac{q^{2-n}a^2}{\lambda^2};q \right)_j}{\left(\dfrac{aq}{d}, \dfrac{a^2 q^{2-n}}{\lambda^2};q \right)_j \left(\dfrac{\lambda}{a^{\frac{1}{2}}q^{\frac{1}{2}}}, -\dfrac{\lambda}{a^{\frac{1}{2}}q^{\frac{1}{2}}}, \dfrac{\lambda}{a^{\frac{1}{2}}}, -\dfrac{\lambda}{a^{\frac{1}{2}}};q \right)_j \left(\dfrac{q^{2-n}a}{\lambda};q \right)_j \left(\dfrac{\lambda^2}{a^2 q};q \right)_n \left(-\dfrac{q^2 a^2}{\lambda^2} \right)^j}$$

$$\times \frac{(q^{\frac{1}{2}}\lambda/a^{\frac{1}{2}}, -q^{\frac{1}{2}}\lambda/a^{\frac{1}{2}};q)_n (\lambda/a^{\frac{1}{2}}q^{\frac{1}{2}}, -\lambda/a^{\frac{1}{2}}q^{\frac{1}{2}};q)_j}{(q^{\frac{1}{2}}\lambda/a^{\frac{1}{2}}, -q^{\frac{1}{2}}\lambda/a^{\frac{1}{2}};q)_j (\lambda/a^{\frac{1}{2}}q^{\frac{1}{2}}, -\lambda/a^{\frac{1}{2}}q^{\frac{1}{2}};q)_n}.$$

由于

$$\frac{(q^{\frac{1}{2}}\lambda/a^{\frac{1}{2}}, -q^{\frac{1}{2}}\lambda/a^{\frac{1}{2}};q)_n}{(\lambda/a^{\frac{1}{2}}q^{\frac{1}{2}}, -\lambda/a^{\frac{1}{2}}q^{\frac{1}{2}};q)_n} = \frac{(q\lambda^2/a;q^2)_n}{(\lambda^2/aq;q^2)_n} = \frac{1-\dfrac{\lambda^2}{a}q^{2n-1}}{1-\dfrac{\lambda^2}{aq}},$$

$$\frac{qa^2}{\lambda bc} = \frac{qa^2 bcd}{qa^2 bc} = d,$$

$$\frac{aq}{bc} = \frac{\lambda d}{a},$$

因此

$$上式 = \frac{(\lambda^2/aq, \lambda/aq;q)_n (1-\lambda^2 q^{2n-1}/a)}{(\lambda q, \lambda^2/a^2 q;q)_n (1-\lambda^2/aq)}$$

$$\times \sum_{j=0}^{n} \frac{(\lambda;q)_j (1-\lambda q^{2j})}{(q;q)_j (1-\lambda)}$$

$$\times \frac{\left(\dfrac{\lambda b}{a}, \dfrac{\lambda c}{a}, \dfrac{\lambda d}{a}, (aq)^{\frac{1}{2}}, -(aq)^{\frac{1}{2}}, qa^{\frac{1}{2}}, -qa^{\frac{1}{2}}, \dfrac{\lambda^2 q^{n-1}}{a}, q^{-n}; q\right)_j}{\left(\dfrac{aq}{b}, \dfrac{aq}{c}, \lambda q^{n+1}, \dfrac{aq}{d}, \dfrac{\lambda}{a^{\frac{1}{2}}}, -\dfrac{\lambda}{a^{\frac{1}{2}}}, \dfrac{q^{2-n}a}{\lambda}, \dfrac{\lambda q^{\frac{1}{2}}}{a^{\frac{1}{2}}}, -\dfrac{\lambda q^{\frac{1}{2}}}{a^{\frac{1}{2}}}; q\right)_j} q^j$$

$$= \frac{(\lambda^2/aq, \lambda/aq; q)_n (1 - \lambda^2 q^{2n-1}/a)}{(\lambda q, \lambda^2/a^2 q; q)_n (1 - \lambda^2/aq)} {}_{12}\phi_{11}\left[\begin{array}{ccccccccc} \lambda, & q\sqrt{\lambda}, & -q\sqrt{\lambda}, & \dfrac{b\lambda}{a}, \\ & \sqrt{\lambda}, & -\sqrt{\lambda}, & \dfrac{aq}{b}, \end{array}\right.$$

$$\left.\begin{array}{ccccccccc} \dfrac{c\lambda}{a}, & \dfrac{d\lambda}{a}, & \sqrt{aq}, & -\sqrt{aq}, & q\sqrt{a}, & -q\sqrt{a}, & \dfrac{\lambda^2 q^{n-1}}{a}, & q^{-n} \\ \dfrac{aq}{c}, & \dfrac{aq}{d}, & \lambda\sqrt{\dfrac{q}{a}}, & -\lambda\sqrt{\dfrac{q}{a}}, & \dfrac{\lambda}{\sqrt{a}}, & -\dfrac{\lambda}{\sqrt{a}}, & \dfrac{aq^{2-n}}{\lambda}, & \lambda q^{n+1} \end{array}; q, q\right].$$

因此可得

$${}_7\phi_6\left[\begin{array}{ccccccc} a, & qa^{\frac{1}{2}}, & -qa^{\frac{1}{2}}, & b, & c, & d, & q^{-n} \\ & a^{\frac{1}{2}}, & -a^{\frac{1}{2}}, & aq/b, & aq/c, & aq/d, & a^2 q^{2-n}/\lambda^2 \end{array}; q, q\right]$$

$$= \frac{(\lambda^2/aq, \lambda/aq; q)_n (1 - \lambda^2 q^{2n-1}/a)}{(\lambda q, \lambda^2/a^2 q; q)_n (1 - \lambda^2/aq)} {}_{12}\phi_{11}\left[\begin{array}{cccc} \lambda, & q\sqrt{\lambda}, & -q\sqrt{\lambda}, \\ & \sqrt{\lambda}, & -\sqrt{\lambda}, \end{array}\right.$$

$$\left.\begin{array}{ccccccccc} \dfrac{b\lambda}{a}, & \dfrac{c\lambda}{a}, & \dfrac{d\lambda}{a}, & \sqrt{aq}, & -\sqrt{aq}, & q\sqrt{a}, & -q\sqrt{a}, & \dfrac{\lambda^2 q^{n-1}}{a}, & q^{-n} \\ \dfrac{aq}{b}, & \dfrac{aq}{c}, & \dfrac{aq}{d}, & \lambda\sqrt{\dfrac{q}{a}}, & -\lambda\sqrt{\dfrac{q}{a}}, & \dfrac{\lambda}{\sqrt{a}}, & -\dfrac{\lambda}{\sqrt{a}}, & \dfrac{aq^{2-n}}{\lambda}, & \lambda q^{n+1} \end{array}; q, q\right],$$

$$\tag{3.4.5}$$

这里 $\lambda = qa^2/bcd$.

命题 3.4.2[51]　设 Ω_n 为任意序列, 在级数绝对收敛的条件下, 则有下述 q-级数变换恒等式:

$$\sum_{k,m=0}^{\infty} q^{\binom{m+k}{2}} \Omega_{k+m}(a;q)_m(b;q)_k \frac{x^m}{(q;q)_m}\frac{y^k}{(q;q)_k}$$

$$= \sum_{k,m=0}^{\infty} (-1)^m q^{\binom{k}{2}} \Omega_{m+k}(a;q)_m(abq^m;q)_k(ax/y;q)_m \frac{(y/a)^{m+k}}{(q;q)_m(q;q)_k}. \tag{3.4.6}$$

证明　观察到

$$\sum_{k,m=0}^{\infty} q^{\binom{m+k}{2}} \Omega_{k+m}(a;q)_m(b;q)_k \frac{x^m}{(q;q)_m}\frac{y^k}{(q;q)_k}$$

$$= \sum_{N=0}^{\infty} q^{\binom{N}{2}} \Omega_N(a;q)_N \frac{x^N}{(q;q)_N} {}_2\phi_1 \left[\begin{array}{cc} q^{-N}, & b \\ & q^{1-N}/a \end{array} ; q, qy/ax \right],$$

应用 Jackson 变换 (定理 2.5.1), 得到

$$\sum_{k,m=0}^{\infty} q^{\binom{m+k}{2}} \Omega_{k+m}(a;q)_m (b;q)_k \frac{x^m}{(q;q)_m} \frac{y^k}{(q;q)_k}$$

$$= \sum_{N=0}^{\infty} \Omega_N(a;q)_N (ax/y;q)_N \frac{(-y/a)^N}{(q;q)_N} {}_2\phi_2 \left[\begin{array}{cc} q^{-N}, & q^{1-N}/ab \\ q^{1-N}/a & q^{1-N}y/ax \end{array} ; q, bqy/ax \right].$$

由于 ${}_2\phi_2$ 是终止型, 进行求和重排, 简化, 可得结果. □

引理 3.4.1[51] 设 Ω_n 为任意序列, 在级数绝对收敛的条件下, 则有下述 q-级数恒等式:

$$\sum_{k,m=0}^{\infty} \Omega_{k+m}(\lambda;q)_k (\mu;q)_m \frac{(\mu z)^k}{(q;q)_k} \frac{z^m}{(q;q)_m} = \sum_{n=0}^{\infty} \Omega_n(\lambda\mu;q)_n \frac{z^n}{(q;q)_n}. \qquad (3.4.7)$$

证明 在命题 3.4.2 中, 取 $y = ax$. □

例 3.4.4 (q-Saalschütz 求和公式的推广[52]) 设 N 与 n 均为非负整数, 在命题 3.4.1 中, 取 $z = q$, $\lambda = q^{-n}$, $\mu = q^{-N+n}$, $\Omega_k = \dfrac{(a;q)_k(b;q)_k}{(cq^n;q)_k(abq^{1-N/c};q)_k}$, $k \geqslant 0$, 则我们有

$${}_3\phi_2 \left[\begin{array}{ccc} a, & b, & q^{-N} \\ & cq^n, & abc^{-1}q^{1-N} \end{array} ; q, q \right]$$

$$= \sum_{k,m \geqslant 0} \frac{(a;q)_{k+m}(b;q)_{k+m}}{(cq^n;q)_{k+m}(abq^{1-N}/c;q)_{k+m}} (q^{-n};q)_k (q^{-N+n};q)_m \frac{q^{(1-N+n)k}}{(q;q)_k} \frac{q^m}{(q;q)_m}$$

$$= \sum_{k=0}^{n} \frac{(a;q)_k(b;q)_k(q^{-n};q)_k}{(cq^n;q)_k(abq^{1-N}/c;q)_k} \frac{q^{(1-N+n)k}}{(q;q)_k} {}_3\phi_2 \left[\begin{array}{ccc} aq^k, & bq^k, & q^{-N+n} \\ & cq^{n+k}, & abc^{-1}q^{1-N+k} \end{array} ; q, q \right]$$

$$= \sum_{k=0}^{n} \frac{(a;q)_k(b;q)_k(q^{-n};q)_k}{(cq^n;q)_k(abq^{1-N}/c;q)_k} \frac{q^{(1-N+n)k}}{(q;q)_k} \frac{(cq^n/a;q)_{N-n}(cq^n/b;q)_{N-n}}{(cq^{n+k};q)_{N-n}(cq^{n-k}/ab;q)_{N-n}}$$

$$= \frac{(cq^n/a;q)_{N-n}(cq^n/b;q)_{N-n}}{(cq^n;q)_{N-n}}$$

$$\times \sum_{k=0}^{n} \frac{(a;q)_k(b;q)_k(q^{-n};q)_k}{(cq^N;q)_k(abq^{1-N}/c;q)_k(cq^{n-k}/ab;q)_{N-n}} \frac{q^{(1-N+n)k}}{(q;q)_k}$$

$$= \frac{(cq^n/a;q)_{N-n}(cq^n/b;q)_{N-n}}{(cq^n;q)_{N-n}(c/ab;q)_N} \sum_{k=0}^{n} (-1)^k q^{\frac{1}{2}k(1+2n-k)} \frac{(a;q)_k(b;q)_k(q^{-n};q)_k}{(cq^N;q)_k} \frac{(c/ab)^k}{(q;q)_k}$$

$$= \frac{(cq^n/a;q)_{N-n}(cq^n/b;q)_{N-n}}{(cq^n;q)_{N-n}(c/ab;q)_N} \sum_{k=0}^{n} \begin{bmatrix} n \\ k \end{bmatrix} \frac{(a;q)_k(b;q)_k(c/ab;q)_{n-k}}{(cq^N;q)_k} \left(\frac{c}{ab}\right)^k.$$

即

$$_3\phi_2 \begin{bmatrix} a, & b, & q^{-N} \\ & cq^n, & abc^{-1}q^{1-N} \end{bmatrix} ; q, q$$

$$= \frac{(cq^n/a;q)_{N-n}(cq^n/b;q)_{N-n}}{(cq^n;q)_{N-n}(c/ab;q)_N} \sum_{k=0}^{n} \begin{bmatrix} n \\ k \end{bmatrix} \frac{(a;q)_k(b;q)_k(c/ab;q)_{n-k}}{(cq^N;q)_k} \left(\frac{c}{ab}\right)^k. \quad (3.4.8)$$

命题 3.4.3[53]　设 Ω_n 为任意复序列, 则在两边收敛的条件下, 有

$$\sum_{m,n=0}^{\infty} \Omega_{m+n} \frac{(a,b;q)_m(aq^2;q^2)_m(1/b^2q;q)_n}{(a;q^2)_m(aq/b;q)_m} \frac{(x/b^2q)^m}{(q;q)_m} \frac{x^n}{(q;q)_n}$$

$$= \sum_{n=0}^{\infty} \Omega_n \frac{(a/b^2q;q)_n}{(q;q)_n} \frac{1-aq^{2n-1/b^2}}{1-a/b^2q} \frac{(1/bq;q)_n}{(aq/b;q)_n} x^n. \quad (3.4.9)$$

证明　在式 (3.4.3) 中, 取 $c \to q\sqrt{a}$, $d \to -q\sqrt{a}$, $\lambda \to -a/bq$, 则在其等号右边为可以求和的 Jackson 的 $_8\phi_7$ 求和公式 (3.1.1), 因此, 我们得到

$$_5\phi_4 \begin{bmatrix} a, & q\sqrt{a}, & -q\sqrt{a}, & b, & q^{-n} \\ & \sqrt{a}, & -\sqrt{a}, & aq/b, & b^2q^{2-n} \end{bmatrix} ; q, q$$

$$= \frac{(a/b^2;q)_{n-1}(1/bq;q)_n(1-aq^{2n-1}/b^2)}{(aq/b;q)_n(1/b^2q;q)_n}. \quad (3.4.10)$$

利用级数重排, 重写式 (3.4.9) 的左边为

$$\text{左端} = \sum_{n=0}^{\infty} \Omega_n \sum_{m=0}^{n} \frac{(a,b;q)_m(aq^2;q^2)_m(1/b^2q;q)_{n-m}}{(a;q^2)_m(aq/b;q)_m} \frac{(x/b^2q)^m}{(q;q)_m} \frac{x^{n-m}}{(q;q)_{n-m}}$$

$$= \sum_{n=0}^{\infty} \Omega_n \frac{(1/b^2q;q)_n}{(q;q)_n} x^n \sum_{m=0}^{n} \frac{(a,q\sqrt{a},-q\sqrt{a},b,q^{-n};q)_m}{(q,\sqrt{a},-\sqrt{a},aq/b,b^2q^{2-n};q)_m} q^m$$

$$= \sum_{n=0}^{\infty} \Omega_n \frac{(1/b^2q;q)_n}{(q;q)_n} x^n {}_5\phi_4 \begin{bmatrix} a, & q\sqrt{a}, & -q\sqrt{a}, & b, & q^{-n} \\ & \sqrt{a}, & -\sqrt{a}, & aq/b, & b^2q^{2-n} \end{bmatrix} ; q, q.$$

应用求和公式 (3.4.10), 可得结果.　□

例 3.4.5　在命题 3.4.3 中, 取 $\Omega_n = 1$, 可得下述变换公式:

$$_4\phi_3 \begin{bmatrix} a/b^2q, & q\sqrt{a/b^2q}, & -q\sqrt{a/b^2q}, & 1/bq \\ & \sqrt{a/b^2q}, & -\sqrt{a/b^2q}, & aq/b \end{bmatrix} ; q, x$$

$$= \frac{(x/b^2q;q)_\infty}{(x;q)_\infty} {}_4\phi_3 \left[\begin{array}{cccc} a, & q\sqrt{a}, & -q\sqrt{a}, & b \\ & \sqrt{a}, & -\sqrt{a}, & aq/b \end{array} ; q, x/b^2q \right],$$

这里 $\max\{|x|, |x/b^2q|\} < 1$.

3.5 Jain $_4\phi_3$ 变换与求和公式

在式 (3.4.10) 中令 $a \to b^2/q$, $b \to b/a\sqrt{q}$, 则式 (3.4.10) 变为

$$_5\phi_4 \left[\begin{array}{ccccc} b^2/q, & b\sqrt{q}, & -b\sqrt{q}, & b/a\sqrt{q}, & q^{-n} \\ & b/\sqrt{q}, & -b/\sqrt{q}, & ab\sqrt{q}, & b^2q^{1-n}/a^2 \end{array} ; q, q \right]$$

$$= \frac{(a^2/q;q)_n(a^2q;q^2)_n(a/b\sqrt{q};q)_n}{(a^2/q;q^2)_n(ab\sqrt{q};q)_n(a^2/b^2;q)_n}. \tag{3.5.1}$$

将 $(a^2/b^2;q)_n$ 移到另一端后, 两边同乘 $b^{2n}z^n/(q;q)_n$, 并对 n 求和, 则

$$_4\phi_3 \left[\begin{array}{cccc} a^2/q, & a\sqrt{q}, & -a\sqrt{q}, & a/b\sqrt{q} \\ & a/\sqrt{q}, & -a/\sqrt{q}, & ab\sqrt{q} \end{array} ; q, b^2z \right]$$

$$= \sum_{n=0}^{\infty} \frac{(a^2/b^2;q)_n b^{2n}z^n}{(q;q)_n} {}_5\phi_4 \left[\begin{array}{ccccc} b^2/q, & b\sqrt{q}, & -b\sqrt{q}, & b/a\sqrt{q}, & q^{-n} \\ & b/\sqrt{q}, & -b/\sqrt{q}, & ab\sqrt{q}, & b^2q^{1-n}/a^2 \end{array} ; q, q \right]$$

$$= \sum_{n=0}^{\infty} \frac{(a^2/b^2;q)_n b^{2n}z^n}{(q;q)_n} \sum_{r=0}^{n} \frac{(b^2/q, b/a\sqrt{q};q)_r(b^2q;q^2)_r(q^{-n};q)_r}{(q, ab\sqrt{q};q)_r(b^2/q;q^2)_r(b^2q^{1-n}/a^2;q)_r} q^r$$

$$= \sum_{r=0}^{\infty} \frac{(b^2/q, b/a\sqrt{q};q)_r(b^2q;q^2)_r}{(q, ab\sqrt{q};q)_r(b^2/q;q^2)_r} q^r \sum_{n=r}^{\infty} \frac{(a^2/b^2;q)_n b^{2n}z^n}{(q;q)_n} \frac{(q^{-n};q)_r}{(b^2q^{1-n}/a^2;q)_r}.$$

应用恒等式:

$$(aq^{-n};q)_r = (-aq^{-n})^r q^{\binom{r}{2}}(q^{n-r+1}/a;q)_r,$$

则

$$_4\phi_3 \left[\begin{array}{cccc} a^2/q, & a\sqrt{q}, & -a\sqrt{q}, & a/b\sqrt{q} \\ & a/\sqrt{q}, & -a/\sqrt{q}, & ab\sqrt{q} \end{array} ; q, b^2z \right]$$

$$= \sum_{r=0}^{\infty} \frac{(b^2/q, b/a\sqrt{q};q)_r(b^2q;q^2)_r}{(q, ab\sqrt{q};q)_r(b^2/q;q^2)_r} a^{2r}z^r \sum_{n=0}^{\infty} \frac{(a^2/b^2;q)_n}{(q;q)_n}(b^2z)^n$$

$$= \frac{(a^2z;q)_\infty}{(b^2z;q)_\infty} {}_4\phi_3 \left[\begin{array}{cccc} b^2/q, & b\sqrt{q}, & -b\sqrt{q}, & b/a\sqrt{q} \\ & b/\sqrt{q}, & -b/\sqrt{q}, & ab\sqrt{q} \end{array} ; q, a^2z \right].$$

即有下面的定理.

定理 3.5.1[54]　设 $|a^2z| < 1$, $|b^2z| < 1$, 则

$$
{}_4\phi_3\left[\begin{array}{cccc}
\dfrac{a^2}{q}, & a\sqrt{q}, & -a\sqrt{q}, & \dfrac{a}{b\sqrt{q}} \\[2mm]
\dfrac{a}{\sqrt{q}}, & -\dfrac{a}{\sqrt{q}}, & ab\sqrt{q} &
\end{array}; q, b^2z\right]
$$

$$
= \frac{(a^2z;q)_\infty}{(b^2z;q)_\infty}{}_4\phi_3\left[\begin{array}{cccc}
\dfrac{b^2}{q}, & b\sqrt{q}, & -b\sqrt{q}, & \dfrac{b}{a\sqrt{q}} \\[2mm]
\dfrac{b}{\sqrt{q}}, & -\dfrac{b}{\sqrt{q}}, & ab\sqrt{q} &
\end{array}; q, a^2z\right]. \tag{3.5.2}
$$

在上式中, 令 $z \to zt$, 且在两边同乘 $t^{c-1}(qt;q)_{d-c-1}$, 并两边取 q-Beta 积分[55], 则得到

$$
{}_6\phi_5\left[\begin{array}{cccccc}
\dfrac{a^2}{q}, & a\sqrt{q}, & -a\sqrt{q}, & \dfrac{a}{b\sqrt{q}}, & c, & d \\[2mm]
\dfrac{a}{\sqrt{q}}, & -\dfrac{a}{\sqrt{q}}, & ab\sqrt{q}, & e, & f &
\end{array}; q, b^2z\right]
$$

$$
= \sum_{n=0}^{\infty} \frac{\left(\dfrac{b^2}{q};q\right)_n (b^2q;q^2)_n}{(q;q)_n \left(\dfrac{b^2}{q};q^2\right)_n} \frac{\left(\dfrac{b}{a\sqrt{q}};q\right)_n (c;q)_n(d;q)_n}{(ab\sqrt{q};q)_n(e;q)_n(f;q)_n} a^{2n}z^n
$$

$$
\times {}_3\phi_2\left[\begin{array}{ccc}
\dfrac{a^2}{b^2}, & cq^n, & dq^n \\[2mm]
& eq^n, & fq^n
\end{array}; q, b^2z\right]. \tag{3.5.3}
$$

在上式中, 令 $d \to q^{-N}$, $z \to q/b^2$, $f \to a^2cq^{1-N}/eb^2$, 右边的内部和应用 q-Saalschütz 求和公式 (2.6.1), 整理可得

$$
{}_6\phi_5\left[\begin{array}{cccccc}
\dfrac{a^2}{q}, & a\sqrt{q}, & -a\sqrt{q}, & \dfrac{a}{b\sqrt{q}}, & c, & q^{-N} \\[2mm]
\dfrac{a}{\sqrt{q}}, & -\dfrac{a}{\sqrt{q}}, & ab\sqrt{q}, & e, & \dfrac{a^2cq^{1-N}}{eb^2} &
\end{array}; q, q\right]
$$

$$
= \frac{(e/c, eb^2/a^2;q)_N}{(e, eb^2/ca^2;q)_N}{}_6\phi_5\left[\begin{array}{cccccc}
\dfrac{b^2}{q}, & b\sqrt{q}, & -b\sqrt{q}, & \dfrac{b}{a\sqrt{q}}, & c, & q^{-N} \\[2mm]
\dfrac{b}{\sqrt{q}}, & -\dfrac{b}{\sqrt{q}}, & ab\sqrt{q}, & \dfrac{eb^2}{a^2}, & \dfrac{cq^{1-N}}{e} &
\end{array}; q, q\right].
$$

$$\tag{3.5.4}$$

在 (3.5.4) 中, 令 $N \to \infty$, 则

$$
_5\phi_4 \left[\begin{array}{ccccc} \dfrac{a^2}{q}, & a\sqrt{q}, & -a\sqrt{q}, & \dfrac{a}{b\sqrt{q}}, & c \\[2mm] & \dfrac{a}{\sqrt{q}}, & -\dfrac{a}{\sqrt{q}}, & ab\sqrt{q}, & e \end{array} ; q, \dfrac{eb^2}{a^2c} \right]
$$

$$
= \frac{(e/c, eb^2/a^2; q)_\infty}{(e, eb^2/ca^2; q)_\infty} {}_5\phi_4 \left[\begin{array}{ccccc} \dfrac{b^2}{q}, & b\sqrt{q}, & -b\sqrt{q}, & \dfrac{b}{a\sqrt{q}}, & c \\[2mm] & \dfrac{b}{\sqrt{q}}, & -\dfrac{b}{\sqrt{q}}, & ab\sqrt{q}, & \dfrac{eb^2}{a^2} \end{array} ; q, \dfrac{e}{c} \right]. \tag{3.5.5}
$$

令 $e \to a^2 e$, 可改写成对称形式如下.

定理 3.5.2 设 $|eb^2/c| < 1$, $|ea^2/c| < q$, 则

$$
_5\phi_4 \left[\begin{array}{ccccc} \dfrac{a^2}{q}, & a\sqrt{q}, & -a\sqrt{q}, & \dfrac{a}{b\sqrt{q}}, & c \\[2mm] & \dfrac{a}{\sqrt{q}}, & -\dfrac{a}{\sqrt{q}}, & ab\sqrt{q}, & a^2e \end{array} ; q, \dfrac{eb^2}{c} \right]
$$

$$
= \frac{(a^2e/c, eb^2; q)_\infty}{(a^2e, eb^2/c; q)_\infty} {}_5\phi_4 \left[\begin{array}{ccccc} \dfrac{b^2}{q}, & b\sqrt{q}, & -b\sqrt{q}, & \dfrac{b}{a\sqrt{q}}, & c \\[2mm] & \dfrac{b}{\sqrt{q}}, & -\dfrac{b}{\sqrt{q}}, & ab\sqrt{q}, & b^2e \end{array} ; q, \dfrac{ea^2}{c} \right]. \tag{3.5.6}
$$

在 (3.5.4) 中, 令 $b \to -1$, 则有如下定理.

定理 3.5.3[54] 设 N 为非负整数, 则

$$
_4\phi_3 \left[\begin{array}{cccc} \dfrac{a^2}{q}, & a\sqrt{q}, & c, & q^{-N} \\[2mm] & \dfrac{a}{\sqrt{q}}, & e, & \dfrac{a^2cq^{1-N}}{e} \end{array} ; q, q \right]
$$

$$
= \frac{(e/c; q)_N (e/a; q)_N}{(e; q)_N (e/ca^2; q)_N} \left\{ 1 + \frac{(1-c)(1-q^{-N})a\sqrt{q}}{(a^2-e)\left(1 - \dfrac{c}{e}q^{1-N}\right)} \right\}. \tag{3.5.7}
$$

在 (3.5.7) 中, 令 $e \to a^2/c$, 然后用 a 代替 $a\sqrt{q}$, 则有如下定理.

定理 3.5.4[54] 设 N 为非负整数, 则

$$
_4\phi_3 \left[\begin{array}{cccc} a^2, & aq, & c, & q^{-N} \\ a, & a^2q/c, & c^2q^{1-N} \end{array} ; q, q \right] = \frac{(a^2/c^2, 1/c, -aq; q)_N}{(a^2q/c, 1/c^2, -a/c; q)_N}. \tag{3.5.8}
$$

3.6　基本超几何级数相异基的变换公式

定理 3.6.1[56]　设 $|z| < 1$, 则

$$
{}_3\phi_2 \left[\begin{array}{ccc} a, & b, & -b \\ & b^2, & az \end{array} ; q, -z \right] = \frac{(z;q)_\infty}{(az;q)_\infty} {}_2\phi_1 \left[\begin{array}{cc} a, & aq \\ & b^2q \end{array} ; q^2, z^2 \right]. \tag{3.6.1}
$$

证明　由朱世杰-Vandermonnde 求和公式可得

$$
{}_2\phi_1 \left[\begin{array}{cc} q^{-n}, & q^{1-n} \\ & b^2q \end{array} ; q^2, q^2 \right] = \frac{(b^2;q^2)_n}{(b^2;q)_n} q^{-n(n-1)/2}. \tag{3.6.2}
$$

因此, 应用上式, 有

$$
\begin{aligned}
{}_3\phi_2 \left[\begin{array}{ccc} a, & b, & -b \\ & b^2, & az \end{array} ; q, -z \right] &= \sum_{n=0}^{\infty} \frac{(a;q)_n (-z)^n q^{n(n-1)/2}}{(q;q)_n (az;q)_n} {}_2\phi_1 \left[\begin{array}{cc} q^{-n}, & q^{1-n} \\ & b^2q \end{array} ; q^2, q^2 \right] \\
&= \sum_{r=0}^{\infty} \frac{(a;q)_{2r} z^{2r}}{(q^2;q^2)_r (b^2q;q^2)_r (az;q)_{2r}} {}_1\phi_1 \left[\begin{array}{c} aq^{2r} \\ azq^{2r} \end{array} ; q, z \right].
\end{aligned} \tag{3.6.3}
$$

应用求和公式 (2.5.3), 则有

$$
\begin{aligned}
{}_3\phi_2 \left[\begin{array}{ccc} a, & b, & -b \\ & b^2, & az \end{array} ; q, -z \right] &= \sum_{r=0}^{\infty} \frac{(a;q)_{2r} z^{2r}}{(q^2;q^2)_r (b^2q;q^2)_r (az;q)_{2r}} \frac{(z;q)_\infty}{(azq^{2r};q)_\infty} \\
&= \frac{(z;q)_\infty}{(az;q)_\infty} {}_2\phi_1 \left[\begin{array}{cc} a, & aq \\ & b^2q \end{array} ; q^2, z^2 \right].
\end{aligned}
$$

定理得证.　　　　　　　　　　　　　　　　　　　　　　　　　　　　　　　　□

定理 3.6.2[56]　设 N 为非负整数, 则

$$
\begin{aligned}
&{}_4\phi_3 \left[\begin{array}{cccc} a, & aq, & q^{1-N}, & q^{-N} \\ & b^2q, & d, & dq \end{array} ; q^2, q^2 \right] \\
&= a^N \frac{(d/a;q)_N}{(d;q)_N} {}_4\phi_2 \left[\begin{array}{cccc} a, & b, & -b, & q^{-N} \\ & & b^2, & \dfrac{a}{d}q^{1-N} \end{array} ; q, -\frac{q}{d} \right].
\end{aligned} \tag{3.6.4}
$$

证明　重写 (3.6.1) 为

$$
{}_2\phi_1 \left[\begin{array}{cc} a, & aq \\ & b^2q \end{array} ; q^2, z^2 \right] = \sum_{n=0}^{\infty} \frac{(a;q)_n (b^2;q^2)_n (-z)^n}{(q;q)_n (b^2;q)_n} \sum_{r=0}^{\infty} \frac{(aq^n;q)_r}{(q;q)_r} z^r. \tag{3.6.5}
$$

令 $z \to zt$, 等式两边同时乘以 $t^{c-1}(tq;q)_{d-c-1}$, 然后取 q-Beta 积分, 应用推论 2.11.1 和性质 2.7.5, 则得到

$$
{}_4\phi_3 \left[\begin{array}{cccc} a, & aq, & c, & cq \\ & b^2q, & d, & dq \end{array} ; q^2, z^2 \right]
$$
$$
= \sum_{n=0}^{\infty} \frac{(a;q)_n(b^2;q^2)_n(c;q)_n(-z)^n}{(q;q)_n(b^2;q)_n(d;q)_n} {}_2\phi_1 \left[\begin{array}{cc} aq^n, & cq^n \\ & dq^n \end{array} ; q, z \right],
$$

这里 $|z| < 1$. 令 $c = q^{-N}$, $z = q$, 整理可得结果. □

定理 3.6.3 令 $|z| < 1$, $|a^2z^2| < 1$, 则

$$
{}_3\phi_2 \left[\begin{array}{ccc} a^2, & ab, & -ab \\ & a^2b^2, & -za^2 \end{array} ; q, z \right] = \frac{(a^2z^2;q^2)_\infty}{(-za^2;q)_\infty(z;q)_\infty} {}_2\phi_2 \left[\begin{array}{cc} a^2, & b^2 \\ a^2b^2q, & z^2a^2 \end{array} ; q^2, a^2z^2q \right].
\tag{3.6.6}
$$

证明 在定理 3.6.1 的右端对 ${}_2\phi_1$ 进行 Jackson 变换 (2.5.1), 然后分别令 $a \to a^2$, $b \to ab$, $z \to -z$, 可得结果. □

定理 3.6.4 设 a, b, c, d 其中之一为 q^{-N}, 则

$$
{}_4\phi_3 \left[\begin{array}{cccc} a^2, & b^2, & c, & d \\ ab\sqrt{q}, & -ab\sqrt{q}, & -cd \end{array} ; q, q \right] = {}_4\phi_3 \left[\begin{array}{cccc} a^2, & b^2, & c^2, & d^2 \\ a^2b^2q, & -cd, & -cdq \end{array} ; q^2, q^2 \right].
\tag{3.6.7}
$$

证明 由 q-Saalschütz 求和公式 (2.6.6), 则有

$$
{}_4\phi_4 \left[\begin{array}{cccc} a^2, & b^2, & c, & d \\ ab\sqrt{q}, & -ab\sqrt{q}, & f, & g \end{array} ; q, -z \right]
$$
$$
= \sum_{n=0}^{\infty} \frac{(a^2;q^2)_n(b^2;q^2)_n(c;q)_n(d;q)_n z^n}{(q;q)_n(a^2b^2q;q^2)_n(f;q)_n(g;q)_n}
$$
$$
\times {}_3\phi_2 \left[\begin{array}{ccc} q^{-n}, & q^{1-n}, & a^{-2}b^{-2}q^{1-2n} \\ & a^{-2}q^{2-2n}, & b^{-2}q^{2-2n} \end{array} ; q^2, q^2 \right].
$$

改变和序, 化简, 则得

$$
{}_4\phi_4 \left[\begin{array}{cccc} a^2, & b^2, & c, & d \\ ab\sqrt{q}, & -ab\sqrt{q}, & f, & g \end{array} ; q, -z \right]
$$
$$
= \sum_{n=0}^{\infty} \frac{(a^2;q^2)_n(b^2;q^2)_n(c;q)_n(d;q)_n z^n}{(q;q)_n(a^2b^2q;q^2)_n(f;q)_n(g;q)_n} {}_3\phi_3 \left[\begin{array}{ccc} q^{-n}, & cq^n, & dq^n \\ -q, & fq^n, & gq^n \end{array} ; q, -zq^n \right].
$$

上式中, 令 a, b, c, d 其中之一为 q^{-N}, $z \to -gq$, $f \to -cd$, 然后使 $g \to \infty$, 利用 q-Saalschütz 求和公式 (2.6.1) 可得内部和, 从而命题得证. □

推论 3.6.1　设 a 或 b 其中之一为 q^{-N}, 则

$$
{}_3\phi_2 \left[\begin{array}{ccc} a^2, & b^2, & z \\ & ab\sqrt{q}, & -ab\sqrt{q} \end{array} ; q, q \right] = {}_3\phi_2 \left[\begin{array}{ccc} a^2, & b^2, & z^2 \\ & a^2b^2q, & 0 \end{array} ; q^2, q^2 \right]. \tag{3.6.8}
$$

证明　在定理 3.6.4 中取 $d = 0$, $c = z$, 可证. □

推论 3.6.2　设 a 或 b 其中之一为 q^{-N}, 则

$$
{}_4\phi_3 \left[\begin{array}{cccc} a^2, & b^2, & c, & -c \\ ab\sqrt{q}, & -ab\sqrt{q}, & c^2 \end{array} ; q, q \right] = {}_3\phi_2 \left[\begin{array}{ccc} a^2, & b^2, & c^2 \\ & a^2b^2q, & c^2q \end{array} ; q^2, q^2 \right]. \tag{3.6.9}
$$

证明　在定理 3.6.4 中取 $d = -c$, 可证. □

推论 3.6.3(Watson 定理的 q-模拟[57])　设 $b = q^{-N}$, 则

$$
{}_4\phi_3 \left[\begin{array}{cccc} a^2, & b^2, & c, & -c \\ ab\sqrt{q}, & -ab\sqrt{q}, & c^2 \end{array} ; q, q \right] = a^N \frac{(a^2q, b^2q, c^2q/a^2, c^2q/b^2; q^2)_\infty}{(q, a^2b^2q, c^2q, c^2q/a^2b^2; q^2)_\infty}. \tag{3.6.10}
$$

证明　在 (3.6.9) 中, 取 $b = q^{-N}$, 右边应用 q-Saalschütz 求和公式 (2.6.1), 可证. □

定理 3.6.5(Gauss 第二求和定理的 q-模拟公式的一个推广[58])

$$
{}_4\phi_3 \left[\begin{array}{cccc} a^2, & b^2, & -q^{-N}, & q^{-N} \\ ab\sqrt{q}, & -ab\sqrt{q}, & q^{-2N} \end{array} ; q, q \right] = \frac{(a^2q, b^2q; q^2)_N}{(q, a^2b^2q; q^2)_N}. \tag{3.6.11}
$$

证明　在 (3.6.9) 中, 取 $c = q^{-N}$, 可证. □

注 3.6.1　在 (3.6.11) 中, 令 $N \to \infty$, 则得到 Gauss 第二求和定理的 q-模拟 (2.5.6).

定理 3.6.6　设 N 为非负整数, 则

$$
{}_4\phi_3 \left[\begin{array}{cccc} a, & \dfrac{q}{a}, & c, & q^{-N} \\[2mm] -q, & b, & -\dfrac{cq^{1-N}}{b} \end{array} ; q, q \right]
$$

$$
= \frac{\left(-b, -\dfrac{q}{c}; q \right)_N}{\left(-\dfrac{b}{c}, -q; q \right)_N} {}_4\phi_3 \left[\begin{array}{cccc} \dfrac{b}{a}, & \dfrac{ab}{q}, & c^2, & q^{-2N} \\[2mm] & b^2, & -cq^{-N}, & -cq^{1-N} \end{array} ; q^2, q^2 \right]. \tag{3.6.12}
$$

证明 由 q-Saalschütz 求和公式的对称形式 (2.6.6), 则有

$$
{}_4\phi_4\left[\begin{array}{cccc} a, & q/a, & c, & d \\ -q, & b, & f, & g \end{array}; q, -\frac{bz}{q}\right]
$$

$$
= \sum_{n=0}^{\infty} \frac{(b/a; q^2)_n (ab/q; q^2)_n (c;q)_n (d;q)_n z^n}{(q^2; q^2)_n (b;q)_n (f;q)_n (g;q)_n}
$$

$$
\times {}_3\phi_2\left[\begin{array}{ccc} q^{-2n}, & q^{1-n}/b, & q^{2-n}/b \\ & aq^{2-2n}/b, & q^{3-2n}/ab \end{array}; q^2, q^2\right]
$$

$$
= \sum_{n=0}^{\infty} \frac{(b/a; q^2)_n (ab/q; q^2)_n (c;q)_n (d;q)_n z^n}{(q^2; q^2)_n (b;q)_n (f;q)_n (g;q)_n}
$$

$$
\times {}_3\phi_3\left[\begin{array}{ccc} q^{1-n}/b, & cq^n, & dq^n \\ -q, & fq^n, & gq^n \end{array}; q, -bzq^{n-1}\right].
$$

上式中, 令 $d \to q^{-N}$, $f \to -(c/b)q^{1-N}$, $z \to -(g/b)q^2$, 然后使 $g \to \infty$, 利用 q-Saalschütz 求和公式可得内部和, 从而命题得证. $\qquad\square$

推论 3.6.4 (终止型 Whipple 求和定理的 q-模拟[58]) 设 N 为非负整数, 则

$$
{}_4\phi_3\left[\begin{array}{cccc} a, & \dfrac{q}{a}, & -q^{-N}, & q^{-N} \\[2mm] -q, & b, & & -\dfrac{q^{1-2N}}{b} \end{array}; q, q\right] = \frac{\left(ab, \dfrac{bq}{a}; q^2\right)_N}{(b;q)_{2N}}. \tag{3.6.13}
$$

证明 在定理中取 $c \to -q^{-N}$, 可证. $\qquad\square$

注 3.6.2 对于 ${}_4\phi_3$ 变换与求和的进一步研究可见文献 [59].

3.7 Telescope 法、Abel 分部求和法与 Ismail 论证法

Telescope 法的主要思想为, 设 μ_n 为任一复序列, 定义差分算子 Δ:

$$
\Delta\mu_k = \mu_k - \mu_{k-1},
$$

根据前后项的抵消原则, 则有

$$
\sum_{k=0}^{n} \Delta\mu_k = \mu_n - \mu_{-1}.
$$

例 3.7.1 若令 $\sigma_{-1} = 0$ 以及取

$$
\sigma_k = \frac{(aq, bq, cq, aq/bc; q)_k}{(q, aq/b, aq/c, bcq; q)_k},
$$

由于

$$\Delta\sigma_k = \frac{1-aq^{2k}}{1-a}\frac{(a,b,c,a/bc;q)_k}{(q,aq/b,aq/c,bcq;q)_k}q^k,$$

故

$$\sum_{k=0}^{n}\frac{1-aq^{2k}}{1-a}\frac{(a,b,c,a/bc;q)_k}{(q,aq/b,aq/c,bcq;q)_k}q^k = \frac{(aq,bq,cq,aq/bc;q)_n}{(q,aq/b,aq/c,bcq;q)_n}.$$

例 3.7.2(Gasper[60]) 设

$$T_k = \frac{(ap,bp;p)_k(cq,aq/bc;q)_k}{(q,aq/b;q)_k(ap/c,bcp;p)_k},$$

则

$$\Delta T_k = \frac{(1-ap^kq^k)(1-bp^kq^{-k})}{(1-a)(1-b)}\frac{(a,b;p)_k(c,a/bc;q)_k}{(q,aq/b;q)_k(ap/c,bcp;p)_k}q^k.$$

因此, 我们给出双基求和公式

$$\sum_{k=0}^{n}\frac{(1-ap^kq^k)(1-bp^kq^{-k})}{(1-a)(1-b)}\frac{(a,b;p)_k(c,a/bc;q)_k}{(q,aq/b;q)_k(ap/c,bcp;p)_k}q^k$$

$$= \frac{(ap,bp;p)_n(cq,aq/bc;q)_n}{(q,aq/b;q)_n(ap/c,bcp;p)_n}. \tag{3.7.1}$$

在 (3.7.1) 中令 $b \to 0$, 由于

$$\lim_{b\to 0}\frac{\left(\dfrac{a}{bc};q\right)_k}{\left(\dfrac{aq}{b};q\right)_k} = \left(\frac{q}{c}\right)^k,$$

$$\lim_{b\to 0}\frac{(ap,bp;p)_n(cq,aq/bc;q)_n}{(q,aq/b;q)_n(ap/c,bcp;p)_n} = \frac{(ap;p)_n(cq;q)_n}{(q;q)_n(ap/c;p)_n}c^{-n},$$

整理得

$$\sum_{k=0}^{n}\frac{1-ap^kq^k}{1-a}\frac{(a;p)_k(c;q)_k}{(q;q)_k(ap/c;p)_k}c^{-k} = \frac{(ap;p)_n(cq;q)_n}{(q;q)_n(ap/c;p)_n}c^{-n}.$$

将 Telescope 法中的求和范围

$$\sum_{k=0}^{n}\Delta u_k = u_k - u_{-1}$$

可以扩充为

$$\sum_{k=-m}^{n} \Delta u_k = u_k - u_{-m-1}, \tag{3.7.2}$$

去建立相应结果. 这方面的应用可以参看文献 [5], [61], [62].

对任意一复序列 $\{\mu_k\}$, 再定义差分算子 ∇ 为

$$\nabla \mu_k = \mu_k - \mu_{k+1}, \tag{3.7.3}$$

结合差分算子 Δ 的定义, 故

$$\sum_{k=0}^{m} B_k \Delta A_k = \sum_{k=0}^{m} B_k(A_k - A_{k-1}) = \sum_{k=0}^{m} A_k B_k - \sum_{k=0}^{m} A_{k-1} B_k,$$

在最后的和中, 代 $k \to k+1$, 则有

$$\sum_{k=0}^{m} B_k \Delta A_k = A_m B_{m+1} - A_{-1} B_0 + \sum_{k=0}^{m} A_k(B_k - B_{k+1})$$

$$= A_m B_{m+1} - A_{-1} B_0 + \sum_{k=0}^{m} A_k \nabla B_k. \tag{3.7.4}$$

假设极限 $\lim\limits_{m\to\infty} A_m B_{m+1}$ 存在, 以及上面出现的非终止级数收敛, 令 $m \to \infty$, 可得 Abel 分部求和引理:

$$\sum_{k=0}^{\infty} B_k \Delta A_k = \lim_{m\to\infty} A_m B_{m+1} - A_{-1} B_0 + \sum_{k=0}^{\infty} A_k \nabla B_k. \tag{3.7.5}$$

例 3.7.3 令

$$A_k = \frac{(qa, qa; q)_k}{(q, qa/b; q)_k} \left(\frac{1}{b}\right)^k, \qquad B_k = (bz)^k,$$

易知

$$A_{-1} B_0 = \lim_{m\to\infty} A_m B_{m+1} = 0,$$

这里 $|z| < 1$, 以及

$$\Delta A_k = \frac{(1 - aq^{2k})(a, b; q)_k}{(1-a)(q, qa/b; q)_k} \left(\frac{1}{b}\right)^k, \qquad \nabla B_k = (bz)^k(1 - bz).$$

由 Abel 分部求和引理得

$$_4\phi_3 \left[\begin{matrix} a, & qa^{\frac{1}{2}}, & -qa^{\frac{1}{2}}, & b \\ & a^{\frac{1}{2}}, & -a^{\frac{1}{2}}, & qa/b \end{matrix} ; q, z \right] = (1 - bz)_2\phi_1 \left[\begin{matrix} qa, & qb \\ & qa/b \end{matrix} ; q, z \right]. \tag{3.7.6}$$

在 (3.7.6) 中, 取 $b \to 1/b$, $z \to b^2/q$ 和应用 q-Gauss 求和公式 (2.4.8), 可得

$$
_4\phi_3 \left[\begin{array}{cccc} a, & qa^{\frac{1}{2}}, & -qa^{\frac{1}{2}}, & 1/b \\ & a^{\frac{1}{2}}, & -a^{\frac{1}{2}}, & qab \end{array} ; q, \frac{b^2}{q} \right] = (1 - b/q) \frac{(b, ab^2; q)_\infty}{(qab, b^2/q; q)_\infty}.
$$

在 (3.7.6) 中, 取 $b \to q^{-n}$, $z \to q^n$, 可得 $_4\phi_3$ 正交关系 (2.10.2).

又由于

$$
A_M B_{M+1} = \frac{(qa, qb; q)_M}{(q, qa/b; q)_M} bz^{M+1},
$$

由式 (3.7.4), 则有

$$
\sum_{k=0}^{M} \frac{(1 - aq^{2k})(a, b; q)_k}{(1 - a)(aq/b, q; q)_k} z^k = \frac{(qa, qb; q)_M}{(q, qa/b; q)_M} bz^{M+1} + (1 - bz) \sum_{k=0}^{M} \frac{(qa, qb; q)_k}{(q, qa/b; q)_k} z^k,
$$

$$(3.7.7)$$

在上式中取 $z \to 1/b$, 则

$$
\sum_{k=0}^{M} \frac{(1 - aq^{2k})(a, b; q)_k}{(1 - a)(aq/b, q; q)_k} \left(\frac{1}{b} \right)^k = \frac{(qa, qb; q)_M}{(q, qa/b; q)_M} \left(\frac{1}{b} \right)^M.
$$

再取 $b \to q^{-n}$, 则得 Agarwal 的结果[63,64]:

$$
\sum_{k=0}^{M} \frac{(1 - aq^{2k})(a, q^{-n}; q)_k}{(1 - a)(aq^{n+1}, q; q)_k} q^{nk} = \frac{(qa; q)_M q^{nM} (q^{1-n}; q)_M}{(q; q)_M (aq^{n+1}; q)_M}.
$$

$$(3.7.8)$$

进一步的研究可见文献 [65].

Ismail 论证法[66,67] 建立在下述引理上.

引理 3.7.1[68]　设 U 为连通开集, f 与 g 在 U 上解析, 若 f 与 g 在 U 的一个内点的邻域内有无穷个点的值相等, 则对所有的 $z \in U$ 有 $f(z) = g(z)$.

例 3.7.4[69]　$m + 1$ 重基本超几何级数 Φ[5] 定义为

$$
\Phi \left[\begin{array}{l} a_1, \cdots, a_r : c_{1,1}, \cdots, c_{1,r_1} : c_{m,1}, \cdots, c_{m,r_m} \\ b_1, \cdots, b_s : d_{1,1}, \cdots, d_{1,s_1} : d_{m,1}, \cdots, d_{m,s_m} \end{array} ; q, q_1, \cdots, q_m; z \right]
$$

$$
= \sum_{n=0}^{\infty} \frac{(a_1, \cdots, a_r; q)_n}{(q, b_1, \cdots, b_s; q)_n} z^n \left[(-1)^n q^{\binom{n}{2}} \right]^{1+s-r}
$$

$$
\times \prod_{j=1}^{m} \frac{(c_{j,1}, \cdots, c_{j,r_j}; q_j)_n}{(d_{j,1}, \cdots, d_{j,r_j}; q_j)_n} \left[(-1)^n q_j^{\binom{n}{2}} \right]^{s_j - r_j}.
$$

$$(3.7.9)$$

重写文献 [5] 中的恒等式 (3.10.5)

$$\Phi\left[\begin{array}{ccccc} a^2, & aq^2, & -aq^2 & : & -aq/w, & q^{-n} \\ a, & -a & : & w, & -aq^{n+1} \end{array}; q^2, q; \frac{wq^{n-1}}{a}\right]$$
$$= \frac{(-aq, aq^2/w, w/aq; q)_n}{(-q, aq/w, w; q)_n} \qquad (3.7.10)$$

为

$$\sum_{k=0}^{\infty} \frac{(a^2, aq^2, -aq^2; q^2)_k (-aq/w; q)_k (q^n - 1) \cdots (q^n - q^{k-1})}{(q^2, a, -a; q^2)_k (w; q)_k (1 + aq^{n+1})(1 + aq^{n+2}) \cdots (1 + aq^{n+k})} \left(\frac{w}{aq}\right)^k$$
$$= \frac{(-aq, aq^2/w, w/aq, -q^{n+1}, aq^{n+1}/w, wq^n; q)_\infty}{(-q, aq/w, w, -aq^{n+1}, aq^{n+2}/w, wq^{n-1}/a; q)_\infty}. \qquad (3.7.11)$$

令

$$f_1(z) = \sum_{k=0}^{\infty} \frac{(a^2, aq^2, -aq^2; q^2)_k (-aq/w; q)_k (z - 1) \cdots (z - q^{k-1})}{(q^2, a, -a; q^2)_k (w; q)_k (1 + azq)(1 + azq^2) \cdots (1 + azq^k)} \left(\frac{w}{aq}\right)^k$$

和

$$f_2(z) = \frac{(-aq, aq^2/w, w/aq, -zq, azq/w, wz; q)_\infty}{(-q, aq/w, w, -azq, azq^2/w, wz/aq; q)_\infty}.$$

由 (3.7.11) 显示对所有的 $z = q^n \ (n \in \mathbb{N})$, 有

$$f_1(z) = f_2(z).$$

由引理 3.7.1 得到, 对所有 $|z| < \min\left\{\dfrac{1}{|aq|}, \left|\dfrac{w}{aq^2}\right|, \left|\dfrac{aq}{w}\right|\right\}$, 成立 $f_1(z) = f_2(z)$. 通过解析延拓, 对 z 的限制可以被去掉, 经过化简, 则有

$$\Phi\left[\begin{array}{ccccc} a^2, & aq^2, & -aq^2 & : & -aq/w, & -aq/u \\ a, & -a & : & w, & u \end{array}; q^2, q; -\frac{wu}{a^2q^2}\right]$$
$$= -\frac{u + w}{aq} \frac{(-aq, w/a, u/a, -wu/aq; q)_\infty}{(-q, w, u, -wu/a^2q^2; q)_\infty}. \qquad (3.7.12)$$

代 a 为 $-a$, 然后代 w 为 aq/s, u 为 aq/t, 则得到

$$\Phi\left[\begin{array}{ccccc} a^2, & aq^2, & -aq^2 & : & s, & t \\ a, & -a & : & aq/s, & aq/t \end{array}; q^2, q; -\frac{1}{st}\right]$$
$$= \frac{s + t}{st} \frac{(aq, -q/s, -q/t, aq/st; q)_\infty}{(-q, aq/s, aq/t, -1/st; q)_\infty}, \qquad (3.7.13)$$

这里 $\left|\dfrac{1}{st}\right| < 1$.

第 4 章　双边基本超几何级数及其应用

双边基本超几何级数是一类双边求和的 q-级数, 在 q-级数理论中占据十分重要的地位. 本章主要介绍双边基本超几何级数的若干研究方法和主要结果.

4.1　符号与定义

定义 4.1.1　基为 q, 具有 r 个分子参数、s 个分母参数的双边基本超几何级数定义为

$$
{}_r\psi_s\left[\begin{array}{cccc} a_1, & a_2, & \cdots, & a_r \\ b_1, & b_2, & \cdots, & b_s \end{array} ; q, z\right] = \sum_{n=-\infty}^{\infty} \frac{(a_1, a_2, \cdots, a_r; q)_n}{(b_1, b_2, \cdots b_s; q)_n} (-1)^{(s-r)n} q^{(s-r)\binom{n}{2}} z^n.
$$

$$(4.1.1)$$

注 4.1.1　定义中假定 q, z 以及各参数都满足级数是有意义的. 例如, 所有分母因子均不为零; 若 $s < r$ 时, $q \neq 0$; 若 z 的负次幂出现, $z \neq 0$. 另外, 双边基本超几何级数是一个形如 $\sum\limits_{n=-\infty}^{\infty} \nu_n$ 的级数, 且满足 $\nu_0 = 1$ 和 ν_{n+1}/ν_n 为关于 q^n 的有理函数. 在本章中, 总假定 $|q| < 1$.

利用负 q-移位阶乘的定义, 可以得到

$$
{}_r\psi_s\left[\begin{array}{cccc} a_1, & a_2, & \cdots, & a_r \\ b_1, & b_2, & \cdots, & b_s \end{array} ; q, z\right] = \sum_{n=0}^{\infty} \frac{(a_1, a_2, \cdots, a_r; q)_n}{(b_1, b_2, \cdots b_s; q)_n} (-1)^{(s-r)n} q^{(s-r)\binom{n}{2}} z^n
$$
$$
+ \sum_{n=1}^{\infty} \frac{(q/b_1, q/b_2, \cdots, q/b_s; q)_n}{(q/a_1, q/a_2, \cdots, q/a_r; q)_n} \left(\frac{b_1 \cdots b_s}{a_1 \cdots a_r z}\right)^n.
$$

$$(4.1.2)$$

定理 4.1.1　双边基本超几何级数 ${}_r\psi_r(z)$ 的收敛区域为

$$
\left|\frac{b_1 \cdots b_r}{a_1 \cdots a_r}\right| < |z| < 1.
$$

证明　由

$$
{}_r\psi_r\left[\begin{array}{cccc} a_1, & a_2, & \cdots, & a_r \\ b_1, & b_2, & \cdots, & b_r \end{array} ; q, z\right] = \sum_{n=0}^{\infty} \frac{(a_1, \cdots, a_r; q)_n}{(b_1, \cdots b_r; q)_n} z^n
$$

$$+ \sum_{n=1}^{\infty} \frac{(q/b_1, \cdots q/b_r; q)_n}{(q/a_1, \cdots, q/a_r; q)_n} \left(\frac{b_1 \cdots b_r}{a_1 \cdots a_r z} \right)^n$$

可知, 级数的第一部分和的收敛区域为 $|z| < 1$, 第二部分和的收敛区域为 $\left| \dfrac{b_1 \cdots b_r}{a_1 \cdots a_r z} \right| < 1$, 因此可得结论. $\qquad\square$

由 $_r\psi_s(z)$ 的定义, 易得

$$_r\psi_s \left[\begin{array}{cccc} a_1, & a_2, & \cdots, a_r \\ b_1, & b_2, & \cdots, b_s \end{array} ; q, z \right]$$

$$= \frac{(a_1, a_2, \cdots, a_r; q)_k}{(b_1, b_2, \ldots, b_s; q)_k} z^k \left[(-1)^k q^{\binom{k}{2}} \right]^{s-r} {}_r\psi_s \left[\begin{array}{cccc} a_1 q^k, & a_2 q^k, & \cdots, a_r q^k \\ b_1 q^k, & b_2 q^k, & \cdots, b_s q^k \end{array} ; q, zq^{k(s-r)} \right].$$

4.2　Ramanujan 双边 $_1\psi_1$ 求和公式

定理 4.2.1(Ramanujan)　设 $|b/a| < |z| < 1$, 则

$$_1\psi_1 \left[\begin{array}{c} a \\ b \end{array} ; q, z \right] = \frac{(q, b/a, az, q/az; q)_\infty}{(b, q/a, z, b/az; q)_\infty}. \tag{4.2.1}$$

证明　用 Cauchy 方法证明. 在 q-Gauss 求和公式 (2.4.8) 中, 取 $a \to aq^{-M}$, $b \to c/az$, $c \to cq^{-M}$, 其中 M 为大于零的整数. 则可得

$$_2\phi_1 \left[\begin{array}{cc} aq^{-M}, & c/az \\ & cq^{-M} \end{array} ; q, z \right] = \frac{(c/a, azq^{-M}; q)_\infty}{(cq^{-M}, z; q)_\infty},$$

即

$$\sum_{n=0}^{\infty} \frac{(aq^{-M}, c/az; q)_n}{(q, cq^{-M}; q)_n} z^n = \frac{(c/a, azq^{-M}; q)_\infty}{(cq^{-M}, z; q)_\infty}.$$

令 $n \to k + M$, 得

$$\sum_{k=-M}^{\infty} \frac{(aq^{-M}, c/az; q)_{k+M}}{(q, cq^{-M}; q)_{k+M}} z^{k+M} = \frac{(c/a, azq^{-M}; q)_\infty}{(cq^{-M}, z; q)_\infty},$$

即

$$\sum_{k=-M}^{\infty} \frac{(a, cq^M/az; q)_k}{(q^{M+1}, c; q)_k} z^k = \frac{(q, cq^{-M}; q)_M}{(aq^{-M}, c/az; q)_M} z^{-M} \frac{(c/a, azq^{-M}; q)_\infty}{(cq^{-M}, z; q)_\infty}.$$

由于

$$(cq^{-M};q)_M = (q/c;q)_M \left(-\frac{c}{q}\right)^M q^{-\binom{M}{2}},$$

$$(aq^{-M};q)_M = (q/a;q)_M \left(-\frac{a}{q}\right)^M q^{-\binom{M}{2}},$$

$$(azq^{-M};q)_\infty = (azq^{-M};q)_M(az;q)_\infty = (q/az;q)_M \left(-\frac{az}{q}\right)^M q^{-\binom{M}{2}}(az;q)_\infty,$$

$$(cq^{-M};q)_\infty = (cq^{-M};q)_M(c;q)_\infty = (q/c;q)_M \left(-\frac{c}{q}\right)^M q^{-\binom{M}{2}}(c;q)_\infty,$$

因此

$$\sum_{k=-M}^{\infty} \frac{(a,cq^M/az;q)_k}{(q^{M+1},c;q)_k} z^k = \frac{(q,q/az;q)_M}{(q/a,c/az;q)_M} \frac{(c/a,az;q)_\infty}{(c,z;q)_\infty}.$$

再令 $M \to \infty$, 上式可变为

$$\sum_{k=-\infty}^{\infty} \frac{(a;q)_k}{(c;q)_k} z^k = \frac{(q,q/az,c/a,az;q)_\infty}{(q/a,c/az,c,z;q)_\infty},$$

即

$$_1\psi_1 \begin{bmatrix} a \\ c \end{bmatrix}; q, z \end{bmatrix} = \frac{(q,c/a,az,q/az;q)_\infty}{(c,q/a,z,c/az;q)_\infty},$$

这里 $\left|\dfrac{c}{a}\right| < |z| < 1$. 最后, 再令 $c \to b$, 定理即可得证. $\qquad\Box$

注 4.2.1　采用 Cauchy 方法, 也可以从 q-Saalschütz 求和公式 (2.6.1) 得到 Ramanujan 双边 $_1\psi_1$-级数恒等式 (4.2.1). 而在 Ramanujan 双边 $_1\psi_1$-级数恒等式 (4.2.1) 中, 取 $z \to z/a$, 设 $a \to \infty$ 和 $b \to 0$, 则可推导出 Jacobi 三重积恒等式 (2.8.2)[70].

例 4.2.1 (q-Beta 积分公式[71])　若 $|q| < 1$ 和分母上没有因子为零, 则

$$\int_{-c}^{d} \frac{(-qt/c, qt/d;q)_\infty}{(-at/c, bt/d;q)_\infty} d_q t = \frac{(1-q)cd(q,ab,-c/d,-d/c;q)_\infty}{(c+d)(a,b,-bc/d,-ad/c;q)_\infty}. \tag{4.2.2}$$

证明　设 I 表示 (4.2.2) 的左端, 利用 $\displaystyle\int_{-c}^{d} = \int_{0}^{d} - \int_{0}^{-c}$, 则

$$I = d(1-q)\sum_{n=0}^{\infty} \frac{(-dq^{n+1}/c, q^{n+1};q)_\infty}{(-adq^n/c, bq^n;q)_\infty} q^n + c(1-q)\sum_{n=0}^{\infty} \frac{(-cq^{n+1}/d, q^{n+1};q)_\infty}{(-bcq^n/d, aq^n;q)_\infty} q^n$$

$$= d(1-q)\frac{(-dq/c,q;q)_\infty}{(-ad/c,b;q)_\infty}{}_2\phi_1\left[\begin{array}{cc} -ad/c, & bd \\ & -dq/c \end{array};q,q\right]$$

$$+ c(1-q)\frac{(-cq/d,q;q)_\infty}{(-bc/d,a;q)_\infty}{}_2\phi_1\left[\begin{array}{cc} -bc/d, & a \\ & -cq/d \end{array};q,q\right]$$

应用 Heine 第一变换 (2.4.1), 则

$$I = \frac{d(1-q)}{(1-b)}\sum_{n=0}^\infty\frac{(q/a;q)_n}{(bq;q)_n}\left(\frac{-ad}{c}\right)^n + \frac{c(1-q)}{(1-a)}\sum_{n=0}^\infty\frac{(q/b;q)_n}{(aq;q)_n}\left(\frac{-bc}{d}\right)^n,$$

在第二个和中, 使 $n \to -n-1$, 且应用

$$\frac{(a;q)_{-n}}{(b;q)_{-n}} = \frac{(bq^{-n};q)_n}{(aq^{-n};q)_n} = \left(\frac{b}{a}\right)^n\frac{(q/b;q)_n}{(q/a;q)_n},$$

则

$$I = \frac{d(1-q)}{(1-b)}\sum_{n=-\infty}^\infty\frac{(q/a;q)_n}{(bq;q)_n}\left(\frac{-ad}{c}\right)^n.$$

应用 Ramanujan 双边 $_1\psi_1$ 求和公式 (4.2.1), 则

$$I = \frac{(1-q)cd(q,ab,-c/d,-d/c;q)_\infty}{(c+d)(a,b,-bc/d,-ad/c;q)_\infty}. \qquad \square$$

4.3 $_6\psi_6$ 级数求和与变换

定理 4.3.1 ($_6\psi_6$ 级数变换公式) 设 $\lambda' = aq\lambda/b'ce$, $\lambda = qa^2/bcd$. 则

$$_6\psi_6\left[\begin{array}{cccccc} qa^{\frac{1}{2}}, & -qa^{\frac{1}{2}}, & c, & d, & e, & f \\ a^{\frac{1}{2}}, & -a^{\frac{1}{2}}, & aq/c, & aq/d, & aq/e, & aq/f \end{array};q,\frac{qa^2}{cdef}\right]$$

$$= \frac{(aq,q/a,aq/ef,aq/cd,\lambda q/e,aq/\lambda d;q)_\infty}{(aq/e,aq/f,q/c,q/d,\lambda q/ef,b;q)_\infty}$$

$$\times\frac{(aq/df,aq/ec,q\lambda'a/\lambda d,\lambda'q/f,aq/\lambda'c,\lambda q/\lambda'e;q)_\infty}{(aq/d,q/e,\lambda'q,q/\lambda',a\lambda'q/\lambda df,b';q)_\infty}$$

$$\times\ {}_6\psi_6\left[\begin{array}{cccccc} q\lambda'^{\frac{1}{2}}, & -q\lambda'^{\frac{1}{2}}, & \lambda'c/a, & \lambda'e/\lambda, & \lambda d/a, & f \\ \lambda'^{\frac{1}{2}}, & -\lambda'^{\frac{1}{2}}, & aq/c, & \lambda q/e, & \lambda'aq/\lambda d, & \lambda'q/f \end{array};q,\frac{qa^2}{cdef}\right].$$

$$(4.3.1)$$

证明 在 Bailey 的 $_{10}\phi_9$ 变换公式 (3.3.1) 中, 取 $n \to 2n$, 则得

$$\sum_{k=0}^{2n}\frac{(a,qa^{\frac{1}{2}},-qa^{\frac{1}{2}},b,c,d,e,f,\lambda aq^{2n+1}/ef,q^{-2n};q)_k}{(q,a^{\frac{1}{2}},-a^{\frac{1}{2}},aq/b,aq/c,aq/d,aq/e,aq/f,efq^{-2n}/\lambda,aq^{2n+1};q)_k}q^k$$

$$
= \frac{(aq, aq/ef, \lambda q/e, \lambda q/f; q)_{2n}}{(aq/e, aq/f, \lambda q/ef, \lambda q; q)_{2n}}
$$

$$
\times \sum_{k=0}^{2n} \frac{(\lambda, q\lambda^{\frac{1}{2}}, -q\lambda^{\frac{1}{2}}, \lambda b/a, \lambda c/a, \lambda d/a, e, f, \lambda a q^{2n+1}/ef, q^{-2n}; q)_k}{(q, \lambda^{\frac{1}{2}}, -\lambda^{\frac{1}{2}}, aq/b, aq/c, aq/d, \lambda q/e, \lambda q/f, efq^{-2n}/a, \lambda q^{2n+1}; q)_k} q^k.
$$

然后, 将 $k \to n + k$, 即可得

$$
\frac{(a, qa^{\frac{1}{2}}, -qa^{\frac{1}{2}}, b, c, d, e, f, \lambda a q^{2n+1}/ef, q^{-2n}; q)_n}{(q, a^{\frac{1}{2}}, -a^{\frac{1}{2}}, aq/b, aq/c, aq/d, aq/e, aq/f, efq^{-2n}/\lambda, aq^{2n+1}; q)_n} q^n
$$

$$
\times \sum_{k=-n}^{n} \frac{(aq^n, q^{n+1}a^{\frac{1}{2}}, -q^{n+1}a^{\frac{1}{2}}, bq^n, cq^n, dq^n, eq^n, fq^n, \lambda a q^{3n+1}/ef, q^{-n}; q)_k}{(q^{n+1}, a^{\frac{1}{2}}q^n, -a^{\frac{1}{2}}q^n, aq^{n+1}/b, aq^{n+1}/c, aq^{n+1}/d, aq^{n+1}/e, aq^{n+1}/f, efq^{-n}/\lambda, aq^{3n+1}; q)_k} q^k
$$

$$
= \frac{(aq, aq/ef, \lambda q/e, \lambda q/f; q)_{2n}}{(aq/e, aq/f, \lambda q/ef, \lambda q; q)_{2n}}
$$

$$
\times \frac{(\lambda, q\lambda^{\frac{1}{2}}, -q\lambda^{\frac{1}{2}}, \lambda b/a, \lambda c/a, \lambda d/a, e, f, \lambda a q^{2n+1}/ef, q^{-2n}; q)_n}{(q, \lambda^{\frac{1}{2}}, -\lambda^{\frac{1}{2}}, aq/b, aq/c, aq/d, \lambda q/e, \lambda q/f, efq^{-2n}/a, \lambda q^{2n+1}; q)_n} q^n
$$

$$
\times \sum_{k=-n}^{n} \frac{(\lambda q^n, q^{n+1}\lambda^{\frac{1}{2}}, -q^{n+1}\lambda^{\frac{1}{2}}, \lambda q^n b/a, \lambda c q^n/a, \lambda d q^n/a, eq^n, fq^n, \lambda a q^{3n+1}/ef, q^{-n}; q)_k q^k}{(q^{n+1}, q^n \lambda^{\frac{1}{2}}, -q^n \lambda^{\frac{1}{2}}, aq^{n+1}/b, aq^{n+1}/c, aq^{n+1}/d, \lambda q^{n+1}/e, \lambda q^{n+1}/f, efq^{-n}/a, \lambda q^{3n+1}; q)_k}.
$$

将 $a \to aq^{-2n}$, $c \to cq^{-n}$, $d \to dq^{-n}$, $e \to eq^{-n}$, $f \to fq^{-n}$, 此时, $\lambda \to \lambda q^{-2n}$, 代入等式两边可得

$$
\sum_{k=-n}^{n} \frac{(aq^{-n}, a^{\frac{1}{2}}q, -a^{\frac{1}{2}}q, bq^n, c, d, e, f, \lambda a q^{n+1}/ef, q^{-n}; q)_k}{(q^{n+1}, a^{\frac{1}{2}}, -a^{\frac{1}{2}}, aq^{1-n}/b, aq/c, aq/d, aq/e, aq/f, efq^{-n}/\lambda, aq^{n+1}; q)_k} q^k
$$

$$
= \frac{(1 - aq^{-2n})(aq^{1-n}/e, aq^{1-n}/f, efq^{-2n}/\lambda, aq; q)_n}{(1 - a)(aq^{-2n}, b, cq^{-n}, dq^{-n}; q)_n}
$$

$$
\times \frac{(aq^{1-2n}, aq/ef, \lambda q^{1-n}/e, \lambda q^{1-n}/f; q)_{2n}}{(aq^{1-n}/e, aq^{1-n}/f, \lambda q/ef, \lambda q^{1-2n}; q)_{2n}}
$$

$$
\times \frac{(1 - \lambda)(\lambda q^{-2n}, \lambda b/a, \lambda c q^{-n}/a, \lambda d q^{-n}/a; q)_n}{(1 - \lambda q^{-2n})(\lambda q^{1-n}/e, \lambda q^{1-n}/f, efq^{-2n}/a, \lambda q; q)_n}
$$

$$
\times \sum_{k=-n}^{n} \frac{1 - \lambda q^{2k}}{1 - \lambda} \frac{(\lambda q^{-n}, \lambda b q^n/a, \lambda c/a, \lambda d/a, e, f, \lambda a q^{n+1}/ef, q^{-n}; q)_k}{(q^{n+1}, aq^{1-n}/b, aq/c, aq/d, \lambda q/e, \lambda q/f, efq^{-n}/a, \lambda q^{n+1}; q)_k} q^k.
$$

$$
\tag{4.3.2}
$$

由于

$$
(\lambda d q^{-n}/a; q)_n = (aq/\lambda d; q)_n \left(-\frac{\lambda d}{aq} \right)^n q^{-\binom{n}{2}},
$$

$$
(\lambda c q^{-n}/a; q)_n = (aq/\lambda c; q)_n \left(-\frac{\lambda c}{aq} \right)^n q^{-\binom{n}{2}},
$$

$$
(cq^{-n}, dq^{-n}; q)_n = (q/c, q/d; q)_n (-c/q)^n (-d/q)^n q^{-2\binom{n}{2}},
$$

$$\frac{(aq^{1-n}/e, aq^{1-n}/f; q)_n}{(aq^{1-n}/e, aq^{1-n}/f; q)_{2n}} = \frac{1}{(aq/e, aq/f; q)_n},$$

$$\frac{(\lambda q^{1-n}/e, \lambda q^{1-n}/f; q)_{2n}}{(\lambda q^{1-n}/e, \lambda q^{1-n}/f; q)_n} = (\lambda q/e, \lambda q/f; q)_n,$$

$$\frac{(aq/ef; q)_{2n}}{(efq^{-2n}/a; q)_n} = \frac{(aq/ef; q)_{2n}}{(efq^{1-n}/aq^{n+1}; q)_n} = (aq/ef; q)_n (-aq^{n+1}/ef)^n q^{\binom{n}{2}},$$

$$\frac{(efq^{-2n}/\lambda; q)_n}{(\lambda q/ef; q)_{2n}} = \frac{(-ef/\lambda q^{n+1})^n q^{-\binom{n}{2}}}{(\lambda q/ef; q)_n},$$

$$\frac{1-aq^{-2n}}{1-a} \frac{(aq^{1-2n}; q)_{2n}}{(aq^{-2n}; q)_n} = \frac{(aq^{1-2n}; q)_{2n}}{(1-a)(aq^{1-2n}; q)_{n-1}}$$

$$= (aq^{-n}; q)_n = (q/a; q)_n (-a/q)^n q^{-\binom{n}{2}},$$

所以, (4.3.2) 式右边等于

$$\frac{(\lambda q/e, \lambda q/f, aq, \lambda b/a, aq/\lambda c, aq/\lambda d, q/a, aq/ef; q)_n}{(aq/e, aq/f, b, \lambda q, q/c, q/d, q/\lambda, \lambda q/ef; q)_n}$$

$$\times \sum_{k=-n}^{n} \frac{1-\lambda q^{2k}}{1-\lambda} \frac{(\lambda q^{-n}, \lambda b q^n/a, \lambda c/a, \lambda d/a, e, f, \lambda aq^{n+1}/ef, q^{-n}; q)_k}{(q^{1+n}, aq^{1-n}/b, aq/c, aq/d, \lambda q/e, \lambda q/f, efq^{-n}/a, \lambda q^{n+1}; q)_k} q^k.$$

由于当 $n \to \infty$ 时,

$$\frac{(\lambda q^{-n}; q)_k}{(aq^{1-n}/b; q)_k} \to \left(\frac{b\lambda}{aq}\right)^k,$$

$$\frac{(q^{-n}; q)_k}{(efq^{-n}/\lambda; q)_k} \to \left(\frac{a}{ef}\right)^k.$$

因此

$$(4.3.2) \text{ 式左边} = {}_6\psi_6 \left[\begin{array}{cccccc} qa^{\frac{1}{2}}, & -qa^{\frac{1}{2}}, & c, & d, & e, & f \\ a^{\frac{1}{2}}, & -a^{\frac{1}{2}}, & aq/c, & aq/d, & aq/e, & aq/f \end{array} ; q, \frac{qa^2}{cdef} \right].$$

同理 $n \to \infty$, 并令 $b = \dfrac{qa^2}{\lambda cd}$, 则

$$(4.3.2) \text{ 式右边} = \frac{(aq, q/a, aq/ef, aq/cd, \lambda q/e, \lambda q/f, aq/\lambda c, aq/\lambda d; q)_\infty}{(aq/e, aq/f, q/c, q/d, \lambda q, q/\lambda, \lambda q/ef, b; q)_\infty}$$

$$\times {}_6\psi_6 \left[\begin{array}{cccccc} q\lambda^{\frac{1}{2}}, & -q\lambda^{\frac{1}{2}}, & \lambda c/a, & \lambda d/a, & e, & f \\ \lambda^{\frac{1}{2}}, & -\lambda^{\frac{1}{2}}, & aq/c, & aq/d, & \lambda q/e, & \lambda q/f \end{array} ; q, \frac{qa^2}{cdef} \right].$$

将 (4.3.2) 式右边 $_6\psi_6$ 按照上述方法进行迭代, 可得结论. $\qquad\Box$

定理 4.3.2(Bailey $_6\psi_6$ 求和公式[72])　设 $\left|\dfrac{qa^2}{bcde}\right| < 1$, 则

$$
{}_6\psi_6\left[\begin{array}{cccccc}
qa^{\frac{1}{2}}, & -qa^{\frac{1}{2}}, & b, & c, & d, & e \\
a^{\frac{1}{2}}, & -a^{\frac{1}{2}}, & aq/b, & aq/c, & aq/d, & aq/e
\end{array}; q, \dfrac{qa^2}{bcde}\right] \tag{4.3.3}
$$

$$
= \dfrac{(aq, aq/bc, aq/bd, aq/be, aq/cd, aq/ce, aq/de, q, q/a; q)_\infty}{(aq/b, aq/c, aq/d, aq/e, q/b, q/c, q/d, q/e, qa^2/bcde; q)_\infty}. \tag{4.3.4}
$$

证明　在 (4.3.1) 中, 令 $b = qa^2/cde$, $b' = q$, 由于 $\lambda'c/a = 1$, $\lambda q/e = q$, (4.3.1) 式右边 $_6\psi_6 = 1$, 故可得

$$
{}_6\psi_6\left[\begin{array}{cccccc}
qa^{\frac{1}{2}}, & -qa^{\frac{1}{2}}, & c, & d, & e, & f \\
a^{\frac{1}{2}}, & -a^{\frac{1}{2}}, & aq/c, & aq/d, & aq/e, & aq/f
\end{array}; q, \dfrac{qa^2}{cdef}\right]
$$

$$
= \dfrac{(aq, q, q/a, aq/fc, aq/fd, aq/fe, aq/cd, aq/ce, aq/de; q)_\infty}{(q/b, q/c, q/d, q/e, aq/f, aq/c, aq/d, aq/e, a^2q/fcde; q)_\infty}.
$$

代 $f \to b$, 即可得所证的定理.　　　　　　　　　　　　　　　　　　　　　□

注 4.3.1　以上证明方法和过程, 见文献 [70]. Bailey 的非常均衡 $_6\psi_6$ 求和的其他证明有: Andrews[26], Askey 和 Ismail[66], Askey[73], Schlosser[74], Slater 和 Lakin[75] 等.

在定理 4.3.2 中令 $e = a^{\frac{1}{2}}$, 可得下面的推论.

推论 4.3.1　设 $\left|qa^{\frac{3}{2}}/bcd\right| < 1$, 则

$$
{}_4\psi_4\left[\begin{array}{cccc}
-qa^{\frac{1}{2}}, & b, & c, & d \\
-a^{\frac{1}{2}}, & aq/b, & aq/c, & aq/d
\end{array}; q, \dfrac{qa^{\frac{3}{2}}}{bcd}\right]
$$

$$
= \dfrac{(aq, aq/bc, aq/bd, aq/cd, a^{\frac{1}{2}}q/b, a^{\frac{1}{2}}q/c, a^{\frac{1}{2}}q/d, q, q/a; q)_\infty}{(aq/b, aq/c, aq/d, a^{\frac{1}{2}}q, q/b, q/c, q/d, qa^{-\frac{1}{2}}, qa^{\frac{3}{2}}/bcd; q)_\infty}. \tag{4.3.5}
$$

在上述推论中令 $d = a^{\frac{1}{2}}$, $e = -a^{\frac{1}{2}}$, 则可得下面的推论.

推论 4.3.2　设 $\left|\dfrac{aq}{bc}\right| < 1$, 则

$$
{}_2\psi_2\left[\begin{array}{cc}
b, & c \\
aq/b, & aq/c
\end{array}; q, -\dfrac{qa}{bc}\right]
$$

$$
= \dfrac{(aq, aq/bc, a^{\frac{1}{2}}q/b, -a^{\frac{1}{2}}q/b, a^{\frac{1}{2}}q/c, -a^{\frac{1}{2}}q/c, -q, q, q/a; q)_\infty}{(aq/b, aq/c, a^{\frac{1}{2}}q, -a^{\frac{1}{2}}q, q/b, q/c, q/a^{\frac{1}{2}}, -q/a^{\frac{1}{2}}, -qa/bc; q)_\infty}
$$

$$
= \dfrac{(aq/bc; q)_\infty (aq^2/b^2, aq^2/c, q^2; q^2)_\infty (aq, q/a; q)_\infty}{(aq/b, aq/c, q/b, q/c, -aq/bc; q)_\infty (aq^2, q^2/a; q^2)_\infty}
$$

$$
= \dfrac{(aq/bc; q)_\infty (aq^2/b^2, aq^2/c, q^2, aq, q/a; q^2)_\infty}{(aq/b, aq/c, q/b, q/c, -aq/bc; q)_\infty}.
$$

例 4.3.1[76]   应用

$$(qa/b^2c;q)_n = \sum_{k=0}^{n} \frac{(c+1-(a+b))}{(c+1-(a+bq^{-k}))} \frac{bc+a+b}{(bc+a+bq^{-k})} \frac{(ac-(a+bq^{-k})^2)}{(ac-(a+b)(a+bq^{-k}))}$$

$$\times \frac{\left(\dfrac{aq}{b^2c}(a+bq^{-k}-c);q\right)_n}{\left(aq\dfrac{c-(a+bq^{-k})}{b(a+bq^{-k})};q\right)_n} \left(-\frac{aq}{b(a+bq^{-k})};q\right)_n$$

$$\times \frac{(q^{-n};q)_k(a+bq^{-k}-c;q)_k\left(-\dfrac{1}{bc}(a+bq^{-k});q\right)_k}{(q;q)_k\left(-\dfrac{bq^{-n}}{a}(a+bq^{-k});q\right)_k\left(\dfrac{aq}{b^2c}(a+bq^{-k}-c);q\right)_k}q^k,$$

$$(4.3.6)$$

见文献 [77] 中定理 7.29, 将 $n \to 2n$, 然后变求和为 $-n \to n$ 并代 $b \to bq^n$, 两边同乘以 $(q;q)_n(b^2c/a)^{2n}q^{\binom{2n}{2}}$, 取 $n \to \infty$, 假设 $\max\{|q|,|b^2/a|,|a-c|\} < 1$, 可得下述双边级数:

$$(q,b^2c/a;q)_\infty = \sum_{k=-\infty}^{\infty} \frac{(c+1-(a+b))}{(c+1-(a+bq^{-k}))} \frac{a}{(a+bq^{-k})} \frac{(ac-(a+bq^{-k})^2)}{(ac-a(a+bq^{-k}))}$$

$$\times \frac{\left(\dfrac{b^2c}{a(a+bq^{-k}-c)};q\right)_\infty \left(-\dfrac{bcq}{a+bq^{-k}};q\right)_\infty}{\left(aq\dfrac{c-(a+bq^{-k})}{b(a+bq^{-k})};q\right)_\infty \left(\dfrac{b(a+bq^{-k})}{a(c-(a+bq^{-k}))};q\right)_\infty}$$

$$\times (a+bq^{-k}-c;q)_\infty \left(-\frac{b}{a}(a+bq^{-k})q^k;q\right)_\infty$$

$$\times \left(-\frac{1}{bc}(a+bq^{-k});q\right)_\infty \left(\frac{b^2c}{a(a+bq^{-k}-c)}\right)^k. \quad (4.3.7)$$

例 4.3.2[78]   在 (3.1.3) 中, 取 $c = q^{-n}$, 则得到有限型 q-Dixon 公式[5] II.14:

$$_4\phi_3\left[\begin{matrix} a, & -qa^{\frac{1}{2}}, & b, & q^{-n} \\ & -a^{\frac{1}{2}}, & aq/b, & aq^{1+n} \end{matrix};q,\frac{q^{1+n}a^{\frac{1}{2}}}{b}\right] = \frac{(aq,qa^{\frac{1}{2}}/b;q)_n}{(aq/b,qa^{\frac{1}{2}};q)_n}. \quad (4.3.8)$$

取 $a \to x^2$, 令 $b \to \infty$, 则可得到五重积恒等式的有限形式:

$$1 \equiv \sum_{k=0}^{m}(1+xq^k)\begin{bmatrix} m \\ k \end{bmatrix}\frac{(x;q)_{m+1}}{(q^kx^2;q)_{m+1}}x^kq^{k^2}. \quad (4.3.9)$$

在上式中, 设 $m \to m+n,\ x \to -q^{-m}$ 和 $k \to k+m$, 又由于

$$\frac{(-q^{-m}x;q)_{m+n+1}}{(q^{k-m}x^2;q)_{m+n+1}} = \frac{(-q^{-m}x;q)_m(-x;q)_{1+n}}{(q^{k-m}x^2;q)_{m-k}(x^2;q)_{1+n+k}}$$

$$= (-1)^{m-k}q^{\binom{k}{2}-mk}x^{2k-m}\frac{(-q/x;q)_m(-x;q)_{1+n}}{(q/x^2;q)_{m-k}(x^2;q)_{1+n+k}},$$

(4.3.9) 可重写为

$$1 \equiv \sum_{k=-m}^{n}(1-xq^k)\begin{bmatrix}m+n\\m+k\end{bmatrix}\frac{(-x;q)_{1+n}(-q/x;q)_m}{(x^2;q)_{1+n+k}(q/x^2;q)_{m-k}}x^{3k}q^{k^2+\binom{k}{2}}.$$

设 $m,n \to \infty$, 应用关系:

$$(q;q)_\infty\frac{(x^2;q)_\infty(q/x^2;q)_\infty}{(-x;q)_\infty(-q/x;q)_\infty} = (q,x,q/x;q)_\infty(qx^2,q/x^2;q^2)_\infty,$$

则可得到五重积恒等式 (2.9.1). 故 (4.3.9) 为五重积恒等式 (2.9.1) 的有限形式.

例 4.3.3[69]　对 $m \in \mathbb{N}$, 有

$$\sum_{k=-m}^{\infty}\frac{(aq^2,-aq^2,a^2q^{-2m};q^2)_k(s,t;q)_k}{(a,-a,q^{2+2m};q^2)_k(aq/s,aq/t;q)_k}\left(-\frac{q^{2m}}{st}\right)^k$$

$$= \sum_{k=0}^{\infty}\frac{(aq^2,-aq^2,a^2q^{-2m};q^2)_{k-m}(s,t;q)_{k-m}}{(a,-a,q^{2+2m};q^2)_{k-m}(aq/s,aq/t;q)_{k-m}}\left(-\frac{q^{2m}}{st}\right)^{k-m}$$

$$= \frac{(a^2q^{-2m};q^2)_{-m}(s,t;q)_{-m}}{(q^{2+2m};q^2)_{-m}(aq/s,aq/t;q)_{-m}}\left(-\frac{st}{q^{2m}}\right)^m\frac{(1-a^2q^{-4m})}{(1-a^2)}$$

$$\times \sum_{k=0}^{\infty}\frac{(1-a^2q^{4(k-m)})}{(1-a^2q^{-4m})}\frac{(a^2q^{-4m};q^2)_k(sq^{-m},tq^{-m};q)_k}{(q^2;q^2)_k(aq^{1-m}/s,aq^{1-m}/t;q)_k}\left(-\frac{q^{2m}}{st}\right)^k.\quad (4.3.10)$$

对上式最后的和, 应用 (3.7.13) 和注意

$$(a;q)_{-m} = \frac{1}{(aq^{-m};q)_m} = \frac{(-1)^mq^{m(m+1)/2}}{a^m(q/a;q)_m}.$$

则得到

(4.3.10) 的右边

$$= \frac{(q^2;q^2)_m(s/a,t/a;q)_m}{(q^{2m+2}/a^2;q^2)_m(q/s,q/t;q)_m}\frac{q^{m(m+3)}(1-a^2q^{-4m})}{s^mt^m(1-a^2)}$$

$$\times \frac{(s+t)q^m}{st}\frac{(aq^{1-2m},-q^{1+m}/s,-q^{1+m}/t,-aq/st;q)_\infty}{(-q,aq^{1-m}/s,aq^{1-m}/t,-q^{2m}/st;q)_\infty}$$

$$= \frac{(s+t)(a+q^{2m})(q^2;q^2)_m(q/a;q)_{2m}(aq,-q/s,-q/t,aq/st;q)_\infty}{st(1+a)(q^{2m+2}/a^2,q^2/s^2,q^2/t^2;q^2)_m(-q,aq/s,aq/t,-q^{2m}/st;q)_\infty}$$

$$= \frac{a(s+t)}{(1+a)st}\frac{(q^{2m+2}/s^2,q^{2m+2}/t^2;q^2)_\infty(q,-q^{2m}/a,q/a;q)_\infty}{(q^{2m+2},q^{2m+2}/a^2;q^2)_\infty(q/s,q/t,aq/s,aq/t;q)_\infty}\frac{(aq,aq/st;q)_\infty}{(-q^{2m}/st;q)_\infty}.$$
$$(4.3.11)$$

由 (4.3.10) 和 (4.3.11), 得到

$$\sum_{k=0}^\infty \frac{(aq^2,-aq^2;q^2)_k(s,t;q)_k(q^{2m}-a^2)(q^{2m}-a^2q^2)\cdots(q^{2m}-a^2q^{2k-2})}{(a,-a;q^2)_k(aq/s,aq/t;q)_k(1-q^{2m+2})(1-q^{2m+4})\cdots(1-q^{2m+2k})}\left(-\frac{1}{st}\right)^k$$

$$+\sum_{k=1}^\infty \frac{(q^2/a,-q^2/a;q^2)_k(s/a,t/a;q)_k(q^{2m}-1)\cdots(q^{2m}-q^{2k-2})}{(1/a,-1/a;q^2)_k(q/s,q/t;q)_k(1-q^{2m+2}/a^2)\cdots(1-q^{2m+2k}/a^2)}\left(-\frac{1}{st}\right)^k$$

$$= \frac{a(s+t)}{(1+a)st}\frac{(q^{2m+2}/s^2,q^{2m+2}/t^2;q^2)_\infty(q,-q^{2m}/a,q/a,aq,aq/st;q)_\infty}{(q^{2m+2},q^{2m+2}/a^2;q^2)_\infty(q/s,q/t,aq/s,aq/t,-q^{2m}/st;q)_\infty}.\quad(4.3.12)$$

设

$$g_1(x)=\sum_{k=0}^\infty \frac{(aq^2,-aq^2;q^2)_k(s,t;q)_k(x-a^2)(x-a^2q^2)\cdots(x-a^2q^{2k-2})}{(a,-a;q^2)_k(aq/s,aq/t;q)_k(1-xq^2)(1-xq^4)\cdots(1-xq^{2k})}\left(-\frac{1}{st}\right)^k$$

$$+\sum_{k=1}^\infty \frac{(q^2/a,-q^2/a;q^2)_k(s/a,t/a;q)_k(x-1)\cdots(x-q^{2k-2})}{(1/a,-1/a;q^2)_k(q/s,q/t;q)_k(1-xq^2/a^2)\cdots(1-xq^{2k}/a^2)}\left(-\frac{1}{st}\right)^k$$

和

$$g_2(x)=\frac{a(s+t)}{(a+1)st}\frac{(xq^2/s^2,xq^2/t^2;q^2)_\infty(-x/a,q,q/a,aq,aq/st;q)_\infty}{(xq^2,xq^2/a^2;q^2)_\infty(q/s,q/t,aq/s,aq/t,-x/st;q)_\infty}.$$

则 (4.3.12) 显示对所有 $x=q^{2m}$ $(m\in\mathbb{N})$, 有

$$g_1(x)=g_2(x).\qquad(4.3.13)$$

由引理 3.7.1 得到, 对所有 $|x|<\min\left\{\frac{1}{|q^2|},\left|\frac{a}{q}\right|^2,|st|,\left|\frac{a}{q}\right|\right\}$, 成立 $g_1(z)=g_2(z)$. 通过解析延拓, 对 x 的限制可以去掉, 经过化简, 则有

$$\sum_{k=-\infty}^\infty \frac{(aq^2,-aq^2,a^2/x;q^2)_k(s,t;q)_k}{(a,-a,xq^2;q^2)_k(aq/s,aq/t;q)_k}\left(-\frac{x}{st}\right)^k \qquad(4.3.14)$$

$$= \frac{a(s+t)}{(a+1)st}\frac{(xq^2/s^2,xq^2/t^2;q^2)_\infty(-x/a,q,q/a,aq,aq/st;q)_\infty}{(xq^2,xq^2/a^2;q^2)_\infty(q/s,q/t,aq/s,aq/t,-x/st;q)_\infty}.$$

在上式中, 取 $x=a^2/b$, 我们得到

$$\Psi \left[\begin{array}{cccccc} aq^2, & -aq^2, & b & : & s, & t \\ a, & -a, & a^2q^2/b & : & aq/s, & aq/t \end{array} ; q^2, q; -\frac{a^2}{bst} \right]$$

$$= \frac{a(s+t)}{(a+1)st} \frac{(q, q/a, aq, aq/st, -a/b; q)_\infty (a^2q^2/bs^2, a^2q^2/bt^2; q^2)_\infty}{(q/s, q/t, aq/s, aq/t, -a^2/bst; q)_\infty (a^2q^2/b, q^2/b; q^2)_\infty}. \tag{4.3.15}$$

这里 $\left| \dfrac{a^2}{bst} \right| < 1$.

注 4.3.2 在 (4.3.15) 中, 令 $b \to \infty$, 则有

$$\sum_{k=-\infty}^{\infty} \left(1 - a^2 q^{4k} \right) \frac{(s, t; q)_k}{(aq/s, aq/t; q)_k} q^{k^2-k} \left(\frac{a^2}{st} \right)^k$$

$$= \frac{a(s+t)}{st} \frac{(q, q/a, a, aq/st; q)_\infty}{(q/s, q/t, aq/s, aq/t; q)_\infty}. \tag{4.3.16}$$

在上式中令 $t \to \infty$, 则得到 Jacobi 三重积与五重积恒等式的一个共同推广:

$$\sum_{k=-\infty}^{\infty} (1 - a^2 q^{4k}) \frac{(s; q)_k}{(aq/s; q)_k} q^{\frac{3k^2-3k}{2}} \left(-\frac{a^2}{s} \right)^k = \frac{a(q, q/a, a; q)_\infty}{s(q/s, aq/s; q)_\infty}. \tag{4.3.17}$$

具体解释见文献 [69].

4.4 两个从单边级数到双边级数的变换公式

记

$$_{r+1}\phi_r \left[\begin{array}{cccccc} a, & qa^{\frac{1}{2}}, & qa^{\frac{1}{2}}, & a_4, & a_5, & \cdots, & a_{r+1} \\ & a^{\frac{1}{2}}, & -a^{\frac{1}{2}}, & aq/a_4, & aq/a_5, & \cdots, & aq/a_{r+1} \end{array} q, z \right]$$

$$= _{r+1}W_r(a; a_4, a_5, \cdots, a_{r+1}; q, z)$$

$$= \sum_{k=0}^{\infty} \frac{(1 - aq^{2k})(a, a_4, a_5, \cdots, a_{r+1}; q)_k}{(1-a)(q, aq/a_4, aq/a_5, \cdots, aq/a_{r+1}; q)_k} z^k.$$

定理 4.4.1 设 r 为奇数, 则

$$_{r+1}W_r \left(q; a_4, a_5, \cdots, a_{r+1}; q, \frac{q^{r-3}}{a_4 a_5 \cdots a_{r+1}} \right)$$

$$= \frac{1}{1-q}_{r-2}\psi_{r-2} \left[\begin{array}{cccc} a_4, & a_5, & \cdots, & a_{r+1} \\ q^2/a_4, & q^2/a_5, & \cdots, & q^2/a_{r+1} \end{array} ; q, \frac{q^{r-3}}{a_4 a_5 \cdots a_{r+1}} \right].$$

证明 取 $a \to q$, 则

$$_{r+1}W_r \left(q; a_4, a_5, \cdots, a_{r+1}; q, \frac{q^{r-3}}{a_4 a_5 \cdots a_{r+1}} \right)$$

$$= {}_{r+1}\phi_r \left[\begin{array}{cccccc} q, & q^{\frac{3}{2}}, & -q^{\frac{3}{2}}, & a_4, & a_5, & \cdots, & a_{r+1} \\ & q^{\frac{1}{2}}, & -q^{\frac{1}{2}}, & q^2/a_4, & q^2/a_5, & \cdots, & q^2/a_{r+1} \end{array} ; q, \frac{q^{r-3}}{a_4 a_5 \cdots a_{r+1}} \right]$$

$$= \sum_{k=0}^{+\infty} \frac{1-q^{2k+1}}{1-q} \frac{(a_4, a_5, \cdots, a_{r+1}; q)_k}{(q^2/a_4, q^2/a_5, \cdots, q^2/a_{r+1}; q)_k} \left(\frac{q^{r-3}}{a_4 a_5 \cdots a_{r+1}} \right)^k$$

$$= \frac{1}{1-q} \sum_{k=0}^{+\infty} \frac{(a_4, a_5, \cdots, a_{r+1}; q)_k}{(q^2/a_4, q^2/a_5, \cdots, q^2/a_{r+1}; q)_k} \left(\frac{q^{r-3}}{a_4 a_5 \cdots a_{r+1}} \right)^k$$

$$\quad - \frac{q}{1-q} \sum_{k=0}^{+\infty} \frac{(a_4, a_5, \cdots, a_{r+1}; q)_k}{(q^2/a_4, q^2/a_5, \cdots, q^2/a_{r+1}; q)_k} \left(\frac{q^{r-1}}{a_4 a_5 \cdots a_{r+1}} \right)^k$$

$$= \frac{1}{1-q} \sum_{k=0}^{+\infty} \frac{(a_4, a_5, \cdots, a_{r+1}; q)_k}{(q^2/a_4, q^2/a_5, \cdots, q^2/a_{r+1}; q)_k} \left(\frac{q^{r-3}}{a_4 a_5 \cdots a_{r+1}} \right)^k$$

$$\quad - \frac{q}{1-q} \sum_{k=-1}^{-\infty} \frac{(a_4, a_5, \cdots, a_{r+1}; q)_{-k-1}}{(q^2/a_4, q^2/a_5, \cdots, q^2/a_{r+1}; q)_{-k-1}} \left(\frac{q^{r-1}}{a_4 a_5 \cdots a_{r+1}} \right)^{-k-1}.$$

利用 $(a; q)_{-n} = \dfrac{(-q/a)^n q^{\binom{n}{2}}}{(q/a; q)_n}$, 则

$${}_{r+1}W_r \left(q; a_4, a_5, \cdots, a_{r+1}; q, \frac{q^{r-3}}{a_4 a_5 \cdots a_{r+1}} \right)$$

$$= \frac{1}{1-q} \sum_{k=0}^{+\infty} \frac{(a_4, a_5, \cdots, a_{r+1}; q)_k}{(q^2/a_4, q^2/a_5, \cdots, q^2/a_{r+1}; q)_k} \left(\frac{q^{r-3}}{a_4 a_5 \cdots a_{r+1}} \right)^k$$

$$\quad - \frac{q}{1-q} \sum_{k=-1}^{-\infty} \frac{(a_4/q, a_5/q, \cdots, a_{r+1}/q; q)_{k+1}}{(q/a_4, q/a_5, \cdots, q/a_{r+1}; q)_{k+1}} \left(\frac{q^2 \cdots q^2}{a_4^2 a_5^2 \cdots a_{r+1}^2} \right)^{k+1}$$

$$\quad \times \left(\frac{q^{r-1}}{a_4 a_5 \cdots a_{r+1}} \right)^{-k-1}$$

$$= \frac{1}{1-q} \sum_{k=0}^{+\infty} \frac{(a_4, a_5, \cdots, a_{r+1}; q)_k}{(q^2/a_4, q^2/a_5, \cdots, q^2/a_{r+1}; q)_k} \left(\frac{q^{r-3}}{a_4 a_5 \cdots a_{r+1}} \right)^k$$

$$\quad - \frac{q}{1-q} \sum_{k=-1}^{-\infty} \frac{(a_4/q, a_5/q, \cdots, a_{r+1}/q; q)_{k+1}}{(q/a_4, q/a_5, \cdots, q/a_{r+1}; q)_{k+1}} \left(\frac{q^{r-3}}{a_4 a_5 \cdots a_{r+1}} \right)^{k+1}$$

$$= \frac{1}{1-q} \sum_{k=0}^{+\infty} \frac{(a_4, a_5, \cdots, a_{r+1}; q)_k}{(q^2/a_4, q^2/a_5, \cdots, q^2/a_{r+1}; q)_k} \left(\frac{q^{r-3}}{a_4 a_5 \cdots a_{r+1}} \right)^k$$

$$\quad - \frac{q}{1-q} \frac{(1-a_4/q)(1-a_5/q)\cdots(1-a_{r+1}/q)}{(1-q/a_4)(1-q/a_5)\cdots(1-q/a_{r+1})}$$

$$\times \sum_{k=-1}^{-\infty} \frac{(a_4, a_5, \cdots, a_{r+1}; q)_k}{(q^2/a_4, q^2/a_5, \cdots, q^2/a_{r+1}; q)_k} \left(\frac{q^{r-3}}{a_4 a_5 \cdots a_{r+1}} \right)^{k+1}$$

$$= \frac{1}{1-q} \sum_{k=0}^{+\infty} \frac{(a_4, a_5, \cdots, a_{r+1}; q)_k}{(q^2/a_4, q^2/a_5, \cdots, q^2/a_{r+1}; q)_k} \left(\frac{q^{r-3}}{a_4 a_5 \cdots a_{r+1}} \right)^{k}$$

$$- \frac{q}{1-q} \frac{a_4 a_5 \cdots a_{r+1}}{q^{r-2}} \frac{(q-a_4) \cdots (q-a_{r+1})}{(a_4 - q) \cdots (a_{r+1} - q)}$$

$$\times \sum_{k=-1}^{-\infty} \frac{(a_4, a_5, \cdots, a_{r+1}; q)_k}{(q^2/a_4, q^2/a_5, \cdots, q^2/a_{r+1}; q)_k} \left(\frac{q^{r-3}}{a_4 a_5 \cdots a_{r+1}} \right)^{k+1}$$

$$= \frac{1}{1-q} \sum_{k=0}^{+\infty} \frac{(a_4, a_5, \cdots, a_{r+1}; q)_k}{(q^2/a_4, q^2/a_5, \cdots, q^2/a_{r+1}; q)_k} \left(\frac{q^{r-3}}{a_4 a_5 \cdots a_{r+1}} \right)^{k}$$

$$+ \frac{1}{1-q} \sum_{k=-1}^{-\infty} \frac{(a_4, a_5, \cdots, a_{r+1}; q)_k}{(q^2/a_4, q^2/a_5, \cdots, q^2/a_{r+1}; q)_k} \left(\frac{q^{r-3}}{a_4 a_5 \cdots a_{r+1}} \right)^{k}$$

$$= \frac{1}{1-q} {}_{r-2}\psi_{r-2} \left[\begin{array}{cccc} a_4, & a_5, & \cdots, & a_{r+1} \\ q^2/a_4, & q^2/a_5, & \cdots, & q^2/a_{r+1} \end{array} ; q, \frac{q^{r-3}}{a_4 a_5 \cdots a_{r+1}} \right].$$

定理得证. □

定理 4.4.2　设 r 为奇数, 且 $z^2 = \dfrac{q^{r-3}}{(a_4 a_5 \cdots a_{r+1})^2}$, 则

$$_{r+1}W_r (1; a_4, a_5, \cdots, a_{r+1}; q, z) = {}_{r-2}\psi_{r-2} \left[\begin{array}{cccc} a_4, & a_5, & \cdots, & a_{r+1} \\ q/a_4, & q/a_5, & \cdots, & q/a_{r+1} \end{array} ; q, z \right]. \tag{4.4.1}$$

证明

$$_{r+1}W_r (1; a_4, a_5, \cdots, a_{r+1}; q, z)$$

$$= \sum_{k=0}^{+\infty} \frac{(1+q^k)(a_4, a_5, \cdots, a_{r+1}; q)_k}{(q/a_4, q/a_5, \cdots, q/a_{r+1}; q)_k} z^k$$

$$= \sum_{k=0}^{+\infty} \frac{(a_4, a_5, \cdots, a_{r+1}; q)_k}{(q/a_4, q/a_5, \cdots, q/a_{r+1}; q)_k} z^k + \sum_{k=0}^{+\infty} \frac{(a_4, a_5, \cdots, a_{r+1}; q)_k}{(q/a_4, q/a_5, \cdots, q/a_{r+1}; q)_k} (zq)^k$$

$$= \sum_{k=0}^{+\infty} \frac{(a_4, a_5, \cdots, a_{r+1}; q)_k}{(q/a_4, q/a_5, \cdots, q/a_{r+1}; q)_k} z^k + 1 + \sum_{k=1}^{+\infty} \frac{(a_4, a_5, \cdots, a_{r+1}; q)_k}{(q/a_4, q/a_5, \cdots, q/a_{r+1}; q)_k} (zq)^k$$

$$= 1 + \sum_{k=0}^{+\infty} \frac{(a_4, a_5, \cdots, a_{r+1}; q)_k}{(q/a_4, q/a_5, \cdots, q/a_{r+1}; q)_k} z^k$$

$$+ \sum_{k=-1}^{-\infty} \frac{(a_4, a_5, \cdots, a_{r+1}; q)_{-k}}{(q/a_4, q/a_5, \cdots, q/a_{r+1}; q)_{-k}} (zq)^{-k}$$

$$= 1 + \sum_{k=0}^{+\infty} \frac{(a_4, a_5, \cdots, a_{r+1}; q)_k}{(q/a_4, q/a_5, \cdots, q/a_{r+1}; q)_k} z^k$$

$$+ \sum_{k=-1}^{-\infty} \frac{(a_4, a_5, \cdots, a_{r+1}; q)_k}{(q/a_4, q/a_5, \cdots, q/a_{r+1}; q)_k} \left(\frac{q \cdots q}{a_4^2 a_5^2 \cdots a_{r+1}^2} \right)^k (zq)^{-k}.$$

又由于 $z^2 = \dfrac{q^{r-3}}{(a_4 a_5 \cdots a_{r+1})^2}$, 因此

$$上式 = 1 + \sum_{k=0}^{+\infty} \frac{(a_4, a_5, \cdots, a_{r+1}; q)_k}{(q/a_4, q/a_5, \cdots, q/a_{r+1}; q)_k} z^k$$

$$+ \sum_{k=-1}^{-\infty} \frac{(a_4, a_5, \cdots, a_{r+1}; q)_k}{(q/a_4, q/a_5, \cdots, q/a_{r+1}; q)_k} z^k$$

$$= {}_{r-2}\psi_{r-2} \left[\begin{array}{cccc} a_4, & a_5, & \cdots, & a_{r+1} \\ q/a_4, & q/a_5, & \cdots, & q/a_{r+1} \end{array} ; q, z \right],$$

即

$$_{r+1}W_r(1; a_4, a_5, \cdots, a_{r+1}; q, z) = {}_{r-2}\psi_{r-2} \left[\begin{array}{cccc} a_4, & a_5, & \cdots, & a_{r+1} \\ q/a_4, & q/a_5, & \cdots, & q/a_{r+1} \end{array} ; q, z \right].$$

定理得证. $\qquad\qquad\qquad\qquad\qquad\qquad\qquad\qquad\qquad\qquad\qquad\qquad$ □

例 4.4.1 将

$$_6\phi_5 \left[\begin{array}{cccccc} a, & qa^{\frac{1}{2}}, & -qa^{\frac{1}{2}}, & b, & c, & d \\ & a^{\frac{1}{2}}, & -a^{\frac{1}{2}}, & aq/b, & aq/c, & aq/d \end{array} ; q, \frac{qa}{bcd} \right]$$

$$= \frac{(qa, qa/bc, qa/bd, qa/cd; q)_\infty}{(qa/b, qa/c, qa/d, qa/bcd; q)_\infty},$$

这里 $\left| \dfrac{qa}{bcd} \right| < 1$, 记作

$$_6W_5 \left(a; b, c, d; q, \frac{qa}{bcd} \right) = \frac{(qa, qa/bc, qa/bd, qa/cd; q)_\infty}{(qa/b, qa/c, qa/d, qa/bcd; q)_\infty},$$

取 $a \to q$, 则

$$_6W_5 \left(q; b, c, d; q, \frac{q^2}{bcd} \right) = \frac{(q^2, q^2/bc, q^2/bd, q^2/cd; q)_\infty}{(q^2/b, q^2/c, q^2/d, q^2/bcd; q)_\infty},$$

利用定理 4.4.1, 则

$$
{}_6W_5\left(q;b,c,d;q,\frac{q^2}{bcd}\right)=\frac{1}{1-q}{}_3\psi_3\left[\begin{matrix}b, & c, & d\\ q^2/b, & q^2/c, & q^2/d\end{matrix};q,\frac{q^2}{bcd}\right].
$$

因此

$$
\frac{1}{1-q}{}_3\psi_3\left[\begin{matrix}b, & c, & d\\ q^2/b, & q^2/c, & q^2/d\end{matrix};q,\frac{q^2}{bcd}\right]=\frac{(q^2,q^2/bc,q^2/bd,q^2/cd;q)_\infty}{(q^2/b,q^2/c,q^2/d,q^2/bcd;q)_\infty},
$$

即

$$
{}_3\psi_3\left[\begin{matrix}b, & c, & d\\ q^2/b, & q^2/c, & q^2/d\end{matrix};q,\frac{q^2}{bcd}\right]=\frac{(q,q^2/bc,q^2/bd,q^2/cd;q)_\infty}{(q^2/b,q^2/c,q^2/d,q^2/bcd;q)_\infty}.
$$

取 $a\to 1$, 则

$$
{}_6W_5\left(1;b,c,d;q,\frac{q}{bcd}\right)=\frac{(q,q/bc,q/bd,q/cd;q)_\infty}{(q/b,q/c,q/d,q/bcd;q)_\infty}.
$$

利用定理 4.4.2, 则

$$
{}_6W_5\left(1;b,c,d;q,\frac{q}{bcd}\right)={}_3\psi_3\left[\begin{matrix}b, & c, & d\\ q/b, & q/c, & q/d\end{matrix};q,\frac{q}{bcd}\right].
$$

即

$$
{}_3\psi_3\left[\begin{matrix}b, & c, & d\\ q/b, & q/c, & q/d\end{matrix};q,\frac{q}{bcd}\right]=\frac{(q,q/bc,q/bd,q/cd;q)_\infty}{(q/b,q/c,q/d,q/bcd;q)_\infty}.
$$

4.5　${}_5\psi_5$ 及其相关推论

在本节中, 首先我们将 4.4 节结果应用到 VWP-均衡 ${}_8\phi_7$ 级数的 Bailey 三项变换公式[5]:

$$
{}_8\phi_7\left[\begin{matrix}a, & qa^{1/2}, & -qa^{1/2}, & b, & c, & d, & e, & f\\ & a^{1/2}, & -a^{1/2}, & aq/b, & aq/c, & aq/d, & aq/e, & aq/f\end{matrix};q,\frac{a^2q^2}{bcdef}\right]
$$
$$
=\frac{(aq,aq/de,aq/df,aq/ef,eq/c,fq/c,b/a,bef/a;q)_\infty}{(aq/d,aq/e,aq/f,aq/def,q/c,efq/c,be/a,bf/a;q)_\infty}
$$
$$
\times{}_8\phi_7\left[\begin{matrix}ef/c, & q(ef/c)^{1/2}, & -q(ef/c)^{1/2}, & aq/bc, & aq/cd, & ef/a, & e, & f\\ & (ef/c)^{1/2}, & -(ef/c)^{1/2}, & bef/a, & def/a, & aq/c, & fq/c, & eq/c\end{matrix};q,bd/a\right]
$$
$$
+b/a\,\frac{(aq,bq/a,bq/c,bq/d,bq/e,bq/f,d,e,f,aq/bc,bdef/a^2,a^2q/bdef;q)_\infty}{(aq/b,aq/c,aq/d,aq/e,aq/f,bd/a,be/a,bf/a,def/a,aq/def,q/c,b^2q/a;q)_\infty}
$$

$$\times _8\phi_7\left[\begin{array}{cccccccc} b^2/a, & qba^{-1/2}, & -qba^{-1/2}, & b, & bc/a, & bd/a, & be/a, & bf/a \\ & ba^{-1/2}, & -ba^{-1/2}, & bq/a, & bq/c, & bq/d, & bq/e, & bq/f \end{array} ; q, \frac{a^2q^2}{bcdef}\right],$$

$$(4.5.1)$$

这里 $\left|\dfrac{a^2q^2}{bcdef}\right| < 1$ 和 $|bd/a| < 1$.

定理 4.5.1[79] 对 $\left(\left|\dfrac{q^4}{bcdef}\right|, |bd/q|\right) < 1$, 则有

$$_5\psi_5\left[\begin{array}{ccccc} b, & c, & d, & e, & f \\ q^2/b, & q^2/c, & q^2/d, & q^2/e, & q^2/f \end{array} ; q, \frac{q^4}{bcdef}\right]$$

$$= \frac{(q, q^2/de, q^2/df, q^2/ef, qe/c, qf/c, b/q, bef/q; q)_\infty}{(q^2/d, q^2/e, q^2/f, q^2/def, q/c, qef/c, be/q, bf/q; q)_\infty}$$

$$\times _8\phi_7\left[\begin{array}{ccccc} ef/c, & q(ef/c)^{1/2}, & -q(ef/c)^{1/2}, & q^2/bc, & q^2/cd, \\ & (ef/c)^{1/2}, & -(ef/c)^{1/2}, & bef/q, & def/q, \end{array}\right.$$

$$\left.\begin{array}{ccc} ef/q, & e, & f \\ q^2/c, & fq/c, & eq/c \end{array} ; q, bd/q\right]$$

$$+ \frac{b}{q} \frac{(q, b, bq/c, bq/d, bq/e, bq/f, d, e, f, q^2/bc; q)_\infty}{(q^2/b, q^2/c, q^2/d, q^2/e, q^2/f, bd/q, be/q; q)_\infty}$$

$$\times \frac{(bdef/q^2, q^3/bdef; q)_\infty}{(bf/q, def/q, q^2/def, q/c, b^2; q)_\infty}$$

$$\times _7\phi_6\left[\begin{array}{ccccccc} b^2/q, & bq^{1/2}, & -bq^{1/2}, & bc/q, & bd/q, & be/q, & bf/q \\ & bq^{-1/2}, & -bq^{-1/2}, & bq/c, & bq/d, & bq/e, & bq/f \end{array} ; q, \frac{q^4}{bcdef}\right].$$

$$(4.5.2)$$

证明 在 (4.5.1) 中, 取 $a \to q$, 使用定理 4.4.1, 我们得

$$_8\phi_7\left[\begin{array}{cccccccc} a, & qa^{1/2}, & -qa^{1/2}, & b, & c, & d, & e, & f \\ & a^{1/2}, & -a^{1/2}, & aq/b, & aq/c, & aq/d, & aq/e, & aq/f \end{array} ; q, \frac{a^2q^2}{bcdef}\right]$$

$$= \frac{1}{1-q} {}_5\psi_5\left[\begin{array}{ccccc} b, & c, & d, & e, & f \\ q^2/b, & q^2/c, & q^2/d, & q^2/e, & q^2/f \end{array} ; q, \frac{q^4}{bcdef}\right]$$

故我们得到

$$\frac{1}{1-q} {}_5\psi_5\left[\begin{array}{ccccc} b, & c, & d, & e, & f \\ q^2/b, & q^2/c, & q^2/d, & q^2/e, & q^2/f \end{array} ; q, \frac{q^4}{bcdef}\right]$$

$$= \frac{(q^2, q^2/de, q^2/df, q^2/ef, qe/c, qf/c, b/q, bef/q; q)_\infty}{(q^2/d, q^2/e, q^2/f, q^2/def, q/c, qef/c, be/q, bf/q; q)_\infty}$$

$$\times\,_8\phi_7\left[\begin{array}{ccccc} ef/c, & q\,(ef/c)^{1/2}, & -q\,(ef/c)^{1/2}, & q^2/bc, & q^2/cd, \\ & (ef/c)^{1/2}, & -(ef/c)^{1/2}, & bef/q, & def/q, \end{array}\right.$$

$$\left.\begin{array}{ccc} ef/q, & e, & f \\ q^2/c, & fq/c, & eq/c \end{array};q,bd/q\right]$$

$$+\,\frac{b}{q}\,\frac{(q^2,b,bq/c,bq/d,bq/e,bq/f,d,e,f,q^2/bc;q)_\infty}{(q^2/b,q^2/c,q^2/d,q^2/e,q^2/f,bd/q,be/q;q)_\infty}$$

$$\times\,\frac{(bdef/q^2,q^3/bdef;q)_\infty}{(bf/q,def/q,q^2/def,q/c,b^2;q)_\infty}$$

$$\times\,_7\phi_6\left[\begin{array}{cccccc} b^2/q, & bq^{1/2}, & -bq^{1/2}, & bc/q, & bd/q, & be/q, & bf/q \\ & bq^{-1/2}, & -bq^{-1/2}, & bq/c, & bq/d, & bq/e, & bq/f \end{array};q,\frac{q^4}{bcdef}\right],$$

结论得证.　　　　　　　　　　　　　　　　　　　　　　　　　　　　　　□

推论 4.5.1[5]　对 $|q|<1$ 和 $bcde=q^{3+n}$, 我们有

$$_5\psi_5\left[\begin{array}{ccccc} b, & c, & d, & e, & q^{-n} \\ q^2/b, & q^2/c, & q^2/d, & q^2/e, & q^{2+n} \end{array};q,q\right]$$

$$=\frac{(1-q)(q^2,q^2/bc,q^2/bd,q^2/cd;q)_n}{(q^2/b,q^2/c,q^2/d,q^2/bcd;q)_n}.$$

证明　在 (4.5.2) 中取 $f=q^{-n}$, 右边的第二个和消失, 从而有

$$_5\psi_5\left[\begin{array}{ccccc} b, & c, & d, & e, & q^{-n} \\ q^2/b, & q^2/c, & q^2/d, & q^2/e, & q^{2+n} \end{array};q,q\right]$$

$$=\frac{(q,q^2/de,q^{2+n}/d,q^{2+n}/e,qe/c,q^{1-n}/c,b/q,beq^{-1-n};q)_\infty}{(q^2/d,q^2/e,q^{2+n},q^{2+n}/de,q/c,q^{1-n}e/c,be/q,bq^{-1-n};q)_\infty}$$

$$\times\,_8\phi_7\left[\begin{array}{cccc} eq^{-n}/c, & q\,(eq^{-n}/c)^{1/2}, & -q\,(eq^{-n}/c)^{1/2}, & q^2/bc, \\ & (eq^{-n}/c)^{1/2}, & -(eq^{-n}/c)^{1/2}, & beq^{-1-n}, \end{array}\right.$$

$$\left.\begin{array}{cccc} q^2/cd, & eq^{-1-n}, & e, & q^{-n} \\ deq^{-1-n}, & q^2/c, & q^{1-n}/c, & eq/c \end{array};q,bd/q\right]$$

$$=\frac{(q,q^2/de,q^{2+n}/d,q^{2+n}/e,qe/c,q^{1-n}/c,b/q,beq^{-1-n};q)_\infty}{(q^2/d,q^2/e,q^{2+n},q^{2+n}/de,q/c,q^{1-n}e/c,be/q,bq^{-1-n};q)_\infty}\,\frac{(eq^{1-n}/c,q^2/ce;q)_n}{(q^2/c,q^{1-n}/c;q)_n}$$

$$\times\,_4\phi_3\left[\begin{array}{cccc} q^{-n}, & e, & eq^{-1-n}, & bcdeq^{-3-n} \\ & beq^{-1-n}, & deq^{-1-n}, & ceq^{-1-n} \end{array};q,q\right]$$

$$=\frac{(q,q^2/de,q^{2+n}/d,q^{2+n}/e,qe/c,q^{1-n}/c,b/q,beq^{-1-n};q)_\infty}{(q^2/d,q^2/e,q^{2+n},q^{2+n}/de,q/c,q^{1-n}e/c,be/q,bq^{-1-n};q)_\infty}\,\frac{(eq^{1-n}/c,q^2/ce;q)_n}{(q^2/c,q^{1-n}/c;q)_n}$$

$$=\frac{(1-q)(q^2,q^2/bc,q^2/bd,q^2/cd;q)_n}{(q^2/b,q^2/c,q^2/d,q^2/bcd;q)_n},$$

这里 $bcde = q^{3+n}$. 在上面的过程中, 我们应用了 Watson 变换公式 (2.10.4). □

推论 4.5.2 对 $|q^3/bcef|, |b| < 1$, 我们有

$$
_4\psi_4\left[\begin{array}{cccc} b, & c, & e, & f \\ q^2/b, & q^2/c, & q^2/e, & q^2/f \end{array} ; q, q^3/bcef\right]
$$

$$
= \frac{(1-q/e)(1-q/f)(eq/c, fq/c, b/q, bef/q; q)_\infty}{(1-q/ef)(q/c, efq/c, be/q, bf/q; q)_\infty}
$$

$$
\times {}_8\phi_7\left[\begin{array}{ccccc} ef/c, & q\,(ef/c)^{1/2}, & -q\,(ef/c)^{1/2}, & q^2/bc, & q/c, \\ & (ef/c)^{1/2}, & -(ef/c)^{1/2}, & bef/q, & ef, \end{array}\right.
$$

$$
\left.\begin{array}{ccc} ef/q, & e, & f \\ q^2/c, & fq/c, & eq/c \end{array} ; q, b\right]
$$

$$
+ \frac{b}{q}\frac{(q,b,e,f,q^2/bc,bef/q,q^2/bef,q^2/ce,q^2/cf,q^2/ef; q)_\infty}{(q^2/b,q^2/c,q^2/e,q^2/f,be/q,bf/q,ef,q/ef,q/c,q^3/bcef; q)_\infty}. \tag{4.5.3}
$$

证明 在 (4.5.2) 中取 $d = q$, 我们得到

$$
_4\psi_4\left[\begin{array}{cccc} b, & c, & e, & f \\ q^2/b, & q^2/c, & q^2/e, & q^2/f \end{array} ; q, q^3/bcef\right]
$$

$$
= \frac{(q,q/e,q/f,q^2/ef,eq/c,fq/c,b/q,bef/q; q)_\infty}{(q,q^2/e,q^2/f,q/ef,q/c,efq/c,be/q,bf/q; q)_\infty}
$$

$$
\times {}_8\phi_7\left[\begin{array}{ccccc} ef/c, & q\,(ef/c)^{1/2}, & -q\,(ef/c)^{1/2}, & q^2/bc, & q/c, \\ & (ef/c)^{1/2}, & -(ef/c)^{1/2}, & bef/q, & ef, \end{array}\right.
$$

$$
\left.\begin{array}{ccc} ef/q, & e, & f \\ q^2/c, & fq/c, & eq/c \end{array} ; q, b\right]
$$

$$
+ \frac{b}{q}\frac{(q,b,bq/c,bq/e,bq/f,e,f,q^2/bc; q)_\infty}{(q^2/b,q^2/c,q^2/e,q^2/f,be/q; q)_\infty}\frac{(bef/q,q^2/bef; q)_\infty}{(bf/q,ef,q/ef,q/c,b^2/q; q)_\infty}
$$

$$
\times {}_6\phi_5\left[\begin{array}{cccccc} b^2/q, & bq^{1/2}, & -bq^{1/2}, & bc/q, & be/q, & bf/q \\ & bq^{-1/2}, & -bq^{-1/2}, & bq/c, & bq/e, & bq/f \end{array} ; q, q^3/bcef\right],
$$

化简, 应用非终止型 $_6\phi_5$ 级数求和公式 (3.1.2), 得到

$$
_4\psi_4\left[\begin{array}{cccc} b, & c, & e, & f \\ q^2/b, & q^2/c, & q^2/e, & q^2/f \end{array} ; q, q^3/bcef\right]
$$

$$
= \frac{(1-q/e)(1-q/f)(eq/c, fq/c, b/q, bef/q; q)_\infty}{(1-q/ef)(q/c, efq/c, be/q, bf/q; q)_\infty}
$$

$$
\times {}_8\phi_7\left[\begin{array}{ccccc} ef/c, & q\,(ef/c)^{1/2}, & -q\,(ef/c)^{1/2}, & q^2/bc, & q/c, \\ & (ef/c)^{1/2}, & -(ef/c)^{1/2}, & bef/q, & ef, \end{array}\right.
$$

$$\left[\begin{matrix} ef/q, & e, & f \\ q^2/c, & fq/c, & eq/c \end{matrix}; q, b\right]$$

$$+\frac{b}{q}\frac{(q,b,e,f,q^2/bc,bef/q,q^2/bef,q^2/ce,q^2/cf,q^2/ef;q)_\infty}{(q^2/b,q^2/c,q^2/e,q^2/f,be/q,bf/q,ef,q/ef,q/c,q^3/bcef;q)_\infty}. \qquad \square$$

推论 4.5.3 对 $|q^{3+n}/bce|, |q| < 1$, 则

$${}_4\psi_4\left[\begin{matrix} b, & c, & e, & q^{-n} \\ q^2/b, & q^2/c, & q^2/e, & q^{2+n} \end{matrix}; q, q^{3+n}/bce\right]$$

$$=\frac{\left(1-\frac{q}{e}\right)(1-q^{1+n})\left(\frac{q^2}{be},\frac{q^2}{ce};q\right)_n}{\left(1-\frac{q^{1+n}}{e}\right)\left(\frac{q^2}{b},\frac{q^2}{c};q\right)_n}e^n$$

$$\times{}_4\phi_3\left[\begin{matrix} q^{-n}, & eq^{-1-n}, & e, & bceq^{-2-n} \\ beq^{-1-n}, & eq^{-n}, & ceq^{-1-n} \end{matrix}; q, q\right]. \qquad (4.5.4)$$

证明 在 (4.5.3) 中取 $f = q^{-n}$, 右边的第二个和消失, 从而有

$$\frac{(1-q/e)(1-q^{1+n})(eq/c,q^{1-n}/c,b/q,beq^{-1-n};q)_\infty}{(1-q^{1+n}/e)(q/c,eq^{1-n}/c,be/q,bq^{-1-n};q)_\infty}\frac{(eq^{1-n}/c,q^2/ce;q)_n}{(q^2/c,q^{1-n}/c;q)_n}$$

$$\times{}_4\phi_3\left[\begin{matrix} q^{-n}, & eq^{-1-n}, & e, & bceq^{-2-n} \\ beq^{-1-n}, & eq^{-n}, & ceq^{-1-n} \end{matrix}; q, q\right]$$

$$=\frac{(1-q/e)(1-q^{1+n})(q^2/be,q^2/ce;q)_n}{(1-q^{1+n}/e)(q^2/b,q^2/c;q)_n}e^n$$

$$\times{}_4\phi_3\left[\begin{matrix} q^{-n}, & eq^{-1-n}, & e, & bceq^{-2-n} \\ beq^{-1-n}, & eq^{-n}, & ceq^{-1-n} \end{matrix}; q, q\right].$$

结论得证. $\qquad \square$

在 (4.5.4) 中, 取 $bce = q^{n+2}$, 则得下列求和公式.

推论 4.5.4 设 $bce = q^{n+2}$, 则

$${}_4\psi_4\left[\begin{matrix} b, & c, & e, & q^{-n} \\ q^2/b, & q^2/c, & q^2/e, & q^{2+n} \end{matrix}; q, q\right]=\frac{(1-q/e)(1-q^{1+n})(q^2/be,q^2/ce;q)_n}{(1-q^{1+n}/e)(q^2/b,q^2/c;q)_n}e^n.$$

推论 4.5.5[5] 对 $|q^2/def| < 1$, 则

$${}_3\psi_3\left[\begin{matrix} d, & e, & f \\ q^2/d, & q^2/e, & q^2/f \end{matrix}; q, q^2/def\right]=\frac{(q,q^2/de,q^2/df,q^2/ef;q)_\infty}{(q^2/d,q^2/e,q^2/f,q^2/def;q)_\infty}.$$

证明   若在 (4.5.1) 中, 取 $bc = q^2$, (4.5.1) 的右边第二个和为零, 以及 $_8\phi_7$ 等于 1. 则我们得到

$$_3\psi_3 \left[\begin{array}{ccc} d, & e, & f \\ q^2/d, & q^2/e, & q^2/f \end{array} ; q, q^2/def \right]$$

$$= \frac{(q, q^2/de, q^2/df, q^2/ef, eq/c, fq/c, b/q, bef/q; q)_\infty}{(q^2/d, q^2/e, q^2/f, q^2/def, q/c, efq/c, be/q, bf/q; q)_\infty}$$

$$= \frac{(q, q^2/de, q^2/df, q^2/ef, be/q, bf/q, q/c, efq/c; q)_\infty}{(q^2/d, q^2/e, q^2/f, q^2/def, q/c, efq/c, be/q, bf/q; q)_\infty}$$

$$= \frac{(q, q^2/de, q^2/df, q^2/ef; q)_\infty}{(q^2/d, q^2/e, q^2/f, q^2/def; q)_\infty}. \qquad \square$$

类似地, 在 (4.5.1) 中, 取 $a \to 1$, 使用定理 4.4.2, 我们得到下面的定理.

定理 4.5.2[79]   对 $|q^2/bcdef|, |bd| < 1$, 则

$$_5\psi_5 \left[\begin{array}{ccccc} b, & c, & d, & e, & f \\ q/b, & q/c, & q/d, & q/e, & q/f \end{array} ; q, \frac{q^2}{bcdef} \right]$$

$$= \frac{(q, q/de, q/df, q/ef, qe/c, qf/c, b, bef; q)_\infty}{(q/d, q/e, q/f, q/def, q/c, qef/c, be, bf; q)_\infty}$$

$$\times {}_8\phi_7 \left[\begin{array}{ccccc} ef/c, & q(ef/c)^{1/2}, & -q(ef/c)^{1/2}, & q/bc, & q/cd, \\ & (ef/c)^{1/2}, & -(ef/c)^{1/2}, & bef, & def, \end{array} \right.$$

$$\left. \begin{array}{ccc} ef, & e; & f \\ q/c, & fq/c, & eq/c \end{array} ; q, bd \right]$$

$$+ b \frac{(q, bq, bq/c, bq/d, bq/e, bq/f, d, e, f, q/bc; q)_\infty}{(q/b, q/c, q/d, q/e, q/f, bd, be; q)_\infty} \frac{(bdef, q/bdef; q)_\infty}{(bf, def, q/def, q/c, b^2q; q)_\infty}$$

$$\times {}_6\phi_5 \left[\begin{array}{cccccc} b^2, & -bq, & bc, & bd, & be, & bf \\ & -b, & bq/c, & bq/d, & bq/e, & bq/f \end{array} ; q, \frac{q^2}{bcdef} \right]. \qquad (4.5.5)$$

从 (4.5.5), 可以得到下面两个结果.

推论 4.5.6[5]   对 $|q/def| < 1$, 则

$$_3\psi_3 \left[\begin{array}{ccc} d, & e, & f \\ q/d, & q/e, & q/f \end{array} ; q, q/def \right] = \frac{(q, q/de, q/df, q/ef; q)_\infty}{(q/d, q/e, q/f, q/def; q)_\infty}.$$

证明   在 (4.5.5) 中, 取 $bc = q$. $\qquad \square$

推论 4.5.7[5]   设 $bcde = q^{1+n}$, 则

$$_5\psi_5 \left[\begin{array}{ccccc} b, & c, & d, & e, & q^{-n} \\ q/b, & q/c, & q/d, & q/e, & q^{n+1} \end{array} ; q, q \right] = \frac{(q, q/bc, q/bd, q/cd; q)_n}{(q/b, q/c, q/d, q/bcd; q)_n}.$$

证明　在 (4.5.5) 中, 取 $f = q^{-n}$ 和 $bcde = q^{1+n}$, 则

$$_5\psi_5\left[\begin{array}{ccccc} b, & c, & d, & e, & q^{-n} \\ q/b, & q/c, & q/d, & q/e, & q^{1+n} \end{array}; q, q\right]$$

$$= \frac{(q,q/de,q^{1+n}/d,q^{1+n}/e,qe/c,q^{1-n}/c,b,beq^{-n};q)_\infty}{(q/d,q/e,q^{1+n},q^{1+n}/de,q/c,q^{1-n}e/c,be,bq^{-n};q)_\infty}$$

$$\times {}_8\phi_7\left[\begin{array}{cccc} \frac{eq^{-n}}{c}, & q\left(\frac{eq^{-n}}{c}\right)^{1/2}, & -q\left(\frac{eq^{-n}}{c}\right)^{1/2}, & \frac{q}{bc}, \\ & \left(\frac{eq^{-n}}{c}\right)^{1/2}, & -\left(\frac{eq^{-n}}{c}\right)^{1/2}, & beq^{-n}, \end{array}\right.$$

$$\left.\begin{array}{cccc} \frac{q}{cd}, & eq^{-n}, & e, & q^{-n} \\ deq^{-n}, & \frac{q}{c}, & \frac{q^{1-n}}{c}, & \frac{eq}{c} \end{array}; q, bd\right]$$

$$= \frac{(q,q/de,q^{1+n}/d,q^{1+n}/e,qe/c,q^{1-n}/c,b,beq^{-n};q)_\infty}{(q/d,q/e,q^{1+n},q^{1+n}/de,q/c,q^{1-n}e/c,be,bq^{-n};q)_\infty} \frac{(eq^{1-n}/c,q/ce;q)_n}{(q/c,q^{1-n}/c;q)_n}$$

$$\times {}_4\phi_3\left[\begin{array}{cccc} q^{-n}, & e, & eq^{-n}, & 1 \\ beq^{-n}, & deq^{-n}, & ceq^{-n} \end{array}; q, q\right]$$

$$= \frac{(q,q/de,q^{1+n}/d,q^{1+n}/e,qe/c,q^{1-n}/c,b,beq^{-n};q)_\infty}{(q/d,q/e,q^{1+n},q^{1+n}/de,q/c,q^{1-n}e/c,be,bq^{-n};q)_\infty} \frac{(eq^{1-n}/c,q/ce;q)_n}{(q/c,q^{1-n}/c;q)_n}$$

$$= \frac{(q,q/bc,q/bd,q/cd;q)_n}{(q/b,q/c,q/d,q/bcd;q)_n},$$

在上面的过程中应用了 Watson 变换公式 (2.10.4).　　　　　　　　　　　□

注 4.5.1　同样地, 应用 Bailey 的四项 $_{10}\phi_9$ 变换公式[5], 可以得到 $_7\psi_7$ 相关结果[80].

定理 4.5.3[81]　设 $|q| < 1$ 与 $|q^3/y^2x| < 1$, 则

$$_{12}\psi_{12}\left[\begin{array}{ccccccc} q^{5/2}, & -q^{5/2}, & y^{1/2}, & qy^{1/2}, & -y^{1/2}, & -qy^{1/2}, & (yq)^{1/2}, \\ q^{1/2}, & -q^{1/2}, & q^2y^{-1/2}, & q^3y^{-1/2}, & -q^2y^{-1/2}, & -q^3y^{-1/2}, & q^{3/2}y^{-1/2}, \end{array}\right.$$

$$\left.\begin{array}{ccccc} q^{3/2}y^{1/2}, & -(yq)^{1/2}, & -q^{3/2}y^{1/2}, & x, & xq \\ q^{5/2}y^{-1/2}, & -q^{3/2}y^{-1/2}, & -q^{5/2}y^{-1/2}, & q^2/x, & q^3/x \end{array}; q^2, \frac{q^6}{y^4x^2}\right]$$

$$= \frac{(q^2,q^3/y^2;q)_\infty}{(q^2/y,q^3/y;q)_\infty} {}_2\phi_1\left[\begin{array}{cc} y, & xy/q \\ & q^2/x \end{array}; q, \frac{q^3}{y^2x}\right]. \tag{4.5.6}$$

证明　在下列的非常均衡的 $_8\phi_7$ 变换公式 (此等式等价于文献 [5] 中的

(3.4.7)):

$$
{}_8\phi_7\left[\begin{array}{cccccccc} a, & qa^{\frac{1}{2}}, & -qa^{\frac{1}{2}}, & y^{\frac{1}{2}}, & -y^{\frac{1}{2}}, & (yq)^{\frac{1}{2}}, & -(yq)^{\frac{1}{2}}, & x \\ & a^{\frac{1}{2}}, & -a^{\frac{1}{2}}, & aqy^{-\frac{1}{2}}, & -aqy^{-\frac{1}{2}}, & aq^{\frac{1}{2}}y^{-\frac{1}{2}}, & -aq^{\frac{1}{2}}y^{-\frac{1}{2}}, & aq/x \end{array} ; q; \frac{a^2q}{y^2x}\right]
$$

$$
= \frac{(aq, a^2q/y^2; q)_\infty}{(aq/y, a^2q/y; q)_\infty} {}_2\phi_1\left[\begin{array}{cc} y, & xy/a \\ & aq/x \end{array} ; q, \frac{a^2q}{y^2x}\right] \quad \left(\left|\frac{a^2q}{y^2x}\right| < 1\right) \tag{4.5.7}
$$

中, 取 $a = q$, 可得结论. $\qquad\qquad\qquad\qquad\qquad\qquad\qquad\qquad\square$

4.6 修正的 Cauchy 方法

Cauchy[6] 在他的著名的 Jacobi 三重积恒等式的第二个证明中给出了从可终止型单边级数去得到双边级数的一个标准方法. 同样的方法也被 Bailey[82] 和 Slater[3] 所研究. 本节修正的 Cauchy 方法的思想为, 对序列 $\Omega_k(n)$, 且 $0 \leqslant k \leqslant +\infty$, 假设下列条件成立:

(1) $\Omega_n(n) \to 0$ 当 $n \to \infty$ 时;

(2) $\lim\limits_{n\to\infty} \Omega_{2n}(n)$ 存在但不等于零;

(3) 对任意非负整数 k, $\lim\limits_{n\to\infty} \Omega_{k+2n}(n)$ 存在.

则我们可以重新公式化相应的非终止型级数如下:

$$
\sum_{k=0}^\infty \Omega_k(n) = \sum_{k=0}^{n-1} \Omega_k(n) + \sum_{k=-n}^\infty \Omega_{k+2n}(n).
$$

在合适的收敛条件下, 在上式中令 $n \to \infty$ (所有级数保证收敛).

下面我们以例子说明. Jackson ${}_8\phi_7$ 求和公式的 Bailey 的非终止型拓广形式[5]:

$$
{}_8\phi_7\left[\begin{array}{cccccccc} a, & q\sqrt{a}, & -q\sqrt{a}, & b, & c, & d, & e, & f \\ & \sqrt{a}, & -\sqrt{a}, & aq/b, & aq/c, & aq/d, & aq/e, & aq/f \end{array} ; q, q\right]
$$

$$
= \frac{b}{a} \frac{(aq, c, d, e, f, bq/a, bq/c, bq/d, bq/e, bq/f; q)_\infty}{(aq/b, aq/c, aq/d, aq/e, aq/f, bc/a, bd/a, be/a, bf/a, b^2q/a; q)_\infty}
$$

$$
\times {}_8\phi_7\left[\begin{array}{cccccccc} b^2/a, & bq/\sqrt{a}, & -bq/\sqrt{a}, & b, & bc/a, & bd/a, & be/a, & bf/a \\ & b/\sqrt{a}, & -b/\sqrt{a}, & bq/a, & bq/c, & bq/d, & bq/e, & bq/f \end{array} ; q, q\right]
$$

$$
+ \frac{(aq, b/a, aq/cd, aq/ce, aq/cf, aq/de, aq/df, aq/ef; q)_\infty}{(aq/c, aq/d, aq/e, aq/f, bc/a, bd/a, be/a, bf/a; q)_\infty}, \tag{4.6.1}
$$

这里 $qa^2 = bcdef$. 作替换

$$\begin{cases} a \to q^{-2n}a, \\ e \to q^{-2n}e, \\ f \to q^{-2n}f, \end{cases} \tag{4.6.2}$$

这里条件 $qa^2 = bcdef$ 不变. 则 (4.6.1) 的左边等于

$$I = \sum_{k=0}^{\infty} \frac{1 - aq^{-2n+2k}}{1 - aq^{-2n}} \frac{(aq^{-2n}, b, c, d, q^{-2n}e, q^{-2n}f; q)_k}{(q, q^{1-2n}a/b, q^{1-2n}a/c, q^{1-2n}a/d, qa/e, qa/f; q)_k} q^k.$$

设

$$\Omega_k(n) = \frac{1 - aq^{-2n+2k}}{1 - aq^{-2n}} \frac{(aq^{-2n}, b, c, d, q^{-2n}e, q^{-2n}f; q)_k}{(q, q^{1-2n}a/b, q^{1-2n}a/c, q^{1-2n}a/d, qa/e, qa/f; q)_k} q^k,$$

我们得到

$$\Omega_n(n) = \frac{(1 - a)}{q^{2n} - a} \frac{(b, c, d, q^{n+1}/a, q^{n+1}/e, q^{n+1}/f; q)_n}{(q, qa/e, qa/f, q^n b/a, q^n c/a, q^n d/a; q)_n} q^n,$$

$$\Omega_{2n}(n) = \frac{1 - aq^{2n}}{q^{2n} - a} \frac{(b, c, d, q/a, q/e, q/f; q)_{2n}}{(q, qa/e, qa/f, b/a, c/a, d/a; q)_{2n}},$$

$$\Omega_{k+2n}(n) = \frac{1 - aq^{2n+2k}}{q^{2n} - a} \frac{(b, c, d, q/a, q/e, q/f; q)_{2n}}{(q, qa/e, qa/f, b/a, c/a, d/a; q)_{2n}}$$

$$\times \frac{(a, q^{2n}b, q^{2n}c, q^{2n}d, e, f; q)_k}{(q^{2n+1}, q^{2n+1}a/e, q^{2n+1}a/f, qa/b, qa/c, qa/d; q)_k} q^k.$$

易证

(1) $\Omega_n(n) \to 0$ 当 $n \to \infty$ 时;

(2) $\lim\limits_{n \to \infty} \Omega_{2n}(n)$ 存在, 但不等于零;

(3) 对任意非负整数 k, $\lim\limits_{n \to \infty} \Omega_{k+2n}(n)$ 存在.

然后计算无限和

$$I = \sum_{k=0}^{n-1} \Omega_k(n) + \sum_{k=-n}^{\infty} \Omega_{k+2n}(n). \tag{4.6.3}$$

设 $n \to \infty$ 和条件 $qa^2 = bcdef$, 我们有

$$(4.6.3) \ \text{式左端} = {}_3\phi_2 \begin{bmatrix} b, & c, & d \\ & qa/e, & qa/f \end{bmatrix} q, q \end{bmatrix}$$

$$- \frac{1}{a} \frac{(b, c, d, q/a, q/e, q/f; q)_\infty}{(q, qa/e, qa/f, b/a, c/a, d/a; q)_\infty}$$

$$\times\ _3\psi_3\left[\begin{array}{ccc} a, & e, & f \\ qa/b, & qa/c, & qa/d \end{array}; q,q\right],$$

(4.6.1) 式在 (4.6.2) 式变换下对应等式的右边等于

$$\frac{b}{aq^{-2n}}$$

$$\times\ \frac{(q^{1-2n}a,c,d,q^{-2n}e,q^{-2n}f,q^{1+2n}b/a,qb/c,qb/d,q^{1+2n}b/e,q^{1+2n}b/f;q)_\infty}{(q^{1-2n}a/b,q^{1-2n}a/c,q^{1-2n}a/d,qa/e,qa/f,q^{2n}bc/a,q^{2n}bd/a,be/a,bf/a,q^{1+2n}b^2/a;q)_\infty}$$

$$\times\ _8\phi_7\left[\begin{array}{cccccccc} \dfrac{q^{2n}b^2}{a}, & \dfrac{bq^{1+n}}{\sqrt{a}}, & \dfrac{-bq^{1+n}}{\sqrt{a}}, & b, & \dfrac{q^{2n}bc}{a}, & \dfrac{q^{2n}bd}{a}, & \dfrac{be}{a}, & \dfrac{bf}{a} \\[2mm] \dfrac{q^n b}{\sqrt{a}}, & \dfrac{-q^n b}{\sqrt{a}}, & \dfrac{bq^{1+2n}}{a}, & \dfrac{bq}{c}, & \dfrac{bq}{d}, & \dfrac{bq^{1+2n}}{e}, & \dfrac{bq^{1+2n}}{f}, & \end{array}; q,q\right]$$

$$+\ \frac{(aq^{1-2n},q^{2n}b/a,aq^{1-2n}/cd,aq/ce,aq/cf,aq/de,aq/df,aq^{1+2n}/ef;q)_\infty}{(aq^{1-2n}/c,aq^{1-2n}/d,aq/e,aq/f,q^{2n}bc/a,q^{2n}bd/a,be/a,bf/a;q)_\infty},$$

设 $n \to \infty$, 此式变为

$$\frac{b}{a}\frac{(qa,1/a,c,d,e,q/e,f,q/f,qb/c,qb/d;q)_\infty}{(qa/b,b/a,qa/c,c/a,qa/d,d/a,qa/e,qa/f,be/a,bf/a;q)_\infty}$$

$$\times\ _3\phi_2\left[\begin{array}{ccc} b, & be/a, & bf/a \\ qb/c, & qb/d \end{array}; q,q\right]$$

$$+\ \frac{(qa,1/a,cd/a,qa/cd,qa/ce,qa/cf,qa/de,qa/df;q)_\infty}{(c/a,d/a,q/e,q/f,qa/c,qa/d,be/a,bf/a;q)_\infty}.$$

化简, 我们得到下述结论.

定理 4.6.1[83]　设 $qa^2 = bcdef$, 则

$$_3\psi_3\left[\begin{array}{ccc} a, & e, & f \\ \dfrac{qa}{b}, & \dfrac{qa}{c}, & \dfrac{qa}{d} \end{array}; q,q\right] \tag{4.6.4}$$

$$=a\frac{(q,qa/e,qa/f,b/a,c/a,d/a;q)_\infty}{(q/a,b,c,d,q/e,q/f;q)_\infty}\times\ _3\phi_2\left[\begin{array}{ccc} b, & c, & d \\ & \dfrac{aq}{e}, & \dfrac{qa}{f} \end{array}; q,q\right]$$

$$+\frac{b}{a}\frac{(q,a,e,f,qb/c,qb/d;q)_\infty}{(b,qa/b,qa/c,qa/d,be/a,bf/a;q)_\infty}\times\ _3\phi_2\left[\begin{array}{ccc} b, & be/a, & bf/a \\ qb/c, & qb/d \end{array}; q,q\right]$$

$$+\frac{(q,b/a,cd/a,a,qa/cd,qa/ce,qa/cf,qa/de,qa/df;q)_\infty}{(b,c,d,q/e,q/f,qa/c,qa/d,be/a,bf/a;q)_\infty}. \tag{4.6.5}$$

在定理 4.6.1 的式子两边乘以 $(b;q)_\infty$, 使 $b \to 1$, 则得到

$$0=a\frac{(qa/e,qa/f,1/a,c/a,d/a;q)_\infty}{(q/a,c,d,q/e,q/f;q)_\infty}+\frac{1}{a}\frac{(a,e,f,q/c,q/d;q)_\infty}{(qa,qa/c,qa/d,e/a,f/a;q)_\infty}$$

$$+\frac{(1/a,cd/a,a,qa/cd,qa/ce,qa/cf,qa/de,qa/df;q)_\infty}{(c,d,q/e,q/f,qa/c,qa/d,e/a,f/a;q)_\infty},$$

然后在等式两边乘以 $\dfrac{(q/a,c,d,q/e,q/f,qa/c,qa/d,e/a,f/a;q)_\infty}{\left(\dfrac{1}{a};q\right)_\infty}$, 注意到 $qa^2=$

$cdef$, 化简之后, 我们有

$$\begin{aligned}0={}&a(qa/e,qa/f,c/a,d/a,qa/c,qa/d,e/a,f/a;q)_\infty\\&-(c,d,e,f,q/c,q/d,q/e,q/f;q)_\infty\\&+(cd/a,a,q/a,qa/cd,qa/ce,qa/de,de/a,ce/a;q)_\infty.\end{aligned}$$

令 $S(a,b,c,d)=(a,q/a,b,q/b,c,q/c,d,q/d;q)_\infty$, 我们得到一个等价于[5] Ex. 2.16(i) 的一个基本 Theta 函数恒等式, 即如下推论.

推论 4.6.1

$$S(c,d,e,f)-S(a,cd/a,ce/a,de/a)=aS(c/a,d/a,e/a,f/a).$$

作替换 $e\to b$, $f\to c$, $b\to qa/e$ 和 $c\to qa/f$, 定理 4.6.1 导致下列非终止型均衡级数的著名公式.

推论 4.6.2[5]

$$\begin{aligned}&{}_3\phi_2\left[\begin{matrix}a,&b,&c\\&e,&f\end{matrix};q,q\right]+\frac{(q/e,a,b,c,qf/e;q)_\infty}{(e/q,aq/e,bq/e,cq/e,f;q)_\infty}\\&\times{}_3\phi_2\left[\begin{matrix}aq/e,&bq/e,&cq/e\\&q^2/e,&qf/a\end{matrix};q,q\right]=\frac{(q/e,f/a,f/b,f/c;q)_\infty}{(aq/e,bq/e,cq/e,f;q)_\infty}.\end{aligned}$$

4.7　双边基本超几何级数的半有限形式

Chen 和 Fu[84] 建立了一个不同于 Cauchy 方法的求导双边基本超几何级数的方法, 就是从单边基本超几何级数出发, 将和作如下变换:

$$\sum_{k=0}^\infty a(k)=\sum_{k=-n}^\infty a(k+n),\tag{4.7.1}$$

然后, 令 $n\to\infty$, 得到双边基本超几何级数, 称(4.7.1)为双边基本超几何级数的半有限形式. 进一步的应用见 Jouhet[70,85] 的著作.

例 4.7.1(Ramanujan ${}_1\psi_1$ 求和公式的半有限形式[84])　由于

$$\sum_{k=-m}^{\infty} \frac{(a, bq^m/az; q)_k}{(q^{1+m}, b; q)_k} z^k = \sum_{k=0}^{\infty} \frac{(a, bq^m/az; q)_{k-m}}{(q^{1+m}, b; q)_{k-m}} z^{k-m}$$

$$= z^{-m} \frac{(a, bq^m/a; q)_{-m}}{(q^{1+m}, b; q)_{-m}} \sum_{k=0}^{\infty} \frac{(aq^{-m}, b/az; q)_k}{(q, bq^{-m}; q)_k} z^k,$$

应用 (2.4.8) 和 (2.2.17), 则

$$\sum_{k=-m}^{\infty} \frac{(a, bq^m/az; q)_k}{(q^{1+m}, b; q)_k} z^k = z^{-m} \frac{(a, bq^m/a; q)_{-m}}{(q^{1+m}, b; q)_{-m}} \frac{(b/a, azq^{-m}; q)_{\infty}}{(bq^{-m}, z; q)_{\infty}}$$

$$= z^{-m} \frac{(q, azq^{-m}; q)_m}{(aq^{-m}, b/az; q)_m} \frac{(az, b/a; q)_{\infty}}{(b, z; q)_{\infty}}$$

$$= \frac{(q, q/az; q)_m}{(q/a, b/az; q)_m} \frac{(b/a, az; q)_{\infty}}{(b, z; q)_{\infty}}.$$

即

$$\sum_{k=-m}^{\infty} \frac{(a, bq^m/az; q)_k}{(q^{1+m}, b; q)_k} z^k = \frac{(q, q/az; q)_m}{(q/a, b/az; q)_m} \frac{(b/a, az; q)_{\infty}}{(b, z; q)_{\infty}},$$

这里 $|z| < 1$. 它是 Ramanujan $_1\psi_1$ 求和公式的半有限形式.

例 4.7.2 (Bailey $_2\psi_2$ 变换公式的半有限形式) 由于

$$\sum_{k=-m}^{\infty} \frac{(a, b, cdq^m/abz; q)_k}{(c, d, q^{1+m}; q)_k} z^k = z^{-m} \frac{(a, b, cdq^m/abz; q)_{-m}}{(c, d, q^{1+m}; q)_{-m}}$$

$$\times \sum_{k=0}^{\infty} \frac{(aq^{-m}, bq^{-m}, cd/abz; q)_k}{(cq^{-m}, dq^{-m}, q; q)_k} z^k.$$

应用 Kummer-Thomae-Whipple 公式的 q-模拟[5]:

$$_3\phi_2 \begin{bmatrix} a, & b, & c \\ & d, & e \end{bmatrix} ; q, \frac{de}{abc} \end{bmatrix} = \frac{(e/a, de/bc; q)_{\infty}}{(e, de/abc; q)_{\infty}} {}_3\phi_2 \begin{bmatrix} a, & d/b, & d/c \\ & d, & de/bc \end{bmatrix} ; q, \frac{e}{a} \end{bmatrix}$$

和 (2.2.17), 则

$$\sum_{k=-m}^{\infty} \frac{(a, b, cdq^m/abz; q)_k}{(c, d, q^{1+m}; q)_k} z^k$$

$$= \frac{(d/a, az; q)_{\infty}}{(d, z; q)_{\infty}} \frac{(c/b, abzq^{-m}/d; q)_m}{(bq^{-m}, cd/abz; q)_m} \left(\frac{d}{az}\right)^m \sum_{k=0}^{\infty} \frac{(a, cq^m/b, abz/d; q)_{k-m}}{(c, q^{1+m}, az; q)_{k-m}} \left(\frac{d}{a}\right)^{k-m}$$

$$= \frac{(az, d/a; q)_{\infty}}{(z.d; q)_{\infty}} \frac{(c/b, dq/abz; q)_m}{(q/b, cd/abz; q)_m} \sum_{k=-m}^{\infty} \frac{(a, cq^m/b, abz/d; q)_k}{(c, q^{1+m}, az; q)_k} \left(\frac{d}{a}\right)^k.$$

即

$$\sum_{k=-m}^{\infty} \frac{(a,b,cdq^m/abz;q)_k}{(c,d,q^{1+m};q)_k} z^k = \frac{(az,d/a;q)_\infty}{(z.d;q)_\infty} \frac{(c/b,dq/abz;q)_m}{(q/b,cd/abz;q)_m}$$
$$\times \sum_{k=-m}^{\infty} \frac{(a,cq^m/b,abz/d;q)_k}{(c,q^{1+m},az;q)_k} \left(\frac{d}{a}\right)^k.$$

它是下列 Bailey $_2\psi_2$ 变换公式

$$_2\psi_2 \left[\begin{array}{cc} a, & b \\ c, & d \end{array} ; q,z \right] \frac{(az,bz,cq/abz,dq/abz;q)_\infty}{(q/a,q/b,c,d;q)_\infty} {}_2\psi_2 \left[\begin{array}{cc} abz/c, & abz/d \\ az, & bz \end{array} ; q, \frac{cd}{abz} \right]$$

的半有限形式.

例 4.7.3 (Jacobi 三重积恒等式的半有限形式[86])　应用 (2.2.3), 则

$$\sum_{n=-m}^{\infty} \frac{q^{n(n-1)/2}z^n}{(q^{m+1};q)_n} = \sum_{n=0}^{\infty} \frac{q^{(n-m)(n-m-1)/2}z^{n-m}}{(q^{m+1};q)_{n-m}}$$
$$= \frac{q^{m(m+1)/2}z^{-m}}{(q^{m+1};q)_{-m}} \sum_{n=0}^{\infty} \frac{q^{n(n-1)/2}(zq^{-m})^n}{(q;q)_n}$$
$$= q^{m(m+1)/2} z^{-m}(q;q)_m (-zq^{-m};q)_\infty$$
$$= q^{m(m+1)/2} z^{-m}(q;q)_m (-zq^{-m};q)_m(-z;q)_\infty$$
$$= (q;q)_m(-q/z;q)_m(-z;q)_\infty,$$

故 Jacobi 三重积恒等式的半有限形式为

$$\sum_{n=-m}^{\infty} \frac{q^{n(n-1)/2}z^n}{(q^{m+1};q)_n} = (q;q)_m(-q/z;q)_m(-z;q)_\infty.$$

第 5 章 Bailey 对及其应用

Bailey 变换与 Bailey 引理在 q-级数理论中起着非常重要的作用, 许多重要的恒等式都可应用 Bailey 引理得到 [87,88]. Bailey 变换首先由 Bailey [49] 发现. Slater [89] 应用它得到了许多 Rogers-Ramanujan 型恒等式. 后来, Andrews [90] 于 1984 年建立了迭代的 Bailey 链概念, 导致了更加广泛的应用. 2000 年, Andrews 扩展 Bailey 链到 WP-Bailey 链, 使得它们在 q-级数理论中起到了更加重要而又广泛的作用 [87]. 本章主要介绍 Bailey 对与 WP-Bailey 对的理论与方法及应用. 进一步研究可参看文献 [91]—[110] 等.

5.1 Bailey 引理与 Bailey 变换

定理 5.1.1 (Bailey 变换) 假设满足收敛条件, 若

$$\beta_n = \sum_{r=0}^{n} \alpha_r U_{n-r} V_{n+r}, \quad \gamma_n = \sum_{r=n}^{\infty} \delta_r U_{r-n} V_{r+n},$$

则有

$$\sum_{n=0}^{\infty} \alpha_n \gamma_n = \sum_{n=0}^{\infty} \beta_n \delta_n. \tag{5.1.1}$$

证明

$$\sum_{n=0}^{\infty} \alpha_n \gamma_n = \sum_{n=0}^{\infty} \alpha_n \sum_{r=n}^{\infty} \delta_r U_{r-n} V_{r+n} = \sum_{r=0}^{\infty} \sum_{n=0}^{r} \alpha_n \delta_r U_{r-n} V_{r+n}$$

$$= \sum_{r=0}^{\infty} \delta_r \sum_{n=0}^{r} \alpha_n U_{r-n} V_{r+n} = \sum_{r=0}^{\infty} \delta_r \beta_r. \qquad \square$$

注 5.1.1   上述推理过程纯粹是形式的, 合适的收敛条件对于求和次序的改变以及使得无限级数收敛来说是必要的.

例 5.1.1   取

$$U_n = \frac{(1/c^2; q)_n}{(q; q)_n}, \quad V_n = (1/c^2)^n,$$

$$\alpha_n = \frac{(a^2, c; q)_n (aq; q)_n}{(q; q)_n (a, a^2 q/c; q)_n}, \quad \delta_n = 1,$$

应用求和公式[54]:

$$
{}_4\phi_3\left[\begin{array}{cccc} a^2, & aq, & c, & q^{-n} \\ & a, & a^2q/c, & c^2q^{1-n} \end{array}; q, q\right] = \frac{(a^2/c^2, 1/c, -aq/c; q)_n}{(a^2q/c, 1/c^2, -a/c; q)_n},
$$

可得

$$
\beta_n = \frac{(a^2/c^2, 1/c, -aq/c; q)_n}{(q, a^2q/c, -a/c; q)_n c^{2n}},
$$

$$
\gamma_n = \frac{(1/c^4; q)_\infty}{c^{4n}(1/c^2; q)_\infty},
$$

代入 (5.1.1), 且设 $c \to 1/c$, 则有

$$
{}_3\phi_2\left[\begin{array}{ccc} a^2, & aq, & 1/c \\ & a, & a^2cq \end{array}; q, c^4\right] = \frac{(c^2; q)_\infty}{(c^4; q)_\infty} {}_3\phi_2\left[\begin{array}{ccc} a^2c^2, & c, & -acq \\ & a^2cq, & -ac \end{array}; q, c^2\right].
$$

这里 $|c| < 1$[111].

例 5.1.2 取

$$
U_n = \frac{(-1)^n q^{n(n+1)/2}}{(q; q)_n}, \quad V_n = (q; q)_n, \quad \alpha_n = \frac{(q/a^2b^2; q^2)_n q^n}{(q^2; q^2)_n(q/a^2; q)_n(q/b^2; q)_n},
$$

应用 Watson 求和公式的 q-模拟:

$$
{}_4\phi_3\left[\begin{array}{cccc} a^2, & b^2, & -q^{-N}, & q^{-N} \\ & ab\sqrt{q}, & -ab\sqrt{q}, & q^{-2N} \end{array}; q, q\right] = \frac{(a^2q; q^2)_N(b^2q; q^2)_N}{(a^2b^2q; q^2)_N(q; q^2)_N},
$$

可得

$$
\beta_n = \frac{(a^2q^{1-n}; q^2)_n(b^2q^{1-n}; q^2)_n(-1)^n q^{n^2+n}}{(q/a^2; q)_n(q/b^2; q)_n(ab)^{2n}}.
$$

再令

$$
\delta_n = \frac{(q^3; q^2)_n(cq; q)_n(dq; q)_n}{(q; q^2)_n(q/c; q)_n(q/d; q)_n(cdq)^n},
$$

应用求和公式 (在文献 [3] 的 (3.3.1.3) 中, 令 $d \to \infty$ 可得):

$$
{}_5\phi_5\left[\begin{array}{cccccc} a, & q\sqrt{a}, & -q\sqrt{a}, & b, & c, \\ & \sqrt{a} & -\sqrt{a}, & aq/b, & aq/c, & 0 \end{array}; q, \frac{aq}{bc}\right] = \frac{(aq, aq/bc; q)_\infty}{(aq/b, aq/c; q)_\infty},
$$

有

$$
\gamma_n = \frac{(q^2; q)_\infty(1/cd; q)_\infty(cq; q)_n(dq; q)_n}{(q/c; q)_\infty(q/d; q)_\infty(cdq)^n}.
$$

代入 Bailey 变换, 则

$$
{}_4\phi_3\left[\begin{array}{cccc} q^{1/2}/ab, & -q^{1/2}/ab, & cq, & dq \\ & -q, & q/a^2, & q/b^2 \end{array} ; q, \frac{1}{cd}\right]
$$

$$
= \frac{(q/c;q)_\infty (q/d;q)_\infty}{(q^2;q)_\infty (1/cd;q)_\infty} \sum_{n=0}^\infty \frac{(q^3;q^2)_n (cq;q)_n (dq;q)_n (a^2 q^{1-n};q^2)_n (b^2 q^{1-n};q^2)_n (-1)^n q^{n^2}}{(q;q^2)_n (q/c;q)_n (q/d;q)_n (q/a^2;q)_n (q/b^2;q)_n (a^2 b^2 cd)^n}
$$

$$
= \frac{(q/c;q)_\infty (q/d;q)_\infty}{(q^2;q)_\infty (1/cd;q)_\infty} \left\{ \sum_{n=0}^\infty \frac{(q^3;q^2)_{2n} (cq;q)_{2n} (dq;q)_{2n}}{(q;q^2)_{2n} (q/c;q)_{2n} (q/d;q)_{2n}} \cdot \frac{(a^2 q;q^2)_n (b^2 q;q^2)_n q^{2n^2}}{(q^2/a^2;q^2)_n (q^2/b^2;q^2)_n (abcd)^{2n}} \right.
$$

$$
\left. - \frac{1}{ab} \sum_{n=0}^\infty \frac{(q^3;q^2)_{2n+1} (cq;q)_{2n+1} (dq;q)_{2n+1}}{(q;q^2)_{2n+1} (q/c;q)_{2n+1} (q/d;q)_{2n+1}} \cdot \frac{(a^2;q^2)_{n+1} (b^2;q^2)_{n+1} q^{2n^2+2n+1}}{(q/a^2;q^2)_{n+1} (q/b^2;q^2)_{n+1} (abcd)^{2n+1}} \right\}.
$$

在最后的级数中, 设 $n \to -r-1$, 两个级数联合组成一个双边级数, 要求 $c, d \ne 1$, 则得到 Jain 的结果[112]:

$$
{}_4\phi_3\left[\begin{array}{cccc} q^{1/2}/ab, & -q^{1/2}/ab, & cq, & dq \\ & -q, & q/a^2, & q/b^2 \end{array} ; q, \frac{1}{cd}\right]
$$

$$
= \frac{(q/c;q)_\infty (q/d;q)_\infty}{(q^2;q)_\infty (1/cd;q)_\infty}
$$

$$
\times {}_8\psi_8\left[\begin{array}{cccccccc} q^{\frac{5}{2}}, & -q^{\frac{5}{2}}, & cq, & cq^2, & dq, & dq^2, & a^2 q, & b^2 q \\ q^{\frac{1}{2}}, & -q^{\frac{1}{2}}, & \dfrac{q}{c}, & \dfrac{q^2}{c}, & \dfrac{q}{d}, & \dfrac{q^2}{d}, & \dfrac{q^2}{a^2}, & \dfrac{q^2}{b^2} \end{array} ; \dfrac{q^2}{2}, \dfrac{1}{(abcdq)^2}\right],
$$

$$\tag{5.1.2}$$

这里

$$
{}_r\psi_r\left[\begin{array}{cccc} a_1, & \cdots, & a_r & ; q \\ b_1, & \cdots, & b_r & ; \lambda \end{array}, z\right] = \sum_{n=-\infty}^\infty \frac{(a_1, \cdots, a_r; q)_n}{(b_1, \cdots, b_r; q)_n} q^{\lambda n(n+1)/2} z^n.
$$

注 5.1.2 由等式 (5.1.2), 可以得到许多 Rogers-Ramanujan 型恒等式, 例如

(1) 令 $c, d \to \infty$, $a \to q^{-1/4}$, $b^2 \to q^{-1/2}$, 则有

$$
\sum_{n=0}^\infty \frac{(-q^2;q^2)_n}{(q;q)_{2n+1}} q^{n^2+n} = \prod_{n\not\equiv 0,3,9(\mathrm{mod}\ 12)} \frac{1}{1-q^n};
$$

(2) 令 $b, d \to \infty$, $a \to q^{-1/4}$, $c \to -q^{-1/2}$, 则有

$$
(q^4;q^2)_\infty \sum_{n=0}^\infty \frac{(-q;q^2)_n}{(q^4;q^4)_n (q^3;q^2)_n} q^{n^2+n} = (q;q)_\infty (-q^3;q^2)_\infty \prod_{n\not\equiv 0,5,15(\mathrm{mod}\ 20)} \frac{1}{1-q^n};
$$

(3) 令 $a, b \to \infty$, $c \to q^{-1/2}$, $d \to -q^{-1/2}$, 则有

$$
(q^2;q^2)_\infty \sum_{n=0}^\infty \frac{(q;q^2)_n}{(q^2;q^2)_n} (-q)^n = (q^2;q^2)_\infty \prod_{n=1}^\infty (1+q^{8n-2})(1+q^{8n-6})(1-q^{8n});
$$

(4) 令 $d \to \infty$, $c \to -1$, $a \to q^{1/4}$, $b^2 \to -q^{1/2}$, 然后代 $q \to q^2$, 则有

$$\frac{(q^2;q^2)_\infty}{(-q^2;q^2)_\infty} \sum_{n=0}^{\infty} \frac{(-1;q^4)_n}{(q^2;q^4)_n(q^2;q^2)_n} q^{n^2+n} = \prod_{n=1}^{\infty} (1-q^{16n-8})^2(1-q^{16n});$$

(5) 令 $d \to \infty$, $a \to q^{1/4}$, $b \to q^{-1/4}$, $c \to -q^{-1/2}$, 然后代 $q \to q^2$, 则有

$$(q^2;q^2)_\infty \sum_{n=0}^{\infty} \frac{(-q;q^2)_n(-q;q^2)_n}{(q^4;q^4)_n(q;q^2)_{n+1}} q^{n^2+n}$$

$$= (-q;q^2)_\infty \prod_{n=1}^{\infty} (1+q^{16n-4})(1+q^{16n-12})(1-q^{16n}).$$

例 5.1.3　若

$$\beta_n = \sum_{r=0}^{n} \frac{\alpha_r}{(q;q)_{n-r}(aq;q)_{n+r}}, \quad \gamma_n = \sum_{r=n}^{\infty} \frac{\delta_r}{(q;q)_{r-n}(aq;q)_{r+n}}, \tag{5.1.3}$$

则在合适的条件下, 有

$$\sum_{n=0}^{\infty} \alpha_n \gamma_n = \sum_{n=0}^{\infty} \beta_n \delta_n. \tag{5.1.4}$$

证明　在定理 5.1.1 中, 取 $U_n = 1/(q;q)_n$, $V_n = 1/(aq;q)_n$. □

定理 5.1.2[90] (Bailey 引理)　对 $n \geqslant 0$,

$$\beta_n = \sum_{r=0}^{n} \frac{\alpha_r}{(q;q)_{n-r}(aq;q)_{n+r}}, \tag{5.1.5}$$

则

$$\beta_n' = \sum_{r=0}^{n} \frac{\alpha_r'}{(q;q)_{n-r}(aq;q)_{n+r}}, \tag{5.1.6}$$

这里

$$\alpha_r' = \frac{(\rho_1, \rho_2; q)_r (aq/\rho_1\rho_2)^r}{(aq/\rho_1; q)_r (aq/\rho_2; q)_r} \alpha_r, \tag{5.1.7}$$

$$\beta_n' = \sum_{j=0}^{\infty} \frac{(\rho_1, \rho_2; q)_j (aq/\rho_1\rho_2; q)_{n-j}}{(q;q)_{n-j}(aq/\rho_1, aq/\rho_2; q)_n} \left(\frac{aq}{\rho_1\rho_2}\right)^j \beta_j. \tag{5.1.8}$$

即

$$\sum_{j=0}^{\infty} \frac{(\rho_1, \rho_2; q)_j \left(\dfrac{aq}{\rho_1 \rho_2}; q\right)_{n-j}}{(q; q)_{n-j} \left(\dfrac{aq}{\rho_1}, \dfrac{aq}{\rho_2}; q\right)_n} \left(\frac{aq}{\rho_1 \rho_2}\right)^j \beta_j$$

$$= \sum_{r=0}^{n} \frac{(\rho_1, \rho_2; q)_r \left(\dfrac{aq}{\rho_1 \rho_2}\right)^r}{(q; q)_{n-r} (aq; q)_{n+r} \left(\dfrac{aq}{\rho_1}; q\right)_r \left(\dfrac{aq}{\rho_2}; q\right)_r} \alpha_r. \tag{5.1.9}$$

证明 在定理 5.1.1 中取 $U_n = \dfrac{1}{(q; q)_n}, V_n = \dfrac{1}{(aq; q)_n}$, 以及

$$\delta_n = \frac{(\rho_1, \rho_2; q)_n (q^{-N}; q)_n}{(\rho_1 \rho_2 q^{-N}/a; q)_n} q^n,$$

计算 γ_n, 则

$$\gamma_n = \sum_{r=n}^{\infty} \delta_r U_{r-n} V_{r+n}$$

$$= \sum_{r=n}^{\infty} \frac{(\rho_1, \rho_2; q)_r (q^{-N}; q)_r}{(\rho_1 \rho_2 q^{-N}/a; q)_r} q^r \frac{1}{(q; q)_{r-n} (aq; q)_{r+n}}$$

$$= \sum_{r=0}^{\infty} \frac{(\rho_1, \rho_2; q)_{r+n} (q^{-N}; q)_{r+n} q^{r+n}}{(\rho_1 \rho_2 q^{-N}/a; q)_{r+n} (q; q)_r (aq; q)_{r+2n}}$$

$$= \frac{(\rho_1, \rho_2; q)_n (q^{-N}; q)_n q^n}{(\rho_1 \rho_2 q^{-N}/a; q)_n (aq; q)_{2n}} {}_3\phi_2 \left[\begin{matrix} \rho_1 q^n, \rho_2 q^n, q^{-N+n} \\ \rho_1 \rho_2 q^{-N+n}/a, aq^{2n+1} \end{matrix} ; q, q \right].$$

利用 q-Saalschütz 求和公式 (2.6.1), 得

$$\gamma_n = \sum_{r=n}^{\infty} \delta_r U_{r-n} V_{r+n}$$

$$= \frac{(\rho_1, \rho_2; q)_n (q^{-N}; q)_n q^n}{(\rho_1 \rho_2 q^{-N}/a; q)_n (aq; q)_{2n}} \frac{(aq^{n+1}/\rho_1; q)_{N-n} (aq^{n+1}/\rho_2; q)_{N-n}}{(aq^{2n+1}; q)_{N-n} (aq/\rho_1 \rho_2; q)_{N-n}}.$$

由于

$$(aq; q)_{2n} (aq^{2n+1}; q)_{N-n} = (aq; q)_{n+N} = (aq; q)_N (aq^{N+1}; q)_n,$$

$$(aq^{n+1}/\rho_1; q)_{N-n} = \frac{(aq/\rho_1; q)_N}{(aq/\rho_1; q)_n},$$

再利用

$$(a;q)_{n-k} = \frac{(a;q)_n}{(a^{-1}q^{1-n};q)_k}(-qa^{-1})^k q^{\binom{k}{2}-nk},$$

得

$$(\rho_1\rho_2 q^{-N}/a;q)_n(aq/\rho_1\rho_2;q)_{N-n} = (aq/\rho_1\rho_2;q)_N \left(-\frac{\rho_1\rho_2}{a}\right)^n q^{\binom{n}{2}-Nn}.$$

所以

$$\gamma_n = \sum_{r=n}^{\infty} \delta_r U_{r-n}V_{r+n}$$

$$= \frac{(aq/\rho_1;q)_N(aq/\rho_2;q)_N}{(aq;q)_N(aq/\rho_1\rho_2;q)_N} \frac{(-1)^n(\rho_1,\rho_2;q)_n(q^{-N};q)_n}{(aq/\rho_1;q)_n(aq/\rho_2;q)_n(aq^{N+1};q)_n}$$

$$\times (aq/\rho_1\rho_2)^n q^{nN-\frac{1}{2}n(n-1)}.$$

因此

$$\sum_{r=0}^{N} \frac{\alpha_r'}{(q;q)_{N-r}(aq;q)_{N+r}} = \sum_{r=0}^{N} \frac{(\rho_1,\rho_2;q)_r(aq/\rho_1\rho_2)^r\alpha_r}{(aq/\rho_1,aq/\rho_2;q)_r(q;q)_{N-r}(aq;q)_{N+r}}.$$

由于

$$(q;q)_{N-r} = \frac{(q;q)_N}{(q^{-N};q)_r}(-1)^r q^{\binom{r}{2}-Nr},$$

所以

$$\sum_{r=0}^{N} \frac{\alpha_r'}{(q;q)_{N-r}(aq;q)_{N+r}} = \sum_{r=0}^{N} \frac{(\rho_1,\rho_2;q)_r(q^{-N};q)_r(aq/\rho_1\rho_2)^r\alpha_r}{(aq/\rho_1,aq/\rho_2;q)_r(q;q)_N(aq;q)_{N+r}}(-1)^r q^{Nr-\binom{r}{2}}$$

$$= \frac{(aq/\rho_1\rho_2;q)_N(aq;q)_N}{(aq/\rho_1,aq/\rho_2;q)_N} \frac{1}{(aq;q)_N(q;q)_N} \sum_{r=0}^{N} \gamma_r\alpha_r$$

$$= \frac{(aq/\rho_1\rho_2;q)_N}{(q;q)_N(aq/\rho_1,aq/\rho_2;q)_N} \sum_{r=0}^{N} \beta_r\delta_r$$

$$= \frac{(aq/\rho_1\rho_2;q)_N}{(q;q)_N(aq/\rho_1,aq/\rho_2;q)_N} \sum_{r=0}^{N} \frac{(\rho_1,\rho_2;q)_r(q^{-N};q)_r}{(\rho_1\rho_2 q^{-N}/a;q)_r}q^r\beta_r.$$

由于

$$(q^{-N};q)_r = \frac{(q;q)_N}{(q;q)_{N-r}}(-1)^r q^{\binom{r}{2}-Nr},$$

$$(\rho_1\rho_2 q^{-N}/a; q)_r = \frac{(aq/\rho_1\rho_2; q)_N}{(aq/\rho_1\rho_2; q)_{N-r}}(-1)^r(\rho_1\rho_2/a)^r q^{\binom{r}{2}-Nr},$$

所以

$$\sum_{r=0}^{N} \frac{\alpha_r'}{(q;q)_{N-r}(aq;q)_{N+r}}$$

$$= \sum_{r=0}^{N} \frac{(aq/\rho_1\rho_2; q)_{N-r}(\rho_1,\rho_2;q)_r}{(q;q)_{N-r}(aq/\rho_1, aq/\rho_2; q)_N} \frac{(-1)^r q^{\binom{r}{2}-Nr}}{(-1)^r \left(\frac{\rho_1\rho_2}{a}\right)^r q^{\binom{r}{2}-Nr}} q^r \beta_r$$

$$= \sum_{r=0}^{N} \frac{(\rho_1,\rho_2;q)_r(aq/\rho_1\rho_2; q)_{N-r}}{(q;q)_{N-r}(aq/\rho_1, aq/\rho_2; q)_N} \left(\frac{aq}{\rho_1\rho_2}\right)^r \beta_r$$

$$= \beta_N'.$$

定理得证. □

对于两个序列 α_n, β_n, 若

$$\beta_n = \sum_{r=0}^{n} \frac{\alpha_r}{(q;q)_{n-r}(aq;q)_{n+r}}, \tag{5.1.10}$$

则称 (α_n, β_n) 为一个关于 a 的 Bailey 对. 若

$$\gamma_n = \sum_{r=n}^{\infty} \frac{\delta_r}{(q;q)_{r-n}(aq;q)_{r+n}}, \tag{5.1.11}$$

则称 (δ_n, γ_n) 为一个关于 a 的共轭 Bailey 对.

Bailey 引理是指给定一个 Bailey 对, 则可产生一个新的 Bailey 对 (α_n', β_n'), 之后继续可以产生下一个新的 Bailey 对, 这样就形成一个 Bailey 对的无限序列:

$$(\alpha_n, \beta_n) \to (\alpha_n', \beta_n') \to (\alpha_n'', \beta_n'') \to \cdots,$$

称为 Bailey 链, 也称 Bailey 格.

推论 5.1.1 (弱 Bailey 引理) 设 α_n, β_n 是两个序列, 且满足

$$\beta_n = \sum_{r=0}^{n} \frac{\alpha_r}{(q;q)_{n-r}(aq;q)_{n+r}},$$

则在满足收敛的条件下, 且 $|q| < 1$, 令 p 为非负整数, 则有

$$(aq;q)_\infty \sum_{n=0}^{\infty} a^n q^{n^2-pn}\beta_n = \sum_{j=0}^{p} \frac{(q^{-p};q)_j(-a)^j q^{j(j-1)/2}}{(q;q)_j} \sum_{n=0}^{\infty} a^n q^{n^2-pn+2nj}\alpha_n.$$

证明　在 Bailey 变换中, 取 $U_n=\dfrac{1}{(q;q)_n}$, $V_n=\dfrac{1}{(aq;q)_n}$, $\delta_n=(x,y;q)_n\left(\dfrac{aq^{1-p}}{xy}\right)^n$,
应用 (2.4.13):

$$_2\phi_1\left[\begin{array}{cc} x, & y \\ & e \end{array};q,\frac{ec}{xy}\right]=\frac{(e/x,e/y;q)_\infty}{(e,e/xy;q)_\infty}{}_3\phi_2\left[\begin{array}{ccc} x, & y, & c \\ & xyq/e, & 0 \end{array};q,q\right], \quad (5.1.12)$$

这里 x, y 与 c 其中有一为形式 q^{-p}. 在情形 $c=q^{-p}$ 时, 需要增加收敛条件 $|ec/xy|<1$, 去计算 γ_n, 我们得到

$$\sum_{n=0}^\infty (x,y;q)_n\left(\frac{aq^{1-p}}{xy}\right)^n\beta_n$$

$$=\frac{(aq/x,aq/y;q)_\infty}{(aq,aq/xy;q)_\infty}\sum_{j=0}^p\frac{(q^{-p};q)_j q^j}{(q,xy/a;q)_j}\sum_{n=0}^\infty\frac{(x,y;q)_{n+j}}{(aq/x,aq/y)_n}\left(\frac{aq^{1-p}}{xy}\right)^n\alpha_n, \quad (5.1.13)$$

这里 $|aq^{1-p}/xy|<1$. 在上式中, 令 $x,y\to\infty$ 可得定理. □

定理 5.1.3　若

$$\alpha_n=\frac{(1-aq^{2n})(a;q)_n(-1)^n q^{\binom{n}{2}}}{(1-a)(q;q)_n},$$

$$\beta_n=\delta_{n,0}=\begin{cases} 1, & n=0, \\ 0, & n\neq 0. \end{cases}$$

则 (α_n,β_n) 形成一个 Bailey 对.

证明

$$\sum_{r=0}^n\frac{\alpha_r}{(q;q)_{n-r}(aq;q)_{n+r}}=\sum_{r=0}^n\frac{(1-aq^{2r})(a;q)_r(-1)^r q^{\binom{r}{2}}}{(1-a)(q;q)_r(q;q)_{n-r}(aq;q)_{n+r}}$$

$$=\sum_{r=0}^n\frac{(1-aq^{2r})(a;q)_r(-1)^r q^{\binom{r}{2}}(q^{-n};q)_r}{(1-a)(q;q)_r(q;q)_n(-1)^r q^{\binom{r}{2}-nr}(aq;q)_n(aq^{n+1};q)_r}$$

$$=\frac{1}{(q;q)_n(aq;q)_n}\sum_{r=0}^n\frac{(1-aq^{2r})(a;q)_r(q^{-n};q)_r q^{nr}}{(1-a)(q;q)_r(aq^{n+1};q)_r}$$

$$=\frac{1}{(q;q)_n(aq;q)_n}{}_4\phi_3\left[\begin{array}{c} a,qa^{\frac12},-qa^{\frac12},q^{-n} \\ a^{\frac12},-a^{\frac12},aq^{n+1} \end{array};q,q^n\right]$$

$$=\frac{1}{(q;q)_n(aq;q)_n}\delta_{n,0}$$

$$=\beta_n,$$

因此 (α_n,β_n) 是一个 Bailey 对. □

推论 5.1.2(反演关系) 若

$$\beta_n = \sum_{r=0}^{n} \frac{\alpha_r}{(q;q)_{n-r}(aq;q)_{n+r}},$$

则有

$$\alpha_n = (1 - aq^{2n}) \sum_{j=0}^{n} \frac{(aq;q)_{n+j-1}(-1)^{n-j}q^{\binom{n-j}{2}}}{(q;q)_{n-j}} \beta_j. \tag{5.1.14}$$

证明

$$I = (1 - aq^{2n}) \sum_{j=0}^{n} \frac{(aq;q)_{n+j-1}(-1)^{n-j}q^{\binom{n-j}{2}}}{(q;q)_{n-j}} \beta_j$$

$$= (1 - aq^{2n}) \sum_{j=0}^{n} \frac{(aq;q)_{n+j-1}(-1)^{n-j}q^{\binom{n-j}{2}}}{(q;q)_{n-j}} \sum_{r=0}^{j} \frac{\alpha_r}{(q;q)_{j-r}(aq;q)_{j+r}}$$

$$= (1 - aq^{2n}) \sum_{r=0}^{n} \alpha_r \sum_{j=r}^{n} \frac{(aq;q)_{n+j-1}(-1)^{n-j}q^{\binom{n-j}{2}}}{(q;q)_{n-j}(q;q)_{j-r}(aq;q)_{j+r}}$$

$$= \sum_{r=0}^{n} \alpha_r \sum_{j=0}^{n-r} \frac{(aq;q)_{n+j+r-1}(-1)^{n-j-r}q^{\binom{n-j-r}{2}}(1 - aq^{2n})}{(q;q)_{n-j-r}(q;q)_{j}(aq;q)_{j+2r}}.$$

由于

$$(aq;q)_{n+j+r-1} = (aq;q)_{n+r-1}(aq^{n+r};q)_j,$$

$$(aq;q)_{j+2r} = (aq;q)_{2r}(aq^{2r+1};q)_j,$$

$$(q;q)_{n-j-r} = \frac{(q;q)_{n-r}(-1)^j q^{\binom{j}{2}-(n-r)j}}{(q^{-(n-r)};q)_j},$$

因此

$$I = \sum_{r=0}^{n} \alpha_r \sum_{j=0}^{n-r} \frac{(aq;q)_{n+r-1}(aq^{n+r};q)_j(-1)^{n-j-r}q^{\binom{n-j-r}{2}}(1 - aq^{2n})(q^{-(n-r)};q)_j}{(q;q)_{n-r}(-1)^j q^{\binom{j}{2}-(n-r)j}(q;q)_j(aq;q)_{2r}(aq^{2r+1};q)_j}$$

$$= \sum_{r=0}^{n} \alpha_r \frac{(aq;q)_{n+r-1}(1 - aq^{2n})}{(q;q)_{n-r}(aq;q)_{2r}}(-1)^{n-r}q^{\binom{n}{2}+\binom{r+1}{2}-rn} \sum_{j=0}^{n-r} \frac{(q^{-(n-r)};q)_j(aq^{n+r};q)_j}{(q;q)_j(aq^{2r+1};q)_j}q^j$$

$$= \sum_{r=0}^{n} \alpha_r \frac{(aq;q)_{n+r-1}(1 - aq^{2n})}{(q;q)_{n-r}(aq;q)_{2r}}(-1)^{n-r}q^{\binom{n}{2}+\binom{r+1}{2}-rn} {}_2\phi_1 \left[\begin{array}{c} q^{-(n-r)}, aq^{n+r} \\ aq^{2r+1} \end{array} ; q, q \right].$$

再应用 q-朱世杰-Vandermonde 第二求和公式 (2.4.12), 则

$$I = \sum_{r=0}^{n} \alpha_r \frac{(aq;q)_{n+r-1}(1-aq^{2n})}{(q;q)_{n-r}(aq;q)_{2r}}(-1)^{n-r}q^{\binom{n}{2}+\binom{r+1}{2}-rn}\frac{(q^{r+1-n};q)_{n-r}}{(aq^{2r+1};q)_{n-r}}(aq^{n+r})^{n-r}$$

$$= \sum_{r=0}^{n} \alpha_r \delta_{n,r} = \alpha_n. \qquad \square$$

注 5.1.3　事实上, 上述反演关系等价于 Agarwal 公式 (3.7.8).

例 5.1.4(Bailey 对的应用)　对定理 5.1.3 中的单位 Bailey 对:

$$\alpha_n = \frac{(1-aq^{2n})(a;q)_n(-1)^n q^{\binom{n}{2}}}{(1-a)(q;q)_n}, \quad \beta_n = \delta_{n,0},$$

应用 Bailey 引理 (定理 5.1.2) 可以得到新的 Bailey 对 (α_n', β_n'):

$$\beta_n' = \sum_{j\geqslant 0} \frac{(\rho_1,\rho_2;q)_j(aq/\rho_1\rho_2;q)_{n-j}}{(q;q)_{n-j}(aq/\rho_1,aq/\rho_2;q)_n}\left(\frac{aq}{\rho_1\rho_2}\right)^j \beta_j$$

$$= \sum_{j\geqslant 0} \frac{(\rho_1,\rho_2;q)_j(aq/\rho_1\rho_2;q)_{n-j}}{(q;q)_{n-j}(aq/\rho_1,aq/\rho_2;q)_n}\left(\frac{aq}{\rho_1\rho_2}\right)^j \delta_{j,0}$$

$$= \frac{(aq/\rho_1\rho_2;q)_n}{(q;q)_n(aq/\rho_1,aq/\rho_2;q)_n},$$

$$\alpha_n' = \frac{(\rho_1,\rho_2;q)_n}{(aq/\rho_1,aq/\rho_2;q)_n}\left(\frac{aq}{\rho_1\rho_2}\right)^n \frac{(1-aq^{2n})(a;q)_n(-1)^n q^{\binom{n}{2}}}{(1-a)(q;q)_n}.$$

将 (α_n', β_n') 代入 Bailey 对的定义 (5.1.10), 则有

$$\frac{(aq/\rho_1\rho_2;q)_n}{(q;q)_n(aq/\rho_1,aq/\rho_2;q)_n}$$

$$= \sum_{r=0}^{n} \frac{1}{(q;q)_{n-r}(aq;q)_{n+r}} \frac{(\rho_1,\rho_2;q)_r}{(aq/\rho_1,aq/\rho_2;q)_r}\left(\frac{aq}{\rho_1\rho_2}\right)^r \frac{(1-aq^{2r})(a;q)_r(-1)^r q^{\binom{r}{2}}}{(1-a)(q;q)_r}$$

利用 $(q;q)_{n-r} = \dfrac{(q;q)_n}{(q^{-n};q)_r}(-1)^r q^{\binom{r}{2}-nr}$, 得

$$\frac{(aq/\rho_1\rho_2;q)_n}{(q;q)_n(aq/\rho_1,aq/\rho_2;q)_n}$$

$$= \sum_{r=0}^{n} \frac{(q^{-n};q)_r}{(q;q)_n(-1)^r q^{\binom{r}{2}-nr}(aq;q)_n(aq^{n+1};q)_r} \frac{(\rho_1,\rho_2;q)_r}{\left(\dfrac{aq}{\rho_1},\dfrac{aq}{\rho_2};q\right)_r}\left(\frac{aq}{\rho_1\rho_2}\right)^r$$

$$\times \frac{(1-aq^{2r})(a;q)_r(-1)^r q^{\binom{r}{2}}}{(1-a)(q;q)_r}.$$

整理得

$$\frac{(aq/\rho_1\rho_2, aq;q)_n}{(aq/\rho_1, aq/\rho_2;q)_n} = {}_6\phi_5 \left[\begin{array}{c} a, qa^{\frac{1}{2}}, -qa^{\frac{1}{2}}, \rho_1, \rho_2, q^{-n} \\ a^{\frac{1}{2}}, -a^{\frac{1}{2}}, aq/\rho_1, aq/\rho_2, aq^{n+1} \end{array} ; q, \frac{aq^{n+1}}{\rho_1\rho_2} \right].$$

再应用 Bailey 引理 (定理 5.1.2) 得到新的 Bailey 对 (α_n'', β_n''):

$$\alpha_n'' = \frac{(\lambda_1, \lambda_2;q)_n}{(aq/\lambda_1, aq/\lambda_2;q)_n} \left(\frac{aq}{\lambda_1\lambda_2} \right)^n \frac{(\rho_1, \rho_2;q)_n}{(aq/\rho_1, aq/\rho_2;q)_n} \left(\frac{aq}{\rho_1\rho_2} \right)^n$$

$$\times \frac{(1-aq^{2n})(a;q)_n(-1)^n q^{\binom{n}{2}}}{(1-a)(q;q)_n},$$

$$\beta_n'' = \sum_{j\geqslant 0} \frac{(\lambda_1, \lambda_2;q)_j(aq/\lambda_1\lambda_2;q)_{n-j}}{(q;q)_{n-j}(aq/\lambda_1, aq/\lambda_2;q)_n} \left(\frac{aq}{\lambda_1\lambda_2} \right)^j \beta_j'$$

$$= \sum_{j\geqslant 0} \frac{(\lambda_1, \lambda_2;q)_j(aq/\lambda_1\lambda_2;q)_{n-j}}{(q;q)_{n-j}(aq/\lambda_1, aq/\lambda_2;q)_n} \left(\frac{aq}{\lambda_1\lambda_2} \right)^j \frac{(aq/\rho_1\rho_2;q)_j}{(q;q)_j(aq/\rho_1, aq/\rho_2;q)_j}.$$

将 (α_n'', β_n'') 代入 Bailey 对的定义 (5.1.10), 则有

$$\sum_{j\geqslant 0} \frac{(\lambda_1, \lambda_2;q)_j(aq/\lambda_1\lambda_2;q)_{n-j}}{(q;q)_{n-j}(aq/\lambda_1, aq/\lambda_2;q)_n} \left(\frac{aq}{\lambda_1\lambda_2} \right)^j \frac{(aq/\rho_1\rho_2;q)_j}{(q;q)_j(aq/\rho_1, aq/\rho_2;q)_j}$$

$$= \sum_{r=0}^{n} \frac{1}{(q;q)_{n-r}(aq;q)_{n+r}} \frac{(\lambda_1, \lambda_2;q)_r}{(aq/\lambda_1, aq/\lambda_2;q)_r}$$

$$\times \left(\frac{aq}{\lambda_1\lambda_2} \right)^r \frac{(\rho_1, \rho_2;q)_r}{(aq/\rho_1, aq/\rho_2;q)_r} \left(\frac{aq}{\rho_1\rho_2} \right)^r \frac{(1-aq^{2r})(a;q)_r(-1)^r q^{\binom{r}{2}}}{(1-a)(q;q)_r}.$$

利用

$$\frac{(aq/\lambda_1\lambda_2;q)_{n-j}}{(q;q)_{n-j}} = \frac{(aq/\lambda_1\lambda_2;q)_n \left(-\dfrac{q\lambda_1\lambda_2}{aq} \right)^j q^{\binom{j}{2}-nj}(q^{-n};q)_j}{(q^{-n}\lambda_1\lambda_2/a;q)_j(q;q)_n(-1)^r q^{\binom{j}{2}-nj}}$$

$$= \frac{(aq/\lambda_1\lambda_2;q)_n(q^{-n};q)_j}{(q^{-n}\lambda_1\lambda_2/a;q)_j(q;q)_n} \left(\frac{\lambda_1\lambda_2}{a} \right)^j,$$

则有

$$\frac{(aq/\lambda_1\lambda_2;q)_n}{(q;q)_n(aq/\lambda_1, aq/\lambda_2;q)_n} \sum_{j\geqslant 0} \frac{(\lambda_1, \lambda_2;q)_j(aq/\rho_1\rho_2;q)_j}{(q;q)_j(aq/\rho_1, aq/\rho_2;q)_j} \frac{(q^{-n};q)_j}{(q^{-n}\lambda_1\lambda_2/a;q)_j} q^j$$

$$= \frac{1}{(q;q)_n(aq;q)_n} \sum_{r=0}^{n} \frac{(q^{-n};q)_r(\lambda_1,\lambda_2;q)_r(\rho_1,\rho_2;q)_r}{(aq^{n+1};q)_r(aq/\lambda_1,aq/\lambda_2;q)_r(aq/\rho_1,aq/\rho_2;q)_r}$$

$$\times \frac{(1-aq^{2r})(a;q)_r}{(1-a)(q;q)_r} \left(\frac{a^2 q^{n+2}}{\rho_1\rho_2\lambda_1\lambda_2} \right)^r.$$

整理, 有

$${}_8\phi_7 \left[\begin{array}{c} a, qa^{\frac{1}{2}}, -qa^{\frac{1}{2}}, \lambda_1, \lambda_2, \rho_1, \rho_2, q^{-n} \\ a^{\frac{1}{2}}, -a^{\frac{1}{2}}, aq/\lambda_1, aq/\lambda_2, aq/\rho_1, aq/\rho_2, aq^{n+1} \end{array}; q, \frac{a^2 q^{n+2}}{\rho_1\rho_2\lambda_1\lambda_2} \right]$$

$$= \frac{(aq, aq/\lambda_1\lambda_2;q)_n}{(aq/\lambda_1, aq/\lambda_2;q)_n} {}_4\phi_3 \left[\begin{array}{c} q^{-n}, \lambda_1, \lambda_2, aq/\rho_1\rho_2 \\ aq/\rho_1, aq/\rho_2, q^{-n}\lambda_1\lambda_2/a \end{array}; q, q \right].$$

定理 5.1.4(Agarwal-Andrews-Brewwoud (简称 AAB) Bailey 格[113]) 设 (α_n, β_n) 是关于 a 的 Bailey 对, 以及 $\alpha'_{-1} := 0$. 我们定义 (α'_n, β'_n) 为

$$\alpha'_n = (1-a) \left(\frac{a}{\rho\sigma} \right)^n \frac{(\sigma,\rho;q)_n}{(a/\rho, a/\sigma;q)_n} \left[\frac{\alpha_n}{1-aq^{2n}} - \frac{aq^{2n-2}\alpha_{n-1}}{1-aq^{2n-2}} \right] \quad (5.1.15)$$

和

$$\beta'_n = \sum_{r=0}^{n} \frac{(\sigma,\rho;q)_r(a/\rho\sigma;q)_{n-r}}{(q;q)_{n-r}(a/\rho, a/\sigma)_n} \left(\frac{a}{\rho\sigma} \right)^r \beta_r, \quad (5.1.16)$$

则 (α'_n, β'_n) 是一个关于 aq^{-1} 的 Bailey 对.

证明　由 Bailey 对的定义, 我们有

$$\sum_{r=0}^{n} \frac{\alpha'_r}{(q;q)_{n-r}(aq;q)_{n+r}}$$

$$= \sum_{r=0}^{n} \frac{(1-a)(\sigma,\rho;q)_r \left(\dfrac{a}{\rho\sigma} \right)^r}{(q;q)_{n-r}(a;q)_{n+r}(a/\rho, a/\sigma;q)_r} \left[\frac{\alpha_r}{1-aq^{2r}} - \frac{aq^{2r-2}\alpha_{r-1}}{1-aq^{2r-2}} \right]. \quad (5.1.17)$$

设

$$\Omega = \frac{\alpha_r}{1-aq^{2r}} - \frac{aq^{2r-2}\alpha_{r-1}}{1-aq^{2r-2}},$$

应用 (5.1.14), 可得

$$\Omega = \sum_{j=0}^{r} \frac{(aq;q)_{r+j-1}(-1)^{r-j}q^{\binom{r-j}{2}}}{(q;q)_{r-j}} \beta_j$$

$$- aq^{2r-2} \sum_{j=0}^{r-1} \frac{(aq;q)_{r+j-2}(-1)^{r-j-1}q^{\binom{r-j-1}{2}}}{(q;q)_{r-j-1}} \beta_j.$$

化简, 则有

$$\Omega = \sum_{j=0}^{r} \frac{(1-aq^{2r-1})(aq;q)_{r+j-2}(-1)^{r-j}q^{\binom{r-j}{2}}}{(q;q)_{r-j}}\beta_j.$$

将 Ω 代入 (5.1.17) 式中, 则

$$\sum_{r=0}^{n} \frac{\alpha_r'}{(q;q)_{n-r}(aq;q)_{n+r}}$$

$$= \sum_{r=0}^{n} \frac{(1-a)(\sigma,\rho;q)_r \left(\dfrac{a}{\rho\sigma}\right)^r}{(q;q)_{n-r}(a;q)_{n+r}(a/\rho,a/\sigma;q)_r} \sum_{j=0}^{r} \frac{(1-aq^{2r-1})(aq;q)_{r+j-2}(-1)^{r-j}q^{\binom{r-j}{2}}}{(q;q)_{r-j}}\beta_j$$

$$= \sum_{j=0}^{n} \beta_j \sum_{r=j}^{n} \frac{(1-a)(\sigma,\rho;q)_r \left(\dfrac{a}{\rho\sigma}\right)^r}{(q;q)_{n-r}(a;q)_{n+r}(a/\rho,a/\sigma;q)_r} \frac{(1-aq^{2r-1})(aq;q)_{r+j-2}(-1)^{r-j}q^{\binom{r-j}{2}}}{(q;q)_{r-j}}$$

$$= \sum_{j=0}^{n} \beta_j \sum_{r=0}^{n-j} \frac{(1-a)(\sigma,\rho;q)_{r+j} \left(\dfrac{a}{\rho\sigma}\right)^{r+j}}{(q;q)_{n-r-j}(a;q)_{n+r+j}(a/\rho,a/\sigma;q)_{r+j}}$$

$$\times \frac{(1-aq^{2r+2j-1})(aq;q)_{r+2j-2}(-1)^r q^{\binom{r}{2}}}{(q;q)_r}.$$

上式的内部和可以计算为

$$\frac{(\sigma,\rho;q)_j(aq;q)_{2j-2}\left(\dfrac{a}{\rho\sigma}\right)^j}{(q;q)_{n-j}(a;q)_{n+j}(a/\rho,a/\sigma;q)_j}$$

$$\times \sum_{r=0}^{n-j} \frac{(1-a)(q^j\sigma,q^j\rho;q)_{r+j}\left(\dfrac{a}{\rho\sigma}\right)^r (1-aq^{2r+2j-1})(aq^{2j-1};q)_r(-1)^r q^{\binom{r}{2}}}{(q^{1+n-j};q)_{-r}(aq^{n+j};q)_r(q^j a/\rho,q^j a/\sigma;q)_r(q;q)_r}.$$

经过运算和应用终止型 $_6\phi_5$ 求和 (2.10.3), 得到

$$\sum_{r=0}^{n} \frac{\alpha_r'}{(q;q)_{n-r}(aq;q)_{n+r}} = \sum_{j=0}^{n} \beta_j \frac{(\sigma,\rho;q)_j \left(\dfrac{a}{\rho\sigma}\right)^j (a;q)_{2j}}{(q;q)_{n-j}(a;q)_{n+j}(a/\rho,a/\sigma;q)_j} \frac{(q^{2j}a,a/\rho\sigma;q)_{n-j}}{(q^j a/\rho,q^j a/\sigma)_{n-j}}$$

$$= \sum_{j=0}^{n} \frac{(\sigma,\rho;q)_j \left(\dfrac{a}{\rho\sigma}\right)^j (a/\rho\sigma;q)_{n-j}}{(q;q)_{n-j}(a/\rho,a/\sigma;q)_n}\beta_j.$$

由 (5.1.16) 知, 上面的结果正是 β_n'. 定理得证. $\qquad\qquad\square$

注 5.1.4 以上证明由 Zhang C H 和 Zhang Z Z[114] 给出. 这个定理显示, 连续的 Bailey 对不一定是线性排列的, 但是即使在固定 ρ 和 σ 的约束下, 也有几种定义新 Bailey 对的方法, 从而产生一个称为 Bailey 格的 Bailey 对.

5.2 WP-Bailey 对及其应用

本节考虑 Bailey 对的进一步拓广.

定义 5.2.1 一对序列 $(\alpha_n(k), \beta_n(k))$ 满足

$$\alpha_0(k) = 1, \tag{5.2.1}$$

$$\beta_n(k) = \sum_{j=0}^{n} \frac{(k/a;q)_{n-j}(k;q)_{n+j}}{(q;q)_{n-j}(aq;q)_{n+j}} \alpha_j(k). \tag{5.2.2}$$

则称序列 $(\alpha_n(k), \beta_n(k))$ 为关于 a 的一个 WP-Bailey 对.

注 5.2.1 显然, 当 $k = 0$ 时, WP-Bailey 对退化为普通的 Bailey 对.

从定义 5.2.1 可以看出一个 WP-Bailey 对被 $\alpha_n(a,k;q)$ 或 $\beta_n(a,k;q)$ 唯一确定. 利用反演[115,116], 可以得到下面的定理.

定理 5.2.1[117]

$$\alpha_n(k) = \frac{1-aq^{2n}}{1-a} \sum_{r=0}^{n} \frac{1-kq^{2r}}{1-k} \frac{(a/k)_{n-r}(a)_{n+r}}{(q)_{n-r}(kq)_{n+r}} \left(\frac{k}{a}\right)^{n-r} \beta_r(k). \tag{5.2.3}$$

证明 令

$$M_{n,r}(k) = \frac{(k/a;q)_{n-r}(k;q)_{n+r}}{(q;q)_{n-r}(aq;q)_{n+r}},$$

$$N_{n,r}(k) = \frac{1-aq^{2n}}{1-a} \frac{1-kq^{2r}}{1-k} \frac{(a/k)_{n-r}(a)_{n+r}}{(q)_{n-r}(kq)_{n+r}} \left(\frac{k}{a}\right)^{n-r},$$

只需证明:

$$\sum_{s=r}^{n} N_{n,s}(k)M_{s,r}(k) = \sum_{s=r}^{n} M_{n,s}(k)N_{s,r}(k) = \delta_{n,r}. \tag{5.2.4}$$

事实上, 我们有

$$\sum_{s=r}^{n} N_{n,s}(k)M_{s,r}(k) = \frac{(k;q)_{2r}}{(aq;q)_{2r}} N_{n,r}(k)_6W_5(kq^{2r}; k/a, aq^{n+r}, q^{-(n-r)}; q, q)$$

$$= \frac{(k;q)_{2r}}{(aq;q)_{2r}} N_{n,r}(k) \cdot \delta_{n,r} = \delta_{n,r}.$$

同样地, 我们可以证明:

$$\sum_{s=r}^{n} M_{n,s}(k) N_{s,r}(k) = \delta_{n,r}.$$

故定理得证. □

注 5.2.2 对 WP-Bailey 对的研究参见文献 [101] 或 [117]. 对其他相关研究, 见文献 [103]、[118]、[119] 等.

Andrews 给出下列 WP-Bailey 对的链状结构.

定理 5.2.2 设 $c = k\rho_1\rho_2/aq$. 若 $(\alpha_n(a,k;q), \beta_n(a,k;q))$ 是一对 WP-Bailey 对, 则 $(\alpha_n'(a,k;q), \beta_n'(a,k;q))$ 也是一对 WP-Bailey 对, 这里

$$\alpha_n'(k) = \frac{(\rho_1,\rho_2;q)_n}{(aq/\rho_1,aq/\rho_2;q)_n}\left(\frac{k}{c}\right)^n \alpha_n(c), \tag{5.2.5}$$

$$\beta_n'(k) = \frac{(k\rho_1/a, k\rho_2/a;q)_n}{(aq/\rho_1,aq/\rho_2;q)_n}$$

$$\times \sum_{j=0}^{n} \frac{(1-cq^{2j})(\rho_1,\rho_2;q)_j(k/c;q)_{n-j}(k;q)_{n+j}}{(1-c)(k\rho_1/a,k\rho_2/a;q)_n(q;q)_{n-j}(qc;q)_{n+j}}\left(\frac{k}{c}\right)^j \beta_j(c). \tag{5.2.6}$$

证明 我们需要证明 $(\alpha_n'(a,k;q), \beta_n'(a,k;q))$ 确实满足 (5.2.1). 由 (5.2.6) 和 (5.2.1), 我们有

$$\beta_n'(a,k)$$

$$= \frac{\left(\frac{k\rho_1}{a},\frac{k\rho_2}{a};q\right)_n}{\left(\frac{aq}{\rho_1},\frac{aq}{\rho_2};q\right)_n} \sum_{j=0}^{n} \frac{(\rho_1,\rho_2;q)_j}{\left(\frac{k\rho_1}{a},\frac{k\rho_2}{a};q\right)_j} \frac{\left(1-\frac{k\rho_1\rho_2 q^{2j-1}}{a}\right)\left(\frac{aq}{\rho_1\rho_2};q\right)_{n-j}(k;q)_{n+j}}{\left(1-\frac{k\rho_1\rho_2}{aq}\right)(q;q)_{n-j}\left(\frac{k\rho_1\rho_2}{a};q\right)_{n+j}}\left(\frac{aq}{\rho_1\rho_2}\right)^j$$

$$\times \sum_{i=0}^{j} \frac{\left(\frac{k\rho_1\rho_2}{a^2q};q\right)_{j-i}\left(\frac{k\rho_1\rho_2}{aq};q\right)_{j+i}}{(q;q)_{j-i}(aq;q)_{j+i}} \alpha_i(a,c)$$

$$= \frac{\left(\frac{k\rho_1}{a},\frac{k\rho_2}{a};q\right)_n}{\left(\frac{aq}{\rho_1},\frac{aq}{\rho_2};q\right)_n} \sum_{i=0}^{n}\sum_{j=0}^{n-i} \frac{(\rho_1,\rho_2;q)_{j+i}}{\left(\frac{k\rho_1}{a},\frac{k\rho_2}{a};q\right)_{j+i}}$$

$$\times \frac{\left(1-\frac{k\rho_1\rho_2 q^{2i+2j-1}}{a}\right)\left(\frac{aq}{\rho_1\rho_2};q\right)_{n-i-j}(k;q)_{n+i+j}}{\left(1-\frac{k\rho_1\rho_2}{aq}\right)(q;q)_{n-i-j}\left(\frac{k\rho_1\rho_2}{a};q\right)_{n+i+j}}\left(\frac{aq}{\rho_1\rho_2}\right)^{i+j}$$

$$\times \frac{\left(\frac{k\rho_1\rho_2}{a^2q};q\right)_j\left(\frac{k\rho_1\rho_2}{aq};q\right)_{j+2i}}{(q;q)_j(aq;q)_{j+2i}} \alpha_i(a,c)$$

$$= \frac{\left(\frac{k\rho_1}{a},\frac{k\rho_2}{a};q\right)_n}{\left(\frac{aq}{\rho_1},\frac{aq}{\rho_2};q\right)_n} \sum_{i=0}^{n} \frac{(\rho_1,\rho_2;q)_i}{\left(\frac{k\rho_1}{a},\frac{k\rho_2}{a};q\right)_i} \alpha_i(a,c)$$

$$\times \frac{\left(\dfrac{aq}{\rho_1\rho_2};q\right)_{n-i}(k;q)_{n+i}\left(\dfrac{aq}{\rho_1\rho_2}\right)^i\left(1-\dfrac{k\rho_1\rho_2 q^{2i-1}}{a}\right)\left(\dfrac{k\rho_1\rho_2}{aq};q\right)_{2i}}{(q;q)_{n-i}\left(\dfrac{k\rho_1\rho_2}{a};q\right)_{n+i}\left(1-\dfrac{k\rho_1\rho_2}{aq}\right)(aq;q)_{2i}}$$

$$\times {}_8\phi_7\left[\begin{array}{c}\dfrac{k\rho_1\rho_2 q^{2i-1}}{a},q^{i+1}\sqrt{\dfrac{k\rho_1\rho_2}{aq}},-q^{i+1}\sqrt{\dfrac{k\rho_1\rho_2}{aq}},\rho_1 q^i,\rho_2 q^i,\dfrac{k\rho_1\rho_2}{a^2 q},kq^{n+i},q^{-n+i}\\ q^i\sqrt{\dfrac{k\rho_1\rho_2}{aq}},-q^i\sqrt{\dfrac{k\rho_1\rho_2}{aq}},\dfrac{k\rho_1 q^i}{a},\dfrac{k\rho_2 q^i}{a},aq^{2i+1},\dfrac{\rho_1\rho_2 q^{-n+i}}{a},\dfrac{k\rho_1\rho_2 q^{n+i}}{a}\end{array};q,q\right]$$

$$=\frac{\left(\dfrac{k\rho_1}{a},\dfrac{k\rho_2}{a};q\right)_n}{\left(\dfrac{aq}{\rho_1},\dfrac{aq}{\rho_2};q\right)_n}\sum_{i=0}^n\frac{(\rho_1,\rho_2;q)_i}{\left(\dfrac{k\rho_1}{a},\dfrac{k\rho_2}{a};q\right)_i}\alpha_i(a,c)\frac{\left(\dfrac{aq}{\rho_1\rho_2};q\right)_{n-i}(k;q)_{n+i}\left(\dfrac{aq}{\rho_1\rho_2}\right)^i\left(\dfrac{k\rho_1\rho_2}{aq};q\right)_{2i}}{(q;q)_{n-i}\left(\dfrac{k\rho_1\rho_2}{a};q\right)_{n+i}(aq;q)_{2i}}$$

$$\times\frac{\left(\dfrac{k\rho_1\rho_2 q^{2i}}{a},\dfrac{k}{a},\dfrac{\rho_1 q^{-n}}{a},\dfrac{\rho_2 q^{-n}}{a};q\right)_{n-i}}{\left(\dfrac{k\rho_1 q^i}{a},\dfrac{k\rho_2 q^i}{a},\dfrac{\rho_1\rho_2 q^{-n+i}}{a},\dfrac{q^{-n-i}}{a};q\right)_{n-i}}$$

$$=\sum_{i=0}^n\frac{\left(\dfrac{k}{a};q\right)_{n-i}(k;q)_{n+i}}{(q;q)_{n-i}(aq;q)_{n+i}}\frac{(\rho_1,\rho_2;q)_i}{\left(\dfrac{aq}{\rho_1},\dfrac{aq}{\rho_2};q\right)_i}\left(\dfrac{aq}{\rho_1\rho_2}\right)^i\alpha_i(a,c)$$

$$=\sum_{i=0}^n\frac{\left(\dfrac{k}{a};q\right)_{n-i}(k;q)_{n+i}}{(q;q)_{n-i}(aq;q)_{n+i}}\alpha_i'(a,k).\qquad\qquad\square$$

例 5.2.1　从 (5.2.3) 可以得到单位 WP-Bailey 对:

$$\alpha_n(k)=\frac{1-aq^{2n}}{1-a}\frac{(a/k)_n(a)_n}{(q)_n(kq)_n}\left(\frac{k}{a}\right)^n,\quad \beta_n(k)=\delta_{n,0}.$$

将此单位 WP-Bailey 对 $(\alpha_n(k),\beta_n(k))$ 代入 (5.2.5) 和 (5.2.6),则产生 WP-Bailey 对 $(\alpha_n'(k),\beta_n'(k))$:

$$\alpha_n'(k)=\frac{(a,q\sqrt{a},-q\sqrt{a},\rho_1,\rho_2,a/c;q)_n}{(q,\sqrt{a},-\sqrt{a},aq/\rho_1,aq/\rho_2,qc;q)_n}\left(\frac{k}{a}\right)^n,\qquad(5.2.7)$$

$$\beta_n'(k)=\frac{(k\rho_1/a,k\rho_2/a,k,k/c;q)_n}{(aq/\rho_1,aq/\rho_2,q,qc;q)_n},\qquad(5.2.8)$$

这里 $c=k\rho_1\rho_2/aq$,这个 WP-Bailey 对 $(\alpha_n'(k),\beta_n'(k))$ 首先由 Singh[120] 给出.

将此 WP-Bailey 对 $(\alpha_n'(k),\beta_n'(k))$ 代入定义 5.2.1 中,可以得到由 Jackson 给出的 q-Dougall 求和公式:

$$_8W_7(a;\rho_1,\rho_2,a/c,kq^n,q^{-n};q,q)=\frac{(aq,k/c,k\rho_1/a,k\rho_2/a;q)_n}{(cq,k/a,aq/\rho_1,aq/\rho_2;q)_n}.$$

将此 WP-Bailey 对 $(\alpha_n'(k),\beta_n'(k))$ 代入 (5.2.5) 和 (5.2.6),则产生 WP-Bailey 对 $(\alpha_n''(k),\beta_n''(k))$:

$$\alpha_n''(k) = \frac{(a, q\sqrt{a}, -q\sqrt{a}, \sigma_1, \sigma_2, \rho_1, \rho_2, ak/c\widetilde{c}; q)_n}{(q, \sqrt{a}, -\sqrt{a}, aq/\sigma_1, aq/\sigma_2, aq/\rho_1, aq/\rho_2 \, qc\widetilde{c}/k; q)_n} \left(\frac{k}{a}\right)^n, \quad (5.2.9)$$

$$\beta_n''(k) = \frac{(k\sigma_1/a, k\sigma_2/a; q)_n}{(aq/\sigma_1, aq/\sigma_2; q)_n} \sum_{j=0}^{n} \frac{(k/\widetilde{c}; q)_{n-j}(k; q)_{n-j}}{(q; q)_{n-j}(q\widetilde{c})_{n-j}} \frac{1 - \widetilde{c}q^{2j}}{1 - \widetilde{c}}$$

$$\times \frac{(\sigma_1, \sigma_2, \widetilde{c}\rho_1/a, \widetilde{c}\rho_2/a, \widetilde{c}, k/c; q)_j}{(k\sigma_1/a, k\sigma_2/a, aq/\rho_1, aq/\rho_2, qc\widetilde{c}/k, q; q)_j} \left(\frac{k}{\widetilde{c}}\right)^j, \quad (5.2.10)$$

这里 $\widetilde{c} = k\sigma_1\sigma_2/aq$. 将此 WP-Bailey 对 $(\alpha_n''(k), \beta_n''(k))$ 代入定义 5.2.1 中, 可以得到变换公式:

$$_{10}W_9(a; \rho_1, \rho_2, ak/c\widetilde{c}, \sigma_1, \sigma_2, kq^n, q^{-n}; q, q)$$

$$= \frac{(aq, k/\widetilde{c}, k\sigma_1/a, k\sigma_2/a; q)_n}{(\widetilde{c}q, k/a, aq/\sigma_1, aq/\sigma_2; q)_n} \, _{10}W_9(\widetilde{c}; \widetilde{c}\rho_1/a, \widetilde{c}\rho_2/a, k/c, \sigma_1, \sigma_2, kq^n, q^{-n}; q, q).$$

定理 5.2.3 若 $(\alpha_n(k), \beta_n(k))$ 是一对 WP-Bailey 对, 则 $(\widetilde{\alpha}_n(k), \widetilde{\beta}_n(k))$ 也是一对 WP-Bailey 对, 这里

$$\widetilde{\alpha}_n(k) = \frac{(qa^2/k; q)_{2n}}{(k; q)_{2n}} \left(\frac{k^2}{qa^2}\right)^n \alpha_n\left(\frac{qa^2}{k}\right), \quad (5.2.11)$$

$$\widetilde{\beta}_n(k) = \sum_{j=0}^{n} \frac{(k^2/qa^2; q)_{n-j}}{(q; q)_{n-j}} \left(\frac{k^2}{qa^2}\right)^j \beta_j\left(\frac{qa^2}{k}\right). \quad (5.2.12)$$

证明 由于 $(\alpha_n(k), \beta_n(k))$ 满足 (5.2.1) 和 (5.2.2), 则

$$\widetilde{\beta}_n(a, k)$$

$$= \sum_{j=0}^{n} \frac{\left(\frac{k^2}{a^2q}; q\right)_{n-j} \left(\frac{k^2}{a^2q}\right)^j}{(q; q)_{n-j}} \sum_{i=0}^{j} \frac{\left(\frac{qa}{k}; q\right)_{j-i} \left(\frac{qa^2}{k}; q\right)_{j+i}}{(q; q)_{j-i}(aq; q)_{j+i}} \alpha_i\left(a, \frac{qa^2}{k}\right)$$

$$= \sum_{i=0}^{n} \sum_{j=0}^{n-i} \frac{\left(\frac{k^2}{a^2q}; q\right)_{n-i-j} \left(\frac{k^2}{a^2q}\right)^{j+i} \left(\frac{qa}{k}; q\right)_j \left(\frac{qa^2}{k}; q\right)_{j+2i} \alpha_i\left(a, \frac{qa^2}{k}\right)}{(q; q)_{n-i-j}(q; q)_j(aq; q)_{j+2i}}$$

$$= \sum_{i=0}^{n} \frac{\left(\frac{k^2}{a^2q}; q\right)_{n-i} \left(\frac{k^2}{a^2q}\right)^i \left(\frac{qa^2}{k}; q\right)_{2i} \alpha_i\left(a, \frac{qa^2}{k}\right)}{(q; q)_{n-i}(aq; q)_{2i}}$$

$$\times \sum_{j=0}^{n-i} \frac{\left(q^{-n+i}, \frac{aq}{k}, \frac{a^2q^{2i+1}}{k}; q\right)_j}{\left(\frac{a^2q^{2-n+i}}{k^2}, q, aq^{2i+1}; q\right)_j} q^j$$

$$= \sum_{i=0}^n \frac{\left(\dfrac{k^2}{a^2q};q\right)_{n-i} \left(\dfrac{k^2}{a^2q};q\right)^i \left(\dfrac{qa^2}{k};q\right)_{2i} \alpha_i\left(a,\dfrac{qa^2}{k}\right)}{(q;q)_{n-i}(aq;q)_{2i}} \frac{\left(\dfrac{k}{a},kq^{2i};q\right)_{n-i}}{\left(aq^{2i+1},\dfrac{k^2}{a^2q};q\right)_{n-i}}$$

$$= \sum_{i=0}^n \frac{\left(\dfrac{k}{a};q\right)_{n-i} (k;q)_{n+i} \left(\dfrac{qa^2}{k};q\right)_{2i} \left(\dfrac{k^2}{a^2q}\right)^i \alpha_i\left(a,\dfrac{qa^2}{k}\right)}{(q;q)_{n-i}(aq;q)_{n+i} (k;q)_{2i}}$$

$$= \sum_{i=0}^n \frac{\left(\dfrac{k}{a};q\right)_{n-i} (k;q)_{n+i}}{(q;q)_{n-i}(aq;q)_{n+i}} \widetilde{\alpha}_i(a,k). \qquad \square$$

例 5.2.2　将 WP-Bailey 对 (5.2.7) 和 (5.2.8) 代入 (5.2.11) 和 (5.2.12)，则产生 WP-Bailey 对 $(\widetilde{\alpha}_n(k),\widetilde{\beta}_n(k))$：

$$\widetilde{\alpha}_n(k) = \frac{(a;q)_n}{(q;q)_n} \frac{1-aq^{2n}}{1-a} \frac{\left(\dfrac{qa^2}{k};q\right)_{2n}}{(k;q)_{2n}} \left(\frac{k}{a}\right)^n \frac{\left(\rho_1,\rho_2,\dfrac{k}{\rho_1\rho_2};q\right)_n}{(aq/\rho_1,aq/\rho_2,aq\rho_1\rho_2/k;q)_n},$$

$$(5.2.13)$$

$$\widetilde{\beta}_n(k) = \sum_{j=0}^n \frac{\left(\dfrac{k^2}{qa^2}\right)_{n-j}}{(q;q)_{n-j}} \left(\frac{k^2}{qa^2}\right)^j \frac{(aq\rho_1/k,aq\rho_2/k,aq/\rho_1\rho_2,qa^2/k;q)_j}{(aq/\rho_1,aq/\rho_2,aq\rho_1\rho_2/k,q;q)_j}. \quad (5.2.14)$$

将此 WP-Bailey 对代入定义 5.2.1 中，可以得到 Bailey 的非常均衡的 $_{12}\phi_{11}$ 到几乎均衡的 $_5\phi_4$ 变换公式的等价形式：

$$_{12}W_{11}\left(a;a\sqrt{\frac{q}{k}},-a\sqrt{\frac{q}{k}},\frac{aq}{\sqrt{k}},-\frac{aq}{\sqrt{k}},\rho_1,\rho_2,\frac{k}{\rho_1\rho_2},kq^n,q^{-n};q,q\right)$$

$$= \frac{(aq,k^2/qa^2;q)_n}{(k,k/a;q)_n} {}_5\phi_4\left[\begin{matrix} qa^2/k, & aq\rho_1/k, & aq\rho_2/k, & aq/\rho_1\rho_2, & q^{-n} \\ & aq/\rho_1, & aq/\rho_2, & aq\rho_1\rho_2/k, & a^2q^{2-n}/k^2 \end{matrix};q,q\right].$$

$$(5.2.15)$$

5.3　一个 WP-Bailey 格及其应用

引理 5.3.1　设 $(\alpha_n(k),\beta_n(k))$ 是一个关于 a 的 WP-Bailey 对，定义

$$\alpha'_{-1}(k) = 0, \quad \alpha'_n(k) = (1-a)\left(\frac{q^n\alpha_n(k)}{1-aq^{2n}} - \frac{q^{n-1}\alpha_{n-1}(k)}{1-aq^{2n-2}}\right), \qquad (5.3.1)$$

对所有 $n \geqslant 0$ 及

$$\beta'_n(k) = q^n \beta_n(k). \tag{5.3.2}$$

则 $(\alpha'_n(k), \beta'_n(k))$ 是关于 aq^{-1} 的一个 WP-Bailey 对.

证明 由 WP-Bailey 对的定义, 有

$$\sum_{r=0}^{n} \frac{(qk/a)_{n-r}(k)_{n+r}}{(q)_{n-r}(a)_{n+r}} \alpha'_r(k)$$

$$= \sum_{r=0}^{n} \frac{(qk/a)_{n-r}(k)_{n+r}}{(q)_{n-r}(a)_{n+r}} (1-a) \left(\frac{q^r \alpha_r(k)}{1-aq^{2r}} - \frac{q^{r-1}\alpha_{r-1}(k)}{1-aq^{2r-2}} \right)$$

$$= \sum_{r=0}^{n} \frac{(qk/a)_{n-r}(k)_{n+r}q^r}{(q)_{n-r}(aq)_{n+r-1}(1-aq^{2r})} \alpha_r(k) - \sum_{r=1}^{n} \frac{(qk/a)_{n-r}(k)_{n+r}q^{r-1}}{(q)_{n-r}(aq)_{n+r-1}(1-aq^{2r-2})} \alpha_{r-1}(k)$$

$$= \sum_{r=0}^{n} \frac{(qk/a)_{n-r}(k)_{n+r}q^r}{(q)_{n-r}(aq)_{n+r-1}(1-aq^{2r})} \alpha_r(k) - \sum_{r=0}^{n-1} \frac{(qk/a)_{n-r-1}(k)_{n+r+1}q^r}{(q)_{n-r-1}(aq)_{n+r}(1-aq^{2r})} \alpha_r(k)$$

$$= \frac{(k)_{2n}q^n}{(aq)_{2n-1}(1-aq^{2n})} \alpha_n(k)$$
$$+ \sum_{r=0}^{n-1} \frac{(qk/a)_{n-r-1}(k)_{n+r}q^r}{(q)_{n-r-1}(aq)_{n+r-1}(1-aq^{2r})} \alpha_r(k) \left[\frac{1-q^{n-r}k/a}{1-q^{n-r}} - \frac{1-kq^{n+r}}{1-aq^{n+r}} \right]$$

$$= \frac{(k)_{2n}q^n}{(aq)_{2n-1}(1-aq^{2n})} \alpha_n(k)$$
$$+ \sum_{r=0}^{n-1} \frac{(qk/a)_{n-r-1}(k)_{n+r}q^r}{(q)_{n-r-1}(aq)_{n+r-1}(1-aq^{2r})} \alpha_r(k) \frac{q^{n-r}(1-k/a)(1-aq^{2r})}{(1-q^{n-r})(1-aq^{n+r})}$$

$$= \frac{(k)_{2n}q^n}{(aq)_{2n-1}(1-aq^{2n})} \alpha_n(k) + q^n \sum_{r=0}^{n-1} \frac{(k/a)_{n-r}(k)_{n+r}}{(q)_{n-r}(aq)_{n+r}} \alpha_r(k)$$

$$= q^n \sum_{r=0}^{n} \frac{(k/a)_{n-r}(k)_{n+r}}{(q)_{n-r}(aq)_{n+r}} \alpha_r(k)$$

$$= q^n \beta_n(k)$$

$$= \beta'_n(k). \qquad \square$$

定理 5.3.1[121] 设 $(\alpha_n(k), \beta_n(k))$ 是一个关于 a 的 WP-Bailey 对. 我们定义 $\{\alpha'_n(k), \beta'_n(k)\}$

$$\alpha'_{-1}(k) = 0,$$

$$\alpha'_n(k) = (1-a) \frac{(\rho)_n(\sigma)_n}{(a/\rho)_n(a/\sigma)_n} \left(\frac{a}{\rho\sigma} \right)^n \left\{ \frac{q^n \alpha_n(c)}{1-aq^{2n}} - \frac{q^{n-1}\alpha_{n-1}(c)}{1-aq^{2n-2}} \right\}, \tag{5.3.3}$$

对所有 $n \geqslant 0$ 和

$$
\begin{aligned}
&\beta_n'(k) \\
&= \frac{(kq\rho/a)_n(kq\sigma/a)_n}{(a/\rho)_n(a/\sigma)_n} \sum_{j=0}^{n} \frac{1-cq^{2j}}{1-c} \frac{(\rho)_j(\sigma)_j(k/c)_{n-j}(k)_{n+j}}{(kq\rho/a)_j(kq\sigma/a)_j(q)_{n-j}(cq)_{n+j}} \left(\frac{aq}{\rho\sigma}\right)^j \beta_j(c),
\end{aligned}
$$

(5.3.4)

这里 $c = k\rho\sigma/a$, 则 $(\alpha_n'(k), \beta_n'(k))$ 是一个关于 aq^{-1} 的 WP-Bailey 对.

证明　应用定理 5.2.2 和引理 5.3.1 可证.　　　　　　　　　　　　□

在定理 5.3.1 中, 取 $k = 0$ 可得到下述结论.

推论 5.3.1　设 (α_n, β_n) 是一个关于 a 的 Bailey 对. 定义 $\{\alpha_n', \beta_n'\}$ 为

$$
\alpha_{-1}' = 0,
$$

(5.3.5)

$$
\alpha_n' = (1-a)\frac{(\rho)_n(\sigma)_n}{(a/\rho)_n(a/\sigma)_n}\left(\frac{a}{\rho\sigma}\right)^n\left\{\frac{q^n\alpha_n}{1-aq^{2n}} - \frac{q^{n-1}\alpha_{n-1}}{1-aq^{2n-2}}\right\},
$$

(5.3.6)

对所有 $n \geqslant 0$, 以及

$$
\beta_n' = \sum_{j=0}^{n} \frac{(\rho)_j(\sigma)_j(a/\rho\sigma)_{n-j}}{(a/\rho)_n(a/\sigma)_n(q)_{n-j}}\left(\frac{aq}{\rho\sigma}\right)^j \beta_j,
$$

(5.3.7)

则 (α_n', β_n') 是一个关于 aq^{-1} 的 Bailey 对.

迭代定理 5.2.2 $i-1$ $(i \geqslant 1)$ 次, 则有下面的引理.

引理 5.3.2　设由定理 5.2.2 形成的 WP-Bailey 链为

$$
\begin{aligned}
&(\alpha^{(i-1)}(c_{i-1}), \beta^{(i-1)}(c_{i-1})) \rightarrow (\alpha^{(i-2)}(c_{i-2}), \beta^{(i-2)}(c_{i-2})) \\
&\rightarrow \cdots \rightarrow (\alpha^{(1)}(c_1), \beta^{(1)}(c_1)) \rightarrow (\alpha^{(0)}(k), \beta^{(0)}(k)),
\end{aligned}
$$

这里 $\alpha^{(j)}(k) = \alpha_n^{(j)}(k)$, $\beta^{(j)}(k) = \beta_n^{(j)}(k)$. 则

$$
\alpha_n^{(0)}(k) = \alpha_n^{(i-1)}(c_{i-1}) \prod_{r=1}^{i-1} \frac{a^n q^n (\rho_r, \sigma_r)_n}{\rho_r^n \sigma_r^n (aq/\rho_r, aq/\sigma_r)_n}
$$

(5.3.8)

和

$$
\beta_n^{(0)}(k) = \sum_{n \geqslant m_1 \geqslant \cdots \geqslant m_{i-1} \geqslant 0} \beta_{m_{i-1}}^{(i-1)}(c_{i-1}) \prod_{r=1}^{i-1} \left[\frac{(1-c_r q^{2m_r})(c_{r-1}\rho_r/a, c_{r-1}\sigma_r/a)_{m_{r-1}}}{(1-c_r)(aq/\rho_r, aq/\sigma_r)_{m_{r-1}}}\right.
$$

$$\times \frac{(\rho_r, \sigma_r)_{m_r}(c_{r-1}/c_r)_{m_{r-1}-m_r}(c_{r-1})_{m_{r-1}+m_r}}{(c_{r-1}\rho_r/a, c_{r-1}\sigma_r/a)_{m_r}(q)_{m_{r-1}-m_r}(c_r q)_{m_{r-1}+m_r}} \left(\frac{aq}{\rho_r \sigma_r} \right)^{m_r} \Bigg],$$

$$(5.3.9)$$

这里 $m_0 = n$, $c_0 = k$ 和对 $i \geqslant 1$, $c_i = k\rho_1 \sigma_1 \cdots \rho_i \sigma_i/(aq)^i$.

证明 对 i, 应用归纳证明. 当 $i = 1, 2$ 时, 结论成立. 假设定理对 i 为真. 应用定理 5.2.2, 我们有

$$\alpha_n^{(i-1)}(c_{i-1}) = \frac{(\rho_i)_n(\sigma_i)_n}{(aq/\rho_i)_n(aq/\sigma_i)_n} \left(\frac{aq}{\rho_i \sigma_i} \right)^n \alpha_n^{(i)}(c_i), \qquad (5.3.10)$$

$$\beta_{m_{i-1}}^{(i-1)}(c_{i-1}) = \frac{(c_{i-1}\rho_i/a, c_{i-1}\sigma_i/a)_{m_{i-1}}}{(aq/\rho_i, aq/\sigma_i)_{m_{i-1}}} \sum_{m_i=0}^{m_{i-1}} \frac{1 - c_i q^{2m_i}}{1 - c_i} \frac{(\rho_i, \sigma_i)_{m_i}}{(c_{i-1}\rho_i/a, c_{i-1}\sigma_i/a)_{m_i}}$$

$$\times \frac{(c_{i-1}/c_i)_{m_{i-1}-m_i}(c_{i-1})_{m_{i-1}+m_i}}{(q)_{m_{i-1}-m_i}(c_i q)_{m_{i-1}+m_i}} \left(\frac{aq}{\rho_i \sigma_i} \right)^{m_i} \beta_{m_i}^{(i)}(c_i), \qquad (5.3.11)$$

这里 $c_0 = k$ 和对 $i \geqslant 1$, $c_i = \dfrac{c_{i-1}\rho_i \sigma_i}{aq}$. 应用归纳假设与 (5.3.10), (5.3.11), 我们得到

$$\alpha_n^{(0)}(k) = \alpha_n^{(i-1)}(c_{i-1}) \prod_{r=1}^{i-1} \frac{a^n q^n (\rho_r, \sigma_r)_n}{\rho_r^n \sigma_r^n (aq/\rho_r, aq/\sigma_r)_n}$$

$$= \alpha_n^{(i)}(c_i) \prod_{r=1}^{i} \frac{a^n q^n (\rho_r, \sigma_r)_n}{\rho_r^n \sigma_r^n (aq/\rho_r, aq/\sigma_r)_n}, \qquad (5.3.12)$$

$$\beta_n^{(0)}(k) = \sum_{n \geqslant m_1 \geqslant \cdots \geqslant m_{i-1} \geqslant 0} \beta_{m_{i-1}}^{(i-1)}(c_{i-1}) \prod_{r=1}^{i-1} \left[\frac{(1 - c_r q^{2m_r})(c_{r-1}\rho_r/a, c_{r-1}\sigma_r/a)_{m_{r-1}}}{(1 - c_r)(aq/\rho_r, aq/\sigma_r)_{m_{r-1}}} \right.$$

$$\times \frac{(\rho_r, \sigma_r)_{m_r}(c_{r-1}/c_r)_{m_{r-1}-m_r}(c_{r-1})_{m_{r-1}+m_r}}{(c_{r-1}\rho_r/a, c_{r-1}\sigma_r/a)_{m_r}(q)_{m_{r-1}-m_r}(c_r q)_{m_{r-1}+m_r}} \left(\frac{aq}{\rho_r \sigma_r} \right)^{m_r} \right]$$

$$= \sum_{n \geqslant m_1 \geqslant \cdots \geqslant m_i \geqslant 0} \beta_{m_i}^{(i)}(c_i) \prod_{r=1}^{i} \left[\frac{(1 - c_r q^{2m_r})(c_{r-1}\rho_r/a, c_{r-1}\sigma_r/a)_{m_{r-1}}}{(1 - c_r)(aq/\rho_r, aq/\sigma_r)_{m_{r-1}}} \right.$$

$$\times \frac{(\rho_r, \sigma_r)_{m_r}(c_{r-1}/c_r)_{m_{r-1}-m_r}(c_{r-1})_{m_{r-1}+m_r}}{(c_{r-1}\rho_r/a, c_{r-1}\sigma_r/a)_{m_r}(q)_{m_{r-1}-m_r}(c_r q)_{m_{r-1}+m_r}} \left(\frac{aq}{\rho_r \sigma_r} \right)^{m_r} \right],$$

$$(5.3.13)$$

这里

$$c_i = \frac{k\rho_1 \sigma_1 \cdots \rho_i \sigma_i}{(aq)^i} \quad (i \geqslant 1).$$

因此, 定理对 $i + 1$ 也为真. 故定理为真. $\qquad \square$

我们从一个关于 a 的 WP-Bailey 对 (α_n, β_n) 开始, 构造一个长度为 r 的 WP-Bailey 格. 通过迭代定理 5.2.2　$r-i$ 次, 应用定理 5.3.1 得到一个关于 aq^{-1} 的 WP-Bailey 对, 然后再迭代定理 5.2.2 $i-1$ 次, a 被代替为 aq^{-1}, 结束的一个关于 aq^{-1} 的 WP-Bailey 对 (α_n', β_n'). 这个过程显示在下面.

定理 5.3.2[121]　设 $\alpha = \alpha_n(k)$, $\beta = \beta_n(k)$ 是关于 a 的 WP-Bailey 对, 以及 $0 \leqslant i \leqslant r$. 对每一个非负整数 n, 则我们有

$$
\sum_{n \geqslant m_1 \geqslant \cdots \geqslant m_r \geqslant 0} \beta_{m_r}(c_r) \frac{a^{m_1 + \cdots + m_r} q^{m_i + \cdots + m_r}}{(\rho_1 \sigma_1)^{m_1} \cdots (\rho_r \sigma_r)^{m_r}}
$$

$$
\times \prod_{j=1}^{r} \frac{(1 - c_j q^{2m_j})(\rho_j, \sigma_j)_{m_j} (c_{j-1}/c_j)_{m_{j-1} - m_j}}{(1 - c_j)(q)_{m_{j-1} - m_j}}
$$

$$
\times \prod_{j=1}^{r} \frac{(c_{j-1})_{m_{j-1} + m_j}}{(c_j q)_{m_{j-1} + m_j}} \prod_{j=1}^{i} \frac{(c_{j-1} q \rho_j/a, c_{j-1} q \sigma_j/a)_{m_{j-1}}}{(a/\rho_j, a/\sigma_j)_{m_{j-1}} (c_{j-1} q \rho_j/a, c_{j-1} q \sigma_j/a)_{m_j}}
$$

$$
\times \prod_{j=i+1}^{r} \frac{(c_{j-1} \rho_j/a, c_{j-1} \sigma_j/a)_{m_{j-1}}}{(aq/\rho_j, aq/\sigma_j)_{m_{j-1}} (c_{j-1} \rho_j/a, c_{j-1} \rho_j/a)_{m_j}}
$$

$$
= \frac{(kq/a)_n (k)_n}{(q)_n (a)_n} \alpha_0(k) + \sum_{t=1}^{n} \frac{(1-a) a^{it} q^t (kq/a)_{n-t} (k)_{n+t}}{(\rho_1 \sigma_1 \cdots \rho_i \sigma_i)^t (q)_{n-t} (a)_{n+t}}
$$

$$
\times \prod_{j=1}^{i} \frac{(\rho_j, \sigma_j)_t}{(a/\rho_j, a/\sigma_j)_t} \left\{ \frac{(aq)^{(r-i)t}}{1 - aq^{2t}} \alpha_t(c_r) \prod_{j=i+1}^{r} \frac{(\rho_j, \sigma_j)_t}{\rho_j^t \sigma_j^t (aq/\rho_j, aq/\sigma_j)_t} \right.
$$

$$
\left. - \frac{(aq)^{(r-i)(t-1)}}{q(1 - aq^{2t-2})} \alpha_{t-1}(c_r) \prod_{j=i+1}^{r} \frac{(\rho_j, \sigma_j)_{t-1}}{\rho_j^{t-1} \sigma_j^{t-1} (aq/\rho_j, aq/\sigma_j)_{t-1}} \right\}, \tag{5.3.14}
$$

这里 $m_0 = n$, $c_0 = k$ 和对 $t \geqslant 1$,

$$
c_t = \begin{cases} \dfrac{k \rho_1 \sigma_1 \cdots \rho_t \sigma_t}{a^t}, & t \leqslant i, \\[3mm] \dfrac{k \rho_1 \sigma_1 \cdots \rho_t \sigma_t}{a^t q^{t-i}}, & t \geqslant i+1. \end{cases} \tag{5.3.15}
$$

证明　设 WP-Bailey 链为

$$
(\alpha^{(r)}, \beta^{(r)}) \to (\alpha^{(r-1)}, \beta^{(r-1)}) \to \cdots \to (\alpha^{(i)}, \beta^{(i)})
$$
$$
\to (\alpha^{(i-1)}, \beta^{(i-1)}) \to \cdots \to (\alpha^{(0)}, \beta^{(0)}),
$$

这里 $\alpha^{(j)} = \alpha_n^{(j)}, \beta^{(j)} = \beta_n^{(j)}$. 应用引理 5.3.2, 代替 a 为 aq^{-1}, 则

$$
\alpha_t^{(0)}(k) = \alpha_t^{(i-1)}(c_{i-1}) \frac{a^{(i-1)t}}{(\rho_1 \sigma_1 \cdots \rho_{i-1} \sigma_{i-1})^t} \prod_{j=1}^{i-1} \frac{(\rho_j, \sigma_j)_t}{(a/\rho_j, a/\sigma_j)_t} \tag{5.3.16}
$$

和

$$\beta_n^{(0)}(k) = \sum_{n \geqslant m_1 \geqslant \cdots \geqslant m_{i-1} \geqslant 0} \beta_{m_{i-1}}^{(i-1)}(c_{i-1}) \frac{a^{m_1 + \cdots + m_{i-1}}}{(\rho_1 \sigma_1)^{m_1} \cdots (\rho_{i-1} \sigma_{i-1})^{m_{i-1}}}$$

$$\times \prod_{j=1}^{i-1} \left[\frac{(1 - c_j q^{2m_j}) \left(\dfrac{qc_{j-1}\rho_j}{a}, \dfrac{qc_{j-1}\sigma_j}{a} \right)_{m_{j-1}}}{(1 - c_j) \left(\dfrac{a}{\rho_j}, \dfrac{a}{\sigma_j} \right)_{m_{j-1}}} \right.$$

$$\left. \times \frac{\left(\dfrac{c_{j-1}}{c_j} \right)_{m_{j-1} - m_j} (\rho_j, \sigma_j)_{m_j} (c_{j-1})_{m_{j-1} + m_j}}{(q)_{m_{j-1} - m_j} \left(\dfrac{c_{j-1}q\rho_j}{a}, \dfrac{c_{j-1}q\sigma_j}{a} \right)_{m_j} (c_j q)_{m_{j-1} + m_j}} \right], \qquad (5.3.17)$$

这里 $c_t = \dfrac{k\rho_1\sigma_1 \cdots \rho_t\sigma_t}{a^t}$ $(t \leqslant i - 1)$. 通过应用定理 5.3.1, 我们有

$$\alpha_t^{(i-1)}(c_{i-1}) = (1 - a) \frac{(\rho_i, \sigma_i)_t}{(a/\rho_i, a/\sigma_i)_t} \left(\frac{a}{\rho_i \sigma_i} \right)^t \left\{ \frac{q^t \alpha_t^{(i)}(c_i)}{1 - aq^{2t}} - \frac{q^{t-1}\alpha_{t-1}^{(i)}(c_i)}{1 - aq^{2t-2}} \right\} \tag{5.3.18}$$

和

$$\beta_{m_{i-1}}^{(i-1)}(c_{i-1})$$

$$= \frac{(c_{i-1}q\rho_i/a, c_{i-1}q\sigma_i/a)_{m_{i-1}}}{(a/\rho_i, a/\sigma_i)_{m_{i-1}}} \sum_{m_{i-1} \geqslant m_i \geqslant 0} \frac{1 - c_i q^{2m_i}}{1 - c_i}$$

$$\times \frac{(\rho_i, \sigma_i)_{m_i} (c_{i-1}/c_i)_{m_{i-1} - m_i} (c_{i-1})_{m_{i-1} + m_i}}{(c_{i-1}q\rho_i/a, c_{i-1}q\sigma_i/a)_{m_i} (q)_{m_{i-1} - m_i} (c_i q)_{m_{i-1} + m_i}} \left(\frac{aq}{\rho_i \sigma_i} \right)^{m_i} \beta_{m_i}^{(i)}(c_i), \tag{5.3.19}$$

这里 $c_i = c_{i-1}\rho_i\sigma_i/a$. 又迭代定理 5.2.2 $r - i$ 次, 我们有

$$\alpha_t^{(i)}(c_i) = \alpha_t^{(r)}(c_r)(aq)^{(r-i)t} \prod_{j=i+1}^{r} \frac{(\rho_j, \sigma_j)_t}{\rho_j^t \sigma_j^t (aq/\rho_j, aq/\sigma_j)_t} \tag{5.3.20}$$

和

$$\beta_{m_i}^{(i)}(c_i)$$

$$= \sum_{m_i \geqslant m_{i+1} \geqslant \cdots \geqslant m_r \geqslant 0} \beta_{m_r}^{(r)}(c_r) \frac{(aq)^{m_{i+1} + \cdots + m_r}}{(\rho_{i+1}\sigma_{i+1})^{m_{i+1}} \cdots (\rho_r \sigma_r)^{m_r}}$$

$$\times \prod_{j=i+1}^{r} \left[\frac{(1-c_j q^{2m_j}) \left(\dfrac{c_{j-1}\rho_j}{a}, \dfrac{c_{j-1}\sigma_j}{a} \right)_{m_{j-1}}}{(1-c_j) \left(\dfrac{qa}{\rho_j}, \dfrac{qa}{\sigma_j} \right)_{m_{j-1}}} \right.$$

$$\left. \times \frac{\left(\dfrac{c_{j-1}}{c_j} \right)_{m_{j-1}-m_j} (\rho_j,\sigma_j)_{m_j} (c_{j-1})_{m_{j-1}+m_j}}{(q)_{m_{j-1}-m_j} \left(\dfrac{c_{j-1}\rho_j}{a}, \dfrac{c_{j-1}\sigma_j}{a} \right)_{m_j} (c_j q)_{m_{j-1}+m_j}} \right], \tag{5.3.21}$$

这里 $c_t = \dfrac{c_{t-1}\rho_t\sigma_t}{aq}$ $(t \geqslant i+1)$. 将 (5.3.16)—(5.3.21) 代入把 a 替换为 aq^{-1} 的定义 5.2.1 中, 可得证明. □

在定理 5.3.2 中, 设 $k=0$, 得到下列结果.

推论 5.3.2[113]　假设 $\alpha = \alpha_n(a), \beta = \beta_n(a)$ 是一个关于 a 的 Bailey 对, 设 $0 \leqslant i \leqslant r$. 则

$$\sum_{n \geqslant m_1 \geqslant \cdots \geqslant m_r \geqslant 0} \beta_{m_r}(a) \frac{a^{m_1+\cdots+m_r} q^{m_i+\cdots+m_r}}{(\rho_1\sigma_1)^{m_1}\cdots(\rho_r\sigma_r)^{m_r}} \prod_{j=1}^{r} \frac{(\rho_j,\sigma_j)_{m_j}}{(q)_{m_{j-1}-m_j}} \prod_{j=1}^{i} \frac{(a/\rho_j\sigma_j)_{m_{j-1}-m_j}}{(a/\rho_j, a/\sigma_j)_{m_{j-1}}}$$

$$\times \prod_{j=i+1}^{r} \frac{(aq/\rho_j\sigma_j)_{m_{j-1}-m_j}}{(aq/\rho_j, aq/\sigma_j)_{m_{j-1}}}$$

$$= \frac{\alpha_0(a)}{(q)_n(a)_n} + \sum_{t=1}^{n} \frac{(1-a)a^{it}q^t}{(\rho_1\sigma_1\cdots\rho_i\sigma_i)^t (q)_{n-t}(a)_{n+t}}$$

$$\times \prod_{j=1}^{i} \frac{(\rho_j,\sigma_j)_t}{(a/\rho_j, a/\sigma_j)_t} \left\{ \alpha_t(a) \frac{(aq)^{(r-i)t}}{1-aq^{2t}} \times \prod_{j=i+1}^{r} \frac{(\rho_j,\sigma_j)_t}{\rho_j^t\sigma_j^t(aq/\rho_j, aq/\sigma_j)_t} \right.$$

$$\left. - \alpha_{t-1}(a) \frac{(aq)^{(r-i)(t-1)}}{1-aq^{2t-2}} \times \prod_{j=i+1}^{r} \frac{(\rho_j,\sigma_j)_{t-1}}{\rho_j^{t-1}\sigma_j^{t-1}(aq/\rho_j, aq/\sigma_j)_{t-1}} \right\},$$

这里 $m_0 = n$.

插单位 WP-Bailey 对

$$\alpha_n(k) = \frac{1-aq^{2n}}{1-a} \frac{(a/k)_n(a)_n}{(q)_n(kq)_n} \left(\frac{k}{a} \right)^n, \quad \beta_n(k) = \delta_{n,0}$$

到 (5.3.14), 化简, 可得

定理 5.3.3[121]　设 $0 \leqslant i \leqslant r$. 对非负整数 n, 则我们有

$$\sum_{n \geqslant m_1 \geqslant \cdots \geqslant m_{r-1} \geqslant 0} \frac{a^{m_1+\cdots+m_{r-1}} q^{m_i+\cdots+m_{r-1}} (c_{r-1}/c_r)_{m_{r-1}} (c_{r-1})_{m_{r-1}}}{(q)_{m_{r-1}}(c_r q)_{m_{r-1}} (\rho_1\sigma_1)^{m_1}\cdots(\rho_{r-1}\sigma_{r-1})^{m_{r-1}}}$$

$$\times \prod_{j=1}^{r-1} \frac{(1-c_j q^{2m_j})(\rho_j, \sigma_j)_{m_j}(c_{j-1}/c_j)_{m_{j-1}-m_j}(c_{j-1})_{m_{j-1}+m_j}}{(1-c_j)(q)_{m_{j-1}-m_j}(c_j q)_{m_{j-1}+m_j}}$$

$$\times \prod_{j=1}^{i} \frac{(c_{j-1}q\rho_j/a, c_{j-1}q\sigma_j/a)_{m_{j-1}}}{(a/\rho_j, a/\sigma_j)_{m_{j-1}}(c_{j-1}q\rho_j/a, c_{j-1}q\sigma_j/a)_{m_j}} \prod_{j=i+1}^{r} \frac{(c_{j-1}\rho_j/a, c_{j-1}\sigma_j/a)_{m_{j-1}}}{(aq/\rho_j, aq/\sigma_j)_{m_{j-1}}}$$

$$\times \prod_{j=i+1}^{r-1} \frac{1}{(c_{j-1}\rho_j/a, c_{j-1}\sigma_j/a)_{m_j}}$$

$$= \frac{(kq/a)_n(k)_n}{(q)_n(a)_n} + \sum_{t=1}^{n} \frac{a^{it}q^t(kq/a)_{n-t}(k)_{n+t}}{(\rho_1\sigma_1\cdots\rho_i\sigma_i)^t(q)_{n-t}(a)_{n+t}}$$

$$\times \prod_{j=1}^{i} \frac{(\rho_j, \sigma_j)_t}{(a/\rho_j, a/\sigma_j)_t} \left\{ \frac{a^{(r-i-1)t}q^{(r-i)t}c_r^t(a/c_r)_t(a)_t}{(q)_t(c_r q)_t} \prod_{j=i+1}^{r} \frac{(\rho_j, \sigma_j)_t}{\rho_j^t\sigma_j^t(aq/\rho_j, aq/\sigma_j)_t} \right.$$

$$- \frac{a^{(r-i-1)(t-1)}q^{(r-i)(t-1)-1}c_r^{t-1}(a/c_r)_{t-1}(a)_{t-1}}{(q)_{t-1}(c_r q)_{t-1}}$$

$$\left. \times \prod_{j=i+1}^{r} \frac{(\rho_j, \sigma_j)_{t-1}}{\rho_j^{t-1}\sigma_j^{t-1}(aq/\rho_j, aq/\sigma_j)_{t-1}} \right\}, \tag{5.3.22}$$

这里 $m_0 = n$, $c_0 = k$ 和 对 $t \geqslant 1$,

$$c_t = \begin{cases} \dfrac{k\rho_1\sigma_1\cdots\rho_t\sigma_t}{a^t}, & t \leqslant i, \\[3mm] \dfrac{k\rho_1\sigma_1\cdots\rho_t\sigma_t}{a^t q^{t-i}}, & t \geqslant i+1. \end{cases} \tag{5.3.23}$$

按照 (5.3.23), 我们有

$$\prod_{j=1}^{r-1}(c_{j-1}/c_j)_{m_{j-1}-m_j} = \prod_{j=1}^{i}(a/\rho_j\sigma_j)_{m_{j-1}-m_j} \prod_{j=i+1}^{r-1}(aq/\rho_j\sigma_j)_{m_{j-1}-m_j}.$$

在定理 5.3.3 中, 取 $k = 0$, 则有下面的推论.

推论 5.3.3 设 $0 \leqslant i \leqslant r$. 对每一个非负整数 n, 则我们有

$$\sum_{n\geqslant m_1\geqslant\cdots\geqslant m_{r-1}\geqslant 0} \frac{a^{m_1+\cdots+m_{r-1}}q^{m_i+\cdots+m_{r-1}}(aq/\rho_r\sigma_r)_{m_{r-1}}}{(q)_{m_{r-1}}(\rho_1\sigma_1)^{m_1}\cdots(\rho_{r-1}\sigma_{r-1})^{m_{r-1}}} \prod_{j=1}^{r-1} \frac{(\rho_j, \sigma_j)_{m_j}}{(q)_{m_{j-1}-m_j}}$$

$$\times \prod_{j=1}^{i} \frac{(a/\rho_j\sigma_j)_{m_{j-1}-m_j}}{(a/\rho_j, a/\sigma_j)_{m_{j-1}}} \prod_{j=i+1}^{r} \frac{1}{(aq/\rho_j, aq/\sigma_j)_{m_{j-1}}} \prod_{j=i+1}^{r-1}(aq/\rho_j\sigma_j)_{m_{j-1}-m_j}$$

$$= \frac{1}{(q)_n(a)_n} + \sum_{t=1}^{n} \frac{a^{it}q^t}{(\rho_1\sigma_1\cdots\rho_i\sigma_i)^t(q)_{n-t}(a)_{n+t}}$$

$$\times \prod_{j=1}^{i} \frac{(\rho_j, \sigma_j)_t}{(a/\rho_j, a/\sigma_j)_t} \left\{ (-1)^t \frac{a^{(r-i)t} q^{(r-i)t+\binom{t}{2}} (a)_t}{(q)_t} \prod_{j=i+1}^{r} \frac{(\rho_j, \sigma_j)_t}{\rho_j^t \sigma_j^t (aq/\rho_j, aq/\sigma_j)_t} \right.$$

$$+ (-1)^t \frac{a^{(r-i)(t-1)} q^{(r-i)(t-1)-1+\binom{t-1}{2}} (a)_{t-1}}{(q)_{t-1}} \prod_{j=i+1}^{r} \frac{(\rho_j, \sigma_j)_{t-1}}{\rho_j^{t-1} \sigma_j^{t-1} (aq/\rho_j, aq/\sigma_j)_{t-1}} \right\},$$

$$(5.3.24)$$

这里 $m_0 = n$.

在定理 5.3.3 中, 取 $r = 2$ 和 $i = 0$, 则有下面的推论.

推论 5.3.4　对每一个非负整数 n, 我们有

$$\frac{\left(\dfrac{k\rho_1}{a}, \dfrac{k\sigma_1}{a}, \dfrac{k}{c_1}, a\right)_n}{\left(\dfrac{aq}{\rho_1}, \dfrac{aq}{\sigma_1}, c_1 q, \dfrac{kq}{a}\right)_n} q^n \, {}_{10}\phi_9 \left[\begin{array}{c} c_1, q c_1^{\frac{1}{2}}, -q c_1^{\frac{1}{2}}, \rho_1, \sigma_1, \dfrac{aq}{\rho_2\sigma_2}, \dfrac{c_1\rho_2}{a}, \dfrac{c_1\sigma_2}{a}, kq^n, q^{-n} \\ c_1^{\frac{1}{2}}, -c_1^{\frac{1}{2}}, \dfrac{k\sigma_1}{a}, \dfrac{k\rho_1}{a}, c_2 q, \dfrac{aq}{\rho_2}, \dfrac{aq}{\sigma_2}, \dfrac{c_1}{k} q^{1-n}, c_1 q^{n+1} \end{array} ; q, q \right]$$

$$= {}_8\phi_7 \left[\begin{array}{c} a, \rho_1, \sigma_1, \rho_2, \sigma_2, \dfrac{a}{c_2}, kq^n, q^{-n} \\ aq/\rho_1, aq/\sigma_1, aq/\rho_2, aq/\sigma_2, c_2 q, \dfrac{a}{k} q^{-n}, aq^n \end{array} ; q, q \right]$$

$$- \frac{(1-kq^n)(1-q^n)}{\left(1-\dfrac{k}{a}q^n\right)(1-aq^n)} \, {}_8\phi_7 \left[\begin{array}{c} a, \rho_1, \sigma_1, \rho_2, \sigma_2, \dfrac{a}{c_2}, kq^{n+1}, q^{1-n} \\ aq/\rho_1, aq/\sigma_1, aq/\rho_2, aq/\sigma_2, c_2 q, \dfrac{a}{k} q^{1-n}, aq^{n+1} \end{array} ; q, q \right],$$

$$(5.3.25)$$

这里 $c_1 = \dfrac{k\rho_1\sigma_1}{aq}$, $c_2 = \dfrac{k\rho_1\sigma_1\rho_2\sigma_2}{a^2 q^2}$.

在定理 5.3.3 中, 取 $r = 2$ 和 $i = 1$, 则有下面的推论.

推论 5.3.5　对每一个非负整数 n, 我们有

$$\frac{\left(\dfrac{kq\rho_1}{a}, \dfrac{kq\sigma_1}{a}, \dfrac{k}{c_1}, a\right)_n}{\left(\dfrac{a}{\rho_1}, \dfrac{a}{\sigma_1}, c_1 q, \dfrac{kq}{a}\right)_n} \, {}_{10}\phi_9 \left[\begin{array}{c} c_1, q c_1^{\frac{1}{2}}, -q c_1^{\frac{1}{2}}, \rho_1, \sigma_1, \dfrac{aq}{\rho_2\sigma_2}, \dfrac{c_1\rho_2}{a}, \dfrac{c_1\sigma_2}{a}, kq^n, q^{-n} \\ c_1^{\frac{1}{2}}, -c_1^{\frac{1}{2}}, \dfrac{kq\sigma_1}{a}, \dfrac{kq\rho_1}{a}, c_2 q, \dfrac{aq}{\rho_2}, \dfrac{aq}{\sigma_2}, \dfrac{c_1}{k} q^{1-n}, c_1 q^{n+1} \end{array} ; q, q^2 \right]$$

$$= {}_8\phi_7 \left[\begin{array}{c} a, \rho_1, \sigma_1, \rho_2, \sigma_2, \dfrac{a}{c_2}, kq^n, q^{-n} \\ a/\rho_1, a/\sigma_1, aq/\rho_2, aq/\sigma_2, c_2 q, \dfrac{a}{k} q^{-n}, aq^n \end{array} ; q, q \right] - \frac{(1-\rho_1)(1-\sigma_1)}{(1-a/\rho_1)(1-a/\sigma_1)}$$

$$\times \frac{(1-kq^n)(1-q^n)a}{\left(1-\dfrac{k}{a}q^n\right)(1-aq^n)\rho_1\sigma_1} \, {}_8\phi_7 \left[\begin{array}{c} a, \rho_1 q, \sigma_1 q, \rho_2, \sigma_2, \dfrac{a}{c_2}, kq^{n+1}, q^{1-n} \\ \dfrac{aq}{\rho_1}, \dfrac{aq}{\sigma_1}, \dfrac{aq}{\rho_2}, \dfrac{aq}{\sigma_2}, c_2 q, \dfrac{a}{k} q^{1-n}, aq^{n+1} \end{array} ; q, q \right], \quad (5.3.26)$$

这里 $c_1 = \dfrac{k\rho_1\sigma_1}{a}$, $c_2 = \dfrac{k\rho_1\sigma_1\rho_2\sigma_2}{a^2 q}$.

在定理 5.3.3 中, 取 $r = 2$ 和 $i = 2$, 则有下面的推论.

推论 5.3.6 对每一个非负整数 n, 我们有

$$
\frac{\left(kq\rho_1/a, kq\sigma_1/a, \dfrac{k}{c_1}, a\right)_n}{\left(\dfrac{a}{\rho_1}, \dfrac{a}{\sigma_1}, c_1 q, \dfrac{kq}{a}\right)_n} {}_{10}\phi_9 \left[\begin{array}{c} c_1, qc_1^{\frac{1}{2}}, -qc_1^{\frac{1}{2}}, \rho_1, \sigma_1, \dfrac{a}{\rho_2\sigma_2}, \dfrac{c_1 q\rho_2}{a}, \dfrac{c_1 q\sigma_2}{a}, kq^n, q^{-n} \\ c_1^{\frac{1}{2}}, -c_1^{\frac{1}{2}}, \dfrac{kq\sigma_1}{a}, \dfrac{kq\rho_1}{a}, c_2 q, \dfrac{a}{\rho_2}, \dfrac{a}{\sigma_2}, \dfrac{c_1}{k}q^{1-n}, c_1 q^{n+1} \end{array}; q, q\right]
$$

$$
= {}_8\phi_7 \left[\begin{array}{c} a, \rho_1, \sigma_1, \rho_2, \sigma_2, a\dfrac{a}{c_2}, kq^n, q^{-n} \\ a/\rho_1, a/\sigma_1, a/\rho_2, a/\sigma_2, c_2 q, \dfrac{a}{k}q^{-n}, aq^{n+1} \end{array}; q, q\right] - \frac{(1-\rho_1)(1-\sigma_1)(1-\rho_2)(1-\sigma_2)}{\left(1-\dfrac{a}{\rho_1}\right)\left(1-\dfrac{a}{\sigma_1}\right)\left(1-\dfrac{a}{\rho_2}\right)\left(1-\dfrac{a}{\sigma_2}\right)}
$$

$$
\times \frac{(1-kq^n)(1-q^n)a^2}{\left(1-\dfrac{k}{a}q^n\right)(1-aq^n)\rho_1\sigma_1\rho_2\sigma_2} {}_8\phi_7 \left[\begin{array}{c} a, \rho_1 q, \sigma_1 q, \rho_2 q, \sigma_2 q, \dfrac{a}{c_2}, kq^{n+1}, q^{1-n} \\ \dfrac{aq}{\rho_1}, \dfrac{aq}{\sigma_1}, \dfrac{aq}{\rho_2}, \dfrac{aq}{\sigma_2}, c_2 q, \dfrac{a}{k}q^{1-n}, aq^{n+1} \end{array}; q, q\right],
$$

$$
(5.3.27)
$$

这里 $c_1 = \dfrac{k\rho_1\sigma_1}{a}$, $c_2 = \dfrac{k\rho_1\sigma_1\rho_2\sigma_2}{a^2}$.

在式 (5.3.25), (5.3.26) 和 (5.3.27) 中取 $k = 0$, 则

$$
\frac{\left(\dfrac{aq}{\rho_1\sigma_1}, a\right)_n}{(aq/\rho_1, aq/\sigma_1)_n} q^n {}_4\phi_3 \left[\begin{array}{c} \rho_1, \sigma_1, \dfrac{aq}{\rho_2\sigma_2}, q^{-n} \\ aq/\rho_2, aq/\sigma_2, \dfrac{\rho_1\sigma_1}{a}q^{-n} \end{array}; q, q\right]
$$

$$
= {}_6\phi_5 \left[\begin{array}{c} a, \rho_1, \sigma_1, \rho_2, \sigma_2, q^{-n} \\ aq/\rho_1, aq/\sigma_1, aq/\rho_2, aq/\sigma_2, aq^n \end{array}; q, \dfrac{a^2 q^{n+3}}{\rho_1\sigma_1\rho_2\sigma_2}\right]
$$

$$
- \frac{(1-q^n)}{(1-aq^n)} {}_6\phi_5 \left[\begin{array}{c} a, \rho_1, \sigma_1, \rho_2, \sigma_2, q^{1-n} \\ aq/\rho_1, aq/\sigma_1, aq/\rho_2, aq/\sigma_2, aq^{n+1} \end{array}; q, \dfrac{a^2 q^{n+2}}{\rho_1\sigma_1\rho_2\sigma_2}\right], \quad (5.3.28)
$$

$$
\frac{\left(\dfrac{a}{\rho_1\sigma_1}, a\right)_n}{(a/\rho_1, a/\sigma_1)_n} {}_4\phi_3 \left[\begin{array}{c} \rho_1, \sigma_1, \dfrac{aq}{\rho_2\sigma_2}, q^{-n} \\ aq/\rho_2, aq/\sigma_2, \dfrac{\rho_1\sigma_1}{a}q^{1-n} \end{array}; q, q^2\right]
$$

$$
= {}_6\phi_5 \left[\begin{array}{c} a, \rho_1, \sigma_1, \rho_2, \sigma_2, q^{-n} \\ a/\rho_1, a/\sigma_1, aq/\rho_2, aq/\sigma_2, aq^n \end{array}; q, \dfrac{a^2 q^{n+2}}{\rho_1\sigma_1\rho_2\sigma_2}\right] - \frac{(1-\rho_1)(1-\sigma_1)}{(1-a/\rho_1)(1-a/\sigma_1)}
$$

$$
\times \frac{(1-q^n)}{(1-aq^n)} \frac{a}{\rho_1\sigma_1} {}_6\phi_5 \left[\begin{array}{c} a, \rho_1 q, \sigma_1 q, \rho_2, \sigma_2, q^{1-n} \\ aq/\rho_1, aq/\sigma_1, aq/\rho_2, aq/\sigma_2, aq^{n+1} \end{array}; q, \dfrac{a^2 q^{n+1}}{\rho_1\sigma_1\rho_2\sigma_2}\right]
$$

$$
(5.3.29)
$$

和

$$
\frac{\left(\dfrac{a}{\rho_1\sigma_1},a\right)_n}{(a/\rho_1,a/\sigma_1)_n}\,{}_4\phi_3\left[\begin{array}{c}\rho_1,\sigma_1,\dfrac{a}{\rho_2\sigma_2},q^{-n}\\[2mm]a/\rho_2,a/\sigma_2,\dfrac{\rho_1\sigma_1}{a}q^{1-n}\end{array};q,q\right]
$$

$$
={}_6\phi_5\left[\begin{array}{c}a,\rho_1,\sigma_1,\rho_2,\sigma_2,q^{-n}\\[1mm]a/\rho_1,a/\sigma_1,a/\rho_2,a/\sigma_2,aq^n\end{array};q,\dfrac{a^2q^{n+1}}{\rho_1\sigma_1\rho_2\sigma_2}\right]
$$

$$
-\frac{(1-\rho_1)(1-\sigma_1)(1-\rho_2)(1-\sigma_2)}{\left(1-\dfrac{a}{\rho_1}\right)\left(1-\dfrac{a}{\sigma_1}\right)\left(1-\dfrac{a}{\rho_2}\right)\left(1-\dfrac{a}{\sigma_2}\right)}
$$

$$
\times\frac{(1-q^n)}{(1-aq^n)}\frac{a^2}{\rho_1\sigma_1\rho_2\sigma_2}\,{}_6\phi_5\left[\begin{array}{c}a,\rho_1 q,\sigma_1 q,\rho_2 q,\sigma_2 q,q^{1-n}\\[1mm]aq/\rho_1,aq/\sigma_1,aq/\rho_2,aq/\sigma_2,aq^{n+1}\end{array};q,\dfrac{a^2q^n}{\rho_1\sigma_1\rho_2\sigma_2}\right].
$$

$$(5.3.30)$$

现在考虑在推论 5.3.2 中, 设所有 ρ_i, σ_i 和 n 都趋近 $+\infty$, 则有下面的推论.

推论 5.3.7 设 α_n, β_n 为满足 (5.1.10) 的两个序列, 且 $0\leqslant i\leqslant r$. 则有

$$
\sum_{m_1\geqslant\cdots\geqslant m_r\geqslant 0}\frac{a^{m_1+\cdots+m_r}q^{m_1^2+\cdots+m_r^2-m_1-\cdots-m_{i-1}}}{(q)_{m_1-m_2}\cdots(q)_{m_{r-1}-m_r}}\beta_{m_r}
$$

$$
=\frac{1}{(a)_\infty}\left\{\alpha_0+\sum_{t=1}^{+\infty}(1-a)a^{it}q^{i(t^2-t)+t}\left[\frac{a^{(r-i)t}q^{(r-i)t^2}}{1-aq^{2t}}\alpha_t\right.\right.
$$

$$
\left.\left.-\frac{a^{(r-i)(t-1)}q^{(r-i)(t-1)^2}}{q(1-aq^{2t-2})}\alpha_{t-1}\right]\right\}.
$$

$$(5.3.31)$$

若设 $a=q$ 和插单位 Bailey 对

$$
\beta_n=\delta_{n,0},
$$

$$
\alpha_n=\frac{1-aq^{2n}(a)_n(-1)^nq^{\binom{n}{2}}}{(1-a)(q)_n}
$$

到 (5.3.31), 通过简单运算, 可以得到

$$
\sum_{m_1\geqslant\cdots\geqslant m_{r-1}\geqslant 0}\frac{q^{m_1^2+\cdots+m_{r-1}^2+m_i+\cdots+m_{r-1}}}{(q)_{m_1-m_2}\cdots(q)_{m_{r-2}-m_{r-1}}(q)_{m_{r-1}}}
$$

$$
=\frac{1}{(q)_\infty}\left\{1+\sum_{t=1}^{\infty}(-1)^tq^{it^2+t}\left[q^{(r-i+\frac{1}{2})t^2+(r-i-\frac{1}{2})t}+q^{(r-i+\frac{1}{2})t^2-(r-i+\frac{3}{2})t}\right]\right\}
$$

$$= \frac{1}{(q)_\infty} \sum_{t=0}^\infty (-1)^t q^{\frac{1}{2}(2r+1)t(t+1)-it} (1 - q^{(2t+1)i}). \tag{5.3.32}$$

由 Jacobi 三重积恒等式, 得到 Andrews-Gordon 恒等式[122,123]:

$$\sum_{m_1 \geqslant \cdots \geqslant m_{r-1} \geqslant 0} \frac{q^{m_1^2 + \cdots + m_{r-1}^2 + m_i + \cdots + m_{r-1}}}{(q)_{m_1-m_2} \cdots (q)_{m_{r-2}-m_{r-1}}(q)_{m_{r-1}}} = \prod_{\substack{n=1 \\ n \not\equiv 0, \pm i (\mathrm{mod}\, 2r+1)}} \frac{1}{1 - q^n}.$$

$$\tag{5.3.33}$$

注 5.3.1 此式是两类 Rogers-Ramanujan 恒等式的共同推广, 当 $r = 2$, $i = 1, 2$ 时, 分别得到著名的 Rogers-Ramnujan 恒等式.

5.4 导 WP-Bailey 对

相对于 a 的 WP-Bailey 对 $(\alpha_n(a,k), \beta_n(a,k))$ 满足 $\alpha_0(a,k) = \beta_0(a,k) = 1$ 和

$$\beta_n(a,k) = \sum_{r=0}^n \frac{\left(\frac{k}{a}; q\right)_{n-r} (k;q)_{n+r}}{(q;q)_{n-r}(aq;q)_{n+r}} \alpha_r(a,k)$$

$$= \frac{\left(k, \frac{k}{a}; q\right)_n}{(q, aq; q)_n} \sum_{r=0}^n \frac{(q^{-n}, kq^n; q)_r}{\left(\frac{aq^{1-n}}{k}, aq^{1+n}; q\right)_r} \left(\frac{aq}{k}\right)^r \alpha_r(a,k). \tag{5.4.1}$$

相对于 a 的共轭 WP-Bailey 对 $(\gamma_n(a,k), \delta_n(a,k))$ 满足

$$\gamma_n(a,k) = \sum_{r=0}^\infty \frac{\left(\frac{k}{a}; q\right)_r (k;q)_{2n+r}}{(q;q)_r(aq;q)_{2n+r}} \delta_{r+n}(a,k)$$

$$= \frac{(k;q)_{2n}}{(aq;q)_{2n}} \sum_{r=0}^\infty \frac{\left(\frac{k}{a}; q\right)_r (kq^{2n};q)_r}{(q;q)_r(aq^{1+2n};q)_r} \delta_{r+n}(a,k). \tag{5.4.2}$$

模拟 Bailey 变换[124], Srivastava 等[109] 得到下述结果.

引理 5.4.1 设 $(\alpha_n(a,k), \beta_n(a,k))$ 为 WP-Bailey 对, $(\gamma_n(a,k), \delta_n(a,k))$ 为共轭 WP-Bailey 对. 则在合适的条件下, 有

$$\sum_{n=0}^\infty \alpha_n(a,k)\gamma_n(a,k) = \sum_{n=0}^\infty \beta_n(a,k)\delta_n(a,k).$$

对一个 WP-Bailey 对 $(\alpha_n(a,k;q),\beta_n(a,k;q))$, 定义

$$\alpha'_n(a;q) = \lim_{k\to1}\alpha_n(a,k;q), \tag{5.4.3}$$

$$\beta'_n(a;q) = \lim_{k\to1}\frac{\beta_n(a,k;q)}{1-k}. \tag{5.4.4}$$

假设两个极限都存在, 如此的一对序列 $(\alpha'_n(a;q),\beta'_n(a;q))$ 被称为导 WP-Bailey 对. 细节可看文献 [125], [126] 等.

定理 5.4.1[127]

$$\sum_{n=1}^{\infty}(-aq)^n\beta'_n(a) - \sum_{n=1}^{\infty}\frac{(q;q)_{2n-1}(-aq)^n}{(q,a^2q^2;q^2)_n}\alpha'_n(a)$$
$$= \sum_{r=1}^{\infty}\frac{q^{2r-1}}{1-q^{2r-1}} - \sum_{r=1}^{\infty}\frac{a^2q^{2r}}{1-a^2q^{2r}} - \sum_{r=1}^{\infty}\frac{aq^r}{1+aq^r}. \tag{5.4.5}$$

证明   在 (5.4.2) 中, 令

$$\delta_r(a,k) = \left(-\frac{aq}{k}\right)^r,$$

应用 Bailey-Daum 求和公式 (2.4.5), 则

$$\gamma_n(a,k) = \frac{(k;q)_{2n}}{(aq;q)_{2n}}\sum_{r=0}^{\infty}\frac{(k/a,kq^{2n};q)_r}{(q,aq^{1+2n};q)_r}\delta_{r+n}(a,k)$$
$$= \frac{(k;q)_{2n}}{(aq;q)_{2n}}\left(-\frac{aq}{k}\right)^n{}_2\phi_1\left[\begin{matrix}k/a,kq^{2n}\\aq^{1+2n}\end{matrix};q,-\frac{aq}{k}\right]$$
$$= \frac{(k;q)_{2n}}{(aq;q)_{2n}}\frac{\left(kq^{2n+1},\frac{a^2q^{2n+2}}{k};q^2\right)_{\infty}(-q;q)_{\infty}}{\left(aq^{2n+1},-\frac{aq}{k};q\right)_{\infty}}\left(-\frac{aq}{k}\right)^n$$
$$= \frac{(k;q)_{2n}}{\left(kq,\frac{a^2q^2}{k};q^2\right)_n}\frac{\left(kq,\frac{a^2q^2}{k};q^2\right)_{\infty}(-q;q)_{\infty}}{\left(aq,-\frac{aq}{k};q\right)_{\infty}}\left(-\frac{aq}{k}\right)^n.$$

代 $\delta_r(a,k)$ 与 $\gamma_n(a,k)$ 到引理 5.4.1, 我们得到

$$\sum_{n=0}^{\infty}\beta_n(a,k)\left(-\frac{aq}{k}\right)^n$$
$$= \frac{\left(kq,\frac{a^2q^2}{k};q^2\right)_{\infty}(-q;q)_{\infty}}{\left(aq,-\frac{aq}{k};q\right)_{\infty}}\sum_{n=0}^{\infty}\frac{(k;q)_{2n}}{\left(kq,\frac{a^2q^2}{k};q^2\right)_n}\left(-\frac{aq}{k}\right)^n\alpha_n(a,k).$$

重写上式为

$$\sum_{n=1}^{\infty} \beta_n(a,k)\left(-\frac{aq}{k}\right)^n - \frac{\left(kq,\dfrac{a^2q^2}{k};q^2\right)_\infty (-q;q)_\infty}{\left(aq,-\dfrac{aq}{k};q\right)_\infty}$$

$$\times \sum_{n=1}^{\infty} \frac{(k;q)_{2n}}{\left(kq,\dfrac{a^2q^2}{k};q^2\right)_n}\left(-\frac{aq}{k}\right)^n \alpha_n(a,k)$$

$$= \frac{\left(kq,\dfrac{a^2q^2}{k};q^2\right)(-q;q)_\infty}{\left(aq,-\frac{aq}{k};q\right)_\infty} - 1.$$

两边同除 $1-k$, 取极限 $k \to 1$, 则

$$\sum_{n=1}^{\infty} \beta_n^{'}(a)(-aq)^n - \sum_{n=1}^{\infty} \frac{(q;q)_{2n-1}(-aq)^n}{(q,a^2q^2;q^2)_n}\alpha_n^{'}(a)$$

$$= \lim_{k\to 1} -\frac{d}{dk}\left(\frac{(-q;q)_\infty\left(kq,\dfrac{a^2q^2}{k};q^2\right)_\infty}{\left(aq,-\dfrac{aq}{k};q\right)_\infty}\right). \tag{5.4.6}$$

设

$$y = \frac{(-q;q)_\infty\left(kq,\dfrac{a^2q^2}{k};q^2\right)_\infty}{\left(aq,-\dfrac{aq}{k};q\right)_\infty} = \frac{\prod\limits_{r=0}^{\infty}(1+q^{r+1})\prod\limits_{r=0}^{\infty}(1-kq^{2r+1})\prod\limits_{r=0}^{\infty}\left(1-\dfrac{a^2q^{2r+2}}{k}\right)}{\prod\limits_{r=0}^{\infty}(1-aq^{r+1})\prod\limits_{r=0}^{\infty}\left(1+\dfrac{aq^{r+1}}{k}\right)}.$$

两边取对数, 则有

$$\log y = \sum_{r=0}^{\infty}\log(1+q^{r+1}) + \sum_{r=0}^{\infty}\log(1-kq^{2r+1}) + \sum_{r=0}^{\infty}\log\left(1-\frac{a^2q^{2r+2}}{k}\right)$$

$$- \sum_{r=0}^{\infty}\log(1-aq^{r+1}) - \sum_{r=0}^{\infty}\log\left(1+\frac{aq^{r+1}}{k}\right),$$

对 k 微分, 然后取极限 $k \to 1$, 得

$$\lim_{k\to 1}\frac{dy}{dk} = \lim_{k\to 1}\frac{d}{dk}\left(\frac{(-q;q)_\infty\left(kq,\dfrac{a^2q^2}{k};q^2\right)_\infty}{\left(aq,-\dfrac{aq}{k};q\right)_\infty}\right)$$

$$= -\sum_{r=0}^{\infty} \frac{q^{2r+1}}{1-q^{2r+1}} + \sum_{r=0}^{\infty} \frac{a^2 q^{2r+2}}{1-a^2 q^{2r+2}} + \sum_{r=0}^{\infty} \frac{aq^{r+1}}{1+aq^{r+1}}$$

$$= -\sum_{r=1}^{\infty} \frac{q^{2r-1}}{1-q^{2r-1}} + \sum_{r=1}^{\infty} \frac{a^2 q^{2r}}{1-a^2 q^{2r}} + \sum_{r=1}^{\infty} \frac{aq^{r}}{1+aq^{r}}. \tag{5.4.7}$$

将式 (5.4.7) 代入式 (5.3.3), 直接计算, 可得式 (5.4.5).　　　　　　□

下面给出两个结果, 这里不给出证明.

定理 5.4.2[102]　令 $\{|q|, |qa|, |qa^2|\} < 1\}$, 则

$$\sum_{n=1}^{\infty} \beta_n'(a)(a^2 q)^n - \sum_{n=1}^{\infty} \frac{(q;q)_{2n-1}(a^2 q)^n}{(a^2 q;q)_{2n}} \alpha_n'(a) = \sum_{r=1}^{\infty} \frac{a^2 q^r}{1-a^2 q^r} - \sum_{r=1}^{\infty} \frac{aq^r}{1-aq^r}. \tag{5.4.8}$$

定理 5.4.3[109]

$$\sum_{n=1}^{\infty} \beta_n'(a)a^{2n} - \frac{1}{1+a} \sum_{n=1}^{\infty} \frac{(q;q)_{2n-1}}{(a^2 q;q)_{2n}} a^{2n}(1+aq^{2n})\alpha_n'(a)$$

$$= \sum_{n=1}^{\infty} \frac{a^2 q^n}{1-a^2 q^n} - \sum_{n=1}^{\infty} \frac{aq^n}{1-aq^n} - \frac{a}{1+a} \tag{5.4.9}$$

和

$$\sum_{n=1}^{\infty} \beta_n'(a)(aq^{\frac{3}{2}})^n - \frac{1}{2} \sum_{n=1}^{\infty} \frac{(\sqrt{q};\sqrt{q})_{n-1}}{(a\sqrt{q};\sqrt{q})_n}(a\sqrt{q})^n \alpha_n'(a)$$

$$+ \frac{1}{2} \frac{(\sqrt{q};\sqrt{q})_{\infty}(-a\sqrt{q};\sqrt{q})_{\infty}}{(a\sqrt{q};\sqrt{q})_{\infty}(-\sqrt{q};\sqrt{q})_{\infty}} \sum_{n=1}^{\infty} \frac{(-\sqrt{q};\sqrt{q})_{n-1}}{(-a\sqrt{q};\sqrt{q})_n}(a\sqrt{q})^n \alpha_n'(a)$$

$$= -\frac{1}{4} - \frac{1}{4} \frac{(\sqrt{q};\sqrt{q})_{\infty}(-a\sqrt{q};\sqrt{q})_{\infty}}{(-\sqrt{q};\sqrt{q})_{\infty}(a\sqrt{q};\sqrt{q})_{\infty}} - \sum_{r=1}^{\infty} \frac{q^r}{1-q^r}$$

$$+ \frac{1}{2} \sum_{r=1}^{\infty} \frac{q^{\frac{r}{2}}}{1-q^{\frac{r}{2}}} + \frac{1}{2} \sum_{r=1}^{\infty} \frac{aq^{\frac{r}{2}}}{1-aq^{\frac{r}{2}}} - \sum_{r=1}^{\infty} \frac{aq^{r-\frac{1}{2}}}{1-aq^{r-\frac{1}{2}}}. \tag{5.4.10}$$

例 5.4.1[126]　在 (5.4.1) 中, 设

$$\alpha_n(a,k) = \frac{\left(a, q\sqrt{a}, -q\sqrt{a}, a\sqrt{\frac{q}{k}}, -a\sqrt{\frac{q}{k}}, \frac{a}{\sqrt{k}}, -\frac{aq}{\sqrt{k}}, \frac{k}{a}; q\right)_n}{\left(q, \sqrt{a}, -\sqrt{a}, \sqrt{kq}, -\sqrt{kq}, q\sqrt{k}, -\sqrt{k}, \frac{a^2 q}{k}; q\right)_n} \left(\frac{k}{a}\right)^n, \tag{5.4.11}$$

利用文献 [118] 中的求和公式 (3.2):

$$
{}_{10}\phi_9 \left[\begin{array}{c} a, q\sqrt{a}, -q\sqrt{a}, a\sqrt{\dfrac{q}{k}}, -a\sqrt{\dfrac{q}{k}}, \dfrac{a}{\sqrt{k}}, -\dfrac{aq}{\sqrt{k}}, \dfrac{k}{a}, kq^n, q^{-n} \\ \sqrt{a}, -\sqrt{a}, \sqrt{kq}, -\sqrt{kq}, q\sqrt{k}, -\sqrt{k}, \dfrac{a^2 q}{k}, \dfrac{aq^{1-n}}{k}, aq^{n+1} \end{array} ; q, q \right]
$$
$$
= \frac{\left(aq, \sqrt{k}, \dfrac{k^2}{a^2}; q \right)_n}{\left(k, \dfrac{k}{a}, q\sqrt{k}; q \right)_n},
\tag{5.4.12}
$$

得到

$$
\beta_n(a,k) = \frac{\left(k, \dfrac{k}{a}; q \right)_n}{(q, aq; q)_n} \sum_{r=0}^{n} \frac{(q^{-n}, kq^n; q)_r}{\left(\dfrac{aq^{1-n}}{k}, aq^{1+n}; q \right)_r} \left(\frac{aq}{k} \right)^r \alpha_r(a,k) = \frac{\left(\sqrt{k}, \dfrac{k^2}{a^2}; q \right)_n}{(q, q\sqrt{k}; q)_n}.
\tag{5.4.13}
$$

因此, 可以得到导 WP-Bailey 对为

$$
\alpha_n'(a) = \lim_{k \to 1} \alpha_n(a,k) = \frac{\left(a, q\sqrt{a}, -q\sqrt{a}, a\sqrt{q}, -a\sqrt{q}, a, -aq, \dfrac{1}{a}; q \right)_n}{(q, \sqrt{a}, -\sqrt{a}, \sqrt{q}, -\sqrt{q}, q, -1, a^2 q; q)_n} \left(\frac{1}{a} \right)^n,
\tag{5.4.14}
$$

$$
\beta_n'(a) = \lim_{k \to 1} \frac{\beta_n(a,k)}{1-k} = \frac{\left(\dfrac{1}{a^2}; q \right)_n}{2(1-q^n)(q;q)_n}.
\tag{5.4.15}
$$

将式 (5.4.14)和(5.4.15) 分别代入式 (5.4.8), (5.4.5), (5.4.9), (5.4.10), 则建立下面四个恒等式:

$$
\sum_{n=1}^{\infty} \frac{\left(\dfrac{1}{a^2}; q \right)_n (a^2 q)^n}{2(1-q^n)(q;q)_n}
$$
$$
- \sum_{n=1}^{\infty} \frac{(q;q)_{2n-1}}{(a^2 q; q)_{2n}} \frac{\left(a, q\sqrt{a}, -q\sqrt{a}, a\sqrt{q}, -a\sqrt{q}, a, -aq, \dfrac{1}{a}; q \right)_n}{(q, \sqrt{a}, -\sqrt{a}, \sqrt{q}, -\sqrt{q}, q, -1, a^2 q; q)_n} (aq)^n
$$
$$
= \sum_{r=1}^{\infty} \frac{a^2 q^r}{1-a^2 q^r} - \sum_{r=1}^{\infty} \frac{aq^r}{1-aq^r},
$$

$$\sum_{n=1}^{\infty} \frac{\left(\frac{1}{a^2};q\right)_n a^{2n}}{2(1-q^n)(q;q)_n}$$

$$-\frac{1}{1+a}\sum_{n=1}^{\infty}\frac{(q;q)_{2n-1}(1+aq^{2n})}{(a^2q;q)_{2n}}\frac{\left(a,q\sqrt{a},-q\sqrt{a},a\sqrt{q},-a\sqrt{q},a,-aq,\frac{1}{a};q\right)_n}{(q,\sqrt{a},-\sqrt{a},\sqrt{q},-\sqrt{q},q,-1,a^2q;q)_n}a^n$$

$$=\sum_{n=1}^{\infty}\frac{a^2q^n}{1-a^2q^n}-\sum_{n=1}^{\infty}\frac{aq^n}{1-aq^n}-\frac{a}{1+a},$$

$$\sum_{n=1}^{\infty}\frac{\left(\frac{1}{a^2};q\right)_n (aq^{\frac{3}{2}})^n}{2(1-q^n)(q;q)_n}$$

$$-\sum_{n=1}^{\infty}\frac{(\sqrt{q};\sqrt{q})_{n-1}}{2(a\sqrt{q};\sqrt{q})_n}\frac{\left(a,q\sqrt{a},-q\sqrt{a},a\sqrt{q},-a\sqrt{q},a,-aq,\frac{1}{a};q\right)_n}{(q,\sqrt{a},-\sqrt{a},\sqrt{q},-\sqrt{q},q,-1,a^2q;q)_n}q^{\frac{n}{2}}$$

$$+\frac{(\sqrt{q};\sqrt{q})_\infty(-a\sqrt{q};\sqrt{q})_\infty}{2(a\sqrt{q};\sqrt{q})_\infty(-\sqrt{q};\sqrt{q})_\infty}\sum_{n=1}^{\infty}\frac{(-\sqrt{q};\sqrt{q})_{n-1}}{(-a\sqrt{q};\sqrt{q})_n}$$

$$\times\frac{\left(a,q\sqrt{a},-q\sqrt{a},a\sqrt{q},-a\sqrt{q},a,-aq,\frac{1}{a};q\right)_n}{(q,\sqrt{a},-\sqrt{a},\sqrt{q},-\sqrt{q},q,-1,a^2q;q)_n}q^{\frac{n}{2}}$$

$$=-\frac{1}{4}-\frac{1}{4}\frac{(\sqrt{q};\sqrt{q})_\infty(-a\sqrt{q};\sqrt{q})_\infty}{(-\sqrt{q};\sqrt{q})_\infty(a\sqrt{q};\sqrt{q})_\infty}-\sum_{r=1}^{\infty}\frac{q^r}{1-q^r}$$

$$+\frac{1}{2}\sum_{r=1}^{\infty}\frac{q^{\frac{r}{2}}}{1-q^{\frac{r}{2}}}+\frac{1}{2}\sum_{r=1}^{\infty}\frac{aq^{\frac{r}{2}}}{1-aq^{\frac{r}{2}}}-\sum_{r=1}^{\infty}\frac{aq^{r-\frac{1}{2}}}{1-aq^{r-\frac{1}{2}}},$$

$$\sum_{n=1}^{\infty}\frac{\left(\frac{1}{a^2};q\right)_n}{2(1-q^n)(q;q)_n}$$

$$-\sum_{n=1}^{\infty}\frac{(q;q)_{2n-1}}{(q;a^2q^2;q^2)_n}\frac{\left(a,q\sqrt{a},-q\sqrt{a},a\sqrt{q},-a\sqrt{q},a,-aq,\frac{1}{a};q\right)_n}{(q,\sqrt{a},-\sqrt{a},\sqrt{q},-\sqrt{q},q,-1,a^2q;q)_n}(-q)^n$$

$$=\sum_{r=1}^{\infty}\frac{q^{2r-1}}{1-q^{2r-1}}-\sum_{r=1}^{\infty}\frac{a^2q^{2r}}{1-a^2q^{2r}}-\sum_{r=1}^{\infty}\frac{aq^r}{1+aq^r}.$$

例 5.4.2[126] 在 (5.4.1) 中，令

$$
\alpha_n(a,k) = \frac{\left(a, q\sqrt{a}, -q\sqrt{a}, a\sqrt{\dfrac{q}{k}}, -a\sqrt{\dfrac{q}{k}}, \dfrac{a}{\sqrt{k}}, -\dfrac{a}{\sqrt{k}}, \dfrac{kq}{a}; q\right)_n}{\left(q, \sqrt{a}, -\sqrt{a}, \sqrt{kq}, -\sqrt{kq}, q\sqrt{k}, -q\sqrt{k}, \dfrac{a^2}{k}; q\right)_n} \left(\frac{k}{a}\right)^n, \quad (5.4.16)
$$

应用文献 [127] 中的引理 2：

$$
{}_{10}\phi_9 \left[\begin{array}{c} a, q\sqrt{a}, -q\sqrt{a}, a\sqrt{\dfrac{q}{k}}, -a\sqrt{\dfrac{q}{k}}, \dfrac{a}{\sqrt{k}}, -\dfrac{a}{\sqrt{k}}, \dfrac{kq}{a}, kq^n, q^{-n} \\[2mm] \sqrt{a}, -\sqrt{a}, \sqrt{kq}, -\sqrt{kq}, q\sqrt{k}, -q\sqrt{k}, \dfrac{a^2}{k}, \dfrac{aq^{1-n}}{k}, aq^{n+1} \end{array} ; q, q \right]
$$

$$
= \frac{1-k}{1-kq^{2n}} \frac{\left(aq, \dfrac{qk^2}{a^2}; q\right)_n}{\left(k, \dfrac{k}{a}; q\right)_n}, \quad (5.4.17)
$$

有

$$
\beta_n(a,k) = \frac{1-k}{1-kq^{2n}} \frac{\left(\dfrac{qk^2}{a^2}; q\right)_n}{(q;q)_n}. \quad (5.4.18)
$$

故得到导 WP-Bailey 对为

$$
\alpha_n'(a) = \lim_{k\to 1} \alpha_n(a,k) = \frac{\left(a, q\sqrt{a}, -q\sqrt{a}, a\sqrt{q}, -a\sqrt{q}, a, -a, \dfrac{q}{a}; q\right)_n}{\left(q, \sqrt{a}, -\sqrt{a}, \sqrt{q}, -\sqrt{q}, q, -q, a^2; q\right)_n} \left(\frac{1}{a}\right)^n,
$$

$$
(5.4.19)
$$

$$
\beta_n'(a) = \lim_{k\to 1} \frac{\beta_n(a,k)}{1-k} = \frac{1}{1-q^{2n}} \frac{\left(\dfrac{q}{a^2}; q\right)_n}{(q;q)_n}. \quad (5.4.20)
$$

将 (5.4.19) 和 (5.4.20) 分别代入 (5.4.8), (5.4.5), (5.4.9), (5.4.10), 我们得到下述又四个恒等式：

$$
\sum_{n=1}^{\infty} \frac{\left(\dfrac{q}{a^2}; q\right)_n (a^2 q)^n}{(1-q^{2n})(q;q)_n}
$$

$$
- \sum_{n=1}^{\infty} \frac{(q;q)_{2n-1}}{(qa^2;q)_{2n}} \frac{\left(a, q\sqrt{a}, -q\sqrt{a}, a\sqrt{q}, -a\sqrt{q}, a, -a, \dfrac{q}{a}; q\right)_n}{\left(q, \sqrt{a}, -\sqrt{a}, \sqrt{q}, -\sqrt{q}, q, -q, a^2; q\right)_n} (aq)^n
$$

$$= \sum_{r=1}^{\infty} \frac{a^2 q^r}{1 - a^2 q^r} - \sum_{r=1}^{\infty} \frac{a q^r}{1 - a q^r}, \tag{5.4.21}$$

$$\sum_{n=1}^{\infty} \frac{\left(\frac{q}{a^2}; q\right)_n a^{2n}}{(1 - q^{2n})(q; q)_n}$$

$$- \frac{1}{1+a} \sum_{n=1}^{\infty} \frac{(q; q)_{2n-1}(1 + a q^{2n})}{(a^2 q; q)_{2n}} \frac{\left(a, q\sqrt{a}, -q\sqrt{a}, a\sqrt{q}, -a\sqrt{q}, a, -a, \frac{q}{a}; q\right)_n}{(q, \sqrt{a}, -\sqrt{a}, \sqrt{q}, -\sqrt{q}, q, -q, a^2; q)_n} a^n$$

$$= \sum_{n=1}^{\infty} \frac{a^2 q^n}{1 - a^2 q^n} - \sum_{n=1}^{\infty} \frac{a q^n}{1 - a q^n} - \frac{a}{1+a}, \tag{5.4.22}$$

$$\sum_{n=1}^{\infty} \frac{\left(\frac{q}{a^2}; q\right)_n (a q^{\frac{3}{2}})^n}{(1 - q^{2n})(q; q)_n}$$

$$- \sum_{n=1}^{\infty} \frac{1}{2} \frac{(\sqrt{q}; \sqrt{q})_{n-1}}{(a\sqrt{q}; \sqrt{q})_n} \frac{\left(a, q\sqrt{a}, -q\sqrt{a}, a\sqrt{q}, -a\sqrt{q}, a, -a, \frac{q}{a}; q\right)_n}{(q, \sqrt{a}, -\sqrt{a}, \sqrt{q}, -\sqrt{q}, q, -q, a^2; q)_n} q^{\frac{n}{2}}$$

$$+ \frac{1}{2} \frac{(\sqrt{q}; \sqrt{q})_\infty (-a\sqrt{q}; \sqrt{q})_\infty}{(a\sqrt{q}; \sqrt{q})_\infty (-\sqrt{q}; \sqrt{q})_\infty}$$

$$\times \sum_{n=1}^{\infty} \frac{(-\sqrt{q}; \sqrt{q})_{n-1}}{(-a\sqrt{q}; \sqrt{q})_n} \frac{\left(a, q\sqrt{a}, -q\sqrt{a}, a\sqrt{q}, -a\sqrt{q}, a, -a, \frac{q}{a}; q\right)_n}{(q, \sqrt{a}, -\sqrt{a}, \sqrt{q}, -\sqrt{q}, q, -q, a^2; q)_n} q^{\frac{n}{2}}$$

$$= -\frac{1}{4} - \frac{1}{4} \frac{(\sqrt{q}; \sqrt{q})_\infty (-a\sqrt{q}; \sqrt{q})_\infty}{(-\sqrt{q}; \sqrt{q})_\infty (a\sqrt{q}; \sqrt{q})_\infty} - \sum_{r=1}^{\infty} \frac{q^r}{1 - q^r}$$

$$+ \frac{1}{2} \sum_{r=1}^{\infty} \frac{q^{\frac{r}{2}}}{1 - q^{\frac{r}{2}}} + \frac{1}{2} \sum_{r=1}^{\infty} \frac{a q^{\frac{r}{2}}}{1 - a q^{\frac{r}{2}}} - \sum_{r=1}^{\infty} \frac{a q^{r - \frac{1}{2}}}{1 - a q^{r - \frac{1}{2}}}, \tag{5.4.23}$$

$$\sum_{n=1}^{\infty} \frac{\left(\frac{q}{a^2}; q\right)_n (-a q)^n}{(1 - q^{2n})(q; q)_n}$$

$$- \sum_{n=1}^{\infty} \frac{(q; q)_{2n-1}}{(q; q^2 a^2; q^2)_n} \frac{\left(a, q\sqrt{a}, -q\sqrt{a}, a\sqrt{q}, -a\sqrt{q}, a, -a, \frac{q}{a}; q\right)_n}{(q, \sqrt{a}, -\sqrt{a}, \sqrt{q}, -\sqrt{q}, q, -q, a^2; q)_n} (-q)^n$$

$$= \sum_{r=1}^{\infty} \frac{q^{2r-1}}{1 - q^{2r-1}} - \sum_{r=1}^{\infty} \frac{a^2 q^{2r}}{1 - a^2 q^{2r}} - \sum_{r=1}^{\infty} \frac{a q^r}{1 + a q^r}. \tag{5.4.24}$$

5.5 双边 Bailey 对与 m 重 Rogers-Ramanujan 恒等式

称序列 $(\alpha_n(a,q), \beta_n(a,q))$ 是关于 (a,q) 的双边 Bailey 对, 若满足下列关系

$$\beta_n(a,q) = \sum_{j \leqslant n} \frac{\alpha_j(a,q)}{(q;q)_{n-j}(aq;q)_{n+j}}, \quad \forall n \in \mathbb{Z}. \tag{5.5.1}$$

引理 5.5.1(双边 Bailey 引理[128,129]) 若 $(\alpha_n(a,q), \beta_n(a,q))$ 是关于 (a,q) 的双边 Bailey 对, 则 $(\alpha'_n(a,q), \beta'_n(a,q))$ 也是, 其中

$$\alpha'_n(a,q) = \frac{(\rho_1, \rho_2)_n}{(aq/\rho_1, aq/\rho_2)_n} \left(\frac{aq}{\rho_1 \rho_2}\right)^n \alpha_n(a,q),$$

$$\beta'_n(a,q) = \sum_{j \leqslant n} \frac{(\rho_1, \rho_2)_j (aq/\rho_1 \rho_2)_{n-j}}{(aq/\rho_1, aq/\rho_2)_n (q)_{n-j}} \left(\frac{aq}{\rho_1 \rho_2}\right)^j \beta_j(a,q).$$

假设序列 $\alpha_n(a,q)$ 和 $\beta_n(a,q)$ 满足一定的收敛条件使得两边的无穷级数都绝对收敛.

在双边 Bailey 引理中, 令 $\rho_1 \to \infty$, $\rho_2 \to \infty$, 则有

$$\alpha'_n(a,q) = a^n q^{n^2} \alpha_n(a,q), \tag{5.5.2}$$

$$\beta'_n(a,q) = \sum_{k \leqslant n} \frac{a^k q^{k^2}}{(q;q)_{n-k}} \beta_k(a,q). \tag{5.5.3}$$

Frederic[130] 指出当 $a = q^m$, $m \in \mathbb{N}$ 时, (5.5.1) 中右边的无穷级数是有限的, 因此称这样的双边 Bailey 对 $(\alpha_n(q^m, q), \beta_n(q^m, q))$ 为移位 Bailey 对. Frederic 还给出了下述一对移位 Bailey 对.

引理 5.5.2[130] 设 $m \in \mathbb{N}$, $(\alpha_n(q^m, q), \beta_n(q^m, q))$ 是移位 Bailey 对, 其中

$$\alpha_n(q^m, q) = (-1)^n q^{\binom{n}{2}}, \tag{5.5.4}$$

$$\beta_n(q^m, q) = (-1)^n q^{\binom{n}{2}} (q)_m \begin{bmatrix} m+n \\ m+2n \end{bmatrix}. \tag{5.5.5}$$

Bressoud, Ismail 和 Stanton[131] 提出了几个新的 Bailey 链. 这里给出文献 [131] 中定理 2.2 和定理 2.3 的下列双边推广.

定理 5.5.1[132]　若 $(\alpha_n(a,q),\beta_n(a,q))$ 是关于 (a,q) 的 Bailey 对, 则 $(\alpha_n'(a,q),$ $\beta_n'(a,q))$ 是关于 (a^4,q^4) 的 Bailey 对, 其中

$$\beta_n'(a,q) = \sum_{k\leqslant n} \frac{(-Bq;q^2)_k(qa^2/B;q^2)_{2n-k}}{(-a^2q^2;q^2)_{2n}(a^4q^2/B^2;q^4)_n(q^4;q^4)_{n-k}} a^{2k}B^{-k}q^{k^2}\beta_k(a^2,q^2),$$

$$\tag{5.5.6}$$

$$\alpha_n'(a,q) = \frac{(-Bq;q^2)_n}{(-qa^2/B;q^2)_n} a^{2n}B^{-n}q^{n^2}\alpha_n(a^2,q^2), \tag{5.5.7}$$

这里假定相关的级数绝对收敛.

证明　假设 $\alpha_n(a,q)$ 已成立, 将 (5.5.7) 代入等式 (5.5.1) 中, 然后交换求和顺序, 应用 q-Saalschütz 求和定理, 并且令 $a \to -q^{-2n+2r}$, $b \to -Bq^{1+2r}$, $c \to a^2q^{4r+2}$, $q \to q^2$, $n \to n-r$, 可得此定理.　　□

在定理 5.5.1 中, 令 $B \to \infty$, 则有

$$\alpha_n'(a,q) = a^{2n}q^{2n^2}\alpha_n(a^2,q^2), \tag{5.5.8}$$

$$\beta_n'(a,q) = \sum_{k\leqslant n} \frac{a^{2k}q^{2k^2}}{(-a^2q^2;q^2)_{2n}(q^4;q^4)_{n-k}} \beta_k(a^2,q^2). \tag{5.5.9}$$

在定理 5.5.1 中, 令 $B \to 0$, 则有

$$\alpha_n'(a,q) = \alpha_n(a^2,q^2),$$

$$\beta_n'(a,q) = \sum_{k\leqslant n} \frac{(-1)^{n-k}q^{2n^2+2k^2-4nk}}{(-a^2q^2;q^2)_{2n}(q^4;q^4)_{n-k}} \beta_k(a^2,q^2).$$

定理 5.5.2[132]　对所有的 $k \in \mathbb{N}^*$, $m \in \mathbb{N}$, $1 \leqslant i \leqslant k$, 我们有

$$\sum_{-\lfloor m/2 \rfloor \leqslant n_k \leqslant n_{k-1} \leqslant \cdots \leqslant n_1} \frac{q^{2n_1^2+\cdots+2n_{i-1}^2+n_i^2+\cdots+n_k^2+m(2n_1+\cdots+2n_{i-1}+n_i+\cdots+n_k)}}{(q^2;q^2)_{n_1-n_2}\cdots(q^2;q^2)_{n_{i-1}-n_i}(q)_{n_i-n_{i+1}}\cdots(q)_{n_{k-1}-n_k}}$$

$$\times \frac{1}{(-q;q)_{2n_{i-1}+m}} (-1)^{n_k}q^{\binom{n_k}{2}} \begin{bmatrix} m+n_k \\ m+2n_k \end{bmatrix}$$

$$= \frac{(q^{2k+2i-1},q^{(k+i-1)(m+1)},q^{(k+i-1)(1-m)+1};q^{2k+2i-1})_\infty}{(q^2;q^2)_\infty}. \tag{5.5.10}$$

证明　若 Bailey 链表示如下:

$$(\alpha^{(k)},\beta^{(k)}) \to \cdots \to (\alpha^{(i)},\beta^{(i)}) \to (\alpha^{(i-1)},\beta^{(i-1)}) \to \cdots \to (\alpha^{(0)},\beta^{(0)}),$$

其中 $\alpha^{(j)} = \alpha_n^{(j)}, \beta^{(j)} = \beta_n^{(j)}$. 迭代双边 Bailey 变换 (5.5.2) 和 (5.5.3) $i-1(i \geqslant 1)$ 次, 并且将其中的 a 替换成 q^{4m}, 则有

$$\alpha_n^{(0)}(q^m, q) = q^{4(i-1)n^2 + 4(i-1)mn} \alpha_n^{(i-1)}(q^m, q), \tag{5.5.11}$$

$$\beta_n^{(0)}(q^m, q) = \sum_{n_{i-1} \leqslant n_{i-2} \leqslant \cdots \leqslant n_1 \leqslant n} \frac{q^{4(n_1^2 + \cdots + n_{i-1}^2) + 4m(n_1 + \cdots + n_{i-1})}}{(q^4; q^4)_{n-n_1} \cdots (q^4; q^4)_{n_{i-2} - n_{i-1}}} \beta_{n_{i-1}}^{(i-1)}(q^m, q). \tag{5.5.12}$$

应用 (5.5.8) 和 (5.5.9), 可以得到

$$\alpha_n^{(i-1)}(q^m, q) = q^{2n^2 + 2mn} \alpha_n^{(i)}(q^{2m}, q^2), \tag{5.5.13}$$

$$\beta_{n_{i-1}}^{(i-1)}(q^m, q) = \sum_{n_i \leqslant n_{i-1}} \frac{q^{2n_i^2 + 2mn_i}}{(q^4; q^4)_{n_{i-1} - n_i} (-q^{2+2m}; q^2)_{2n_{i-1}}} \beta_{n_i}^{(i)}(q^{2m}, q^2). \tag{5.5.14}$$

然后再应用 (5.5.2) 和 (5.5.3) $k-i$ 次, 并且令 $q \to q^2$, 有

$$\alpha_n^{(i)}(q^{2m}, q^2) = q^{2(k-i)n^2 + 2(k-i)mn} \alpha_n^{(k)}(q^{2m}, q^2), \tag{5.5.15}$$

$$\beta_{n_i}^{(i)}(q^{2m}, q^2) = \sum_{n_k \leqslant n_{k-1} \leqslant \cdots \leqslant n_i} \frac{q^{2(n_{i+1}^2 + \cdots + n_k^2) + 2m(n_{i+1} + \cdots + n_k)}}{(q^2; q^2)_{n_i - n_{i+1}} \cdots (q^2; q^2)_{n_{k-1} - n_k}} \beta_{n_k}^{(k)}(q^{2m}, q^2). \tag{5.5.16}$$

联立等式 (5.5.11)—(5.5.16), 有

$$\alpha_n^{(0)}(q^m, q) = q^{(2k+2i-2)n^2 + (2k+2i-2)mn} \alpha_n^{(k)}(q^{2m}, q^2), \tag{5.5.17}$$

$$\beta_n^{(0)}(q^m, q)$$
$$= \sum_{n_k \leqslant n_{k-1} \leqslant \cdots \leqslant n_1 \leqslant n} \frac{q^{4(n_1^2 + \cdots + n_{i-1}^2) + 2(n_i^2 + \cdots + n_k^2) + 4m(n_1 + \cdots + n_{i-1}) + 2m(n_i + \cdots + n_k)}}{(q^4; q^4)_{n-n_1} \cdots (q^4; q^4)_{n_{i-1} - n_i} (q^2; q^2)_{n_i - n_{i+1}} \cdots (q^2; q^2)_{n_{k-1} - n_k}}$$
$$\times \frac{1}{(-q^{2+2m}; q^2)_{2n_{i-1}}} \beta_{n_k}^{(k)}(q^{2m}, q^2). \tag{5.5.18}$$

将移位 Bailey 对 (5.5.4) 和 (5.5.5) 代入 (5.5.17) 和 (5.5.18) 中, 然后将得到的移位 Bailey 对代入等式 (5.5.1), 并将 (5.5.1) 中的 a 替换成 q^{4m}, q 替换成 q^4, 最后令 $n \to \infty$, $q \to q^{1/2}$, 定理得证. $\qquad\square$

推论 5.5.1[130]　对所有的 $k \in \mathbb{N}^*$ 和 $m \in \mathbb{N}$, 我们有

$$\sum_{-\lfloor m/2 \rfloor \leqslant n_k \leqslant n_{k-1} \leqslant \cdots \leqslant n_1} \frac{q^{n_1^2+\cdots+n_k^2+m(n_1+\cdots+n_k)}}{(q)_{n_1-n_2}\cdots(q)_{n_{k-1}-n_k}}(-1)^{n_k}q^{\binom{n_k}{2}m+2n_k}\begin{bmatrix} m+n_k \\ m+2n_k \end{bmatrix}$$
$$= \frac{(q^{2k+1}, q^{k(m+1)}, q^{k(1-m)+1}; q^{2k+1})_\infty}{(q)_\infty}. \tag{5.5.19}$$

证明　在定理 5.5.2 中, 令 $i=1, n_0 \to \infty$. 　　　□

注 5.5.1　在推论 5.5.1 中令 $m=0$, 则对所有的 $k \in \mathbb{N}^*$, 我们有

$$\sum_{n_{k-1} \leqslant \cdots \leqslant n_1} \frac{q^{n_1^2+\cdots+n_k^2}}{(q)_{n_1-n_2}\cdots(q)_{n_{k-1}}} = \frac{(q^{2k+1}, q^k, q^{k+1}; q^{2k+1})_\infty}{(q)_\infty}.$$

该恒等式是文献 [122] 中定理 1 的 $i=k$ 时的另一种表达形式.

推论 5.5.2[130]　对所有的 $m \in \mathbb{N}$, 有

$$\sum_{j=0}^{\lfloor m/2 \rfloor}(-1)^j q^{\binom{j}{2}}\begin{bmatrix} m-j \\ j \end{bmatrix} = \begin{cases} 0, & m \equiv 2 \pmod 3, \\ (-1)^{\lfloor m/3 \rfloor}q^{m(m-1)/6}, & m \not\equiv 2 \pmod 3. \end{cases} \tag{5.5.20}$$

证明　在推论 5.5.1 中, 令 $k=1$.　　　□

推论 5.5.3[130]　对所有的 $m \in \mathbb{N}$, 有

$$\sum_{j \geqslant 0}(-1)^j q^{5\binom{j}{2}-(2m-3)j}\begin{bmatrix} m-j \\ j \end{bmatrix}\sum_{k \geqslant 0}\frac{q^{k^2+(m-2j)k}}{(q;q)_k} = \frac{(q^5, q^{2+2m}, q^{3-2m}; q^5)_\infty}{(q;q)_\infty}. \tag{5.5.21}$$

证明　在推论 5.5.1 中令 $k=2$.　　　□

推论 5.5.4　对所有的 $m \in \mathbb{N}$, 有

$$\sum_{-\lfloor m/2 \rfloor \leqslant n_3 \leqslant n_2 \leqslant n_1} \frac{q^{n_1^2+n_2^2+n_3^2+m(n_1+n_2+n_3)}}{(q)_{n_1-n_2}(q)_{n_2-n_3}}(-1)^{n_3}q^{\binom{n_3}{2}}\begin{bmatrix} m+n_3 \\ m+2n_3 \end{bmatrix}$$
$$= \frac{(q^7, q^{3m+3}, q^{4-3m}; q^7)_\infty}{(q)_\infty}. \tag{5.5.22}$$

证明　在推论 5.5.1 中令 $k=3$.　　　□

在 (5.5.22) 中, 当 $m=0$ 时, 令 $n_1 \to m, n_2 \to n$, 则得到文献 [122] 中 (1.8) 式:

$$\sum_{m,n \geqslant 0}\frac{q^{m^2+2mn+2n^2}}{(q;q)_m(q;q)_n} = \frac{(q^7, q^3, q^4; q^7)_\infty}{(q;q)_\infty}.$$

推论 5.5.5 对所有的 $m \in \mathbb{N}$, 有

$$
\sum_{-\lfloor m/2 \rfloor \leqslant n_4 \leqslant n_3 \leqslant n_2 \leqslant n_1} \frac{q^{n_1^2+n_2^2+n_3^2+n_4^2+m(n_1+n_2+n_3+n_4)}}{(q)_{n_1-n_2}(q)_{n_2-n_3}(q)_{n_3-n_4}} (-1)^{n_4} q^{\binom{n_4}{2}} \begin{bmatrix} m+n_4 \\ m+2n_4 \end{bmatrix}
$$
$$
= \frac{(q^9, q^{4m+4}, q^{5-4m}; q^9)_\infty}{(q)_\infty}. \tag{5.5.23}
$$

证明 在推论 5.5.1 中令 $k = 4$. $\qquad\qquad\qquad\qquad\qquad\qquad\qquad\square$

在 (5.5.23) 中, 当 $m = 0$ 时, 令 $n_1 \to m$, $n_2 \to n$, $n_3 \to k$, 则有

$$
\sum_{m,n,k \geqslant 0} \frac{q^{m^2+2n^2+3k^2+2mn+2mk+4nk}}{(q;q)_m(q;q)_n(q;q)_k} = \frac{(q^9, q^4, q^5; q^9)_\infty}{(q;q)_\infty}.
$$

推论 5.5.6 对所有的 $k \in \mathbb{N}^*$ 和 $m \in \mathbb{N}$, 我们有

$$
\sum_{-\lfloor m/2 \rfloor \leqslant n_k \leqslant n_{k-1} \leqslant \cdots \leqslant n_1} \frac{q^{2n_1^2+n_2^2+\cdots+n_k^2+m(2n_1+n_2+\cdots+n_k)}(-1)^{n_k} q^{\binom{n_k}{2}}}{(q^2;q^2)_{n_1-n_2}(q)_{n_2-n_3} \cdots (q)_{n_{k-1}-n_k}(-q;q)_{2n_1+m}} \begin{bmatrix} m+n_k \\ m+2n_k \end{bmatrix}
$$
$$
= \frac{(q^{2k+3}, q^{(k+1)(m+1)}, q^{(k+1)(1-m)+1}; q^{2k+3})_\infty}{(q^2;q^2)_\infty}. \tag{5.5.24}
$$

证明 在定理 5.5.2 中令 $i = 2$. $\qquad\qquad\qquad\qquad\qquad\qquad\qquad\square$

推论 5.5.7 对所有的 $m \in \mathbb{N}$, 有

$$
\sum_{j \geqslant 0} \frac{(-1)^j q^{7\binom{j}{2}-(3m-4)j}}{(-q;q)_{m-2j}} \begin{bmatrix} m-j \\ j \end{bmatrix} \sum_{k \geqslant 0} \frac{q^{2k^2+2(m-2j)k}}{(q;q)_k(-q^{1+m-2j};q)_{2k}}
$$
$$
= \frac{(q^7, q^{3+3m}, q^{4-3m}; q^7)_\infty}{(q^2;q^2)_\infty}. \tag{5.5.25}
$$

证明 在推论 5.5.6 中令 $k = 2$. $\qquad\qquad\qquad\qquad\qquad\qquad\qquad\square$

在式 (5.5.25) 中, 当 $m = 0$ 时, 令 $n_1 \to k$, 则有

$$
\sum_{k \geqslant 0} \frac{q^{2k^2}}{(q;q)_k(-q;q)_{2k}} = \frac{(q^7, q^3, q^4; q^7)_\infty}{(q^2;q^2)_\infty}.
$$

推论 5.5.8 对所有的 $m \in \mathbb{N}$, 我们有

$$
\sum_{-\lfloor m/2 \rfloor \leqslant n_3 \leqslant n_2 \leqslant n_1} \frac{q^{2n_1^2+n_2^2+n_3^2+m(2n_1+n_2+n_3)}(-1)^{n_3} q^{\binom{n_3}{2}}}{(q^2;q^2)_{n_1-n_2}(q)_{n_2-n_3}(-q)_{2n_1+m}} \begin{bmatrix} m+n_3 \\ m+2n_3 \end{bmatrix}
$$
$$
= \frac{(q^9, q^{4m+4}, q^{5-4m}; q^9)_\infty}{(q^2;q^2)_\infty}. \tag{5.5.26}
$$

证明   在推论 5.5.6 中令 $k = 3$. $\square$

在式 (5.5.26) 中, 当 $m = 0$ 时, 令 $n_1 \to m$, $n_2 \to n$, 则有

$$\sum_{m,n \geqslant 0} \frac{q^{2m^2+4mn+3n^2}}{(q^2;q^2)_m (q;q)_n (-q)_{2m+2n}} = \frac{(q^9, q^4, q^5; q^9)_\infty}{(q^2;q^2)_\infty}.$$

推论 5.5.9   对所有的 $m \in \mathbb{N}$, 有

$$\sum_{-\lfloor m/2 \rfloor \leqslant n_4 \leqslant n_3 \leqslant n_2 \leqslant n_1} \frac{q^{2n_1^2+n_2^2+n_3^2+n_4^2+m(2n_1+n_2+n_3+n_4)}}{(q^2;q^2)_{n_1-n_2}(q)_{n_2-n_3}(q)_{n_3-n_4}(-q)_{2n_1+m}}$$

$$\times \ (-1)^{n_4} q^{\binom{n_4}{2}} \begin{bmatrix} m + n_4 \\ m + 2n_4 \end{bmatrix}$$

$$= \frac{(q^{11}, q^{5m+5}, q^{6-5m}; q^{11})_\infty}{(q^2;q^2)_\infty}. \tag{5.5.27}$$

证明   在推论 5.5.6 中, 令 $k = 4$. $\square$

在式 (5.5.27) 中, 当 $m = 0$ 时, 令 $n_1 \to m$, $n_2 \to n$, $n_3 \to k$, 则有

$$\sum_{m,n,k \geqslant 0} \frac{q^{2m^2+3n^2+4k^2+4mn+4mk+6nk}}{(q^2;q^2)_m (q;q)_n (q;q)_k (-q)_{2m+2n}} = \frac{(q^{11}, q^5, q^6; q^{11})_\infty}{(q^2;q^2)_\infty}.$$

推论 5.5.10   对所有的 $k \in \mathbb{N}^*$ 和 $m \in \mathbb{N}$, 我们有

$$\sum_{-\lfloor m/2 \rfloor \leqslant n_k \leqslant n_{k-1} \leqslant \cdots \leqslant n_1} \frac{q^{2n_1^2+2n_2^2+n_3^2+\cdots+n_k^2+m(2n_1+2n_2+n_3+\cdots+n_k)}}{(q^2;q^2)_{n_1-n_2} \cdots (q^2;q^2)_{n_2-n_3}(q)_{n_3-n_4} \cdots (q)_{n_{k-1}-n_k}(-q;q)_{2n_2+m}}$$

$$\times (-1)^{n_k} q^{\binom{n_k}{2}} \begin{bmatrix} m + n_k \\ m + 2n_k \end{bmatrix}$$

$$= \frac{(q^{2k+5}, q^{(k+2)(m+1)}, q^{(k+2)(1-m)+1}; q^{2k+5})_\infty}{(q^2;q^2)_\infty}. \tag{5.5.28}$$

证明   在定理 5.5.2 中令 $i = 3$. $\square$

推论 5.5.11   对所有的 $m \in \mathbb{N}$, 有

$$\sum_{-\lfloor m/2 \rfloor \leqslant n_3 \leqslant n_2 \leqslant n_1} \frac{q^{2n_1^2+2n_2^2+n_3^2+m(2n_1+2n_2+n_3)}(-1)^{n_3} q^{\binom{n_3}{2}}}{(q^2;q^2)_{n_1-n_2}(q^2;q^2)_{n_2-n_3}(-q)_{2n_2+m}} \begin{bmatrix} m + n_3 \\ m + 2n_3 \end{bmatrix}$$

$$= \frac{(q^{11}, q^{5m+5}, q^{6-5m}; q^{11})_\infty}{(q^2;q^2)_\infty}. \tag{5.5.29}$$

证明   在推论 5.5.10 中令 $k = 3$. $\square$

在式 (5.5.29) 中, 当 $m = 0$ 时, 令 $n_1 \to m$, $n_2 \to n$, 则有

$$\sum_{m,n \geqslant 0} \frac{q^{2m^2+4mn+4n^2}}{(q^2;q^2)_m (q^2;q^2)_n (-q)_{2n}} = \frac{(q^{11}, q^5, q^6; q^{11})_\infty}{(q^2;q^2)_\infty}.$$

推论 5.5.12 对所有的 $m \in \mathbb{N}$, 有

$$
\sum_{-\lfloor m/2 \rfloor \leqslant n_4 \leqslant n_3 \leqslant n_2 \leqslant n_1} \frac{q^{2n_1^2 + 2n_2^2 + n_3^2 + n_4^2 + m(2n_1 + 2n_2 + n_3 + n_4)}}{(q^2; q^2)_{n_1-n_2}(q^2; q^2)_{n_2-n_3}(q)_{n_3-n_4}(-q)_{2n_2+m}}
$$

$$
\times (-1)^{n_4} q^{\binom{n_4}{2}} \begin{bmatrix} m + n_4 \\ m + 2n_4 \end{bmatrix}
$$

$$
= \frac{(q^{13}, q^{6m+6}, q^{7-6m}; q^{13})_\infty}{(q^2; q^2)_\infty}. \tag{5.5.30}
$$

证明 在推论 5.5.10 中令 $k = 4$. $\qquad\square$

在式 (5.5.30) 中, 当 $m = 0$ 时, 令 $n_1 \to m$, $n_2 \to n$, $n_3 \to k$, 则有

$$
\sum_{m,n,k \geqslant 0} \frac{q^{2m^2 + 4n^2 + 5k^2 + 4mn + 4mk + 8nk}}{(q^2; q^2)_m (q^2; q^2)_n (q; q)_k (-q)_{2n+2k}} = \frac{(q^{13}, q^6, q^7; q^{13})_\infty}{(q^2; q^2)_\infty}.
$$

推论 5.5.13 对所有的 $m \in \mathbb{N}$, 有

$$
\sum_{-\lfloor m/2 \rfloor \leqslant n_4 \leqslant n_3 \leqslant n_2 \leqslant n_1} \frac{q^{2n_1^2 + 2n_2^2 + 2n_3^2 + n_4^2 + m(2n_1 + 2n_2 + 2n_3 + n_4)}}{(q^2; q^2)_{n_1-n_2}(q^2; q^2)_{n_2-n_3}(q^2; q^2)_{n_3-n_4}(-q)_{2n_3+m}}
$$

$$
\times (-1)^{n_4} q^{\binom{n_4}{2}} \begin{bmatrix} m + n_4 \\ m + 2n_4 \end{bmatrix}
$$

$$
= \frac{(q^{15}, q^{7m+7}, q^{8-7m}; q^{15})_\infty}{(q^2; q^2)_\infty}. \tag{5.5.31}
$$

证明 在定理 5.5.2 中令 $k = 4, i = 4$. $\qquad\square$

在式 (5.5.31) 中, 当 $m = 0$ 时, 令 $n_1 \to m$, $n_2 \to n$, $n_3 \to k$, 则有

$$
\sum_{m,n,k \geqslant 0} \frac{q^{2m^2 + 4n^2 + 6k^2 + 4mn + 4mk + 8nk}}{(q^2; q^2)_m (q^2; q^2)_n (q^2; q^2)_k (-q)_{2k}} = \frac{(q^{15}, q^7, q^8; q^{15})_\infty}{(q^2; q^2)_\infty}.
$$

第 6 章   Carlitz 反演及其应用

组合反演是组合数学研究的重要工具, 在组合恒等式研究方面起着重要的作用. Carlitz 反演是著名的 Gould-Hsu 反演的 q-模拟. 本章主要通过 Carlitz 反演来研究 q-级数恒等式, 特别是 Rogers-Ramanujan 型恒等式. q-级数的反演公式及其应用的进一步研究和发展, 见文献 [133]—[141] 等.

6.1   Carlitz 反演

设 $\{a_n\}$ 和 $\{b_n\}$ 是两个复序列, 定义多项式 $\phi(x;n)$ 为

$$\phi(x;0) = 1, \tag{6.1.1}$$

$$\phi(x;n) = \prod_{k=0}^{n-1}(a_k + xb_k) = (a_0 + xb_0)(a_1 + xb_1)\cdots(a_{n-1} + xb_{n-1}), \tag{6.1.2}$$

1973 年, 美国组合学家 Gould 与我国数学家徐利治给出了被称为 Gould-Hsu 反演公式的重要结果[142], 即下列反演关系成立, 也就是两式中有一个成立, 则另一个必成立.

$$f(n) = \sum_{k=0}^{n}(-1)^k \binom{n}{k}\phi(k;n)g(k), \tag{6.1.3}$$

$$g(n) = \sum_{k=0}^{n}(-1)^k \binom{n}{k}\frac{a_k + kb_k}{\phi(n;k+1)}f(k). \tag{6.1.4}$$

紧接着, Carlitz 给出了上述 Gould-Hsu 反演公式的 q-模拟.

定理 6.1.1(Carlitz 反演公式[143]) 多项式 $\phi(x;n)$ 定义为 (6.1.1), (6.1.2), 且当 $x = q^n$ (n 为非负整数) 时, 要求 $\phi(x;n) \neq 0$. 则下列反演关系成立, 即两式中有一个成立, 则另一个必成立.

$$f(n) = \sum_{k=0}^{n}(-1)^k \begin{bmatrix} n \\ k \end{bmatrix} q^{\binom{n-k}{2}}\phi(q^k;n)g(k), \tag{6.1.5}$$

$$g(n) = \sum_{k=0}^{n}(-1)^k \begin{bmatrix} n \\ k \end{bmatrix}\frac{a_k + q^k b_k}{\phi(q^n;k+1)}f(k). \tag{6.1.6}$$

证明 $(6.1.6) \Rightarrow (6.1.5)$: 由于

$$
R = \sum_{k=0}^{n} (-1)^k \begin{bmatrix} n \\ k \end{bmatrix} q^{\binom{n-k}{2}} \phi(q^k; n) g(k)
$$

$$
= \sum_{k=0}^{n} (-1)^k \begin{bmatrix} n \\ k \end{bmatrix} q^{\binom{n-k}{2}} \phi(q^k; n) \sum_{i=0}^{k} (-1)^i \begin{bmatrix} k \\ i \end{bmatrix} \frac{a_i + q^i b_i}{\phi(q^k; i+1)} f(i)
$$

$$
= \sum_{i=0}^{n} \sum_{k=i}^{n} (-1)^{k+i} \begin{bmatrix} n \\ k \end{bmatrix} \begin{bmatrix} k \\ i \end{bmatrix} q^{\binom{n-k}{2}} \phi(q^k; n) \frac{a_i + q^i b_i}{\phi(q^k; i+1)} f(i),
$$

以及利用 $\begin{bmatrix} n \\ k \end{bmatrix} \begin{bmatrix} k \\ i \end{bmatrix} = \begin{bmatrix} n \\ i \end{bmatrix} \begin{bmatrix} n-i \\ k-i \end{bmatrix}$, 我们有

$$
R = \sum_{i=0}^{n} (-1)^i \begin{bmatrix} n \\ i \end{bmatrix} (a_i + q^i b_i) f(i) \sum_{k=i}^{n} (-1)^k \begin{bmatrix} n-i \\ k-i \end{bmatrix} q^{\binom{n-k}{2}} \frac{\phi(q^k; n)}{\phi(q^k; i+1)}
$$

$$
= \sum_{i=0}^{n} (-1)^i \begin{bmatrix} n \\ i \end{bmatrix} (a_i + q^i b_i) f(i) \sum_{k=0}^{n-i} (-1)^{k+i} \begin{bmatrix} n-i \\ k \end{bmatrix} q^{\binom{n-k-i}{2}} \frac{\phi(q^{k+i}; n)}{\phi(q^{k+i}; i+1)}.
$$

设 $P(i,n) = \sum_{k=0}^{n-i} (-1)^k \begin{bmatrix} n-i \\ k \end{bmatrix} q^{\binom{n-k-i}{2}} \dfrac{\phi(q^{k+i}; n)}{\phi(q^{k+i}; i+1)}$, 当 $i = n$ 时, $P(n,n) = \dfrac{\phi(q^n; n)}{\phi(q^n; n+1)} = \dfrac{1}{a_n + q^n b_n}$. 当 $0 \leqslant i \leqslant n-1$ 时, 考察

$$
\frac{\phi(q^{k+i}; n)}{\phi(q^{k+i}; i+1)} = \frac{(a_0 + q^{k+i} b_0)(a_1 + q^{k+i} b_1) \cdots (a_{n-1} + q^{k+i} b_{n-1})}{(a_0 + q^{k+i} b_0)(a_1 + q^{k+i} b_1) \cdots (a_i + q^{k+i} b_i)}
$$

$$
= (a_{i+1} + q^{k+i} b_{i+1}) \cdots (a_{n-1} + q^{k+i} b_{n-1}).
$$

因此, $\dfrac{\phi(q^{k+i}; n)}{\phi(q^{k+i}; i+1)}$ 实际上是一个以 q^k 为元, 次数为 $n-i-1$ 的多项式. 设

$$
\frac{\phi(q^{k+i}; n)}{\phi(q^{k+i}; i+1)} = \sum_{j=0}^{n-i-1} D_j q^{k(n-i-1-j)},
$$

这里 D_j 与 k 无关. 故我们有

$$
P(i,n) = \sum_{k=0}^{n-i} (-1)^k \begin{bmatrix} n-i \\ k \end{bmatrix} q^{\binom{n-k-i}{2}} \sum_{j=0}^{n-i-1} D_j q^{k(n-i-1-j)}
$$

$$
= \sum_{j=0}^{n-i-1} \sum_{k=0}^{n-i} (-1)^k \begin{bmatrix} n-i \\ k \end{bmatrix} D_j q^{\binom{n-i}{2} + \binom{k}{2} - kj}
$$

$$= \sum_{j=0}^{n-i-1} D_j q^{\binom{n-i}{2}} \sum_{k=0}^{n-i} (-1)^k \begin{bmatrix} n-i \\ k \end{bmatrix} q^{\binom{k}{2}-kj}$$

$$= \sum_{j=0}^{n-i-1} D_j q^{\binom{n-i}{2}} (q^{-j};q)_{n-i}$$

$$= 0.$$

综上所述, 则得

$$R = \sum_{k=0}^{n} (-1)^k \begin{bmatrix} n \\ k \end{bmatrix} q^{\binom{n-k}{2}} \phi(q^k;n) g(k) = \sum_{i=0}^{n} \begin{bmatrix} n \\ i \end{bmatrix} (a_i + q^i b_i) f(i) P(i;n)$$

$$= (a_n + q^n b_n) f(n) \frac{1}{a_n + q^n b_n} = f(n).$$

$(6.1.5) \Rightarrow (6.1.6)$: 将 $(6.1.5)$ 代入 $(6.1.6)$, 则

$$\sum_{k=0}^{n} (-1)^k \begin{bmatrix} n \\ k \end{bmatrix} \frac{a_k + q^k b_k}{\phi(q^n;k+1)} f(k)$$

$$= \sum_{k=0}^{n} (-1)^k \begin{bmatrix} n \\ k \end{bmatrix} \frac{a_k + q^k b_k}{\phi(q^n;k+1)} \sum_{i=0}^{k} (-1)^i \begin{bmatrix} k \\ i \end{bmatrix} q^{\binom{k-i}{2}} \phi(q^i;n) g(i)$$

$$= \sum_{i=0}^{n} \begin{bmatrix} n \\ i \end{bmatrix} g(i) \sum_{k=i}^{n} (-1)^{k+i} \begin{bmatrix} n-i \\ k-i \end{bmatrix} q^{\binom{k-i}{2}} (a_k + q^k b_k) \frac{\phi(q^i;n)}{\phi(q^n;k+1)}.$$

令

$$I = \sum_{k=i}^{n} (-1)^{k+i} \begin{bmatrix} n-i \\ k-i \end{bmatrix} q^{\binom{k-i}{2}} (a_k + q^k b_k) \frac{\phi(q^i;n)}{\phi(q^n;k+1)},$$

若 $i = n$, 则 $I = 1$. 若 $0 \leqslant i < n$, 由于

$$\begin{bmatrix} n-i \\ k-i \end{bmatrix} q^{\binom{k-i}{2}} (a_k + q^k b_k) \frac{\phi(q^i;n)}{\phi(q^n;k+1)}$$

$$= \begin{bmatrix} n-i-1 \\ k-i-1 \end{bmatrix} q^{\binom{k-i}{2}} \frac{\phi(q^i;k)}{\phi(q^n;k)} + \begin{bmatrix} n-i-1 \\ k-i \end{bmatrix} q^{\binom{k-i+1}{2}} \frac{\phi(q^i;k+1)}{\phi(q^n;k+1)},$$

故当 $0 \leqslant i < n$ 时, $I = 0$. 因此

$$\sum_{k=0}^{n} (-1)^k \begin{bmatrix} n \\ k \end{bmatrix} \frac{a_k + q^k b_k}{\phi(q^n;k+1)} f(k) = g(n). \qquad \square$$

若 $a_k = 1$, $b_k = 0$, 则有 $\phi(x;n) \equiv 1$. 因此有下面的推论.

推论 6.1.1 (Gauss q-二项式反演公式)

$$f(n) = \sum_{k=0}^{n}(-1)^k \begin{bmatrix} n \\ k \end{bmatrix} q^{\binom{n-k}{2}} g(k), \tag{6.1.7}$$

$$g(n) = \sum_{k=0}^{n}(-1)^k \begin{bmatrix} n \\ k \end{bmatrix} f(k). \tag{6.1.8}$$

例 6.1.1 在 Euler 公式

$$\sum_{k=0}^{n}(-1)^k \begin{bmatrix} n \\ k \end{bmatrix} q^{\binom{k}{2}} x^k = (x;q)_n$$

中, 取 $f(k) = q^{\binom{k}{2}}x^k$, $g(n) = (x;q)_n$, 利用 Gauss q-二项式反演, 则得到下述恒等式:

$$q^{\binom{n}{2}}x^n = \sum_{k=0}^{n}(-1)^k \begin{bmatrix} n \\ k \end{bmatrix} q^{\binom{n-k}{2}}(x;q)_k.$$

推论 6.1.2 设 λ 为任意非零复数, 则

$$f(n) = \sum_{k=0}^{n}(-1)^k q^{\frac{1}{2}k(k+1)\lambda - nk\lambda} \begin{bmatrix} n \\ k \end{bmatrix}_\lambda \begin{bmatrix} k\lambda + a \\ n \end{bmatrix} g(k), \tag{6.1.9}$$

$$g(n) = \sum_{k=0}^{n}(-1)^k q^{\frac{1}{2}k(k-1)\lambda} \begin{bmatrix} n \\ k \end{bmatrix}_\lambda \frac{1-q^{k\lambda-k+a}}{1-q^{n\lambda-k+a}} \frac{f(k)}{\begin{bmatrix} n\lambda + a \\ k \end{bmatrix}}, \tag{6.1.10}$$

这里 $\begin{bmatrix} n \\ k \end{bmatrix}_\lambda = \dfrac{(1-q^{n\lambda})(1-q^{(n-1)\lambda})\cdots(1-q^{(n-k+1)\lambda})}{(1-q^\lambda)(1-q^{2\lambda})\cdots(1-q^{k\lambda})}$.

证明 在定理 6.1.1 中, 令 $q \to q^\lambda$, $a_k = \dfrac{1}{1-q^k}$, $b_k = -\dfrac{q^{a-k+1}}{1-q^k}$, 可得证. □

6.2 一类特殊的 Carlitz 反演公式及其应用

命题 6.2.1 设 $f(n)$ 与 $g(n)$ 为两个复序列, 则下述反演公式成立:

$$f(n) = \sum_{k=0}^{n}(-1)^k \begin{bmatrix} n \\ k \end{bmatrix} q^{\binom{n-k}{2}}(q^k\lambda;q)_n g(k), \tag{6.2.1}$$

$$g(n) = \sum_{k=0}^{n}(-1)^k \begin{bmatrix} n \\ k \end{bmatrix} \frac{1-q^{2k}\lambda}{(q^n\lambda;q)_{k+1}} f(k). \tag{6.2.2}$$

证明 在 Carlitz 反演中, 取 $a_k = 1$, $b_k = -q^k\lambda$, 则有

$$\phi(x;n) = \prod_{k=0}^{n-1}(1 - x\lambda q^k) = (x\lambda;q)_n,$$

$$\phi(q^k;n) = (q^k\lambda;q)_n,$$

$$\frac{a_k + q^k b_k}{\phi(q^n;k+1)} = \frac{1 - q^{2k}\lambda}{(q^n\lambda;q)_{k+1}}.$$

故推论得证.   □

设任意二元序列 $C_{n,k}$. 考虑和 $\sum\limits_{k=0}^{n} C_{n,k}g(k)$, 将 $g(k)$ 的表示式 (6.2.2) 代入并交换求和次序, 则得变换公式[144]:

$$\sum_{k=0}^{n} C_{n,k}g(k) = \sum_{i=0}^{n} f(i)(-1)^i(1 - \lambda q^{2i})\sum_{k=i}^{n}\begin{bmatrix}k\\i\end{bmatrix}\frac{C_{n.k}}{(\lambda q^k;q)_{i+1}}, \tag{6.2.3}$$

这里 $f(n)$, $g(n)$ 满足命题 6.2.1 中的反演关系.

注 6.2.1 在 (6.2.3) 中, 通过选取适当的 $C_{n,k}$, 使得右边的内部和具有封闭形式, 就可以得到新的变换公式.

定理 6.2.1[145] 若 $f(n)$, $g(n)$ 满足命题 6.2.1 中的反演关系, 则有下述和式变换

$$\sum_{k=0}^{n}\begin{bmatrix}n\\k\end{bmatrix}(-1)^k q^{\binom{k+1}{2}}(\lambda/b)^k\frac{(b;q)_k}{(\lambda;q)_k}g(k)$$

$$= (q\lambda/b;q)_n\sum_{i=0}^{n}\begin{bmatrix}n\\i\end{bmatrix}\frac{(1 - \lambda q^{2i})(b;q)_i}{(q\lambda/b;q)_i(\lambda;q)_{n+i+1}}q^{\binom{i+1}{2}}\left(\frac{\lambda}{b}\right)^i f(i). \tag{6.2.4}$$

证明 在 (6.2.3) 中, 取 $C_{n,k} = \begin{bmatrix}n\\k\end{bmatrix}(-1)^k q^{\binom{k}{2}}(\lambda/b)^k\frac{(b;q)_k}{(\lambda;q)_k}$, 则 (6.2.3) 的内部和为

$$\sum_{k=i}^{n}\begin{bmatrix}k\\i\end{bmatrix}\frac{C_{n,k}}{(\lambda q^k;q)_{i+1}}$$

$$= \sum_{k=i}^{n}\begin{bmatrix}k\\i\end{bmatrix}\begin{bmatrix}n\\k\end{bmatrix}\frac{(b;q)_k}{(\lambda;q)_{k+i+1}}(-1)^k q^{\binom{k+1}{2}}(\lambda/b)^k$$

$$= \begin{bmatrix}n\\i\end{bmatrix}(-1)^i q^{\binom{i+1}{2}}\left(\frac{\lambda}{b}\right)^i\frac{(b;q)_i}{(\lambda;q)_{2i+1}}\sum_{k=0}^{n-i}\frac{(q^{-n+i},q^i b;q)_k}{(q,q^{2i+1}\lambda;q)_k}\left(\frac{q^{n+1}\lambda}{b}\right)^k. \tag{6.2.5}$$

由 q-朱世杰-Vandermonde 第一求和公式 (2.4.11), 可知

$$\sum_{k=0}^{n-i}\frac{(q^{-n+i},q^i b;q)_k}{(q,q^{2i+1}\lambda;q)_k}\left(\frac{q^{n+1}\lambda}{b}\right)^k = \frac{(q^{i+1}\lambda/b;q)_{n-i}}{(q^{2i+1}\lambda;q)_{n-i}}.$$

将这个结果代入 (6.2.5), 经过一些化简, 可以得到

$$\sum_{k=i}^{n} \begin{bmatrix} k \\ i \end{bmatrix} \frac{C_{n,k}}{(\lambda q^k; q)_{i+1}} = (q\lambda/b; q)_n \begin{bmatrix} n \\ i \end{bmatrix} (-1)^i q^{\binom{i+1}{2}} \left(\frac{\lambda}{b}\right)^i \frac{(b; q)_i}{(q\lambda/b; q)_i (\lambda; q)_{n+i+1}}.$$

将此式代入 (6.2.3), 得到此定理. □

例 6.2.1 取 $g(k) = \dfrac{(\lambda; q)_k}{(b; q)_k} \left(\dfrac{b}{q\lambda}\right)^k$, 利用命题 6.2.1 和 q-朱世杰-Vandermonde 第一求和公式 (2.4.11), 可得到

$$f(n) = \frac{(\lambda, q\lambda/b; q)_n}{(b; q)_n} (-1)^n \left(\frac{b}{q\lambda}\right)^n.$$

将 $g(k)$ 与 $f(n)$ 代入 (6.2.4), 得到下述 q-Dougall 求和公式的特殊情形[5] II.21:

$$(q\lambda/b; q)_n \sum_{i=0}^{n} \begin{bmatrix} n \\ i \end{bmatrix} (-1)^i \frac{1-\lambda q^{2i}}{(q^i\lambda; q)_{n+1}} q^{ni} = \delta_{n,0}.$$

定理 6.2.2[145] 若 $f(n), g(n)$ 满足命题 6.2.1 中的反演关系, 则有下述和式变换

$$\sum_{k=0}^{n} \begin{bmatrix} n \\ k \end{bmatrix} \frac{(b, c; q)_k (-1)^k q^{\binom{k+1}{2}-nk}}{(\lambda, q^{-n}bc/\lambda; q)_k} g(k)$$

$$= \frac{(q\lambda/b, q\lambda/c; q)_n}{(q\lambda/bc; q)_n} \sum_{i=0}^{n} \begin{bmatrix} n \\ i \end{bmatrix} \frac{(1-\lambda q^{2i})(b, c; q)_i}{(\lambda; q)_{n+i+1}(q\lambda/b, q\lambda/c; q)_i} \left(-\frac{q\lambda}{bc}\right)^i f(i) \quad (6.2.6)$$

和

$$\sum_{k=0}^{\infty} \frac{(b, c; q)_k}{(q, \lambda; q)_k} \left(\frac{q\lambda}{bc}\right)^k g(k) = \frac{(q\lambda/b, q\lambda/c; q)_\infty}{(\lambda, q\lambda/bc; q)_\infty} \sum_{i=0}^{\infty} \frac{(1-\lambda q^{2i})(b, c; q)_i}{(q, q\lambda/b, q\lambda/c; q)_i} \left(-\frac{q\lambda}{bc}\right)^i f(i),$$

$$\tag{6.2.7}$$

其中第二个式子是第一个式子在 $n \to \infty$ 时的极限情形.

证明 在 (6.2.3) 中, 取 $C_{n,k} = \begin{bmatrix} n \\ k \end{bmatrix} (-1)^k q^{\binom{k+1}{2}-nk} \dfrac{(b, c; q)_k}{(\lambda, q^{-n}bc/\lambda; q)_k}$, 则 (6.2.3) 的内部和为

$$\sum_{k=i}^{n} \begin{bmatrix} k \\ i \end{bmatrix} \frac{C_{n,k}}{(\lambda q^k; q)_{i+1}} = \sum_{k=i}^{n} \begin{bmatrix} k \\ i \end{bmatrix} \begin{bmatrix} n \\ k \end{bmatrix} \frac{(b, c; q)_k}{(\lambda; q)_{k+i+1}(q^{-n}bc/\lambda; q)_k} (-1)^k q^{\binom{k+1}{2}-nk}$$

$$= \begin{bmatrix} n \\ i \end{bmatrix} \frac{(b, c; q)_i (-1)^i q^{\binom{i+1}{2}-ni}}{(\lambda; q)_{2i+1}(q^{-n}bc/\lambda; q)_i} \sum_{k=0}^{n-i} \frac{(q^{-n+i}, q^i b, q^i c; q)_k}{(q, q^{2i+1}\lambda, q^{i-n}bc/\lambda; q)_k} q^k.$$

$$\tag{6.2.8}$$

由 q-Saalschütz 求和公式 (2.6.1) 知

$$\sum_{k=0}^{n-i} \frac{(q^{-n+i}, q^i b, q^i c; q)_k}{(q, q^{2i+1}\lambda, q^{i-n}bc/\lambda; q)_k} q^k = \frac{(q^{i+1}\lambda/b, q^{i+1}\lambda/c; q)_{n-i}}{(q^{2i+1}\lambda, q\lambda/bc; q)_{n-i}}.$$

将此式代入 (6.2.8), 经过化简, 可得定理.   □

例 6.2.2[145]   取 $g(n) = (\lambda; q)_n$, 将 $g(n) = (\lambda; q)_n$ 代入 (6.2.1) 式, 则有

$$f(n) = \sum_{k=0}^{n} (-1)^k \begin{bmatrix} n \\ k \end{bmatrix} q^{\binom{n-k}{2}} (q^k\lambda; q)_n (\lambda; q)_k$$

$$= \sum_{k=0}^{n} (-1)^k \begin{bmatrix} n \\ k \end{bmatrix} q^{\binom{n-k}{2}} (\lambda; q)_{n+k}$$

$$= (\lambda; q)_n \sum_{k=0}^{n} (-1)^k \begin{bmatrix} n \\ k \end{bmatrix} q^{\binom{n-k}{2}} (\lambda q^n; q)_k.$$

由于

$$\sum_{k=0}^{n} (-1)^k \begin{bmatrix} n \\ k \end{bmatrix} q^{\binom{n-k}{2}} (\lambda; q)_k = q^{\binom{n}{2}} \lambda^n,$$

因此

$$f(n) = (\lambda; q)_n q^{\binom{n}{2}} (\lambda q^n)^n = (\lambda; q)_n q^{n^2+\binom{n}{2}} \lambda^n.$$

将 $f(n) = \lambda^n q^{n^2+\binom{n}{2}} (\lambda; q)_n$, $g(n) = (\lambda; q)_n$ 代入定理 6.2.2, 则有

$$\sum_{k=0}^{n} \begin{bmatrix} n \\ k \end{bmatrix} (-1)^k q^{\binom{k+1}{2}-nk} \frac{(b, c; q)_k}{(q^{-n}bc/\lambda; q)_k}$$

$$= \frac{(q\lambda/b, q\lambda/c; q)_n}{(q\lambda/bc; q)_n} \sum_{i=0}^{n} \begin{bmatrix} n \\ i \end{bmatrix} (-1)^i \frac{(1-\lambda q^{2i})(b, c; q)_i}{(q^i\lambda; q)_{n+1}(q\lambda/b, q\lambda/c; q)_i} \left(\frac{\lambda^2}{bc}\right)^i q^{i^2+\binom{i+1}{2}}$$

$$(6.2.9)$$

和

$$\sum_{k=0}^{\infty} \frac{(b, c; q)_k}{(q; q)_k} \left(\frac{q\lambda}{bc}\right)^k$$

$$= \frac{(q\lambda/b, q\lambda/c; q)_\infty}{(q\lambda, q\lambda/bc; q)_\infty} \sum_{i=0}^{\infty} \frac{(1-\lambda q^{2i})(q\lambda, b, c; q)_i}{(1-\lambda q^i)(q, q\lambda/b, q\lambda/c; q)_i} \left(-\frac{\lambda^2}{bc}\right)^i q^{i^2+\binom{i+1}{2}}. \quad (6.2.10)$$

在 (6.2.10) 中令 $\lambda = 1$, 则有

$$\sum_{k=0}^{\infty} \frac{(b, c; q)_k}{(q; q)_k} \left(\frac{q}{bc}\right)^k = \frac{(q/b, q/c; q)_\infty}{(q, q/bc; q)_\infty} \sum_{i=0}^{\infty} \frac{(1-q^{2i})(b, c; q)_i}{(1-q^i)(q/b, q/c; q)_i} \left(-\frac{1}{bc}\right)^i q^{i^2+\binom{i+1}{2}}.$$

而

$$\sum_{i=0}^{\infty} \frac{(1-q^{2i})(b,c;q)_i}{(1-q^i)(q/b,q/c;q)_i} \left(-\frac{1}{bc}\right)^i q^{i^2+\binom{i+1}{2}}$$

$$= 1 + \sum_{i=1}^{\infty}(1+q^i)\left(-\frac{1}{bc}\right)^i \frac{(b,c;q)_i}{(q/b,q/c;q)_i} q^{i^2+\binom{i+1}{2}}$$

$$= \sum_{i=-\infty}^{\infty} \frac{(b,c;q)_i}{(q/b,q/c;q)_i} \left(-\frac{1}{bc}\right)^i q^{i^2+\binom{i+1}{2}},$$

代入上式, 整理, 则得到

$$\sum_{k=0}^{\infty} \frac{(b,c;q)_k}{(q;q)_k}\left(\frac{q}{bc}\right)^k = \frac{(q/b,q/c;q)_\infty}{(q,q/bc;q)_\infty} \sum_{i=-\infty}^{\infty} \frac{(b,c;q)_i}{(q/b,q/c;q)_i}\left(-\frac{1}{bc}\right)^i q^{i^2+\binom{i+1}{2}}.$$

(6.2.11)

在 (6.2.10) 中令 $\lambda = q$, 则有

$$\sum_{k=0}^{\infty} \frac{(b,c;q)_k}{(q;q)_k}\left(\frac{q^2}{bc}\right)^k$$

$$= \frac{(q^2/b,q^2/c;q)_\infty}{(q^2,q^2/bc;q)_\infty} \sum_{i=0}^{\infty} \frac{(1-q^{2i+1})(q^2,b,c;q)_i}{(1-q^{i+1})(q,q^2/b,q^2/c;q)_i}(-1)^i\left(\frac{1}{bc}\right)^i q^{i^2+\binom{i+1}{2}+2i}.$$

(6.2.12)

而

$$\sum_{i=0}^{\infty} \frac{(1-q^{2i+1})(q^2,b,c;q)_i}{(1-q^{i+1})(q,q^2/b,q^2/c;q)_i}(-1)^i\left(\frac{1}{bc}\right)^i q^{i^2+\binom{i+1}{2}+2i}$$

$$= \frac{1}{1-q} \sum_{i=0}^{\infty} \frac{(b,c;q)_i}{(q^2/b,q^2/c;q)_i}(1-q^{2i+1})(-1)^i\left(\frac{1}{bc}\right)^i q^{i^2+\binom{i+1}{2}+2i}$$

$$= \frac{1}{1-q}\left\{\sum_{i=0}^{\infty} \frac{(b,c;q)_i}{\left(\frac{q^2}{b},\frac{q^2}{c};q\right)_i}(-1)^i\left(\frac{1}{bc}\right)^i q^{i^2+\binom{i+1}{2}+2i}\right.$$

$$\left. + \sum_{i=0}^{\infty} \frac{(b,c;q)_i}{\left(\frac{q^2}{b},\frac{q^2}{c};q\right)_i}(-1)^{i+1}\left(\frac{1}{bc}\right)^i q^{i^2+\binom{i+1}{2}+4i+1}\right\}.$$

在最后一个和式里, 令 $i \to -i-1$, 则有

$$\sum_{i=0}^{\infty} \frac{(b,c;q)_i}{\left(\frac{q^2}{b},\frac{q^2}{c};q\right)_i} (-1)^{i+1} \left(\frac{1}{bc}\right)^i q^{i^2+\binom{i+1}{2}+4i+1}$$

$$= \sum_{i=-\infty}^{-1} \frac{(b,c;q)_{-i-1}}{\left(\frac{q^2}{b},\frac{q^2}{c};q\right)_{-i-1}} (-1)^i \left(\frac{1}{bc}\right)^{-i-1} q^{(i+1)^2+\binom{-i}{2}-4i-3}$$

$$= \sum_{i=-\infty}^{-1} \frac{(b/q,c/q;q)_{i+1}}{(q/b,q/c;q)_{i+1}} (-1)^i \left(\frac{q^4}{b^2c^2}\right)^{i+1} \left(\frac{1}{bc}\right)^{-i-1} q^{(i+1)^2+\binom{-i}{2}-4i-3}$$

$$= \sum_{i=-\infty}^{-1} \frac{(b,c;q)_i(1-b/q)(1-c/q)}{(q^2/b,q^2/c;q)_i(1-q/b)(1-q/c)} (-1)^i \left(\frac{q^4}{b^2c^2}\right)^{i+1} \left(\frac{1}{bc}\right)^{-i-1} q^{(i+1)^2+\binom{-i}{2}-4i-3}$$

$$= \sum_{i=-\infty}^{-1} \frac{(b,c;q)_i(1-q/b)(1-q/c)}{(q^2/b,q^2/c;q)_i(1-q/b)(1-q/c)} \frac{bc}{q^2} (-1)^i$$
$$\times \left(\frac{q^4}{b^2c^2}\right)^{i+1} \left(\frac{1}{bc}\right)^{-i-1} q^{(i+1)^2+\binom{-i}{2}-4i-3}$$

$$= \sum_{i=-\infty}^{-1} \frac{(b,c;q)_i}{(q^2/b,q^2/c;q)_i} (-1)^i \left(\frac{1}{bc}\right)^i q^{i^2+\binom{i+1}{2}+2i}.$$

因此

$$\sum_{i=0}^{\infty} \frac{(1-q^{2i+1})(q^2,b,c;q)_i}{(1-q^{i+1})(q,q^2/b,q^2/c;q)_i} (-1)^i \left(\frac{1}{bc}\right)^i q^{i^2+\binom{i+1}{2}+2i}$$
$$= \frac{1}{1-q} \sum_{i=-\infty}^{\infty} \frac{(b,c;q)_i}{(q^2/b,q^2/c;q)_i} (-1)^i \left(\frac{1}{bc}\right)^i q^{i^2+\binom{i+1}{2}+2i}.$$

将上式代入 (6.2.12), 则得到

$$\sum_{k=0}^{\infty} \frac{(b,c;q)_k}{(q;q)_k} \left(\frac{q^2}{bc}\right)^k = \frac{(q^2/b,q^2/c;q)_\infty}{(q,q^2/bc;q)_\infty} \sum_{i=-\infty}^{\infty} \frac{(b,c;q)_i}{(q^2/b,q^2/c;q)_i} \left(-\frac{1}{bc}\right)^i q^{i^2+\binom{i+1}{2}+2i}.$$
$$(6.2.13)$$

在 (6.2.11) 和 (6.2.13) 中, 令 b, c 都趋于无穷, 应用 Jacobi 三重积恒等式 (2.8.2), 可以得到两类著名的 Rogers-Ramanujan 恒等式.

　　例 **6.2.3** (q-Saalschütz 求和公式与终止型 q-Dougall-Dixson 公式的等价

性[146]）　重写 q-Saalschütz 求和公式为对称形式 (2.6.5):

$$_3\phi_2\left[\begin{matrix} q^{-n}, & q^n a, & aq/bc \\ & aq/b, & aq/c \end{matrix} ; q, q \right] = \frac{(b,c;q)_n}{(aq/b,aq/c;q)_n}\left(\frac{aq}{bc}\right)^n,$$

即

$$\sum_{k=0}^{n}\frac{(q^{-n},q^n a,aq/bc;q)_k}{(q,aq/b,aq/c;q)_k}q^k = \frac{(b,c;q)_n}{(aq/b,aq/c;q)_n}\left(\frac{aq}{bc}\right)^n.$$

应用

$$\frac{(q^{-n};q)_k}{(q;q)_k}=(-1)^k\begin{bmatrix}n\\k\end{bmatrix}q^{\binom{n-k}{2}}q^{-\binom{n}{2}-k},$$

$$(q^n a;q)_k = \frac{(a;q)_n(q^n a;q)_k}{(a;q)_n}=\frac{(a;q)_{n+k}}{(a;q)_n}=\frac{(a;q)_k(aq^k;q)_n}{(a;q)_n},$$

则有

$$\sum_{k=0}^{n}(-1)^k\begin{bmatrix}n\\k\end{bmatrix}q^{\binom{n-k}{2}}q^{-\binom{n}{2}-k}\frac{(a;q)_k(aq^k;q)_n}{(a;q)_n}\frac{(aq/bc;q)_k}{(aq/b,aq/c;q)_k}q^k$$
$$=\frac{(b,c;q)_n}{(aq/b,aq/c;q)_n}\left(\frac{aq}{bc}\right)^n.$$

化简, 得

$$\sum_{k=0}^{n}(-1)^k\begin{bmatrix}n\\k\end{bmatrix}q^{\binom{n-k}{2}}(aq^k;q)_n\frac{(a,aq/bc;q)_k}{(aq/b,aq/c;q)_k}=\frac{(a,b,c;q)_n}{(aq/b,aq/c;q)_n}q^{\binom{n}{2}}\left(\frac{aq}{bc}\right)^n.$$

对照命题 6.2.1 中反演公式的第一式 (6.2.1), 取 $\lambda\to a$, 则有

$$g(n)=\frac{(a,aq/bc;q)_n}{(aq/b,aq/c;q)_n},\quad f(n)=\frac{(a,b,c;q)_n}{(aq/b,aq/c;q)_n}q^{\binom{n}{2}}\left(\frac{aq}{bc}\right)^n.$$

代入反演公式中的第二个式子 (6.2.2), 则

$$\frac{(a,aq/bc;q)_n}{(aq/b,aq/c;q)_n}=\sum_{k=0}^{n}(-1)^k\begin{bmatrix}n\\k\end{bmatrix}\frac{1-q^{2k}a}{(q^n a;q)_{k+1}}\frac{(a,b,c;q)_k}{(qa/b,qa/c;q)_k}q^{\binom{k}{2}}\left(\frac{aq}{bc}\right)^k.$$

化简, 得

$$\frac{(a,aq/bc;q)_n}{(aq/b,aq/c;q)_n}=\sum_{k=0}^{n}(-1)^k\frac{(q^{-n};q)_k}{(q;q)_k}(-1)^{-k}q^{-\binom{n-k}{2}+\binom{n}{2}+k}$$

$$\times \frac{1-q^{2k}a}{(q^na;q)_{k+1}} \frac{(a,b,c;q)_k}{(qa/b,qa/c;q)_k} q^{\binom{k}{2}} \left(\frac{aq}{bc}\right)^k$$

$$= \sum_{k=0}^{n} \frac{(q^{-n},a,b,c;q)_k}{(q,aq/b,aq/c;q)_k} \frac{1-q^{2k}a}{(aq^n;q)_{k+1}} \left(\frac{q^{n+1}a}{bc}\right)^k.$$

由于 $(aq;q)_n = \dfrac{(a;q)_n(1-aq^n)}{1-a}$ 和 $\dfrac{(1-aq^n)}{(q^na;q)_{k+1}} = \dfrac{1}{(q^{n+1}a;q)_k}$, 因此

$$\frac{(aq,aq/bc;q)_n}{(aq/b,aq/c;q)_n} = \sum_{k=0}^{n} \frac{1-q^{2k}a}{1-a} \frac{(q^{-n},a,b,c;q)_k}{(q,aq/b,aq/c;q)_k} \frac{1}{(q^{n+1}a;q)_k} \left(\frac{q^{n+1}a}{bc}\right)^k.$$

又由于 $\dfrac{1-aq^{2k}}{1-a} = \dfrac{(q^2a;q^2)_k}{(a;q^2)_k} = \dfrac{(qa^{\frac{1}{2}},-qa^{\frac{1}{2}};q)_k}{(a^{\frac{1}{2}},-a^{\frac{1}{2}};q)_k}$, 代入得

$$\frac{(aq,aq/bc;q)_n}{(aq/b,aq/c;q)_n} = \sum_{k=0}^{n} \frac{(qa^{\frac{1}{2}},-qa^{\frac{1}{2}};q)_k}{(a^{\frac{1}{2}},-a^{\frac{1}{2}};q)_k} \frac{(q^{-n},a,b,c;q)_k}{(q,aq/b,aq/c,q^{n+1}a;q)_k} \left(\frac{q^{n+1}a}{bc}\right)^k$$

$$= {}_6\phi_5 \left[\begin{matrix} a, & qa^{\frac{1}{2}}, & -qa^{\frac{1}{2}}, & b, & c, & q^{-n} \\ & a^{\frac{1}{2}}, & -a^{\frac{1}{2}}, & aq/b, & aq/c, & aq^{n+1} \end{matrix} ; q, \frac{aq^{n+1}}{bc} \right].$$

故

$${}_3\phi_2 \left[\begin{matrix} q^{-n}, & a, & b \\ & c, & abc^{-1}q^{1-n} \end{matrix} ; q, q \right] = \frac{(c/a,c/b;q)_n}{(c,c/ab;q)_n}$$

$$\Longleftrightarrow {}_6\phi_5 \left[\begin{matrix} a, & qa^{\frac{1}{2}}, & -qa^{\frac{1}{2}}, & b, & c, & q^{-n} \\ & a^{\frac{1}{2}}, & -a^{\frac{1}{2}}, & aq/b, & aq/c, & aq^{n+1} \end{matrix} ; q, \frac{aq^{n+1}}{bc} \right] = \frac{(aq,aq/bc;q)_n}{(aq/b,aq/c;q)_n}.$$

6.3　一类 Rogers-Ramanujan 型恒等式

定理 6.3.1　设

$$f(n) = \begin{cases} (-1)^m q^{m^2-m} \dfrac{(1-\sqrt{\lambda q})(q;q^2)_m(\lambda q^2;q^2)_m}{1-q^{2m}\sqrt{\lambda q}}, & n=2m, \\[3mm] (-1)^m q^{m^2+m} \dfrac{\sqrt{\lambda q}(1-\sqrt{\lambda q})(q;q^2)_{m+1}(\lambda q^2;q^2)_m}{1-q^{2m+1}\sqrt{\lambda q}}, & n=2m+1, \end{cases} \tag{6.3.1}$$

$$g(n) = \frac{(\lambda q;q)_n q^{\binom{n}{2}}}{(q\sqrt{\lambda q},-\sqrt{\lambda q};q)_n}, \tag{6.3.2}$$

则 $f(n)$, $g(n)$ 满足上述反演关系 (6.2.1), (6.2.2).

证明   将 $g(n) = \dfrac{(\lambda q; q)_n q^{\binom{n}{2}}}{(q\sqrt{\lambda q}, -\sqrt{\lambda q}; q)_n}$ 代入 (6.2.1), 且使 $\lambda \to \lambda q$, 应用

$$\begin{bmatrix} n \\ k \end{bmatrix} = (-1)^k q^{nk - \binom{k}{2}} \frac{(q^{-n}; q)_k}{(q; q)_k},$$

则

$$
\begin{aligned}
L &= \sum_{k=0}^{n} (-1)^k \begin{bmatrix} n \\ k \end{bmatrix} q^{\binom{n-k}{2}} (q^{k+1}\lambda; q)_n g(k) \\
&= \sum_{k=0}^{n} (-1)^k \begin{bmatrix} n \\ k \end{bmatrix} q^{\binom{n-k}{2}} (q^{k+1}\lambda; q)_n \frac{(\lambda q; q)_k q^{\binom{k}{2}}}{(q\sqrt{\lambda q}, -\sqrt{\lambda q}; q)_k} \\
&= q^{\binom{n}{2}} (\lambda q; q)_n \sum_{k=0}^{n} \frac{(q^{-n}, q^{n+1}\lambda; q)_k}{(q, q\sqrt{\lambda q}, -\sqrt{\lambda q}; q)_k} (-1)^k q^{\binom{k}{2}} (-q)^k \\
&= q^{\binom{n}{2}} (\lambda q; q)_n {}_2\phi_2 \begin{bmatrix} q^{-n}, q^{n+1}\lambda \\ q\sqrt{\lambda q}, -\sqrt{\lambda q} \end{bmatrix}; q, -q \end{bmatrix}.
\end{aligned}
$$

应用 Jackson 变换 (2.5.1), 有

$$
{}_2\phi_2 \begin{bmatrix} a, & c \\ b, & d \end{bmatrix}; q, \frac{bd}{ac} \end{bmatrix} = \frac{(d/a; q)_\infty}{(d; q)_\infty} {}_2\phi_1 \begin{bmatrix} a, & b/c \\ & b \end{bmatrix}; q, \frac{d}{a} \end{bmatrix},
$$

故

$$
L = q^{\binom{n}{2}} (\lambda q; q)_n \frac{(-q^n\sqrt{\lambda q}; q)_\infty}{(-\sqrt{\lambda q}; q)_\infty} {}_2\phi_1 \begin{bmatrix} q^{-n}, q^{-n}\sqrt{q/\lambda} \\ q\sqrt{\lambda q} \end{bmatrix}; q, -q^n\sqrt{\lambda q} \end{bmatrix},
$$

应用 (2.4.6), 则

$$
\begin{aligned}
L ={}& q^{\binom{n}{2}} (\lambda q; q)_n \frac{1}{(-\sqrt{\lambda q}; q)_n} \frac{(q^{n+1}\sqrt{\lambda q}; q)_\infty (-q; q)_\infty}{(q^n\sqrt{\lambda q}; q)_\infty (q\sqrt{\lambda q}; q)_\infty (-q^n\sqrt{\lambda q}; q)_\infty} \\
& \times \left\{ (q^{-n+1}; q^2)_\infty (q^{n+1}\lambda; q^2)_\infty - q^n\sqrt{\lambda q}(q^{-n}; q^2)_\infty (q^{n+2}\lambda; q^2)_\infty \right\} \\
={}& q^{\binom{n}{2}} (\lambda q; q)_n \frac{(-q; q)_\infty}{(-\sqrt{\lambda q}; q)_\infty (q\sqrt{\lambda q}; q)_\infty (1 - q^n\sqrt{\lambda q})} \\
& \times \left\{ (q^{-n+1}; q^2)_\infty (q^{n+1}\lambda; q^2)_\infty - q^n\sqrt{\lambda q}(q^{-n}; q^2)_\infty (q^{n+2}\lambda; q^2)_\infty \right\} \\
={}& q^{\binom{n}{2}} (\lambda q; q)_n \frac{(-q; q)_\infty (1 - \sqrt{\lambda q})}{(\lambda q; q^2)_\infty (1 - q^n\sqrt{\lambda q})}
\end{aligned}
$$

$$\times \left\{ (q^{-n+1};q^2)_\infty (q^{n+1}\lambda;q^2)_\infty - q^n\sqrt{\lambda q}(q^{-n};q^2)_\infty (q^{n+2}\lambda;q^2)_\infty \right\},$$

若 $n=2m$, 由于 $(q^{-2m};q^2)_\infty = 0$, 则有

$$L = q^{\binom{2m}{2}}(\lambda q;q)_{2m}\frac{(-q;q)_\infty(1-\sqrt{\lambda q})}{(\lambda q;q^2)_\infty(1-q^{2m}\sqrt{\lambda q})}$$

$$\times \left\{ (q^{-2m+1};q^2)_\infty (q^{2m+1}\lambda;q^2)_\infty - q^{2m}\sqrt{\lambda q}(q^{-2m};q^2)_\infty (q^{2m+2}\lambda;q^2)_\infty \right\}$$

$$= q^{2m^2-m}(\lambda q;q)_{2m}\frac{(-q;q)_\infty(1-\sqrt{\lambda q})}{(1-q^{2m}\sqrt{\lambda q})(\lambda q;q^2)_\infty}(-1)^m q^{-m^2}(q;q^2)_m(q;q^2)_\infty\frac{(\lambda q;q^2)_\infty}{(\lambda q;q^2)_m}$$

$$= (-1)^m q^{m^2-m}\frac{(1-\sqrt{\lambda q})(\lambda q^2;q^2)_m(q;q^2)_m}{1-q^{2m}\sqrt{\lambda q}}.$$

若 $n=2m+1$, 由于 $(q^{-(2m+1)+1};q^2)_\infty = (q^{-2m};q^2)_\infty = 0$, 则得到

$$L = q^{\binom{2m+1}{2}}(\lambda q;q)_{2m+1}\frac{(-q;q)_\infty(1-\sqrt{\lambda q})}{(\lambda q;q^2)_\infty(1-q^{2m+1}\sqrt{\lambda q})}$$

$$\times \left\{ (q^{-(2m+1)+1};q^2)_\infty (q^{1+(2m+1)}\lambda;q^2)_\infty \right.$$

$$\left. - q^{2m+1}\sqrt{\lambda q}(q^{-(2m+1)};q^2)_\infty (q^{(2m+1)+2}\lambda;q^2)_\infty \right\}$$

$$= q^{\binom{2m+1}{2}}(\lambda q;q)_{2m+1}\frac{(-q;q)_\infty(1-\sqrt{\lambda q})}{(\lambda q;q^2)_\infty(1-q^{2m+1}\sqrt{\lambda q})}$$

$$\times \left\{ - q^{2m+1}\sqrt{\lambda q}(q^{-2m-1};q^2)_\infty (q^{(2m+3)}\lambda;q^2)_\infty \right\}$$

$$= q^{2m^2+m}(\lambda q;q)_{2m+1}\frac{(-q;q)_\infty(1-\sqrt{\lambda q})}{(1-q^{2m+1}\sqrt{\lambda q})(\lambda q;q^2)_\infty}(-1)q^{2m+1}\sqrt{\lambda q}$$

$$\times (-1)^{m+1}q^{-(m+1)^2}(q;q^2)_{m+1}(q;q^2)_\infty\frac{(\lambda q;q^2)_\infty}{(\lambda q;q^2)_m}$$

$$= (-1)^m q^{m^2+m}\frac{\sqrt{\lambda q}(1-\sqrt{\lambda q})(\lambda q^2;q^2)_m(q;q^2)_{m+1}}{1-q^{2m+1}\sqrt{\lambda q}}.$$

故

$$\sum_{k=0}^{n}(-1)^k \begin{bmatrix} n \\ k \end{bmatrix} q^{\binom{n-k}{2}}(q^{k+1}\lambda;q)_n g(k)$$

$$= \begin{cases} (-1)^m q^{m^2-m}\dfrac{(1-\sqrt{\lambda q})(q;q^2)_m(\lambda q^2;q^2)_m}{1-q^{2m}\sqrt{\lambda q}}, & n=2m, \\[4mm] (-1)^m q^{m^2+m}\dfrac{\sqrt{\lambda q}(1-\sqrt{\lambda q})(q;q^2)_{m+1}(\lambda q^2;q^2)_m}{1-q^{2m+1}\sqrt{\lambda q}}, & n=2m+1, \end{cases}$$

$$= f(n),$$

定理得证. □

定理 6.3.2 下述恒等式成立:

$$\sum_{n=0}^{\infty} \frac{\lambda^n q^{(3n^2+n)/2}}{(q;q)_n(-\sqrt{\lambda q};q)_n(\sqrt{\lambda q};q)_{n+1}}$$

$$= \frac{1}{(\lambda q;q)_{\infty}} \left\{ \sum_{k=0}^{\infty} (-1)^k \lambda^{2k} q^{5k^2+k} \frac{(1-q^{4k+1}\lambda)(q;q^2)_k(\lambda q^2;q^2)_k}{(q;q)_{2k}(1-q^{2k}\sqrt{\lambda q})} \right.$$

$$\left. + \sum_{k=0}^{\infty} (-1)^{k+1}\lambda^{2k+1} q^{5k^2+7k+2} \frac{\sqrt{\lambda q}(1-q^{4k+3}\lambda)(q;q^2)_{k+1}(\lambda q^2;q^2)_k}{(q;q)_{2k+1}(1-q^{2k+1}\sqrt{\lambda q})} \right\}. \quad (6.3.3)$$

定理 6.3.3 下述两个 Rogers-Ramanujan 型恒等式成立:

$$\sum_{n=0}^{\infty} \frac{q^{(3n^2+n)/2}}{(q;q)_n(-\sqrt{q};q)_n(\sqrt{q};q)_{n+1}}$$

$$= \frac{1}{(q;q)_{\infty}} \left\{ (q^4,q^6,q^{10};q^{10})_{\infty} + \sqrt{q}(q^2,q^8,q^{10};q^{10})_{\infty} \right\}, \quad (6.3.4)$$

$$\sum_{n=0}^{\infty} \frac{q^{(3n^2+5n)/2}}{(q;q)_n(-q\sqrt{q};q)_n(q\sqrt{q};q)_{n+1}}$$

$$= \frac{1}{(q^2;q)_{\infty}} \left\{ (1-\sqrt{1/q})(q^2,q^8,q^{10};q^{10})_{\infty} + \sqrt{1/q}(q^4,q^6,q^{10};q^{10})_{\infty} \right\}. \quad (6.3.5)$$

证明 在 (6.3.3) 中, 取 $\lambda = 1$, 则

$$\sum_{n=0}^{\infty} \frac{q^{(3n^2+n)/2}}{(q;q)_n(-\sqrt{q};q)_n(\sqrt{q};q)_{n+1}}$$

$$= \frac{1}{(q;q)_{\infty}} \left\{ \sum_{k=0}^{\infty} (-1)^k q^{5k^2+k} \frac{(1-q^{4k+1})(q;q^2)_k(q^2;q^2)_k}{(q;q)_{2k}(1-q^{2k}\sqrt{q})} \right.$$

$$\left. + \sum_{k=0}^{\infty} (-1)^{k+1} q^{5k^2+7k+2} \frac{\sqrt{q}(1-q^{4k+3})(q;q^2)_{k+1}(q^2;q^2)_k}{(q;q)_{2k+1}(1-q^{2k+1}\sqrt{q})} \right\}$$

$$= \frac{1}{(q;q)_{\infty}} \left\{ \sum_{k=0}^{\infty} (-1)^k q^{5k^2+k}(1+q^{2k+\frac{1}{2}}) + \sum_{k=0}^{\infty} (-1)^{k+1} q^{5k^2+7k+\frac{5}{2}}(1+q^{2k+\frac{3}{2}}) \right\}$$

$$= \frac{1}{(q;q)_{\infty}} \left\{ \sum_{k=0}^{\infty} (-1)^k q^{5k^2+k} + \sum_{k=0}^{\infty} (-1)^k q^{5k^2+3k+\frac{1}{2}} \right.$$

$$+ \sum_{k=0}^{\infty}(-1)^{k+1}q^{5k^2+7k+\frac{5}{2}} + \sum_{k=0}^{\infty}(-1)^{k+1}q^{5k^2+9k+4}\Bigg\}$$

$$= \frac{1}{(q;q)_\infty}\Bigg\{ \sum_{k=0}^{\infty}(-1)^k q^{5k^2+k} + \sum_{k=0}^{\infty}(-1)^k q^{5k^2+3k+\frac{1}{2}} $$

$$+ \sum_{k=-\infty}^{-1}(-1)^k q^{5k^2+3k+\frac{1}{2}} + \sum_{k=-\infty}^{-1}(-1)^k q^{5k^2+k}\Bigg\}$$

$$= \frac{1}{(q;q)_\infty}\Bigg\{ \sum_{k=-\infty}^{\infty}(-1)^k q^{5k^2+k} + \sum_{k=-\infty}^{\infty}(-1)^k q^{5k^2+3k+\frac{1}{2}}\Bigg\}$$

$$= \frac{1}{(q;q)_\infty}\Bigg\{ (q^4,q^6,q^{10};q^{10})_\infty + \sqrt{q}(q^2,q^8,q^{10};q^{10})_\infty \Bigg\}.$$

在 (6.3.3) 中, 取 $\lambda = q^2$, 则

$$\sum_{n=0}^{\infty}\frac{q^{(3n^2+5n)/2}}{(q;q)_n(-q\sqrt{q};q)_n(q\sqrt{q};q)_{n+1}}$$

$$= \frac{1}{(q^3;q)_\infty}\Bigg\{ \sum_{k=0}^{\infty}(-1)^k q^{5k^2+5k}\frac{(1-q^{4k+3})(q;q^2)_k(q^4;q^2)_k}{(q;q)_{2k}(1-q^{2k+1}\sqrt{q})} $$

$$+ \sum_{k=0}^{\infty}(-1)^{k+1}q^{5k^2+11k+\frac{11}{2}}\frac{(1-q^{4k+5})(q;q^2)_{k+1}(q^4;q^2)_k}{(q;q)_{2k+1}(1-q^{2k+2}\sqrt{q})}\Bigg\}$$

$$= \frac{1}{(q^3;q)_\infty}\Bigg\{ \sum_{k=0}^{\infty}(-1)^k q^{5k^2+5k}(1+q^{2k+\frac{3}{2}})\frac{1-q^{2k+2}}{1-q^2} $$

$$+ \sum_{k=0}^{\infty}(-1)^{k+1}q^{5k^2+11k+\frac{11}{2}}(1+q^{2k+\frac{5}{2}})\frac{1-q^{2k+2}}{1-q^2}\Bigg\}$$

$$= \frac{1}{(q^2;q)_\infty}\Bigg\{ \sum_{k=0}^{\infty}(-1)^k q^{5k^2+5k} - \sum_{k=0}^{\infty}(-1)^k q^{5k^2+7k+2} + \sum_{k=0}^{\infty}(-1)^k q^{5k^2+7k+\frac{3}{2}} $$

$$- \sum_{k=0}^{\infty}(-1)^k q^{5k^2+9k+\frac{7}{2}} + \sum_{k=0}^{\infty}(-1)^{k+1}q^{5k^2+11k+\frac{11}{2}} - \sum_{k=0}^{\infty}(-1)^{k+1}q^{5k^2+13k+\frac{15}{2}} $$

$$+ \sum_{k=0}^{\infty}(-1)^{k+1}q^{5k^2+13k+8} - \sum_{k=0}^{\infty}(-1)^{k+1}q^{5k^2+15k+10}\Bigg\}$$

$$= \frac{1}{(q^2;q)_\infty}\Bigg\{ - \sum_{k=-\infty}^{-1}(-1)^k q^{5k^2+5k} + \sum_{k=-\infty}^{-1}(-1)^k q^{5k^2+3k} - \sum_{k=-\infty}^{-1}(-1)^k q^{5k^2+3k-\frac{1}{2}}$$

$$+ \sum_{k=-\infty}^{-1} (-1)^k q^{5k^2+k-\frac{1}{2}} + \sum_{k=-\infty}^{-1} (-1)^k q^{5k^2-k-\frac{1}{2}} - \sum_{k=-\infty}^{-1} (-1)^k q^{5k^2-3k-\frac{1}{2}}$$

$$+ \sum_{k=-\infty}^{-1} (-1)^k q^{5k^2-3k} - \sum_{k=-\infty}^{-1} (-1)^k q^{5k^2-5k} \Bigg\}$$

$$= \frac{1}{(q^2;q)_\infty} \Bigg\{ - \sum_{k=-\infty}^{-1} (-1)^k q^{5k^2+5k} + \sum_{k=-\infty}^{-1} (-1)^k q^{5k^2+3k} - \sum_{k=-\infty}^{-1} (-1)^k q^{5k^2+3k-\frac{1}{2}}$$

$$+ \sum_{k=-\infty}^{-1} (-1)^k q^{5k^2+k-\frac{1}{2}} + \sum_{k=1}^{\infty} (-1)^k q^{5k^2+k-\frac{1}{2}} - \sum_{k=1}^{\infty} (-1)^k q^{5k^2+3k-\frac{1}{2}}$$

$$+ \sum_{k=1}^{\infty} (-1)^k q^{5k^2+3k} - \sum_{k=1}^{\infty} (-1)^k q^{5k^2+5k} \Bigg\}$$

$$= \frac{1}{(q^2;q)_\infty} \Bigg\{ - \left(\sum_{k=-\infty}^{-1} + \sum_{k=1}^{\infty} \right) (-1)^k q^{5k^2+5k} + \left(\sum_{k=-\infty}^{-1} + \sum_{k=1}^{\infty} \right) (-1)^k q^{5k^2+3k}$$

$$- \left(\sum_{k=-\infty}^{-1} + \sum_{k=1}^{\infty} \right) (-1)^k q^{5k^2+3k-\frac{1}{2}} + \left(\sum_{k=-\infty}^{-1} + \sum_{k=1}^{\infty} \right) (-1)^k q^{5k^2+k-\frac{1}{2}} \Bigg\}$$

$$= \frac{1}{(q^2;q)_\infty} \Bigg\{ - \sum_{k=-\infty}^{\infty} (-1)^k q^{5k^2+5k} + 1 + \sum_{k=-\infty}^{\infty} (-1)^k q^{5k^2+3k} - 1$$

$$- \sum_{k=-\infty}^{\infty} (-1)^k q^{5k^2+3k-\frac{1}{2}} + q^{-\frac{1}{2}} + \sum_{k=-\infty}^{\infty} (-1)^k q^{5k^2+k-\frac{1}{2}} - q^{-\frac{1}{2}} \Bigg\}$$

$$= \frac{1}{(q^2;q)_\infty} \Bigg\{ - (1, q^{10}, q^{10}; q^{10})_\infty + (q^2, q^8, q^{10}; q^{10})_\infty$$

$$- \sqrt{1/q}(q^2, q^8, q^{10}; q^{10})_\infty + \sqrt{1/q}(q^4, q^6, q^{10}; q^{10})_\infty \Bigg\}$$

$$= \frac{1}{(q^2;q)_\infty} \Bigg\{ \sqrt{1/q}(q^4, q^6, q^{10}; q^{10})_\infty + (1 - \sqrt{1/q})(q^2, q^8, q^{10}; q^{10})_\infty \Bigg\}.$$

定理得证. □

注 6.3.1 本节结果由 Zhang Z Z 和 Gu J 给出.

第 7 章 q-微分算子及其应用

q-微分算子是普通微分的 q-模拟. 本章引入 q-微分算子的定义, 给出高阶 q-微分算子的求导公式以及级数展开公式及其在 q-级数方面的应用, 特别是给出任意一个解析函数能被 Rogers-Szegö 多项式表示的充要条件.

7.1 q-微分算子

定义 7.1.1 q-微分算子 $D_{q,x}$ 定义为

$$D_{q,x}f(x) = \frac{f(x) - f(qx)}{x}. \tag{7.1.1}$$

例 7.1.1 设 n 为非负整数, 则

$$D_{q,x}\{c\} = \frac{c - c}{x} = 0,$$

$$D_{q,x}\{x\} = \frac{x - qx}{x} = 1 - q,$$

$$D_{q,x}\{x^2\} = \frac{x^2 - (qx)^2}{x} = (1 - q^2)x,$$

$$D_{q,x}\{x^n\} = \frac{x^n - (qx)^n}{x} = (1 - q^n)x^{n-1},$$

$$D_{q,x}\left\{\frac{1 - sx}{1 - tx}\right\} = (1 - q)\frac{t - s}{(1 - tx)(1 - qtx)}.$$

性质 7.1.1

$$\lim_{q \to 1} \frac{1}{1 - q} D_{q,x}f(x) = \frac{d}{dx}f(x). \tag{7.1.2}$$

证明

$$\lim_{q \to 1} \frac{1}{1 - q} D_{q,x}f(x) = \lim_{q \to 1} \frac{f(x) - f(qx)}{(1 - q)x} = \lim_{q \to 1} \frac{f(x) - f(x + (1 - q)x)}{(1 - q)x}$$

$$= \lim_{\Delta x \to 0} \frac{f(x) - f(x + \Delta x)}{\Delta x} = \frac{d}{dx}f(x). \qquad \square$$

性质 7.1.2

$$D_{q,x}[cf(x)] = cD_{q,x}f(x), \tag{7.1.3}$$

$$D_{q,x}[f(x) \pm g(x)] = D_{q,x}f(x) \pm D_{q,x}g(x), \tag{7.1.4}$$

$$D_{q,x}[f(x)g(x)] = f(x)D_{q,x}g(x) + g(xq)D_{q,x}f(x). \tag{7.1.5}$$

证明 利用定义可得. □

定义 7.1.2 n 阶 q-微分算子 $D_{q,x}$ 定义为

$$D_{q,x}^n = D_{q,x}(D_{q,x}^{n-1}).$$

定理 7.1.1 (q-Leibniz 公式)

$$D_{q,x}^n[f(x)g(x)] = \sum_{k=0}^{n} q^{k(k-n)} \begin{bmatrix} n \\ k \end{bmatrix} D_{q,x}^k f(x) D_{q,x}^{n-k} g(q^k x). \tag{7.1.6}$$

证明 利用归纳法. 若 $n = 1$, 结论已证. 假设 $n-1$ 时, 结论成立, 现证 n 成立.

$$D_{q,x}^n[f(x)g(x)]$$

$$= D_{q,x}(D_{q,x}^{n-1})[f(x)g(x)]$$

$$= D_{q,x} \sum_{k=0}^{n-1} q^{k(k-n+1)} \begin{bmatrix} n-1 \\ k \end{bmatrix} D_{q,x}^k f(x) D_{q,x}^{n-1-k} g(q^k x)$$

$$= \sum_{k=0}^{n-1} q^{k(k-n+1)} \begin{bmatrix} n-1 \\ k \end{bmatrix} D_{q,x}(D_{q,x}^k f(x) D_{q,x}^{n-1-k} g(q^k x))$$

$$= \sum_{k=0}^{n-1} q^{k(k-n+1)} \begin{bmatrix} n-1 \\ k \end{bmatrix} (D_{q,x}^k f(x) D_{q,x}^{n-k} g(q^k x) + D_{q,x}^{k+1} f(x) D_{q,x}^{n-1-k} g(q^{k+1} x))$$

$$= \sum_{k=0}^{n-1} q^{k(k-n+1)} \begin{bmatrix} n-1 \\ k \end{bmatrix} D_{q,x}^k f(x) D_{q,x}^{n-k} g(q^k x)$$

$$+ \sum_{k=0}^{n-1} q^{k(k-n+1)} \begin{bmatrix} n-1 \\ k \end{bmatrix} D_{q,x}^{k+1} f(x) D_{q,x}^{n-1-k} g(q^{k+1} x)$$

$$= f(x)D_{q,x}^n g(x) + \sum_{k=1}^{n-1} \begin{bmatrix} n-1 \\ k \end{bmatrix} q^{k(k-n+1)} D_{q,x}^k f(x) D_{q,x}^{n-k} g(q^k x)$$

$$+ \sum_{k=1}^{n} q^{(k-1)(k-n)} \begin{bmatrix} n-1 \\ k-1 \end{bmatrix} D_{q,x}^k f(x) D_{q,x}^{n-k} g(q^k x)$$

$$= f(x)D_{q,x}^n g(x) + \sum_{k=1}^{n-1} q^{k(k-n)} \left(\begin{bmatrix} n-1 \\ k \end{bmatrix} q^k + \begin{bmatrix} n-1 \\ k-1 \end{bmatrix} \right) D_{q,x}^k f(x) D_{q,x}^{n-k} g(q^k x)$$

$$+ g(q^n x) D_{q,x}^n f(x)$$

$$= \sum_{k=0}^{n} q^{k(k-n)} \begin{bmatrix} n \\ k \end{bmatrix} D_{q,x}^k f(x) D_{q,x}^{n-k} g(q^k x),$$

即当 n 时, 结论也成立. 根据归纳, 此定理成立. □

　　根据定义, 直接可得下面的定理.

　　定理 7.1.2　如果 $f(x)$ 为关于 x 的次数小于 n 的多项式, 则

$$D_{q,x}^n \{ f(x) \} = 0.$$

　　例 7.1.2　设 $P_0(b,a) = 1$, $P_n(b,a) = (b - aq)(b - aq^2) \cdots (b - aq^n)$. 则

$$D_{q,b}^k \{ P_n(b,a) \} = \begin{cases} \dfrac{(q;q)_n}{(q;q)_{n-k}} P_{n-k}(b,a), & 0 \leqslant k \leqslant n-1, \\ (q;q)_n, & k = n, \\ 0, & k \geqslant n+1. \end{cases}$$

　　最后, 我们引入 q-移位算子 η 为

$$\eta_{q,x} f(x) = f(qx), \quad \eta_{q,x}^{-1} f(x) = f(q^{-1}x),$$

构造算子

$$\theta_{q,x} = \eta_{q,x}^{-1} D_{q,x}. \tag{7.1.7}$$

见文献 [147], [148].

　　例 7.1.3

$$\theta_{q,x} \{ c \} = 0,$$
$$\theta_{q,x} \{ x \} = 1 - q,$$
$$\theta_{q,x} \{ x^k \} = (1 - q^k) \frac{x^{k-1}}{q^{k-1}}.$$

　　性质 7.1.3

$$\theta_{q,x} [cf(x)] = c\theta_{q,x} f(x), \tag{7.1.8}$$

$$\theta_{q,x} [f(x) \pm g(x)] = \theta_{q,x} f(x) \pm \theta_{q,x} g(x), \tag{7.1.9}$$

$$\theta_{q,x} [f(x)g(x)] = f(x)\theta_{q,x} g(x) + g(xq^{-1})\theta_{q,x} f(x). \tag{7.1.10}$$

　　证明　利用定义可得. □

定义 7.1.3 n 阶 q-微分算子 $\theta_{q,x}$ 定义为

$$\theta_{q,x}^n = \theta_{q,x}(\theta_{q,x}^{n-1}).$$

定理 7.1.3(算子 $\theta_{q,x}$ 的 q-Leibniz 高阶公式) 设 $n \geqslant 0$, 则有

$$\theta_{q,x}^n\{f(x)g(x)\} = \sum_{k=0}^{n} \begin{bmatrix} n \\ k \end{bmatrix} \theta_{q,x}^k\{f(x)\}\theta_{q,x}^{n-k}\{g(xq^{-k})\}. \tag{7.1.11}$$

证明 由 $\theta_{q,x}$ 的定义, 有

$$\theta_{q,x}\{f(x)g(x)\} = f(x)\frac{g(xq^{-1}) - g(x)}{xq^{-1}} + \frac{f(xq^{-1}) - f(x)}{xq^{-1}}g(xq^{-1})$$

$$= (\theta_g + \theta_f\eta_g^{-1})\{f(x)g(x)\},$$

这里 θ_f 表示在 f 上, θ_g 与 η_g 类似. 易知

$$(\theta_f\eta_g^{-1})\theta_g = q\theta_g(\theta_f\eta_g^{-1}),$$

则利用定理 2.12.1 有

$$\theta_{q,x}^n\{f(x)g(x)\} = (\theta_g + \theta_f\eta_g^{-1})^n\{f(x)g(x)\}$$

$$= \sum_{k=0}^{n} \begin{bmatrix} n \\ k \end{bmatrix} \theta_g^k\theta_f^{n-k}\eta_g^{-(n-k)}\{f(x)g(x)\}$$

$$= \sum_{k=0}^{n} \begin{bmatrix} n \\ k \end{bmatrix} \theta_{q,x}^k\{f(x)\}\theta_{q,x}^{n-k}\{g(xq^{-k})\}. \qquad \square$$

注 7.1.1 注意到 $\theta_{q,x} = qD_{q^{-1},x}$, 则在 $q \to q^{-1}$ 时, (7.1.6) 和 (7.1.11) 等价.

例 7.1.4 令 k 为非负整数, 则

$$\theta_{q,x}^n\{x^k\} = \begin{cases} 0, & n > k, \\ (-1)^n q^n (q^{-k}; q)_n x^{k-n}, & n \leqslant k, \end{cases} \tag{7.1.12}$$

$$D_{q,x}^n\{x^k\} = \begin{cases} 0, & n > k, \\ (q^{k-n+1}; q)_n x^{k-n}, & n \leqslant k, \end{cases} \tag{7.1.13}$$

$$\theta_{q,x}^n\{x^{-k}\} = (-q)^n (q^k; q)_n x^{-(k+n)}, \tag{7.1.14}$$

$$D_{q,x}^n\{x^{-k}\} = q^{-\binom{n}{2}-kn}(q^k; q)_n x^{-(k+n)}. \tag{7.1.15}$$

7.2　高阶 q-微分算子求导公式

定理 7.2.1(高阶 q-微分求导公式[149])

$$D_{q,x}^n f(x) = x^{-n} q^{-\binom{n}{2}} \sum_{k=0}^{n} (-1)^k \begin{bmatrix} n \\ k \end{bmatrix} q^{\binom{n-k}{2}} f(q^k x)$$

$$= x^{-n} \sum_{k=0}^{n} q^k \frac{(q^{-n};q)_k}{(q;q)_k} f(q^k x).$$

证明(用数学归纳法)　显然, 当 $n = 0, 1$ 时, 结论成立. 假设 n 时结论成立, 现证明 $n+1$ 时,

$$D_{q,x}^{n+1} f(x)$$
$$= D_{q,x}\left(D_{q,x}^n f(x)\right)$$
$$= D_{q,x}\left[x^{-n} q^{-\binom{n}{2}} \sum_{k=0}^{n} (-1)^k \begin{bmatrix} n \\ k \end{bmatrix} q^{\binom{n-k}{2}} f(q^k x)\right]$$
$$= q^{-\binom{n}{2}} \sum_{k=0}^{n} (-1)^k \begin{bmatrix} n \\ k \end{bmatrix} q^{\binom{n-k}{2}} D_{q,x}\left[x^{-n} f(q^k x)\right]$$
$$= q^{-\binom{n}{2}} \sum_{k=0}^{n} (-1)^k \begin{bmatrix} n \\ k \end{bmatrix} q^{\binom{n-k}{2}} \left[\frac{x^{-n} f(q^k x) - q^{-n} x^{-n} f(q^{k+1} x)}{x}\right]$$
$$= x^{-(n+1)} q^{-\binom{n+1}{2}} \sum_{k=0}^{n} (-1)^k \begin{bmatrix} n \\ k \end{bmatrix} q^{\binom{n-k}{2}} \left[q^n f(q^k x) - f(q^{k+1} x)\right]$$
$$= x^{-(n+1)} q^{-\binom{n+1}{2}} \left\{\sum_{k=0}^{n} (-1)^k \begin{bmatrix} n \\ k \end{bmatrix} q^{\binom{n-k}{2}+n} f(q^k x) - \sum_{k=0}^{n} (-1)^k \begin{bmatrix} n \\ k \end{bmatrix} q^{\binom{n-k}{2}} f(q^{k+1} x)\right\}$$
$$= x^{-(n+1)} q^{-\binom{n+1}{2}} \left\{\sum_{k=0}^{n} (-1)^k \begin{bmatrix} n \\ k \end{bmatrix} q^{\binom{n+1-k}{2}+k} f(q^k x)\right.$$
$$\left. - \sum_{k=1}^{n+1} (-1)^{k-1} \begin{bmatrix} n \\ k-1 \end{bmatrix} q^{\binom{n+1-k}{2}} f(q^k x)\right\}$$
$$= x^{-(n+1)} q^{-\binom{n+1}{2}} \left\{q^{\binom{n+1}{2}} f(x) + \sum_{k=1}^{n} (-1)^k \begin{bmatrix} n \\ k \end{bmatrix} q^{\binom{n+1-k}{2}+k} f(q^k x)\right.$$
$$\left. + \sum_{k=1}^{n} (-1)^k \begin{bmatrix} n \\ k-1 \end{bmatrix} q^{\binom{n+1-k}{2}} f(q^k x) + (-1)^{n+1} f(q^{n+1} x)\right\}$$

$$= x^{-(n+1)}q^{-\binom{n+1}{2}}\left\{q^{\binom{n+1}{2}}f(x) + \sum_{k=1}^{n}(-1)^k\left(\begin{bmatrix}n\\k\end{bmatrix}q^k + \begin{bmatrix}n\\k-1\end{bmatrix}\right)q^{\binom{n+1-k}{2}}f(q^kx)\right.$$

$$\left. + (-1)^{n+1}f(q^{n+1}x)\right\}$$

$$= x^{-(n+1)}q^{-\binom{n+1}{2}}$$

$$\times\left\{q^{\binom{n+1}{2}}f(x) + \sum_{k=1}^{n}(-1)^k\begin{bmatrix}n+1\\k\end{bmatrix}q^{\binom{n+1-k}{2}}f(q^kx) + (-1)^{n+1}f(q^{n+1}x)\right\}$$

$$= x^{-(n+1)}q^{-\binom{n+1}{2}}\sum_{k=0}^{n+1}(-1)^k\begin{bmatrix}n+1\\k\end{bmatrix}q^{\binom{n+1-k}{2}}f(q^kx).$$

显然, $n+1$ 时, 结论成立, 命题得证. $\qquad\qquad\qquad\qquad\qquad\qquad\square$

例 7.2.1 利用高阶求导公式, 可以得到下面的 q-级数函数的高阶 q 微分:

$$D_{q,x}^n\left\{\frac{(cx;q)_\infty}{(ax;q)_\infty}\right\} = x^{-n}\sum_{k=0}^{\infty}q^k\frac{(q^{-n};q)_k}{(q;q)_k}\frac{(q^kcx;q)_\infty}{(q^kax;q)_\infty}$$

$$= x^{-n}\sum_{k=0}^{\infty}q^k\frac{(q^{-n};q)_k}{(q;q)_k}\frac{(ax;q)_k(cx;q)_\infty}{(cx;q)_k(ax;q)_\infty}$$

$$= x^{-n}\frac{(cx;q)_\infty}{(ax;q)_\infty}\sum_{k=0}^{\infty}q^k\frac{(q^{-n};q)_k}{(q;q)_k}\frac{(ax;q)_k}{(cx;q)_k}$$

$$= x^{-n}\frac{(cx;q)_\infty}{(ax;q)_\infty}{}_2\phi_1\begin{bmatrix}q^{-n}, & ax\\ & cx\end{bmatrix};q,q\end{bmatrix}$$

$$= x^{-n}\frac{(cx;q)_\infty}{(ax;q)_\infty}\frac{(cx/ax;q)_n}{(cx;q)_n}(ax)^n$$

$$= a^n(c/a;q)_n\frac{(q^ncx;q)_\infty}{(ax;q)_\infty},$$

$$D_{q,x}^n\left\{\frac{(a/x;q)_\infty}{(c/x;q)_\infty}\right\} = x^{-n}\sum_{k=0}^{\infty}q^k\frac{(q^{-n};q)_k}{(q;q)_k}\frac{(aq^k/x;q)_\infty}{(cq^k/x;q)_\infty}$$

$$= x^{-n}\sum_{k=0}^{\infty}q^k\frac{(q^{-n};q)_k}{(q;q)_k}\frac{(c/x;q)_k(a/x;q)_\infty}{(a/x;q)_k(c/x;q)_\infty}$$

$$= x^{-n}\frac{(a/x;q)_\infty}{(c/x;q)_\infty}\sum_{k=0}^{\infty}q^k\frac{(q^{-n};q)_k}{(q;q)_k}\frac{(c/x;q)_k}{(a/x;q)_k}$$

$$= x^{-n}\frac{(a/x;q)_\infty}{(c/x;q)_\infty}\sum_{k=0}^{\infty}\frac{(q^{-n};q)_k}{(q;q)_k}q^k\frac{(c/x;q)_k}{(a/x;q)_k}$$

$$= x^{-n}\frac{(a/x;q)_\infty}{(c/x;q)_\infty}{}_2\phi_1\left[\begin{array}{cc} q^{-n}, & c/x \\ & a/x \end{array};q,q\right]$$

$$= \left(\frac{c}{x^2}\right)^n (a/c;q)_n\frac{(q^na/x;q)_\infty}{(c/x;q)_\infty}.$$

特别地

$$D_{q,x}^n\{(sx;q)_\infty\} = (-1)^n s^n q^{\binom{n}{2}}(q^nsx;q)_\infty,$$

$$D_{q,x}^n\left\{\frac{1}{(sx;q)_\infty}\right\} = \frac{s^n}{(sx;q)_\infty}.$$

7.3　 q-展开公式

定理 7.3.1[150]　 设 $f(y)$ 为解析函数, 则有下述展开公式:

$$f(y) = \sum_{n=0}^\infty \frac{y^n}{(q;q)_n}\frac{D_{q,0}^n\{f(x)(x;q)_n\}}{(y;q)_{1+n}}, \tag{7.3.1}$$

这里 $D_{q,0}$ 表示关于 x 的 q 微分在 $x=0$ 处的值.

证明　 由于 $f(y)$ 为解析函数, 令

$$f(y) = \sum_{n=0}^\infty f_ny^n = \sum_{k=0}^\infty g_k\frac{y^k}{(y;q)_{1+k}},$$

由 q-二项式展开

$$\frac{1}{(y;q)_{1+k}} = \sum_{m=0}^\infty \begin{bmatrix} k+m \\ m \end{bmatrix}y^m \quad (|y|<1),$$

则我们有

$$\begin{aligned}
f(y) &= \sum_{n=0}^\infty f_ny^n = \sum_{k=0}^\infty g_k\frac{y^k}{(y;q)_{1+k}} \\
&= \sum_{k=0}^\infty g_ky^k\sum_{m=0}^\infty \begin{bmatrix} k+m \\ m \end{bmatrix}y^m \\
&= \sum_{n=0}^\infty y^n\sum_{k+m=n} \begin{bmatrix} k+m \\ m \end{bmatrix}g_k \\
&= \sum_{n=0}^\infty y^n\sum_{k=0}^n \begin{bmatrix} n \\ k \end{bmatrix}g_k.
\end{aligned}$$

比较 y^n 的系数, 则有

$$f_n = \sum_{k=0}^{n} \begin{bmatrix} n \\ k \end{bmatrix} g_k.$$

由 Gauss q-二项式反演公式, 可得

$$g_n = \sum_{k=0}^{n} (-1)^{n-k} \begin{bmatrix} n \\ k \end{bmatrix} q^{\binom{n-k}{2}} f_k.$$

又由于

$$D_{q,0}^k f(x) = D_{q,x}^k f(x)|_{x=0} = \sum_{n=0}^{\infty} f_n D_{q,x}^k x^n |_{x=0} = (q;q)_k f_k$$

和

$$D_{q,0}^{n-k}(q^k x; q)_n = D_{q,x}^{n-k}(q^k x; q)_n |_{x=0} = (-q^k)^{n-k} \frac{(q;q)_n}{(q;q)_k} q^{\binom{n-k}{2}},$$

因此

$$
\begin{aligned}
(q;q)_n g_n &= (q;q)_n \sum_{k=0}^{n} (-1)^{n-k} \begin{bmatrix} n \\ k \end{bmatrix} q^{\binom{n-k}{2}} f_k \\
&= \sum_{k=0}^{n} q^{k(k-n)} \begin{bmatrix} n \\ k \end{bmatrix} \{(q;q)_k f_k\} \left\{ (-q^k)^{n-k} \frac{(q;q)_n}{(q;q)_k} q^{\binom{n-k}{2}} \right\} \\
&= \sum_{k=0}^{n} q^{k(k-n)} \begin{bmatrix} n \\ k \end{bmatrix} D_{q,0}^k f(x) D_{q,0}^{n-k}(q^k x; q)_n.
\end{aligned}
$$

对照 q-Leibniz 高阶公式, 则得

$$(q;q)_n g_n = D_{q,0}^n \{f(x)(x;q)_n\},$$

因此

$$g_n = \frac{D_{q,0}^n \{f(x)(x;q)_n\}}{(q;q)_n}.$$

故命题成立.   □

例 7.3.1   设 $f(x) = e_q(x)/e_q(ax)$, 则

$$
\begin{aligned}
D_{q,0}^n \{f(x)(x;q)_n\} &= D_{q,0}^n \{e_q(q^n x)/e_q(ax)\} = D_{q,0}^n \sum_{k=0}^{n} \frac{(q^{-n}x; q)_k}{(q;q)_k} (q^n x)_k \\
&= q^{n^2} (q^{-n}a; q)_n \\
&= (-1)^n q^{\binom{n}{2}} (a-q)(a-q^2) \cdots (a-q^n).
\end{aligned}
$$

由(7.3.1)得

$$\frac{e_q(x)}{e_q(ax)} = \sum_{n=0}^{\infty}(-1)^n q^{\binom{n}{2}} \frac{(a-q)(a-q^2)\cdots(a-q^n)}{(q;q)_n} \frac{x^n}{(x;q)_{n+1}}.$$

特别地, 当 $a=1$ 时, 有

$$1 = \sum_{n=0}^{\infty}(-1)^n q^{\binom{n}{2}} \frac{x^n}{(x;q)_{n+1}}.$$

设

$$P_0(b,a) = 1, \quad P_n(b,a) = (b-aq)(b-aq^2)\cdots(b-aq^n).$$

则我们有以下结果.

引理 7.3.1　 若 $h(b)$ 关于 b 的形式幂级数, 则我们有

$$D_{q,b}^n\{P_k(b,a)h(b)\}_{b=aq} = \begin{cases} 0, & k > n, \\ (q;q)_n h(aq^{n+1}), & k = n. \end{cases}$$

证明　 利用 q-Leibniz 高阶求导公式、例 7.1.2 以及 $P_n(aq,a) = 0 \ (n \geqslant 1)$, 引理可证.　　　　　　　　　　　　　　　　　　　　　　　　　　　　　　□

引理 7.3.2　 若 $f(b)$ 关于 b 的形式幂级数, 则我们有

$$f(b) = \sum_{n=0}^{\infty} A_n \frac{P_n(b,a)}{(b;q)_n},$$

这里 A_n 与 b 无关.

证明　 由 Carlitz 展开公式 (7.3.1) 知

$$f(b) = \sum_{n=0}^{\infty} \frac{1}{(q;q)_n} \frac{b^n}{(b;q)_n} D_{q,x}^n\{f(x)(x;q)_{n-1}\}|_{x=0}.$$

在 $_6\phi_5$ 终止型求和公式中, 令 $c \to \infty$, 我们有

$$\frac{(aq)^n}{(aq;q)_n} \sum_{k=0}^{n} \frac{(-1)^k(1-aq^{2k})(a,q^{-n};q)_k a^{-k} q^{nk-k(k+1)/2}}{(1-a)(q,aq^{n+1};q)_k} \frac{P_k(b,a)}{(b;q)_k} = \frac{b^n}{(b;q)_n}.$$
$$(7.3.2)$$

将此式代入 $f(b)$ 中, 则可发现 $f(b)$ 可以被 $P_n(b,a)/(b;q)_n$ 所表示, 结论得证.　□

定理 7.3.2[151]　 若 $f(b)$ 是关于 b 的形式幂级数, 则我们有下述展开公式:

$$f(b) = \sum_{n=0}^{\infty} \frac{(1-aq^{2n})(aq/b;q)_n b^n}{(q,b;q)_n} \left[D_{q,x}^n f(x)(x;q)_{n-1} \right]\big|_{x=aq}.$$

证明   由引理 7.3.2, 知

$$f(b) = \sum_{k=0}^{\infty} A_k \frac{P_k(b,a)}{(b;q)_k},$$

这里 A_k 与 b 无关. 假设 $n \geqslant 1$, 两边乘以 $(b;q)_{n-1}$, 则有

$$f(b)(b;q)_{n-1} = (b;q)_{n-1} \sum_{k=0}^{\infty} A_k \frac{P_k(b,a)}{(b;q)_k}$$

$$= \sum_{k=0}^{n-1} A_k P_k(b,a)(1-bq^k)\cdots(1-bq^{n-2}) + A_n \frac{P_n(b,a)}{(1-bq^{n-1})}$$

$$+ \sum_{k=n+1}^{\infty} A_k \frac{P_k(b,a)}{(1-bq^{n-1})\cdots(1-bq^{k-1})}.$$

因此

$$D_{q,b}^n \left[f(b)(b;q)_{n-1} \right]\big|_{b=aq}$$

$$= \sum_{k=0}^{n-1} A_k D_{q,b}^n \left[P_k(b,a)(1-bq^k)\cdots(1-bq^{n-2}) \right]\big|_{b=aq} + A_n D_{q,b}^n \left[\frac{P_n(b,a)}{(1-bq^{n-1})} \right]\bigg|_{b=aq}$$

$$+ \sum_{k=n+1}^{\infty} A_k D_{q,b}^n \left[\frac{P_k(b,a)}{(1-bq^{n-1})\cdots(1-bq^{k-1})} \right]\bigg|_{b=aq}.$$

由于 $P_k(b,a)(1-bq^k)\cdots(1-bq^{n-2})$ 是关于 b 的次数为 $n-1$ 的多项式, 故

$$D_{q,b}^n \left[P_k(b,a)(1-bq^k)\cdots(1-bq^{n-2}) \right]\big|_{b=aq} = 0.$$

从引理 7.3.1 知

$$D_{q,b}^n \left\{ P_k(b,a) \cdot \frac{1}{(1-bq^{n-1})\cdots(1-bq^{k-1})} \right\}\bigg|_{b=aq} = 0 \quad (k > n)$$

和

$$D_{q,b}^n \left\{ P_n(b,a) \cdot \frac{1}{(1-bq^{n-1})} \right\}\bigg|_{b=aq} = \frac{(q;q)_n}{1-aq^{2n}}.$$

因此, 我们有

$$D_{q,b}^n \left[f(b)(b;q)_{n-1} \right]\big|_{b=aq} = \frac{(q;q)_n}{1-aq^{2n}} A_n.$$

故

$$A_n = \frac{1-aq^{2n}}{(q;q)_n} \left[D_{q,b}^n f(b)(b;q)_{n-1} \right]\big|_{b=aq} = \frac{1-aq^{2n}}{(q;q)_n} \left[D_{q,x}^n f(x)(x;q)_{n-1} \right]\big|_{x=aq}.$$

由 $(a;q)_{-1} = (1-a/q)^{-1}$, 易知, 上述等式也对 $n=0$ 成立. 命题得证.   □

例 7.3.2   证明 Rogers-Fine 恒等式:

$$\sum_{n=0}^{\infty} \frac{(a;q)_n}{(b;q)_n} z^n = \sum_{n=0}^{\infty} \frac{(1-azq^{2n})(azq/b,a;q)_n}{(b;q)_n(z;q)_{n+1}} q^{n(n-1)/2}(bz)^n.$$

证明   设 $f(b) = \sum\limits_{n=0}^{\infty} \dfrac{(a/z;q)_n z^n}{(b;q)_n}$, 注意到 $0 \leqslant k \leqslant n-1$ 时, $D_{q,x}^n \left(\dfrac{(x;q)_{n-1}}{(x;q)_k} \right) = 0$, 则

$$D_{q,x}^n \left\{ (x;q)_{n-1} f(x) \right\}|_{x=aq}$$

$$= D_{q,x}^n \left\{ (x;q)_{n-1} \sum_{k=0}^{\infty} \frac{(a/z;q)_k z^k}{(x;q)_k} \right\} \Bigg|_{x=aq}$$

$$= \sum_{k=0}^{\infty} (a/z;q)_k z^k \left[D_{q,x}^n \left(\frac{(x;q)_{n-1}}{(x;q)_k} \right) \right] \Bigg|_{x=aq}$$

$$= \sum_{k=n}^{\infty} (a/z;q)_k z^k \left[D_{q,x}^n \left(\frac{(x;q)_{n-1}}{(x;q)_k} \right) \right] \Bigg|_{x=aq}$$

$$= \sum_{k=0}^{\infty} (a/z;q)_{n+k} z^{n+k} \left[D_{q,x}^n \left(\frac{(xq^{n+k};q)_\infty}{(xq^{n-1};q)_\infty} \right) \right] \Bigg|_{x=aq}$$

$$= \frac{(q,a/z,a;q)_n}{(a;q)_{2n+1}} q^{n(n-1)/2} z^n \, {}_2\phi_1 \left[\begin{array}{cc} aq^n/z, & q^{n+1} \\ & aq^{2n+1} \end{array} ; q, z \right]$$

$$= \frac{(q,a/z,a;q)_n}{(a;q)_{2n+1}} q^{n(n-1)/2} z^n \frac{(zq^{n+1},aq^n;q)_\infty}{(aq^{2n+1},z;q)_\infty}$$

$$= \frac{(a/z,q;q)_n}{(z;q)_{n+1}} q^{n(n-1)/2} z^n.$$

将此结果代入定理 7.3.2 中, 且代替 a 为 az, 可得证明.   □

例 7.3.3   设 $f(x)$ 在 $x=0$ 附近解析, 在合适的收敛条件下, 在定理 7.3.2 的展开公式中, 令 $f(x)$ 为

$$\frac{(bx/q;q)_\infty}{(x;q)_\infty} f(x),$$

利用高阶 q-微分求导公式定理 7.2.1, 得到

$$D_{q,x}^n \left\{ f(x) \frac{(bx/q;q)_\infty}{(xq^{n-1};q)_\infty} \right\} \Bigg|_{x=\alpha q} = \frac{(\alpha b;q)_\infty (\alpha;q)_n}{(\alpha;q)_\infty (\alpha q)^n} \sum_{k=0}^{n} \frac{(q^{-n},\alpha q^n;q)_k}{(q,\alpha b;q)_k} f(\alpha q^{k+1}).$$

通过直接计算, 简化, 可得 [152] 中的定理 1.1:

$$\frac{(\alpha q, \alpha ab/q,;q)_\infty}{(\alpha a, \alpha b;q)_\infty} f(\alpha a)$$

$$= \sum_{n=0}^{\infty} \frac{(1-\alpha q^{2n})(\alpha, q/a; q)_n (a/q)^n}{(1-\alpha)(q, \alpha a; q)_n} \sum_{k=0}^{n} \frac{(q^{-n}, \alpha q^n; q)_k q^k}{(q, \alpha b; q)_k} f(\alpha q^{k+1}). \qquad (7.3.3)$$

令 $f(x) = \dfrac{(cx/q, dx/q; q)_\infty}{(\beta x/q, \gamma x/q; q)_\infty}$, 直接计算, 可得

$$\frac{(\alpha q, \alpha ab/q, \alpha ac/q, \alpha ad/q, \alpha\beta, \alpha\gamma; q)_\infty}{(\alpha a, \alpha b, \alpha c, \alpha d, \alpha\beta a/q, \alpha\gamma a/q; q)_\infty}$$
$$= \sum_{n=0}^{\infty} \frac{(1-\alpha q^{2n})(\alpha, q/a; q)_n (a/q)^n}{(1-\alpha)(q, \alpha a; q)_n} \sum_{k=0}^{n} \frac{(q^{-n}, \alpha q^n, \alpha\beta, \alpha\gamma; q)_k q^k}{(q, \alpha b, \alpha c, \alpha d; q)_k} q^k. \qquad (7.3.4)$$

命题 7.3.1[152] 对 m 为任何非负整数, Ω_n 为任意复序列, 则有

$$\frac{(\alpha q, \alpha ab/q; q)_\infty}{(\alpha a, \alpha b; q)_\infty} \sum_{n=0}^{m} \frac{(q^{-m}, q/a, q/b; q)_n q^n}{(q^2/\alpha abq^m; q)_n} \Omega_n$$
$$= \sum_{n=0}^{m} \frac{(1-\alpha q^{2n})(q^{-m}, \alpha, q/a, q/b; q)_n (\alpha abq^{m-1})^n}{(1-\alpha)(q, \alpha q^{m+1}, \alpha a, \alpha b; q)_n} \sum_{k=0}^{n} (q^{-n}, \alpha q^n; q)_k q^k \Omega_k.$$
$$\qquad (7.3.5)$$

证明略, 见文献 [152].

例 7.3.4(Whipple 定理的 Watson 的 *q*-模拟的一个拓广) 令 m 为任何非负整数, 在命题 7.3.1 中, 取 $\Omega_k = \dfrac{(\beta, \gamma; q)_k z^k}{(q, c, d, h; q)_k}$, 则有

$$\frac{(\alpha q, \alpha ab/q; q)_m}{(\alpha a, \alpha b; q)_m} {}_5\phi_4 \left[\begin{array}{ccccc} q^{-m}, & q/a, & q/b, & \beta, & \gamma \\ & q^2/\alpha abq^m, & c, & d, & h \end{array} ; q, qz \right]$$
$$= \sum_{n=0}^{m} \frac{(1-\alpha q^{2n})(q^{-m}, \alpha, q/a, q/b; q)_n (\alpha abq^{m-1})^n}{(1-\alpha)(q, \alpha q^{m+1}, \alpha a, \alpha b; q)_n} {}_4\phi_3 \left[\begin{array}{cccc} q^{-n}, & \alpha q^n, & \beta, & \gamma \\ & c, & d, & h \end{array} ; q, qz \right].$$
$$\qquad (7.3.6)$$

令 $h = \gamma = 0$ 和 $z = 1$, 则有

$$\frac{(\alpha q, \alpha ab/q; q)_m}{(\alpha a, \alpha b; q)_m} {}_4\phi_3 \left[\begin{array}{cccc} q^{-m}, & q/a, & q/b, & \beta \\ & q^2/\alpha abq^m, & c, & d \end{array} ; q, q \right]$$
$$= \sum_{n=0}^{m} \frac{(1-\alpha q^{2n})(q^{-m}, \alpha, q/a, q/b; q)_n (\alpha abq^{m-1})^n}{(1-\alpha)(q, \alpha q^{m+1}, \alpha a, \alpha b; q)_n} {}_3\phi_2 \left[\begin{array}{ccc} q^{-n}, & \alpha q^n, & \beta \\ & c, & d \end{array} ; q, q \right].$$
$$\qquad (7.3.7)$$

在上式中取 $(c,d,\beta) \to (\alpha c, \alpha d, \alpha cd/q)$, 可以得到 Whipple 定理的 Watson 的 q-模拟公式. 在(7.3.6)中令 $m \to \infty$, 则

$$\frac{(\alpha q, \alpha ab/q; q)_\infty}{(\alpha a, \alpha b; q)_\infty} {}_4\phi_3 \left[\begin{matrix} q/a, & q/b, & \beta, & \gamma \\ & c, & d, & h \end{matrix} ; q, \frac{\alpha abz}{q} \right]$$

$$= \sum_{n=0}^\infty \frac{(1-\alpha q^{2n})(\alpha, q/a, q/b; q)_n (-\alpha ab/q)^n q^{n(n-1)/2}}{(1-\alpha)(q, \alpha a, \alpha b; q)_n} {}_4\phi_3 \left[\begin{matrix} q^{-n}, & \alpha q^n, & \beta, & \gamma \\ & c, & d, & h \end{matrix} ; q, qz \right],$$

$$(7.3.8)$$

这里 $|\alpha abz/q| < 1$.

7.4　q-偏微分方程及其应用

定义 7.4.1　对于多个变量的函数, 针对其中一个变量 x 的 q-微分算子称为变量 x 的 q-偏微分算子, 记作 $\partial_{q,x}$.

定义 7.4.2　Rogers-Szegö 多项式 $h_n(x,y|q)$ 定义为

$$h_n(x,y|q) = \sum_{k=0}^n \begin{bmatrix} n \\ k \end{bmatrix} x^k y^{n-k}. \tag{7.4.1}$$

Rogers-Szegö 多项式 $h_n(x,y|q)$ 首先被 Rogers[153] 所研究, 然后由 Szegö[154] 继续研究. Rogers-Szegö 多项式在正交多项式理论, 特别是 Askey-Wilson 多项式的研究中起着非常重要的作用, 与 q-Hermite 多项式也具有紧密的联系. 见文献 [155]—[163] 等.

引理 7.4.1　Rogers-Szegö 多项式 $h_n(x,y|q)$ 满足下述恒等式:

$$\partial_{q,x}\{h_n(x,y|q)\} = \partial_{q,y}\{h_n(x,y|q)\} = (1-q^n)h_{n-1}(x,y|q).$$

定理 7.4.1[152]　设 $f(x,y)$ 为双变量在 $(0,0) \in C^2$ 邻域内的解析函数, 则 $f(x,y)$ 能被 $h_n(x,y|q)$ 的项表示的充分必要条件为

$$\partial_{q,x}\{f(x,y)\} = \partial_{q,y}\{f(x,y)\}. \tag{7.4.2}$$

证明　由于 $f(x,y)$ 为双变量在 $(0,0) \in C^2$ 邻域内的解析函数, 我们知道 $f(x,y)$ 在 $(0,0)$ 的邻域内绝对收敛, 故存在与 x 和 y 无关的序列满足

$$f(x,y) = \sum_{n,m=0}^\infty \alpha_{m,n} x^m y^n = \sum_{n=0}^\infty y^n \sum_{m=0}^\infty \alpha_{m,n} x^m. \tag{7.4.3}$$

代此式到 q-偏微分方程 (7.4.2) 中, 应用 $\partial_{q,y}\{y^n\} = (1-q^n)y^{n-1}$, 则有

$$\sum_{n=0}^{\infty} y^n \partial_{q,x}\left\{\sum_{m=0}^{\infty}\alpha_{m,n}x^m\right\} = \sum_{n=1}^{\infty} y^{n-1}(1-q^n)\left\{\sum_{m=0}^{\infty}\alpha_{m,n}x^m\right\},$$

比较上式两边 y^{n-1} 的系数, 可得到

$$\partial_{q,x}\left\{\sum_{m=0}^{\infty}\alpha_{m,n-1}x^m\right\} = (1-q^n)\sum_{m=0}^{\infty}\alpha_{m,n}x^m.$$

即

$$\sum_{m=0}^{\infty}\alpha_{m,n}x^m = \frac{1}{(1-q^n)}\partial_{q,x}\left\{\sum_{m=0}^{\infty}\alpha_{m,n-1}x^m\right\}.$$

迭代 $n-1$ 次, 则有

$$\begin{aligned}
\sum_{m=0}^{\infty}\alpha_{m,n}x^m &= \frac{1}{(1-q^n)}\partial_{q,x}\left\{\sum_{m=0}^{\infty}\alpha_{m,n-1}x^m\right\} \\
&= \frac{1}{(1-q^n)}\partial_{q,x}\left\{\frac{1}{(1-q^{n-1})}\partial_{q,x}\sum_{m=0}^{\infty}\alpha_{m,n-2}x^m\right\} \\
&= \frac{1}{(1-q^n)(1-q^{n-1})}\partial_{q,x}^2\left\{\sum_{m=0}^{\infty}\alpha_{m,n-2}x^m\right\} \\
&= \frac{1}{(1-q^n)(1-q^{n-1})}\partial_{q,x}^2\left\{\frac{1}{(1-q^{n-2})}\partial_{q,x}\sum_{m=0}^{\infty}\alpha_{m,n-3}x^m\right\} \\
&= \frac{1}{(1-q^n)(1-q^{n-1})(1-q^{n-2})}\partial_{q,x}^3\left\{\sum_{m=0}^{\infty}\alpha_{m,n-3}x^m\right\} \\
&= \cdots \\
&= \frac{1}{(1-q^n)(1-q^{n-1})(1-q^{n-2})\cdots(1-q)}\partial_{q,x}^n\left\{\sum_{m=0}^{\infty}\alpha_{m,0}x^m\right\} \\
&= \frac{1}{(q;q)_n}\partial_{q,x}^n\left\{\sum_{m=0}^{\infty}\alpha_{m,0}x^m\right\}.
\end{aligned}$$

又由于 $\partial_{q,x}^n x^m = \dfrac{(q;q)_m}{(q;q)_{m-n}}x^{m-n}$, 我们得到

$$\sum_{m=0}^{\infty}\alpha_{m,n}x^m = \frac{1}{(q;q)_n}\sum_{m=0}^{\infty}\alpha_{m,0}\partial_{q,x}^n\{x^m\} = \frac{1}{(q;q)_n}\sum_{m=0}^{\infty}\alpha_{m,0}\frac{(q;q)_m}{(q;q)_{m-n}}x^{m-n}$$

$$= \sum_{m=n}^{\infty} \alpha_{m,0} \begin{bmatrix} m \\ n \end{bmatrix} x^{m-n}.$$

代此式到 (7.4.3) 中, 且交换和序, 有

$$f(x,y) = \sum_{n=0}^{\infty} y^n \sum_{m=n}^{\infty} \alpha_{m,0} \begin{bmatrix} m \\ n \end{bmatrix} x^{m-n} = \sum_{m=0}^{\infty} \alpha_{m,0} \sum_{n=0}^{m} \begin{bmatrix} m \\ n \end{bmatrix} y^n x^{m-n}$$
$$= \sum_{m=0}^{\infty} \alpha_{m,0} h_m(x,y|q).$$

相反地, 若 $f(x,y)$ 能被 $h_n(x,y|q)$ 的项表示, 由于 $h_n(x,y|q)$ 关于 x 与 y 对称, 则应用引理 7.4.1, 我们得到

$$\partial_{q,x}\{f(x,y)\} = \partial_{q,y}\{f(x,y)\}.$$

定理得证. □

例 7.4.1 证明 $h_n(x,y|q)$ 满足下列关系:

$$\sum_{n=0}^{\infty} h_n(x,y|q)\frac{t^n}{(q;q)_n} = \frac{1}{(xt,yt;q)_\infty}, \quad \max\{|xt|, |yt|\} < 1.$$

证明 由于 $\dfrac{1}{(xt,yt;q)_\infty}$ 为解析函数, 设所证等式的右边为 $f(x,y)$, 则 $f(x,y)$ 在 $(0,0)$ 附近解析. 直接计算可知

$$\partial_{q,x}\{f(x,y)\} = \partial_{q,y}\{f(x,y)\} = tf(x,y).$$

因此存在一个与 x 和 y 无关的序列 α_n 满足

$$f(x,y) = \frac{1}{(xt,yt;q)_\infty} = \sum_{n=0}^{\infty} \alpha_n h_n(x,y|q).$$

在上式中取 $y = 0$, 应用 $h_n(x,0|q) = x^n$ 和 q-二项式定理, 我们得到

$$\frac{1}{(xt;q)_\infty} = \sum_{n=0}^{\infty} \frac{(xt)^n}{(q;q)_n} = \sum_{n=0}^{\infty} \alpha_n x^n.$$

比较等式两边 x^n 的系数, 我们得到

$$\alpha_n = \frac{t^n}{(q;q)_n}.$$

命题得证. □

第 8 章 *q*-指数算子及其应用

q-指数算子是求导 *q*-级数恒等式的有效工具. 本章介绍 *q*-指数算子及其算子恒等式, 并展示 *q*-指数算子技巧在推导或证明 *q*-级数恒等式等方面的作用.

8.1 *q*-指数算子

q-指数算子 T 和 E 定义为

$$T(yD_{q,x}) = \sum_{n=0}^{\infty} \frac{(yD_{q,x})^n}{(q;q)_n} \tag{8.1.1}$$

和

$$E(y\theta_{q,x}) = \sum_{n=0}^{\infty} \frac{(y\theta_{q,x})^n q^{\binom{n}{2}}}{(q;q)_n}, \tag{8.1.2}$$

这里 $D_{q,x}$ 和 $\theta_{q,x}$ 被分别定义在 (7.1.1) 和 (7.1.7). 则利用 $D_{q,x}$ 和 $\theta_{q,x}$ 的高阶求导的 Leibniz 公式, 可得下述 *q*-级数算子恒等式.

定理 8.1.1[164, 165]

$$T(yD_{q,x})\left\{ \frac{1}{(xt;q)_\infty} \right\} = \frac{1}{(xt, yt;q)_\infty}, \tag{8.1.3}$$

$$T(yD_{q,x})\left\{ \frac{1}{(xs, xt;q)_\infty} \right\} = \frac{(xyst;q)_\infty}{(xs, xt, ys, yt;q)_\infty}, \tag{8.1.4}$$

$$E(y\theta_{q,x})\left\{ (xt;q)_\infty \right\} = (xt, yt;q)_\infty, \tag{8.1.5}$$

$$E(y\theta_{q,x})\left\{ (xs, xt;q)_\infty \right\} = \frac{(xs, xt, ys, yt;q)_\infty}{(xyst/q;q)_\infty}. \tag{8.1.6}$$

证明 我们仅证明 (8.1.4), 其他类似. 应用 $D_{q,x}$ 的 *q*-Leibniz 公式 (7.1.6), 则有

$$T(yD_{q,x})\left\{ \frac{1}{(xs, xt;q)_\infty} \right\} = \sum_{n=0}^{\infty} \frac{y^n}{(q;q)_n} D_{q,x}^n \left\{ \frac{1}{(xs, xt;q)_\infty} \right\}$$

$$= \sum_{n=0}^{\infty} \frac{y^n}{(q;q)_n} \sum_{k=0}^{n} q^{k(k-n)} \begin{bmatrix} n \\ k \end{bmatrix} D_{q,x}^k \left\{ \frac{1}{(xs;q)_\infty} \right\} D_{q,x}^{n-k} \left\{ \frac{1}{(xtq^k;q)_\infty} \right\}$$

$$= \sum_{n=0}^{\infty} \frac{y^n}{(q;q)_n} \sum_{k=0}^{n} q^{k(k-n)} \begin{bmatrix} n \\ k \end{bmatrix} \frac{s^k}{(xs;q)_\infty} \frac{(tq^k)^{n-k}}{(xtq^k;q)_\infty}$$

$$= \frac{1}{(xs,xt;q)_\infty} \sum_{k=0}^{\infty} \frac{(xt;q)_k(ys)^k}{(q;q)_k} \sum_{n=k}^{\infty} \frac{(yt)^{n-k}}{(q;q)_{n-k}}$$

$$= \frac{1}{(xs,xt;q)_\infty} \frac{(xyst;q)_\infty}{(ys;q)_\infty} \frac{1}{(yt;q)_\infty}$$

$$= \frac{(xyst;q)_\infty}{(xs,xt,ys,yt;q)_\infty}. \qquad\qquad \square$$

例 8.1.1[167]　设 M 和 N 正整数或非负整数, 则称下面式 (8.1.7) 为一般 Cauchy 恒等式:

$$\sum_{j=M}^{N} \frac{(1-a)(abq;q)_{j-1}bq^j}{(bq;q)_j} = \frac{(abq;q)_N}{(bq;q)_N} - \frac{(abq;q)_{M-1}}{(bq;q)_{M-1}}. \tag{8.1.7}$$

改写上式为

$$(b-1)\sum_{j=M}^{N} \frac{q^j}{(bq;q)_j} \cdot \frac{1}{(abq^j,ab;q)_\infty} + \sum_{j=M}^{N} \frac{q^j}{(bq;q)_j} \cdot \frac{1}{(abq^j,abq;q)_\infty}$$

$$= \frac{1}{(bq;q)_N} \cdot \frac{1}{(abq^{N+1},ab;q)_\infty} - \frac{1}{(bq;q)_{M-1}} \cdot \frac{1}{(abq^M,ab;q)_\infty}.$$

对上式两边的变量 a 作算子运算 $T(cD_{q,a})$, 则可得到

$$(b-1)\sum_{j=M}^{N} \frac{(abq,bcq;q)_{j-1}}{(bq;q)_j(ab^2cq;q)_{j-1}} q^j + \sum_{j=M}^{N} \frac{(ab,bc;q)_j}{(bq,ab^2cq;q)_j} q^j$$

$$= \frac{(abq,bcq;q)_N}{(bq,ab^2cq;q)_N} - \frac{(abq,bcq;q)_{M-1}}{(bq,ab^2cq;q)_{M-1}}.$$

化简, 得到下列恒等式:

$$\sum_{j=M}^{N} \left(1-a+abcq^{j+1}(1-b)+c(ab-1)\right) \frac{(abq,bcq;q)_{j-1}}{(bq;q)_j(ab^2cq;q)_j} bq^j$$

$$= \frac{(abq,bcq;q)_N}{(bq,ab^2cq;q)_N} - \frac{(abq,bcq;q)_{M-1}}{(bq,ab^2cq;q)_{M-1}}. \tag{8.1.8}$$

注意到当 $|q| < 1$, 且设 $|b| < 1$ 时, 有

$$\lim_{M\to-\infty} \frac{(abq,bcq;q)_{M-1}}{(bq,ab^2cq;q)_{M-1}} = \lim_{M\to\infty} \frac{(abq,bcq;q)_{-M-1}}{(bq,ab^2cq;q)_{-M-1}}$$

$$= \lim_{M \to \infty} \frac{(1/b, 1/ab^2 c; q)_{M+1}}{(1/ab, 1/bc; q)_{M+1}} b^{M+1} = 0.$$

在式 (8.1.8) 中, 设 $M \to -\infty$ 与 $N \to \infty$, 则有

$$\sum_{j=-\infty}^{\infty} \left(1 - a + abcq^{j+1}(1-b) + c(ab-1)\right) \frac{(abq, bcq; q)_{j-1}}{(bq; q)_j (ab^2 cq; q)_j} bq^j$$
$$= \frac{(abq, bcq; q)_{\infty}}{(bq, ab^2 cq; q)_{\infty}}, \tag{8.1.9}$$

这里 $|b| < 1$.

例 8.1.2[166]   改写文献 [5] 中恒等式 (1.6(i)):

$$_2\phi_1 \left[\begin{array}{cc} q^{-n}, & q^{1-n} \\ & qb^2 \end{array} ; q^2, q^2 \right] = \frac{(b^2; q^2)_n}{(b^2; q)_n} q^{-\binom{n}{2}}, \tag{8.1.10}$$

且设 $q \to q^{1/2}$ 与 $b^2 \to b$, 则

$$\sum_{k=0}^{n} \frac{(q^{-\frac{1}{2}n}, q^{\frac{1}{2}(1-n)}; q)_k}{(q; q)_k} q^k \cdot \left\{ (bq^n, bq^{\frac{1}{2}+k}; q)_{\infty} \right\} = \left\{ (bq^{\frac{1}{2}n}, bq^{\frac{1}{2}(n+1)}; q)_{\infty} \right\} q^{-\frac{1}{2}\binom{n}{2}}. \tag{8.1.11}$$

对上式中变量 b 进行算子运算 $E(a\theta_{q,b})$, 可得下述恒等式:

$$\sum_{k=0}^{n} \frac{(q^{-\frac{1}{2}n}, q^{\frac{1}{2}(1-n)}; q)_k}{(q; q)_k} q^k \cdot \frac{(bq^n, bq^{\frac{1}{2}+k}, aq^n, aq^{\frac{1}{2}+k}; q)_{\infty}}{(abq^{n+\frac{1}{2}+k}/q; q)_{\infty}}$$
$$= \frac{(bq^{\frac{1}{2}n}, bq^{\frac{1}{2}(n+1)}, aq^{\frac{1}{2}n}, aq^{\frac{1}{2}(n+1)}; q)_{\infty}}{(abq^{n+\frac{1}{2}}/q; q)_{\infty}} q^{-\frac{1}{2}\binom{n}{2}}. \tag{8.1.12}$$

设 $q^{1/2} \to q$, $a \to a^2$, $b \to b^2$, 则上式变为

$$\sum_{k=0}^{n} \frac{(q^{-n}, q^{1-n}, a^2 b^2 q^{2n-1}; q^2)_k}{(q^2, a^2 q, a^2 q; q^2)_k} q^{2k} = \frac{(b^2, a^2; q^2)_n (b^2 q^n, a^2 q^n; q)_{\infty}}{(b^2, a^2; q)_{\infty}} q^{-\binom{n}{2}},$$

化简, 整理, 可得下述恒等式:

$$\sum_{k=0}^{n} \frac{(q^{-n}, q^{1-n}, a^2 b^2 q^{2n-1}; q^2)_k}{(q^2, a^2 q, a^2 q; q^2)_k} q^{2k} = \frac{(b^2, a^2; q^2)_n}{(b^2, a^2; q)_n} q^{-\binom{n}{2}},$$

也就是

$$_3\phi_2 \left[\begin{array}{ccc} q^{-n}, & q^{1-n}, & a^2 b^2 q^{2n-1} \\ & qb^2, & qa^2 \end{array} ; q^2, q^2 \right] = \frac{(b^2, a^2; q^2)_n}{(b^2, a^2; q)_n} q^{-\binom{n}{2}}. \tag{8.1.13}$$

引理 8.1.1　设 n 为非负整数, 则有

$$\theta_{q,x}^n \left\{ \frac{(xt;q)_\infty}{(xv;q)_\infty} \right\} = v^n q^{-\binom{n}{2}} (t/v;q)_n \frac{(xt;q)_\infty}{(xv/q^n;q)_\infty}, \tag{8.1.14}$$

$$D_{q,x}^n \left\{ \frac{(xv;q)_\infty}{(xt;q)_\infty} \right\} = t^n (v/t;q)_n \frac{(xvq^n;q)_\infty}{(xt;q)_\infty}. \tag{8.1.15}$$

证明　应用归纳法可证.　　　　　　　　　　　　　　　　　　　　　□

定理 8.1.2[168]　在合适的收敛条件下, 则有

$$T(yD_{q,x}) \left\{ \frac{(xv;q)_\infty}{(xs,xt,xw;q)_\infty} \right\}$$

$$= (xv, yv; q)_\infty \cdot \frac{(xystw/v;q)_\infty}{(xs,xt,xw,ys,yt,yw;q)_\infty} \, {}_3\phi_2 \left[\begin{matrix} \frac{v}{s}, & \frac{v}{t}, & \frac{v}{w} & ; q, & \frac{xystw}{v} \\ & xv, & yv & & \end{matrix} \right].$$

$$\tag{8.1.16}$$

证明

$$T(yD_{q,x}) \left\{ \frac{(xv;q)_\infty}{(xs,xt,xw;q)_\infty} \right\}$$

$$= \sum_{k=0}^\infty \frac{y^k}{(q;q)_k} D_{q,x}^k \left\{ \frac{(xv;q)_\infty}{(xt;q)_\infty} \cdot \frac{1}{(xs,xw;q)_\infty} \right\}$$

$$= \sum_{k=0}^\infty \frac{y^k}{(q;q)_k} \sum_{j=0}^k q^{j(j-k)} \begin{bmatrix} k \\ j \end{bmatrix} D_{q,x}^j \left\{ \frac{(xv;q)_\infty}{(xt;q)_\infty} \right\} D_{q,x}^{k-j} \left\{ \frac{1}{(xsq^j, xwq^j;q)_\infty} \right\}$$

$$= \sum_{k=0}^\infty \frac{y^k}{(q;q)_k} \sum_{j=0}^k q^{j(j-k)} \begin{bmatrix} k \\ j \end{bmatrix} t^j (v/t;q)_j \left\{ \frac{(xvq^j;q)_\infty}{(xt;q)_\infty} \right\} D_{q,x}^{k-j} \left\{ \frac{1}{(xsq^j, xwq^j;q)_\infty} \right\}$$

$$= \sum_{j=0}^\infty \frac{(v/t;q)_j (xvq^j;q)_\infty}{(q;q)_j (xt;q)_\infty} t^j \sum_{k=j}^\infty \frac{y^k}{(q;q)_{k-j}} q^{j(j-k)} D_{q,x}^{k-j} \left\{ \frac{1}{(xsq^j, xwq^j;q)_\infty} \right\}$$

$$= \frac{(xv;q)_\infty}{(xt;q)_\infty} \sum_{j=0}^\infty \frac{(v/t;q)_j}{(q;q)_j (xv;q)_j} (ty)^j \sum_{k=0}^\infty \frac{y^k}{(q;q)_k} q^{-kj} D_{q,x}^k \left\{ \frac{1}{(xsq^j, xwq^j;q)_\infty} \right\}$$

$$= \frac{(xv;q)_\infty}{(xt;q)_\infty} \sum_{j=0}^\infty \frac{(v/t;q)_j}{(q;q)_j (xv;q)_j} (ty)^j \sum_{k=0}^\infty \frac{(yq^{-j}D_{q,x})^k}{(q;q)_k} \left\{ \frac{1}{(xsq^j, xwq^j;q)_\infty} \right\}$$

$$= \frac{(xv;q)_\infty}{(xt;q)_\infty} \sum_{j=0}^\infty \frac{(v/t;q)_j}{(q;q)_j (xv;q)_j} (ty)^j \cdot T(yq^{-j}D_{q,x}) \left\{ \frac{1}{(xsq^j, xwq^j;q)_\infty} \right\}$$

$$= \frac{(xv;q)_\infty}{(xt;q)_\infty} \sum_{j=0}^\infty \frac{(v/t;q)_j}{(q;q)_j (xv;q)_j} (ty)^j \cdot \frac{(xyswq^j;q)_\infty}{(xsq^j, xwq^j, ys, yw;q)_\infty}$$

$$= \frac{(xv;q)_\infty}{(xt,ys,yw;q)_\infty} \sum_{j=0}^\infty \frac{(v/t;q)_j}{(q;q)_j(xv;q)_j}(ty)^j \cdot \frac{(xysw;q)_\infty(xs,xw;q)_j}{(xysw;q)_j(xs,xw;q)_\infty}$$

$$= \frac{(xv,xysw;q)_\infty}{(xt,xs,xw,ys,yw;q)_\infty} \sum_{j=0}^\infty \frac{(v/t,xs,xw;q)_j}{(q,xv,xysw;q)_j}(ty)^j$$

$$= \frac{(xv,xysw;q)_\infty}{(xt,xs,xw,ys,yw;q)_\infty} \, {}_3\phi_2 \left[\begin{array}{ccc} v/t, & xs, & xw \\ & xv, & xysw \end{array} ; q, yt \right].$$

在 Hall 变换 (3.3.5)

$$ {}_3\phi_2 \left[\begin{array}{ccc} x, & b, & c \\ & y, & e \end{array} ; q, ye/xbc \right] = \frac{(e/x, ye/bc;q)_\infty}{(e, ye/xbc;q)_\infty} \, {}_3\phi_2 \left[\begin{array}{ccc} x, & y/b, & y/c \\ & y, & ye/bc \end{array} ; q, e/x \right]$$

中, 取 $x \to v/t$, $b \to v/s$, $c \to v/w$, $y \to vx$ 和 $e \to vy$, 我们有

$$ {}_3\phi_2 \left[\begin{array}{ccc} v/t, & xs, & xw \\ & xv, & xysw \end{array} ; q, yt \right]$$

$$= \frac{(yv, xystw/v;q)_\infty}{(yt, xysw;q)_\infty} \, {}_3\phi_2 \left[\begin{array}{ccc} v/t, & v/s, & v/w \\ & xv, & yv \end{array} ; q, xystw/v \right].$$

因此

$$T(yD_{q,x}) \left\{ \frac{(xv;q)_\infty}{(xs,xt,xw;q)_\infty} \right\}$$

$$= \frac{(xv, yv, xystw/v;q)_\infty}{(xs,xt,xw,ys,yt,yw;q)_\infty} \, {}_3\phi_2 \left[\begin{array}{ccc} v/s, & v/t, & v/w \\ & xv, & yv \end{array} ; q, xystw/v \right]. \quad \Box$$

例 8.1.3 (非终止型 ${}_6\phi_5$ 求和公式的一个推广[169]) 关于 Ismail, Rahman 与 Suslov 的变换[170] 的定理 5.1:

$$\sum_{n=0}^\infty \frac{(1-\alpha q^{2n})(\alpha, q/a, q/b, q/c;q)_n}{(q, \alpha a, \alpha b, \alpha c;q)_n} \left(\frac{\alpha abc}{q^2} \right)^n {}_3\phi_2 \left[\begin{array}{ccc} q^{-n}, & \alpha q^n, & \beta \\ & q/a, & q/b \end{array} ; q, q \right]$$

$$= \frac{(\alpha, \alpha ac/q, \alpha bc/q, \alpha\beta ab/q;q)_\infty}{(\alpha a, \alpha b, \alpha c, \alpha\beta abc/q^2;q)_\infty}, \tag{8.1.17}$$

上式改写为

$$\sum_{n=0}^\infty \frac{(1-\alpha q^{2n})(\alpha, q/a, q/b, q/c;q)_n}{(q, \alpha a, \alpha b, \alpha c;q)_n} \left(\frac{\alpha abc}{q^2} \right)^n$$

$$\times \sum_{k=0}^\infty \frac{(q^{-n}, \alpha q^n;q)_k}{(q, q/a, q/b;q)_k} \left\{ \frac{1}{(\beta q^k, \alpha\beta ab/q;q)_\infty} \right\}$$

$$= \frac{(\alpha, \alpha ac/q, \alpha bc/q; q)_\infty}{(\alpha a, \alpha b, \alpha c; q)_\infty} \left\{ \frac{1}{(\beta, \alpha\beta abc/q^2; q)_\infty} \right\}. \tag{8.1.18}$$

对上式参数 β 作指数算子运算 $T(\gamma D_{q,\beta})$, 整理, 则得

$$\sum_{n=0}^\infty \frac{(1-\alpha q^{2n})(\alpha, q/a, q/b, q/c; q)_n}{(q, \alpha a, \alpha b, \alpha c; q)_n}$$

$$\times \left(\frac{\alpha abc}{q^2} \right)^n {}_4\phi_3 \left[\begin{matrix} q^{-n}, & \alpha q^n, & \beta, & \gamma \\ & q/a, & q/b, & \alpha\beta\gamma ab/q \end{matrix} ; q, q \right]$$

$$= \frac{(\alpha, \alpha ac/q, \alpha bc/q, \alpha\beta ab/q, \alpha\gamma ab/q, \alpha\beta\gamma abc/q^2; q)_\infty}{(\alpha a, \alpha b, \alpha c, \alpha\beta abc/q^2, \alpha\gamma abc/q^2, \alpha\beta\gamma ab/q; q)_\infty}, \tag{8.1.19}$$

这里 $\max\{|\alpha\beta abc/q^2|, |\alpha\gamma abc/q^2|\} < 1$. 若在上式中, 取 $\gamma = 0$ 和 $\beta = 1$, 则得到非终止型 ${}_6\phi_5$ 求和公式 (3.1.2).

例 8.1.4 (Askey Beta 积分的推广[171])　Askey Beta 积分为

$$\int_{-\infty}^\infty \frac{(at, bt; q)_\infty}{(-dt, et; q)_\infty} d_q t = \frac{2(1-q)(q^2; q^2)_\infty^2 (de, q/de, a/e, -a/d, b/e, -b/d; q)_\infty}{(q; q)_\infty (d^2, e^2, q^2/d^2, q^2/e^2; q^2)_\infty (-ab/deq; q)_\infty}.$$

上式中对变量 a 作算子 $E(c\theta_{q,a})$, 则得

$$\int_{-\infty}^\infty \frac{(at, bt, ct; q)_\infty}{(-dt, et, -abct/deq^2; q)_\infty} d_q t$$

$$= \frac{2(1-q)(q^2; q^2)_\infty^2 (de, q/de, a/e, -a/d, b/e, -b/d, c/e, -c/d; q)_\infty}{(q; q)_\infty (d^2, e^2, q^2/d^2, q^2/e^2; q^2)_\infty (-ab/deq, -ac/deq, -bc/deq; q)_\infty}. \tag{8.1.20}$$

例 8.1.5 (Ramanujan Beta 积分的推广[172])　Ramanujan Beta 积分为

$$\int_0^\infty t^{x-1} \frac{(-at; q)_\infty}{(-t; q)_\infty} dt = \frac{\pi}{\sin \pi x} \frac{(q^{1-x}, a; q)_\infty}{(q, aq^{-x}; q)_\infty},$$

这里 $0 < q < 1$, $x > 0$, $0 < a < q^x$. 两边同乘 $(aq^{-x}; q)_\infty$, 且对变量 a 作算子 $E(b\theta_{q,a})$, 则得

$$\int_0^\infty t^{x-1} \frac{(-at, -bt; q)_\infty}{(-t, -abq^{-x-1}t; q)_\infty} dt = \frac{\pi}{\sin \pi x} \frac{(q^{1-x}, a, b; q)_\infty}{(q, aq^{-x}, bq^{-x}; q)_\infty}. \tag{8.1.21}$$

8.2　q-朱世杰-Vandermonde 求和 →Kalnins-Miller ${}_3\phi_2$ 变换 → Sears ${}_4\phi_3$ 变换

本节里将 q-指数算子技巧应用到两个 q-朱世杰-Vandermonde 求和公式 (2.4.11) 和 (2.4.12) 上, 可以得到 Kalnins-Miller ${}_3\phi_2$ 变换, 继续应用到 Kalnins-Miller ${}_3\phi_2$ 变换可以得到 Sears ${}_4\phi_3$ 变换.

定理 8.2.1 (Kalnins-Miller $_3\phi_2$ 第一变换)

$$_3\phi_2 \left[\begin{array}{ccc} q^{-n}, & bx, & dx \\ & cx, & bdxy \end{array} ; q, cyq^n \right] = \frac{(cy;q)_n}{(cx;q)_n} \, _3\phi_2 \left[\begin{array}{ccc} q^{-n}, & by, & dy \\ & cy, & bdxy \end{array} ; q, cxq^n \right].$$
$$(8.2.1)$$

证明 在 q-朱世杰-Vandermonde 求和公式 (2.4.11) 中, 代替 (b,c) 为 (bx,cx) 和 (by,cy), 则

$$\sum_{k=0}^{n} \frac{(q^{-n}, bx; q)_k}{(q, cx; q)_k} \left(\frac{cq^n}{b} \right)^k = \frac{(c/b;q)_n}{(cx;q)_n}$$

和

$$\sum_{k=0}^{n} \frac{(q^{-n}, by; q)_k}{(q, cy; q)_k} \left(\frac{cq^n}{b} \right)^k = \frac{(c/b;q)_n}{(cy;q)_n}.$$

比较上面两个式子, 有

$$\sum_{k=0}^{n} \frac{(q^{-n}, bx; q)_k}{(q, cx; q)_k} \left(\frac{cq^n}{b} \right)^k = \frac{(cy;q)_n}{(cx;q)_n} \sum_{k=0}^{n} \frac{(q^{-n}, by; q)_k}{(q, cy; q)_k} \left(\frac{cq^n}{b} \right)^k.$$

设 $b \to 1/b$, 重写上式为

$$\sum_{k=0}^{n} \frac{(q^{-n}; q)_k}{(q, cx; q)_k} (-cxq^n)^k q^{\binom{k+1}{2}-k} (qb/y, q^{1-k}b/x; q)_\infty$$

$$= \frac{(cy;q)_n}{(cx;q)_n} \sum_{k=0}^{n} \frac{(q^{-n}; q)_k}{(q, cy; q)_k} (-cyq^n)^k q^{\binom{k+1}{2}-k} (qb/x, q^{1-k}b/y; q)_\infty.$$

对上式变量 b 应用算子 $E(d\theta_{q,b})$, 化简, 可得结论. □

改变 (8.2.1) 的和序, 可得 Kalnins-Miller 变换的另一版本.

定理 8.2.2 (Kalnins-Miller $_3\phi_2$ 第二变换)

$$_3\phi_2 \left[\begin{array}{ccc} q^{-n}, & bx, & dx \\ & cx, & bdxy \end{array} ; q, q \right] = \frac{(cy;q)_n}{(cx;q)_n} \, _3\phi_2 \left[\begin{array}{ccc} q^{-n}, & by, & dy \\ & cy, & bdxy \end{array} ; q, q \right]. \quad (8.2.2)$$

同样, 将 q-指数算子技巧应用到 q-朱世杰-Vandermonde 第二求和公式 (2.4.12) 可以得到

定理 8.2.3 (Kalnins-Miller $_3\phi_2$ 第三变换)

$$_3\phi_2 \left[\begin{array}{ccc} q^{-n}, & bx, & cdxyq^{n-1} \\ & cx, & dx \end{array} ; q, q \right]$$

$$= \left(\frac{x}{y} \right)^n \frac{(cy, dy; q)_n}{(cx, dx; q)_n} \, _3\phi_2 \left[\begin{array}{ccc} q^{-n}, & by, & cdxyq^{n-1} \\ & cy, & dy \end{array} ; q, q \right]. \quad (8.2.3)$$

改变 (8.2.3) 的和序, 可得 Kalnins-Miller 变换的下列形式.

定理 8.2.4 (Kalnins-Miller $_3\phi_2$ 第四变换)

$$_3\phi_2 \left[\begin{array}{ccc} q^{-n}, & bx, & cdxyq^{n-1} \\ & cx, & dx \end{array} ; q, q/by \right]$$
$$= \left(\frac{x}{y}\right)^n \frac{(cy, dy; q)_n}{(cx, dx; q)_n} {}_3\phi_2 \left[\begin{array}{ccc} q^{-n}, & by, & cdxyq^{n-1} \\ & cy, & dy \end{array} ; q, q/bx \right]. \quad (8.2.4)$$

继续将 q-指数算子技巧应用到 Kalnins-Miller $_3\phi_2$ 变换可以得到下面的定理.

定理 8.2.5 (Sears$_4\phi_3$ 变换公式[23])

$$_4\phi_3 \left[\begin{array}{cccc} q^{-n}, & bx, & dx, & cexyq^{n-1} \\ & cx, & ex, & bdxy \end{array} ; q, q \right]$$
$$= \left(\frac{x}{y}\right)^n \frac{(cy, ey; q)_n}{(cx, ex; q)_n} {}_4\phi_3 \left[\begin{array}{cccc} q^{-n}, & by, & dy, & cexyq^{n-1} \\ & cy, & ey, & bdxy \end{array} ; q, q \right]. \quad (8.2.5)$$

注 8.2.1 (1) 通过对 (8.2.2) 应用 q-指数算子技巧, 我们得到 Sears 的 $_4\phi_3$ 变换公式 (8.2.5). 事实上, 对 (8.2.3), (8.2.4), (8.2.1) 应用 q-指数算子技巧, 我们得到的都是 Sears 的 $_4\phi_3$ 变换公式 (8.2.5)[173].

(2) 对 (8.2.5), 应用逆或改变和序, 得到的还是它自身.

8.3 由 Euler 的 $(a;q)_\infty$ 和 $\dfrac{1}{(a;q)_\infty}$ 展开产生的 q-级数恒等式

现在我们给出四个算子恒等式.

定理 8.3.1[174,175] 令 k 为非负整数, 则

$$T(dD_q) \left\{ \frac{a^k}{(at, as; q)_\infty} \right\} = a^k \frac{(adst; q)_\infty}{(at, as, dt, ds; q)_\infty} \sum_{j=0}^{k} \left[\begin{array}{c} k \\ j \end{array} \right] \frac{(at, as; q)_j}{(adst; q)_j} \left(\frac{d}{a}\right)^j; \quad (8.3.1)$$

$$E(d\theta) \left\{ a^k (at, as; q)_\infty \right\} = a^k \frac{(at, as, dt, ds; q)_\infty}{(adst/q; q)_\infty}$$
$$\times \sum_{j=0}^{k} (-1)^j \left[\begin{array}{c} k \\ j \end{array} \right] \frac{(q/at, q/as; q)_j}{(q^2/adst; q)_j} q^{\binom{j+1}{2} - kj}; \quad (8.3.2)$$

$$T(dD_q)\left\{\frac{a^{-k}}{(at,as;q)_\infty}\right\} = \left(-\frac{1}{d}\right)^k q^{\binom{k+1}{2}} \frac{(adts;q)_\infty}{(at,as,dt,ds;q)_\infty}$$

$$\times \sum_{n=0}^\infty \frac{(q^k;q)_n}{(q;q)_n} \frac{(q/adst;q)_{n+k}}{(q/dt,q/ds;q)_{n+k}}(-q)^n; \qquad (8.3.3)$$

$$E(d\theta)\left\{a^{-k}(at,as;q)_\infty\right\} = a^{-k}\frac{(at,as,dt,ds;q)_\infty}{(adst/q;q)_\infty}$$

$$\times \sum_{n=0}^\infty \frac{(q^k;q)_n}{(q;q)_n} \frac{(adst/q;q)_{n+k}}{(dt,ds;q)_{n+k}}q^{\binom{n+1}{2}}\left(-\frac{d}{a}\right)^n, \quad (8.3.4)$$

这里 $|d/a|<1$.

证明 应用高阶 Leibnitz 求导法则 (7.1.6), 则有

$$T(dD_q)\left\{\frac{a^k}{(at,as;q)_\infty}\right\}$$

$$= \sum_{n=0}^\infty \frac{d^n}{(q;q)_n} D_q^n\left\{\frac{a^k}{(at,as;q)_\infty}\right\}$$

$$= \sum_{n=0}^\infty \frac{d^n}{(q;q)_n} \sum_{j=0}^n q^{j(j-n)}\begin{bmatrix}n\\j\end{bmatrix} D_q^j\{a^k\} D_q^{n-j}\left\{\frac{1}{(atq^j,asq^j;q)_\infty}\right\}$$

$$= \sum_{n=0}^\infty \frac{d^n}{(q;q)_n} \sum_{j=0}^n q^{j(j-n)}\begin{bmatrix}n\\j\end{bmatrix} \frac{(q;q)_k}{(q;q)_{k-j}}a^{k-j} D_q^{n-j}\left\{\frac{1}{(atq^j,asq^j;q)_\infty}\right\}$$

$$= \sum_{j=0}^\infty \sum_{n=j}^\infty \frac{d^n}{(q;q)_n} q^{j(j-n)}\begin{bmatrix}n\\j\end{bmatrix} \frac{(q;q)_k}{(q;q)_{k-j}}a^{k-j} D_q^{n-j}\left\{\frac{1}{(atq^j,asq^j;q)_\infty}\right\}$$

$$= \sum_{j=0}^\infty \frac{d^j(q;q)_k}{(q;q)_j(q;q)_{k-j}}a^{k-j} \sum_{n=0}^\infty \frac{d^n}{(q;q)_n}q^{-nj} D_q^n\left\{\frac{1}{(atq^j,asq^j;q)_\infty}\right\}$$

$$= a^k \sum_{j=0}^k \begin{bmatrix}k\\j\end{bmatrix}\left(\frac{d}{a}\right)^j \sum_{n=0}^\infty \frac{(dq^{-j}D_q)^n}{(q;q)_n}\left\{\frac{1}{(atq^j,asq^j;q)_\infty}\right\}$$

$$= a^k \sum_{j=0}^k \begin{bmatrix}k\\j\end{bmatrix}\left(\frac{d}{a}\right)^j \cdot T(dq^{-j}D_q)\left\{\frac{1}{(atq^j,asq^j;q)_\infty}\right\}$$

$$= a^k \sum_{j=0}^k \begin{bmatrix}k\\j\end{bmatrix}\left(\frac{d}{a}\right)^j \frac{(adstq^j;q)_\infty}{(atq^j,asq^j,dt,ds;q)_\infty}$$

$$= a^k \frac{(adst;q)_\infty}{(at,as,dt,ds;q)_\infty}\sum_{j=0}^k \begin{bmatrix}k\\j\end{bmatrix}\frac{(at,as;q)_j}{(adst;q)_j}\left(\frac{d}{a}\right)^j.$$

即我们得到 (8.3.1). 其他式子证明类似, 这里不再叙述. □

在定理 8.3.1 中, 取 $s = 0$, 则有下面的推论.

推论 8.3.1　令 k 为非负整数, 则

$$T(dD_q)\left\{\frac{a^k}{(at;q)_\infty}\right\} = a^k \frac{1}{(at,dt;q)_\infty} \sum_{j=0}^{k} \begin{bmatrix} k \\ j \end{bmatrix} (at;q)_j \left(\frac{d}{a}\right)^j, \tag{8.3.5}$$

$$E(d\theta)\left\{a^{-k}(at;q)_\infty\right\} = a^{-k}(at,dtq^k;q)_\infty \sum_{n=0}^{\infty} \frac{(q^k;q)_n}{(q;q)_n} \frac{1}{(dt;q)_{n+k}} q^{\binom{n+1}{2}} \left(-\frac{d}{a}\right)^n, \tag{8.3.6}$$

这里 $|d/a| < 1$, 以及

$$T(dD_q)\left\{\frac{a^{-k}}{(at;q)_\infty}\right\}$$

$$= \left(-\frac{1}{adt}\right)^k q^{\binom{k+1}{2}} \frac{1}{(at,dt;q)_\infty} \sum_{n=0}^{\infty} \frac{(q^k;q)_n}{(q;q)_n} \frac{1}{(q/dt;q)_{n+k}} \left(-\frac{q}{at}\right)^n, \tag{8.3.7}$$

这里 $|q/at| < 1$.

进一步, 在 (8.3.6) 中, 令 $k = 1$ 或 $t = 0$, 则可得

推论 8.3.2[165]

$$E(b\theta)\left\{a^{-1}\right\} = a^{-1} \sum_{n=0}^{\infty} (-1)^n q^{\binom{n+1}{2}} b^n a^{-n}, \tag{8.3.8}$$

$$E(b\theta)\left\{a^{-1}(-a;q)_\infty\right\} = a^{-1}(-a;q)_\infty \sum_{m=0}^{\infty} (-b/a)^m q^{\binom{m+1}{2}} (-bq^{m+1};q)_\infty. \tag{8.3.9}$$

重写 Euler 的 $(a;q)_\infty$ 的展开式 (2.2.3) 为

$$\sum_{n=0}^{\infty} (-aq^{n+1};q)_\infty q^n = -a^{-1} + a^{-1}(-a;q)_\infty. \tag{8.3.10}$$

应用算子恒等式技巧, 我们可以得到下述结果.

定理 8.3.2　令 k 为非负整数, 则

$$\sum_{n=0}^{\infty} \frac{(-adt;q)_n}{(-aq,-dq;q)_n} q^n \sum_{j=0}^{k+1} \frac{(q^{-(k+1)}, -q^{-n}/a, q/at;q)_j}{(q, -q^{1-n}/adt;q)_j} q^j$$

$$= -a^{-1} \frac{(-adt;q)_\infty}{(-aq,-dq;q)_\infty} \sum_{j=0}^{k} \frac{(q^{-k}, q/at;q)_j}{(q;q)_j} (dt)^j$$

$$+ a^{-1} \frac{(1+a)(1+d)}{1+adt/q} \sum_{j=0}^{k} \frac{(q^{-k}, -q/a, q/at;q)_j}{(q, -q^2/adt;q)_j} q^j. \tag{8.3.11}$$

证明　在等式 (8.3.10) 两边同时乘以 $a^{k+1}(at;q)_\infty$, 则

$$\sum_{n=0}^\infty a^{k+1}(-aq^{n+1},at;q)_\infty q^n = -a^k(at;q)_\infty + a^k(-a,at;q)_\infty.$$

对上式两边变量 a 应用算子 $E(d\theta)$, 应用定理 8.3.1 和推论 8.3.1, 化简, 可得结果. 　　　　　　　　　　　　　　　　　　　　　　　　　　　　　$\square$

在定理 8.3.2 中, 取 $k = 0$, 则得下述结果.

推论 8.3.3

$$a\sum_{n=0}^\infty \frac{(-adt;q)_n}{(-aq,-dq;q)_n}q^n + d(1-at/q)\sum_{n=0}^\infty \frac{(-adt;q)_n}{(-aq;q)_n(-dq;q)_{n+1}}q^{n+1}$$

$$= -\frac{(-adt;q)_\infty}{(-aq,-dq;q)_\infty} + 1 + a. \tag{8.3.12}$$

在推论 8.3.3 中, 令 $t = 0$, 则得下述结果.

推论 8.3.4

$$a\sum_{n=0}^\infty \frac{1}{(-aq,-dq;q)_n}q^n + d\sum_{n=0}^\infty \frac{1}{(-aq;q)_n(-dq;q)_{n+1}}q^{n+1}$$

$$= -\frac{1}{(-aq,-dq;q)_\infty} + 1 + a. \tag{8.3.13}$$

在定理 8.3.2 中, 取 $k = 1$, 则得下述结果.

推论 8.3.5

$$a^2q\sum_{n=0}^\infty \frac{(-adt;q)_n}{(-aq,-dq;q)_n}q^n - ad(1+q)(at-q)\sum_{n=0}^\infty \frac{(-adt;q)_n}{(-aq;q)_n(-dq;q)_{n+1}}q^n$$

$$+ d^2(at-q)(at-q^2)\sum_{n=0}^\infty \frac{(-adt;q)_n}{(-aq;q)_n(-dq;q)_{n+2}}q^n$$

$$= \frac{(1+a)(aq+dq+adq^2-adt)}{1+dq} - (aq+dq-adt)\frac{(-adt;q)_\infty}{(-aq,-dq;q)_\infty}. \tag{8.3.14}$$

在推论 8.3.5 中, 令 $t = 0$, 则得下述结果.

推论 8.3.6

$$a^2\sum_{n=0}^\infty \frac{1}{(-aq,-dq;q)_n}q^n + ad(1+q)\sum_{n=0}^\infty \frac{1}{(-aq;q)_n(-dq;q)_{n+1}}q^n$$

$$+ d^2q^2\sum_{n=0}^\infty \frac{1}{(-aq;q)_n(-dq;q)_{n+2}}q^n$$

$$= \frac{(1+a)(a+d+adq)}{1+dq} - (a+d)\frac{1}{(-aq,-dq;q)_\infty}. \tag{8.3.15}$$

定理 8.3.3 令 k 为非负整数, 则

$$(1 - dtq^k) \sum_{n=0}^{\infty} \frac{(-adtq^k; q)_n}{(-aq, -dq^{k+1}; q)_n} q^n \sum_{i=0}^{\infty} \frac{(q^k, -adtq^{n+k}; q)_i}{(q, -dq^{n+k+1}, dtq^k; q)_i} q^{\binom{i+1}{2}} \left(-\frac{d}{a}\right)^i$$

$$= -a^{-1} \frac{(-adtq^k; q)_\infty}{(-aq, -dq^{k+1}; q)_\infty} \sum_{i=0}^{\infty} \frac{(q^{k+1}; q)_i}{(q, dtq^{k+1}; q)_i} q^{\binom{i+1}{2}} \left(-\frac{d}{a}\right)^i$$

$$+ (1 + a^{-1}) \sum_{i=0}^{\infty} \frac{(q^{k+1}, -adtq^k; q)_i}{(q, -dq^{k+1}, dtq^{k+1}; q)_i} q^{\binom{i+1}{2}} \left(-\frac{d}{a}\right)^i, \tag{8.3.16}$$

这里 $|d/a| < 1$.

证明 重写 (8.3.10) 为

$$\sum_{n=0}^{\infty} q^n a^{-k} (-aq^{n+1}, at; q)_\infty = -a^{-(k+1)}(at; q)_\infty + a^{-(k+1)}(-a, at; q)_\infty,$$

对上式两边变量 a 应用算子 $E(d\theta)$, 应用定理 8.3.1 和推论 8.3.1, 化简, 可得结果. □

在定理 8.3.3 中, 取 $k = 0$, 则得下述结果.

推论 8.3.7

$$(1 - dt) \sum_{n=0}^{\infty} \frac{(-adt; q)_n}{(-aq, -dq; q)_n} q^n = -a^{-1} \frac{(-adt; q)_\infty}{(-aq, -dq; q)_\infty} \sum_{i=0}^{\infty} \frac{1}{(dtq; q)_i} q^{\binom{i+1}{2}} \left(-\frac{d}{a}\right)^i$$

$$+ (1 + a^{-1}) \sum_{i=0}^{\infty} \frac{(-adt; q)_i}{(-dq, dtq; q)_i} q^{\binom{i+1}{2}} \left(-\frac{d}{a}\right)^i, \tag{8.3.17}$$

这里 $|d/a| < 1$.

在推论 8.3.7 中, 取 $t = 0$, 得到下列 Ramanujan 恒等式.

推论 8.3.8

$$\sum_{n=0}^{\infty} \frac{1}{(-aq, -dq; q)_n} q^n = -a^{-1} \frac{1}{(-aq, -dq; q)_\infty} \sum_{n=0}^{\infty} (-1)^n q^{\binom{n+1}{2}} (d/a)^n$$

$$+ (1 + a^{-1}) \sum_{n=0}^{\infty} \frac{(-1)^n q^{\binom{n+1}{2}} (d/a)^n}{(-dq; q)_n}, \tag{8.3.18}$$

这里 $|d/a| < 1$.

注 8.3.1 这个恒等式是 Ramanujan 丢失的笔记本里的一个公式, 它的证明由 Andrews 给出[176,177].

重写 Euler 的 $\dfrac{1}{(a;q)_\infty}$ 展开 $\displaystyle\sum_{n=0}^\infty \dfrac{1}{(q;q)_n}a^n = \dfrac{1}{(a;q)_\infty}$ 为

$$\sum_{n=0}^\infty \frac{1}{(aq^n;q)_\infty}q^n = a^{-1}\frac{1}{(a;q)_\infty} - a^{-1},\qquad (8.3.19)$$

从这个恒等式出发, 应用算子 $T(dD_q)$, 可以得到下述结果.

定理 8.3.4 设 k 为非负整数, 则

$$\sum_{n=0}^\infty q^n(d;q)_n \sum_{j=0}^{k+1}\begin{bmatrix} k+1 \\ j \end{bmatrix}(at;q)_j\frac{(a;q)_{n+j}}{(adt;q)_{n+j}}\left(\frac{d}{a}\right)^j$$

$$= a^{-1}\sum_{j=0}^k\begin{bmatrix} k \\ j \end{bmatrix}\frac{(a,at;q)_j}{(adt;q)_j}\left(\frac{d}{a}\right)^j - a^{-1}\frac{(a,d;q)_\infty}{(adt;q)_\infty}\sum_{j=0}^k\begin{bmatrix} k \\ j \end{bmatrix}(at;q)_j\left(\frac{d}{a}\right)^j.$$

$$(8.3.20)$$

证明 由 (8.3.19), 有

$$\sum_{n=0}^\infty \frac{a^{k+1}}{(aq^n,at;q)_\infty}q^n = \frac{a^k}{(a,at;q)_\infty} - \frac{a^k}{(at;q)_\infty}.$$

对上式两边变量 a 应用算子 $T(d\theta)$, 应用定理 8.3.1 和推论 8.3.1, 化简, 可得结果. $\qquad\square$

在定理 8.3.4 中, 取 $k=0$, 则得下述结果.

推论 8.3.9

$$a\sum_{n=0}^\infty \frac{(a,d;q)_n}{(adt;q)_n}q^n + d(1-at)\sum_{n=0}^\infty (d;q)_n\frac{(a;q)_{n+1}}{(adt;q)_{n+1}}q^n = 1 - \frac{(a,d;q)_\infty}{(adt;q)_\infty}. \quad (8.3.21)$$

特别地, 令 $t=0$, 则有下面的结果.

推论 8.3.10

$$a\sum_{n=0}^\infty (a,d;q)_nq^n + d\sum_{n=0}^\infty (d;q)_n(a;q)_{n+1}q^n = 1 - (a,d;q)_\infty. \qquad (8.3.22)$$

在定理 8.3.4 中, 取 $k=1$, 则得下述结果.

推论 8.3.11

$$a^2\sum_{n=0}^\infty \frac{(a,d;q)_n}{(adt;q)_n}q^n + ad(1+q)(1-at)\sum_{n=0}^\infty \frac{(a;q)_{n+1}(d;q)_n}{(adt;q)_{n+1}}q^n$$

$$+ d^2(1-at)(1-atq)\sum_{n=0}^\infty \frac{(a;q)_{n+2}(d;q)_n}{(adt;q)_{n+2}}q^n$$

$$= a + d\frac{(1-a)(1-at)}{1-adt} - \frac{(a,d;q)_\infty}{(adt;q)_\infty}(a+d-adt). \tag{8.3.23}$$

特别地, 令 $t = 0$, 则有下面的结果.

推论 8.3.12

$$a^2 \sum_{n=0}^\infty (a,d;q)_n q^n + ad(1+q)\sum_{n=0}^\infty (a;q)_{n+1}(d;q)_n q^n + d^2\sum_{n=0}^\infty (a;q)_{n+2}(d;q)_n q^n$$

$$= (a+d)(1-(a,d;q)_\infty) - ad. \tag{8.3.24}$$

定理 8.3.5　设 k 为非负整数, 则

$$\sum_{n=0}^\infty q^n \frac{(a,d;q)_n}{(adt;q)_n}\sum_{j=0}^\infty \frac{(q^k;q)_j}{(q;q)_j}\frac{(q^{1-n}/adt;q)_{k+j}}{(q/dt,q^{1-n}/d;q)_{k+j}}(-q)^j$$

$$= -\frac{q^{k+1}}{d}\sum_{j=0}^\infty \frac{(q^{k+1};q)_j}{(q;q)_j}\frac{(q/adt;q)_{k+1+j}}{(q/d,q/dt;q)_{k+1+j}}(-q)^j$$

$$+ \frac{1}{d}\frac{(a,d;q)_\infty}{(adt;q)_\infty}\sum_{j=0}^\infty \frac{(q^{k+1};q)_j}{(q;q)_j}\frac{(-1)^j}{(q/dt;q)_{k+1+j}}(q/at)^{k+1+j}, \tag{8.3.25}$$

这里 $|q/at| < 1$.

证明　重写 (8.3.19) 为

$$\sum_{n=0}^\infty \frac{a^{-k}}{(aq^n,at;q)_\infty}q^n = \frac{a^{-(k+1)}}{(a,at;q)_\infty} - \frac{a^{-(k+1)}}{(at;q)_\infty}.$$

对上式两边变量 a 应用算子 $T(d\theta)$, 应用定理 8.3.1 和推论 8.3.1, 化简, 可得结果.　　□

在定理 8.3.5 中, 取 $k = 0$, 则得下面的推论.

推论 8.3.13

$$\sum_{n=0}^\infty q^n \frac{(a,d;q)_n}{(adt;q)_n}$$

$$= -\frac{q}{d}\sum_{j=0}^\infty \frac{(q/adt;q)_{j+1}}{(q/d,q/dt;q)_{j+1}}(-q)^j + \frac{1}{d}\frac{(a,d;q)_\infty}{(adt;q)_\infty}\sum_{j=0}^\infty \frac{(-1)^j}{(q/dt;q)_{j+1}}\left(\frac{q}{at}\right)^{j+1}, \tag{8.3.26}$$

这里 $|q/at| < 1$.

8.4 联系 Ramanujan 的一个恒等式及其应用

设 a 和 b 为 $a,\, b \neq -q^{-n}$ 的任何复数, 且定义

$$\rho(a,b) = \left(1+\frac{1}{b}\right)\sum_{n=0}^{\infty}\frac{(-1)^n q^{n(n+1)/2}a^n b^{-n}}{(-aq;q)_n}. \tag{8.4.1}$$

Ramanujan 在他的丢失的笔记本[178] 中给出了关于 $\rho(a,b)$ 的下述漂亮结果:

$$\rho(a,b)-\rho(b,a) = \left(\frac{1}{b}-\frac{1}{a}\right)\frac{(aq/b,bq/a,q;q)_\infty}{(-aq,-bq;q)_\infty}, \tag{8.4.2}$$

即

$$\left(1+\frac{1}{b}\right)\sum_{n=0}^{\infty}\frac{(-1)^n q^{n(n+1)/2}a^n b^{-n}}{(-aq;q)_n} - \left(1+\frac{1}{a}\right)\sum_{n=0}^{\infty}\frac{(-1)^n q^{n(n+1)/2}b^n a^{-n}}{(-bq;q)_n}$$

$$= \left(\frac{1}{b}-\frac{1}{a}\right)\frac{(aq/b,bq/a,q;q)_\infty}{(-aq,-bq;q)_\infty}. \tag{8.4.3}$$

上述恒等式的第一个证明由 Andrews[176] 给出. 其他研究见文献 [179], [180] 等.

定理 8.4.1 若 $a,\, b,\, ad,\, bd \neq -q^{-n}$, 则

$$\left(1+\frac{1}{b}\right)(1+bd)\sum_{n=0}^{\infty}\frac{(-1)^n q^{n(n+1)/2}a^n b^{-n}(abd;q)_n}{(-aq,-adq;q)_n}$$

$$-\left(1+\frac{1}{a}\right)(1+ad)\sum_{n=0}^{\infty}\frac{(-1)^n q^{n(n+1)/2}a^{-n}b^n(abd;q)_n}{(-bq,-bdq;q)_n}$$

$$= \left(\frac{1}{b}-\frac{1}{a}\right)\frac{(aq/b,bq/a,abd,q;q)_\infty}{(-aq,-bq,-adq,-bdq;q)_\infty}. \tag{8.4.4}$$

证明 在 (8.4.3) 中, 取 $b \to ab$, 则

$$(1+ab)\sum_{n=0}^{\infty}\frac{(-1)^n q^{n(n+1)/2}b^{-n}}{(-aq;q)_n} - b(1+a)\sum_{n=0}^{\infty}\frac{(-1)^n q^{n(n+1)/2}b^n}{(-abq;q)_n}$$

$$= (1-b)\frac{(q/b,bq,q;q)_\infty}{(-aq,-abq;q)_\infty}. \tag{8.4.5}$$

应用 $(a;q)_n = \dfrac{(a;q)_\infty}{(aq^n;q)_\infty}$ 及在等式两边同时乘以 $(-aq,-abq;q)_\infty$, 则

$$(1+ab)\sum_{n=0}^{\infty}(-1)^n q^{n(n+1)/2}b^{-n}(-aq^{n+1},-abq;q)_\infty$$

$$- b(1 + a) \sum_{n=0}^{\infty} (-1)^n q^{n(n+1)/2} b^n (-aq, -abq^{n+1}; q)_\infty$$

$$= (1 - b)(q/b, bq, q; q)_\infty. \tag{8.4.6}$$

因此

$$\sum_{n=0}^{\infty} (-1)^n q^{n(n+1)/2} b^{-n} (-aq^{n+1}, -ab; q)_\infty$$

$$- b \sum_{n=0}^{\infty} (-1)^n q^{n(n+1)/2} b^n (-a, -abq^{n+1}; q)_\infty$$

$$= (1 - b)(q/b, bq, q; q)_\infty. \tag{8.4.7}$$

对等式两边变量 a 应用算子 $E(d\theta_{q,a})$，则

$$\sum_{n=0}^{\infty} (-1)^n q^{n(n+1)/2} b^{-n} E(d\theta) \left\{ (-aq^{n+1}, -ab; q)_\infty \right\}$$

$$- b \sum_{n=0}^{\infty} (-1)^n q^{n(n+1)/2} b^n E(d\theta) \left\{ (-a, -abq^{n+1}; q)_\infty \right\}$$

$$= (1 - b)(q/b, bq, q; q)_\infty E(d\theta) \{1\}. \tag{8.4.8}$$

由于

$$E(d\theta) \left\{ (-aq^{n+1}, -ab; q)_\infty \right\} = \frac{(-aq^{n+1}, -ab, -dq^{n+1}, -bd; q)_\infty}{(abdq^n; q)_\infty},$$

$$E(d\theta) \left\{ (-a, -abq^{n+1}; q)_\infty \right\} = \frac{(-a, -abq^{n+1}, -d, -bdq^{n+1}; q)_\infty}{(abdq^n; q)_\infty},$$

$$E(d\theta) \{1\} = \sum_{n=0}^{\infty} \frac{d^n q^{\binom{n}{2}}}{(q; q)_n} \theta^n \{1\} = 1,$$

代这三个等式到 (8.4.8)，应用 $(aq^n; q)_\infty = \dfrac{(a; q)_\infty}{(a; q)_n}$，我们得到

$$(1 + ab)(1 + bd) \sum_{n=0}^{\infty} (-1)^n q^{n(n+1)/2} b^{-n} \frac{(abd; q)_n}{(-aq, -dq; q)_n}$$

$$- b(1 + a)(1 + d) \sum_{n=0}^{\infty} (-1)^n q^{n(n+1)/2} b^n \frac{(abd; q)_n}{(-abq, -bdq; q)_n}$$

$$= (1 - b) \frac{(q/b, bq, abd, q; q)_\infty}{(-abq, -bdq, -aq, -dq; q)_\infty}.$$

两端除以 ab^2d, 则

$$\left(1 + \frac{1}{ab}\right)\left(1 + \frac{1}{bd}\right)\sum_{n=0}^{\infty}(-1)^n q^{n(n+1)/2}b^{-n}\frac{(abd;q)_n}{(-aq, -dq;q)_n}$$

$$- \frac{1}{b}\left(1 + \frac{1}{a}\right)\left(1 + \frac{1}{d}\right)\sum_{n=0}^{\infty}(-1)^n q^{n(n+1)/2}b^n\frac{(abd;q)_n}{(-abq, -bdq;q)_n}$$

$$= \frac{1-b}{ab^2d}\frac{(q/b, bq, abd, q;q)_\infty}{(-abq, -bdq, -aq, -dq;q)_\infty}.$$

设 $b \to b/a$ 与 $d \to ad$. 则

$$\left(1 + \frac{1}{b}\right)\left(1 + \frac{1}{bd}\right)\sum_{n=0}^{\infty}(-1)^n q^{n(n+1)/2}a^n b^{-n}\frac{(abd;q)_n}{(-aq, -adq;q)_n}$$

$$- \frac{1}{b}(1 + a)\left(1 + \frac{1}{ad}\right)\sum_{n=0}^{\infty}(-1)^n q^{n(n+1)/2}a^{-n}b^n\frac{(abd;q)_n}{(-bq, -bdq;q)_n}$$

$$= \frac{a-b}{ab^2d}\frac{(aq/b, bq/a, abd, q;q)_\infty}{(-bq, -bdq, -aq, -adq;q)_\infty}.$$

两边乘以 bd, 则

$$\left(1 + \frac{1}{b}\right)(1 + bd)\sum_{n=0}^{\infty}\frac{(-1)^n q^{n(n+1)/2}a^n b^{-n}(abd;q)_n}{(-aq, -adq;q)_n}$$

$$- \left(1 + \frac{1}{a}\right)(1 + ad)\sum_{n=0}^{\infty}\frac{(-1)^n q^{n(n+1)/2}a^{-n}b^n(abd;q)_n}{(-bq, -bdq;q)_n}$$

$$= \left(\frac{1}{b} - \frac{1}{a}\right)\frac{(aq/b, bq/a, abd, q;q)_\infty}{(-aq, -bq, -adq, -bdq;q)_\infty}. \tag{8.4.9}$$

$\square$

定理 8.4.2

$$\frac{(q;q)_\infty^3(d;q)_\infty}{(-q;q)_\infty^2(-dq;q)_\infty^2}$$

$$= 2(1+d)\sum_{n=1}^{\infty}(-1)^n q^{n(n+1)/2}\frac{(d;q)_n}{(-q, -dq;q)_n}\left\{2n - \sum_{k=1}^{n}\frac{q^k}{1+q^k} - \sum_{k=1}^{n}\frac{dq^k}{1+dq^k}\right\}$$

$$- (d-1)\sum_{n=0}^{\infty}(-1)^n q^{n(n+1)/2}\frac{(d;q)_n}{(-q, -dq;q)_n}.$$

证明   在定理 8.4.1 中, 取 $b \to 1$, 有

$$2(1+d)\sum_{n=0}^{\infty}(-1)^n q^{n(n+1)/2}\frac{a^n(ad;q)_n}{(-aq, -adq;q)_n}$$

$$- \left(1 + \frac{1}{a}\right)(1 + ad)\sum_{n=0}^{\infty}(-1)^n q^{n(n+1)/2}\frac{a^{-n}(ad;q)_n}{(-q,-dq;q)_n}$$

$$= \left(1 - \frac{1}{a}\right)\frac{(aq,q/a,ad,q;q)_\infty}{(-aq,-q,-adq,-dq;q)_\infty}.$$

等式两边除以 $a - 1$, 且使 $a \to 1$, 我们发现

$$\frac{(q;q)_\infty^3(d;q)_\infty}{(-q;q)_\infty^2(-dq;q)_\infty^2}$$

$$= \frac{d}{da}2(1+d)\sum_{n=0}^{\infty}(-1)^n q^{n(n+1)/2}\left.\frac{a^n(ad;q)_n}{(-aq,-adq;q)_n}\right|_{a=1}$$

$$- \frac{d}{da}\left(1 + \frac{1}{a}\right)(1 + ad)\sum_{n=0}^{\infty}(-1)^n q^{n(n+1)/2}\left.\frac{a^{-n}(ad;q)_n}{(-q,-dq;q)_n}\right|_{a=1}$$

$$= S_1 - S_2.$$

现在我们计算后两个和表示. 由于

$$\frac{d}{da}(ad;q)_n = \frac{d}{da}(1 - ad)(1 - adq)\cdots(1 - adq^{n-1}) = (ad;q)_n\sum_{k=0}^{n-1}\frac{-dq^k}{1 - adq^k},$$

$$\frac{d}{da}\frac{1}{(ad;q)_n} = \frac{1}{(ad;q)_n}\sum_{k=0}^{n-1}\frac{dq^k}{1 - adq^k},$$

我们得到

$$S_1 = 2(1+d)\sum_{n=0}^{\infty}(-1)^n q^{n(n+1)/2}\left.\frac{d}{da}\frac{a^n(ad;q)_n}{(-aq,-adq;q)_n}\right|_{a=1}$$

$$= 2(1+d)\sum_{n=1}^{\infty}(-1)^n q^{n(n+1)/2}\frac{(d;q)_n}{(-q,-dq;q)_n}$$

$$\times \left\{ n - \sum_{k=0}^{n-1}\frac{dq^k}{1 - dq^k} - \sum_{k=1}^{n}\frac{q^k}{1 + q^k} - \sum_{k=1}^{n}\frac{dq^k}{1 + dq^k} \right\},$$

$$S_2 = \frac{d}{da}\left(1 + d + ad + \frac{1}{a}\right)\sum_{n=0}^{\infty}(-1)^n q^{n(n+1)/2}\left.\frac{a^{-n}(ad;q)_n}{(-q,-dq;q)_n}\right|_{a=1}$$

$$= (d-1)\sum_{n=0}^{\infty}(-1)^n q^{n(n+1)/2}\frac{(d;q)_n}{(-q,-dq;q)_n}$$

$$- 2(1+d)\sum_{n=0}^{\infty}(-1)^n q^{n(n+1)/2}\frac{(d;q)_n}{(-q,-dq;q)_n}\left\{ n + \sum_{k=0}^{n-1}\frac{dq^k}{1 - dq^k} \right\}.$$

因此

$$\frac{(q;q)_\infty^3 (d;q)_\infty}{(-q;q)_\infty^2 (-dq;q)_\infty^2} = 2(1+d) \sum_{n=1}^\infty (-1)^n q^{n(n+1)/2} \frac{(d;q)_n}{(-q,-dq;q)_n}$$

$$\times \left\{ 2n - \sum_{k=1}^n \frac{q^k}{1+q^k} - \sum_{k=1}^n \frac{dq^k}{1+dq^k} \right\}$$

$$- (d-1) \sum_{n=0}^\infty (-1)^n q^{n(n+1)/2} \frac{(d;q)_n}{(-q,-dq;q)_n}. \qquad \square$$

推论 8.4.1

$$\frac{(q;q)_\infty^3}{(-q;q)_\infty^2} = 2 \sum_{n=1}^\infty (-1)^n q^{n(n+1)/2} \frac{1}{(-q;q)_n} \left\{ 2n - \sum_{k=1}^n \frac{q^k}{1+q^k} \right\}$$

$$+ \sum_{n=0}^\infty (-1)^n q^{n(n+1)/2} \frac{1}{(-q;q)_n}.$$

证明 在定理 8.4.2 中, 取 $d = 0$. $\qquad \square$

推论 8.4.2

$$\frac{(q;q)_\infty}{(-q;q)_\infty} = 2 \sum_{n=0}^\infty (-1)^n q^{n(n+1)/2} \frac{1}{(1+q^n)(q;q)_n}.$$

证明 在定理 8.4.2 中, 取 $d = -1$. $\qquad \square$

推论 8.4.3

$$\frac{(q;q)_\infty^4}{(-q;q)_\infty^2 (-q^2;q)_\infty^2} = 2(1+q) \sum_{n=1}^\infty (-1)^n q^{n(n+1)/2} \frac{(q;q)_n}{(-q,-q^2;q)_n}$$

$$\times \left\{ 2n - \sum_{k=1}^n \frac{q^k}{1+q^k} - \sum_{k=1}^n \frac{q^{k+1}}{1+q^{k+1}} \right\}$$

$$+ (1-q) \sum_{n=0}^\infty (-1)^n q^{n(n+1)/2} \frac{(q;q)_n}{(-q,-q^2;q)_n}.$$

证明 在定理 8.4.2 中, 取 $d = q$. $\qquad \square$

推论 8.4.4

$$\frac{(q;q)_\infty}{(-q;q)_\infty^3} = 2 \sum_{n=1}^\infty (-1)^n q^{n(n+1)/2} \frac{1}{(q;q)_{n+1}} \left\{ 2n - \sum_{k=1}^n \frac{q^k}{1+q^k} + \sum_{k=1}^n \frac{q^{k+1}}{1-q^{k+1}} \right\}$$

$$+ \frac{1+q}{1-q} \sum_{n=0}^\infty (-1)^n q^{n(n+1)/2} \frac{1}{(q;q)_{n+1}}.$$

证明　在定理 8.4.2 中, 取 $d = -q$.　　　　　　　　　　　　　　　　　　□

注 8.4.1　应用文献 [181] 的方法, 我们能得到涉及 Eta 函数的恒等式. 例如, 由推论 8.4.2, 我们有

$$\frac{\eta^2(\tau)}{\eta(2\tau)} = 2\sum_{n=0}^{\infty}(-1)^n q^{n(n+1)/2}\frac{1}{(1+q^n)(q;q)_n}.$$

这里 Eta 定义为

$$\eta(\tau) = e^{\pi i\tau/12}\prod_{n=1}^{\infty}(1 - e^{2\pi i n\tau}) = q^{1/24}(q;q)_\infty,$$

这里 $q = e^{2\pi i\tau}$ 和 $\operatorname{Im}\tau > 0$.

8.5　双边级数的两个一般变换公式

定理 8.5.1[182]　若 B_k 与 n 无关和

$$A_n = \sum_{k=-\infty}^{\infty}(-1)^k\begin{bmatrix}2n\\n+k\end{bmatrix}q^{\binom{k}{2}}B_k. \tag{8.5.1}$$

在级数绝对收敛的条件下, 则有

$$\sum_{k=-\infty}^{\infty}\frac{(q/a,q/b,q/c;q)_k}{(a,b,c;q)_k}\left(\frac{abc}{q^2}\right)^k B_k$$

$$= \frac{\left(q,\dfrac{ab}{q},\dfrac{bc}{q},\dfrac{ac}{q};q\right)_\infty}{\left(a,b,c,\dfrac{abc}{q^2};q\right)_\infty}\sum_{n=0}^{\infty}\frac{\left(\dfrac{q}{a},\dfrac{q}{b},\dfrac{q}{c};q\right)_n}{(q;q)_{2n}\left(\dfrac{q^3}{abc};q\right)_n}q^n A_n. \tag{8.5.2}$$

证明

$$\sum_{n=0}^{\infty}\frac{(q/a,q/b;q)_n}{(q;q)_{2n}}\left(\frac{ab}{q}\right)^n A_n$$

$$= \sum_{k=-\infty}^{\infty}(-1)^k\frac{\left(\dfrac{q}{a},\dfrac{q}{b};q\right)_k}{(q;q)_{2k}}\left(\frac{ab}{q}\right)^k q^{\binom{k}{2}}{}_2\phi_1\begin{bmatrix}\dfrac{q^{k+1}}{a}, & \dfrac{q^{k+1}}{b}\\ & q^{2k+1}\end{bmatrix}{};q,\dfrac{ab}{q}\end{bmatrix}B_k$$

$$= \sum_{k=-\infty}^{\infty}(-1)^k\frac{(q/a,q/b;q)_k}{(q;q)_{2k}}\left(\frac{ab}{q}\right)^k q^{\binom{k}{2}}\frac{(aq^k,bq^k;q)_\infty}{(q^{2k-1},ab/q;q)_\infty}B_k$$

$$= \frac{(a,b;q)_\infty}{(q,ab/q;q)_\infty} \sum_{k=-\infty}^{\infty} (-1)^k \frac{(q/a,q/b;q)_k}{(a,b;q)_k} \left(\frac{ab}{q}\right)^k q^{\binom{k}{2}} B_k.$$

改写上式为

$$\sum_{k=-\infty}^{\infty} \frac{(q/b;q)_k}{(b;q)_k} b^k q^{k^2-k} \left(q^{-k}a, q^k a; q\right)_\infty B_k$$

$$= \frac{(q;q)_\infty}{(b;q)_\infty} \sum_{n=0}^{\infty} (-1)^n \frac{(q/b;q)_n}{(q;q)_{2n}} b^n \left(q^{-n}a, ab/q; q\right)^\infty q^{\binom{n}{2}} A_n.$$

对上式变量 a 施行算子 $E(c\theta_{q,x})$ 运算, 则得证. □

定理 8.5.2[182]　若 B_k 与 n 无关和

$$A_n = \sum_{k=-\infty}^{\infty} (-1)^k \begin{bmatrix} 2n+1 \\ n+k+1 \end{bmatrix} q^{\binom{k}{2}} B_k. \tag{8.5.3}$$

在级数绝对收敛的条件下, 则有

$$\sum_{k=-\infty}^{\infty} \frac{(q/a,q/b,q/c;q)_k}{(aq,bq,cq;q)_k} \left(\frac{abc}{q}\right)^k B_k$$

$$= \frac{(q,ab,bc,ac;q)_\infty}{\left(aq,bq,cq,\dfrac{abc}{q};q\right)_\infty} \sum_{n=0}^{\infty} \frac{\left(\dfrac{q}{a},\dfrac{q}{b},\dfrac{q}{c};q\right)_n}{(q;q)_{2n}\left(\dfrac{q^2}{abc};q\right)_n} q^n A_n. \tag{8.5.4}$$

证明　与定理 8.5.1 的证明类似, 这里略. □

注 8.5.1　定理 8.5.1 和定理 8.5.2 为双边级数的两个一般变换公式. 通过 B_k 的选择, 可以得到一些有意义的重要结果.

例 8.5.1　在 Jacobi 三重积恒等式的有限形式 (2.8.1) 中, 取 $m=n$, $x=1$, 则有

$$\sum_{k=-\infty}^{\infty} (-1)^k \begin{bmatrix} 2n \\ n+k \end{bmatrix} q^{\binom{k}{2}} = \delta_{0,n}. \tag{8.5.5}$$

在 (8.5.1) 中取 $B_k=1$, 则 $A_n = \delta_{0,n}$, 因此有[183]

$${}_3\psi_3 \begin{bmatrix} q/a, & q/b, & q/c \\ a, & b, & ,c \end{bmatrix} ; q, \frac{abc}{q^2} \end{bmatrix} = \frac{(q,ab/q,bc/q,ac/q;q)_\infty}{(a,b,c,abc/q^2;q)_\infty}. \tag{8.5.6}$$

设 $a=q^{l+1}$, $b=q^{m+1}$, $c=q^{n+1}$, 则

$$\sum_{k=-\infty}^{\infty} (-1)^k \begin{bmatrix} l+n \\ l+k \end{bmatrix} \begin{bmatrix} l+m \\ m+k \end{bmatrix} \begin{bmatrix} m+n \\ n+k \end{bmatrix} q^{(3k^2+k)/2} = \frac{(q;q)_{l+m+n}}{(q;q)_l(q;q)_m(q;q)_n}, \tag{8.5.7}$$

这是 q-Dixon 公式[184,185].

8.6 带双参数的有限 q 指数算子

在本节中, 我们除了沿用 $_r\phi_s$ 表示基本超几何级数外, 也将沿用文献 [2], [3] 中的记号, 用 $_r\varphi_s$ 表示基本超几何级数为

$$_r\varphi_s\left[\begin{array}{c} a_1,a_2,\cdots,a_r \\ b_1,b_2,\cdots,b_s \end{array};q,z\right]=\sum_{n=0}^{\infty}\frac{(a_1,a_2,\cdots,a_r;q)_n}{(q,b_1,b_2,\cdots,b_s;q)_n}z^n.$$

注 8.6.1 当 $r=s+1$ 时, $_r\phi_s$ 和 $_r\varphi_s$ 等价. 在不引起混淆的情况下, 简记 $D_{q,x}$ 为 D_q, $\theta_{q,x}$ 为 θ_q.

设 N 为非负整数, 双参数有限 q 指数算子定义为[186]

$$_2\mathcal{T}_1\left[\begin{array}{cc} q^{-N}, & w \\ & v \end{array};q,dD_q\right]=\sum_{n=0}^{N}\frac{(q^{-N},w;q)_n}{(q,v;q)_n}(dD_q)^n \tag{8.6.1}$$

和

$$_2\mathcal{E}_1\left[\begin{array}{cc} q^{-N}, & w \\ & v \end{array};q,d\theta_q\right]=\sum_{n=0}^{N}\frac{(q^{-N},w;q)_n}{(q,v;q)_n}(d\theta_q)^n. \tag{8.6.2}$$

则下列算子恒等式成立.

定理 8.6.1

$$_2\mathcal{T}_1\left[\begin{array}{cc} q^{-N}, & w \\ & v \end{array};q,dD_q\right]\left\{\frac{1}{(at;q)_\infty}\right\}=\frac{1}{(at;q)_\infty}\,_2\phi_1\left[\begin{array}{cc} q^{-N}, & w \\ & v \end{array};q,dt\right] \tag{8.6.3}$$

和

$$_2\mathcal{E}_1\left[\begin{array}{cc} q^{-N}, & w \\ & v \end{array};q,d\theta_q\right]\left\{(at;q)_\infty\right\}=(at;q)_\infty\,_2\varphi_1\left[\begin{array}{cc} q^{-N}, & w \\ & v \end{array};q,-dt\right]. \tag{8.6.4}$$

证明 应用 $_2\mathcal{T}_1$ 与 $_2\mathcal{E}_1$ 的定义和引理 8.1.1, 定理易证. □

定理 8.6.2 我们有

$$_2\mathcal{T}_1\left[\begin{array}{cc} q^{-N}, & w \\ & v \end{array};q,\frac{q}{t}D_q\right]\left\{\frac{(au;q)_\infty}{(as,at;q)_\infty}\right\}$$

$$=\frac{(au;q)_\infty}{(as,at;q)_\infty}w^N\frac{(v/w;q)_N}{(v;q)_N}\,_4\phi_2\left[\begin{array}{cccc} q^{-N}, & w, & u/s, & at \\ & au, & q^{1-N}w/v \end{array};q,\frac{qs}{vt}\right]. \tag{8.6.5}$$

证明 由 $_2\mathcal{T}_1$ 的定义与引理 8.1.1, 则有

$$
_2\mathcal{T}_1\left[\begin{array}{cc} q^{-N}, & w \\ & v \end{array}; q, dD_q\right]\left\{\frac{(au;q)_\infty}{(as,at;q)_\infty}\right\}
$$

$$
=\sum_{n=0}^{N}\frac{(q^{-N},w;q)_n}{(q,v;q)_n}(dD_q)^n\left\{\frac{(au;q)_\infty}{(as,at;q)_\infty}\right\}
$$

$$
=\sum_{n=0}^{N}\frac{(q^{-N},w;q)_n}{(q,v;q)_n}d^n\sum_{k=0}^{n}q^{k(k-n)}\left[\begin{array}{c} n \\ k \end{array}\right]D_q^k\left\{\frac{(au;q)_\infty}{(as;q)_\infty}\right\}D_q^{n-k}\left\{\frac{1}{(atq^k;q)_\infty}\right\}
$$

$$
=\sum_{n=0}^{N}\frac{(q^{-N},w;q)_n}{(q,v;q)_n}d^n\sum_{k=0}^{n}q^{k(k-n)}\left[\begin{array}{c} n \\ k \end{array}\right]\frac{(au;q)_\infty(u/s;q)_k}{(as;q)_\infty(au;q)_k}s^k\frac{(tq^k)^{n-k}}{(atq^k;q)_\infty}
$$

$$
=\frac{(au;q)_\infty}{(as,at;q)_\infty}\sum_{k=0}^{N}\frac{(u/s,at;q)_k}{(q,au;q)_k}s^k\sum_{n=k}^{N}\frac{(q^{-N},w;q)_n}{(q;q)_{n-k}(v;q)_n}d^nq^{k(k-n)}(tq^k)^{n-k}
$$

$$
=\frac{(au;q)_\infty}{(as,at;q)_\infty}\sum_{k=0}^{N}\frac{(u/s,at;q)_k}{(q,au;q)_k}s^k\sum_{n=0}^{N-k}\frac{(q^{-N},w;q)_{n+k}}{(q;q)_n(v;q)_{n+k}}d^{n+k}q^{-nk}t^nq^{nk}
$$

$$
=\frac{(au;q)_\infty}{(as,at;q)_\infty}\sum_{k=0}^{N}\frac{(q^{-N},w,u/s,at;q)_k}{(q,v,au;q)_k}(ds)^k\sum_{n=0}^{N-k}\frac{(q^{-N+k},wq^k;q)_n}{(q,vq^k;q)_n}(dt)^n. \quad (8.6.6)
$$

设 $dt=q$ 和应用 q-朱世杰-Vandermonde 求和公式 (2.4.11), 我们得到

$$
_2\mathcal{T}_1\left[\begin{array}{cc} q^{-N}, & w \\ & v \end{array}; q, \frac{q}{t}D_q\right]\left\{\frac{(au;q)_\infty}{(as,at;q)_\infty}\right\}
$$

$$
=\frac{(au;q)_\infty}{(as,at;q)_\infty}\sum_{k=0}^{N}\frac{(q^{-N},w,u/s,at;q)_k}{(q,au,v;q)_k}\left(\frac{qs}{t}\right)^k\frac{(v/w;q)_{N-k}}{(vq^k;q)_{N-k}}(wq^k)^{N-k}
$$

$$
=\frac{(au;q)_\infty}{(as,at;q)_\infty}\sum_{k=0}^{N}\frac{(q^{-N},w,u/s,at;q)_k}{(q,au,v;q)_k}\left(\frac{qs}{t}\right)^kw^{N-k}q^{Nk-k^2}
$$

$$
\times\frac{(v;q)_k}{(v;q)_N}\cdot\frac{(v/w;q)_N}{(wq^{1-N}/v;q)_k}\left(-q\frac{w}{v}\right)^kq^{\binom{k}{2}-Nk}
$$

$$
=\frac{(au;q)_\infty}{(as,at;q)_\infty}w^N\frac{(v/w;q)_N}{(v;q)_N}\sum_{k=0}^{N}\frac{(q^{-N},w,u/s,at;q)_k}{(q,au,wq^{1-N}/v;q)_k}(-1)^kq^{-\binom{k}{2}}\left(\frac{qs}{vt}\right)^k
$$

$$
=\frac{(au;q)_\infty}{(as,at;q)_\infty}w^N\frac{(v/w;q)_N}{(v;q)_N}\,_4\phi_2\left[\begin{array}{cccc} q^{-N}, & w, & u/s, & at \\ & & au, & q^{1-N}w/v \end{array}; q, \frac{qs}{vt}\right].
$$

定理得证. □

注 8.6.2　在 (8.6.5) 中, 若取 $v \to q^{-N}$ 和 $N \to \infty$, 通过应用 Cauchy 恒等式 (2.2.1), 则我们得到文献 [187] 的主要结果:

$$T(w, d; D_q) \left\{ \frac{(au; q)_\infty}{(as, at; q)_\infty} \right\} = \frac{(wdt, au; q)_\infty}{(as, at, dt; q)_\infty} \, {}_3\phi_2 \left[\begin{array}{ccc} w, & at, & u/s \\ & wdt, & au \end{array} ; q, ds \right].$$

定理 8.6.3　我们有

$${}_2\mathcal{E}_1 \left[\begin{array}{cc} q^{-N}, & w \\ & v \end{array} ; q, -\frac{v}{tw} q^N \theta_q \right] \left\{ \frac{(as, at; q)_\infty}{(au; q)_\infty} \right\}$$

$$= \frac{(as, at; q)_\infty}{(au; q)_\infty} \frac{(v/w; q)_N}{(v; q)_N} \, {}_4\varphi_2 \left[\begin{array}{cccc} q^{-N}, & w, & s/u, & q/at \\ & & q/au, & q^{1-N}w/v \end{array} ; q, q \right]. \qquad (8.6.7)$$

证明　应用 ${}_2\mathcal{E}_1$ 的定义和引理 8.1.1, 则

$${}_2\mathcal{E}_1 \left[\begin{array}{cc} q^{-N}, & w \\ & v \end{array} ; q, d\theta_q \right] \left\{ \frac{(as, at; q)_\infty}{(au; q)_\infty} \right\}$$

$$= \sum_{n=0}^{N} \frac{(q^{-N}, w; q)_n}{(q, v; q)_n} d^n \theta_q^n \left\{ \frac{(as; q)_\infty}{(au; q)_\infty} \cdot (at; q)_\infty \right\}$$

$$= \sum_{n=0}^{N} \frac{(q^{-N}, w; q)_n}{(q, v; q)_n} d^n \sum_{k=0}^{n} \left[\begin{array}{c} n \\ k \end{array} \right] \theta_q^k \left\{ \frac{(as; q)_\infty}{(au; q)_\infty} \right\} \theta_q^{n-k} \left\{ (atq^{-k}; q)_\infty \right\}$$

$$= \sum_{n=0}^{N} \frac{(q^{-N}, w; q)_n}{(q, v; q)_n} d^n \sum_{k=0}^{n} \left[\begin{array}{c} n \\ k \end{array} \right] u^k q^{-\binom{k}{2}} (s/u; q)_k \frac{(as; q)_\infty}{(auq^{-k}; q)_\infty} \theta_q^{n-k} \left\{ (atq^{-k}; q)_\infty \right\}$$

$$= (as; q)_\infty \sum_{k=0}^{N} \frac{u^k q^{-\binom{k}{2}} (s/u; q)_k}{(q; q)_k (auq^{-k}; q)_\infty} \sum_{n=k}^{N} \frac{(q^{-N}, w; q)_n}{(q; q)_{n-k} (v; q)_n} d^n \theta_q^{n-k} \left\{ (atq^{-k}; q)_\infty \right\}$$

$$= \frac{(as; q)_\infty}{(au; q)_\infty} \sum_{k=0}^{N} \frac{u^k q^{-\binom{k}{2}} (s/u; q)_k}{(q; q)_k (auq^{-k}; q)_k} \sum_{n=0}^{N-k} \frac{(q^{-N}, w; q)_{n+k}}{(q; q)_n (v; q)_{n+k}} d^{n+k} \theta_q^n \left\{ (atq^{-k}; q)_\infty \right\}$$

$$= \frac{(as; q)_\infty}{(au; q)_\infty} \sum_{k=0}^{N} \frac{u^k q^{-\binom{k}{2}} (s/u; q)_k}{(q; q)_k (auq^{-k}; q)_k}$$

$$\times \frac{(q^{-N}, w; q)_k}{(v; q)_k} \sum_{n=0}^{N-k} \frac{(q^{-N+k}, wq^k; q)_n}{(q, vq^k; q)_n} d^{n+k} \theta_q^n \left\{ (atq^{-k}; q)_\infty \right\}$$

$$= \frac{(as; q)_\infty}{(au; q)_\infty} \sum_{k=0}^{N} \frac{(q^{-N}, w, s/u; q)_k}{(q, v, q/au; q)_k} \left(-\frac{qd}{a} \right)^k$$

$$\times \sum_{n=0}^{N-k} \frac{(q^{-N+k}, wq^k; q)_n}{(q, vq^k; q)_n} (d\theta_q)^n \left\{ (atq^{-k}; q)_\infty \right\}$$

$$= \frac{(as;q)_\infty}{(au;q)_\infty} \sum_{k=0}^{N} \frac{(q^{-N},w,s/u;q)_k}{(q,v,q/au;q)_k} \left(-\frac{qd}{a}\right)^k$$

$$\times {}_2\mathcal{E}_1 \begin{bmatrix} q^{-N+k}, & wq^k \\ & vq^k \end{bmatrix}; q, d\theta_q \right] \left\{(atq^{-k};q)_\infty\right\}.$$

应用 (8.6.4), 我们得到

$${}_2\mathcal{E}_1 \begin{bmatrix} q^{-N}, & w \\ & v \end{bmatrix}; q, d\theta_q \right] \left\{\frac{(as,at;q)_\infty}{(au;q)_\infty}\right\}$$

$$= \frac{(as;q)_\infty}{(au;q)_\infty} \sum_{k=0}^{N} \frac{(q^{-N},w,s/u;q)_k}{(q,v,q/au;q)_k} \left(-\frac{qd}{a}\right)^k$$

$$\times (atq^{-k};q)_\infty \; {}_2\phi_1 \begin{bmatrix} q^{-N+k}, & wq^k \\ & vq^k \end{bmatrix}; q, -dtq^{-k} \right]. \tag{8.6.8}$$

设 $dt + \dfrac{v}{w}q^N = 0$, 即 $d = -\dfrac{v}{wt}q^N$ 和应用 q-朱世杰-Vandermonde 求和公式 (2.4.11), 则我们有

$${}_2\mathcal{E}_1 \begin{bmatrix} q^{-N}, & w \\ & v \end{bmatrix}; q, -\frac{v}{tw}q^N\theta_q \right] \left\{\frac{(as,at;q)_\infty}{(au;q)_\infty}\right\}$$

$$= \frac{(as;q)_\infty}{(au;q)_\infty} \sum_{k=0}^{N} \frac{(q^{-N},w,s/u;q)_k}{(q,v,q/au;q)_k} \left(\frac{vq^{1+N}}{awt}\right)^k (atq^{-k};q)_\infty \frac{(v/w;q)_{N-k}}{(vq^k;q)_{N-k}}$$

$$= \frac{(as,at;q)_\infty}{(au;q)_\infty} \sum_{k=0}^{N} \frac{(q^{-N},w,s/u,q/at;q)_k}{(q,v,q/au;q)_k} \left(-\frac{vq^N}{w}\right)^k q^{-\binom{k}{2}}$$

$$\times \frac{(v;q)_k}{(v;q)_N} \cdot \frac{(v/w;q)_N}{(wq^{1-N}/v;q)_k} \left(-q\frac{w}{v}\right)^k q^{\binom{k}{2}-Nk}$$

$$= \frac{(as,at;q)_\infty}{(au;q)_\infty} \frac{(v/w;q)_N}{(v;q)_N} \sum_{k=0}^{N} \frac{(q^{-N},w,s/u,q/at;q)_k}{(q,q/au,wq^{1-N}/v;q)_k} q^k$$

$$= \frac{(as,at;q)_\infty}{(au;q)_\infty} \frac{(v/w;q)_N}{(v;q)_N} \; {}_4\varphi_2 \begin{bmatrix} q^{-N}, & w, & s/u, & q/at \\ & & q/au, & q^{1-N}w/v \end{bmatrix}; q, q \right].$$

定理得证. □

注 8.6.3 在 (8.6.7) 中, 若取 $v \to q^{-N}$ 和 $N \to \infty$, 通过应用 Cauchy 恒等式 (2.2.1), 则我们得到

$$E(w,d;\theta_q) \left\{\frac{(as,at;q)_\infty}{(au;q)_\infty}\right\} = \frac{(-wdt,as,at;q)_\infty}{(-dt,au;q)_\infty} \; {}_3\phi_2 \begin{bmatrix} w, & s/u, & q/at \\ & q/au, & -q/dt \end{bmatrix}; q, q \right].$$

进一步, 取 $s/u = q^{-N}$, 则得到文献 [188] 的主要结果.

　　q-朱世杰-Vandermonde 求和公式是基本超几何级数理论与应用中最重要的求和公式之一. 本节中, 我们给出它的奇异的双重推广, 这些结果不同于以前多重推广的二维情形. 例如, 文献 [189] 的结果.

定理 8.6.4　令 N, n 为非负整数, 则有

$$\sum_{m=0}^{n}\sum_{k=0}^{N} \frac{(q^{-n}, a; q)_m}{(q, c; q)_m} \frac{(q^{-N}, w; q)_k}{(q, v; q)_k} c^k q^{m+mk}$$
$$= a^n w^N \frac{(c/a; q)_n (v/w; q)_N}{(c; q)_n (v; q)_N} {}_4\phi_2 \left[\begin{array}{cccc} q^{-N}, & w, & q^{1-n}/c, & aq/c \\ & & aq^{1-n}/c, & wq^{1-N}/v \end{array} ; q, \frac{c}{v} \right].$$

$$(8.6.9)$$

证明　由 q-朱世杰-Vandermonde 求和公式:

$${}_2\phi_1 \left[\begin{array}{cc} q^{-n}, & a \\ & c \end{array} ; q, q \right] = \frac{(c/a; q)_n}{(c; q)_n} a^n,$$

$$(8.6.10)$$

我们有

$$\sum_{m=0}^{n} \frac{(q^{-n}; q)_m}{(q, c; q)_m} q^m \cdot \frac{1}{(aq^m; q)_\infty} = \frac{(-1)^n c^n q^{\binom{n}{2}}}{(c; q)_n} \cdot \frac{(q^{1-n}a/c; q)_\infty}{(a, aq/c; q)_\infty}.$$

$$(8.6.11)$$

在等式 (8.6.11) 两边对变量 a 应用算子

$${}_2\mathcal{T}_1 \left[\begin{array}{cc} q^{-N}, & w \\ & v \end{array} ; q, cD_q \right],$$

我们有

$$\sum_{m=0}^{n} \frac{(q^{-n}; q)_m}{(q, c; q)_m} q^m \cdot {}_2\mathcal{T}_1 \left[\begin{array}{cc} q^{-N}, & w \\ & v \end{array} ; q, cD_q \right] \left\{ \frac{1}{(aq^m; q)_\infty} \right\}$$
$$= \frac{(-1)^n c^n q^{\binom{n}{2}}}{(c; q)_n} \cdot {}_2\mathcal{T}_1 \left[\begin{array}{cc} q^{-N}, & w \\ & v \end{array} ; q, cD_q \right] \left\{ \frac{(q^{1-n}a/c; q)_\infty}{(a, aq/c; q)_\infty} \right\}.$$

因此

$$\sum_{m=0}^{n} \frac{(q^{-n}; q)_m}{(q, c; q)_m} q^m \frac{1}{(aq^m; q)_\infty} {}_2\phi_1 \left[\begin{array}{cc} q^{-N}, & w \\ & v \end{array} ; q, cq^m \right]$$
$$= \frac{(-1)^n c^n q^{\binom{n}{2}}}{(c; q)_n} \frac{(q^{1-n}a/c; q)_\infty}{(a, aq/c; q)_\infty}$$

$$\times w^N \frac{(v/w;q)_N}{(v;q)_N} {}_4\phi_2 \left[\begin{array}{cccc} q^{-N}, & w, & q^{1-n}/c, & aq/c \\ & aq^{1-n}/c, & wq^{1-N}/v \end{array} ; q, \frac{c}{v} \right].$$

化简之后, 定理可证. $\qquad\square$

推论 8.6.1 (Jackson 变换公式[5]) 令 N 为非负整数, 则有

$$ {}_2\phi_1 \left[\begin{array}{cc} q^{-N}, & w \\ & v \end{array} ; q, c \right] = w^N \frac{(v/w;q)_N}{(v;q)_N} {}_3\phi_1 \left[\begin{array}{ccc} q^{-N}, & w, & q/c \\ & & wq^{1-N}/v \end{array} ; q, \frac{c}{v} \right]. $$
$$(8.6.12)$$

证明 在定理 8.6.4 中, 取 $n \to 0$ 或 $a \to 1$. $\qquad\square$

注 8.6.4 在 (8.6.12), 设 $q \to q^2$, 取 $w \to q^{1-2N}$, $v \to qb^2$ 和 $N \to \frac{1}{2}N$. 则我们得到 [190] 中主要结果:

$$ {}_2\phi_1 \left[\begin{array}{cc} q^{-N}, & q^{1-N} \\ & qb^2 \end{array} ; q^2, c \right] $$
$$ = \frac{(b^2;q^2)_N}{(b^2;q)_N} q^{-\binom{N}{2}} {}_3\phi_1 \left[\begin{array}{ccc} q^{-N}, & q^{1-N}, & q^2/c \\ & & q^{2(1-N)}/b^2 \end{array} ; q^2, \frac{c}{qb^2} \right]. $$

对 (8.6.9) 进行反演, 我们得到下面的定理.

定理 8.6.5 令 N, n 为非负整数, 则有

$$ \sum_{m=0}^{n} \sum_{k=0}^{N} \frac{(q^{-n},a;q)_m}{(q,c;q)_m} \frac{(q^{-N},w;q)_k}{(q,v;q)_k} \left(\frac{c}{a}\right)^m \left(\frac{v}{cw}\right)^k q^{mn+Nk+k-mk} $$
$$ = \frac{(c/a;q)_n (v/w;q)_N}{(c;q)_n (v;q)_N} {}_4\varphi_2 \left[\begin{array}{cccc} q^{-N}, & w, & q^{1-n}/c, & aq/c \\ & aq^{1-n}/c, & wq^{1-N}/v \end{array} ; q, q \right]. \quad (8.6.13) $$

证明 在 (8.6.9)中, 假设 $q \to \frac{1}{q}$ 和应用 $(c;q^{-1})_k = (-1)^k c^k q^{-\frac{1}{2}k(k-1)} \left(\frac{1}{c};q\right)_k$, 再作变换 $a \to \frac{1}{a}$, $c \to \frac{1}{c}$, $w \to \frac{1}{w}$, $v \to \frac{1}{v}$ 之后, 定理得证. $\qquad\square$

推论 8.6.2 令 N 为非负整数, 则有

$$ {}_2\phi_1 \left[\begin{array}{cc} q^{-N}, & w \\ & v \end{array} ; q, \frac{v}{cw}q^{1+N} \right] = \frac{(v/w;q)_N}{(v;q)_N} {}_3\varphi_1 \left[\begin{array}{ccc} q^{-N}, & w, & q/c \\ & & wq^{1-N}/v \end{array} ; q, q \right]. $$
$$(8.6.14)$$

证明 在定理 8.6.5 中取 $n \to 0$ 或 $a \to 1$. $\qquad\square$

定理 8.6.6　令 N, n 为非负整数, 则有

$$\sum_{m=0}^{n}\sum_{k=0}^{N}\frac{(q^{-n},a;q)_m}{(q,c;q)_m}\frac{(q^{-N},w;q)_k}{(q,v;q)_k}q^{k+m+mk}$$

$$= a^n w^N \frac{(c/a;q)_n(v/w;q)_N}{(c;q)_n(v;q)_N} {}_4\phi_2\left[\begin{array}{cccc} q^{-N}, & w, & q^{-n}, & a \\ & aq^{1-n}/c, & wq^{1-N}/v \end{array} ; q, \frac{q^2}{cv}\right].$$
(8.6.15)

证明　在等式 (8.6.11) 两边对变量 a, 应用算子

$${}_2\mathcal{T}_1\left[\begin{array}{cc} q^{-N}, & w \\ & v \end{array} ; q, qD_q\right],$$

我们得到

$$\sum_{m=0}^{n}\frac{(q^{-n};q)_m}{(q,c;q)_m}q^m \cdot {}_2\mathcal{T}_1\left[\begin{array}{cc} q^{-N}, & w \\ & v \end{array} ; q, qD_q\right]\left\{\frac{1}{(aq^m;q)_\infty}\right\}$$

$$= \frac{(-1)^n c^n q^{\binom{n}{2}}}{(c;q)_n} \cdot {}_2\mathcal{T}_1\left[\begin{array}{cc} q^{-N}, & w \\ & v \end{array} ; q, qD_q\right]\left\{\frac{(q^{1-n}a/c;q)_\infty}{(aq/c,a;q)_\infty}\right\}.$$

因此

$$\sum_{m=0}^{n}\frac{(q^{-n};q)_m}{(q,c;q)_m}q^m \frac{1}{(aq^m;q)_\infty} {}_2\phi_1\left[\begin{array}{cc} q^{-N}, & w \\ & v \end{array} ; q, q^{m+1}\right]$$

$$= \frac{(-1)^n c^n q^{\binom{n}{2}}}{(c;q)_n}\frac{(q^{1-n}a/c;q)_\infty}{(aq/c,a;q)_\infty}$$

$$\times w^N \frac{(v/w;q)_N}{(v;q)_N} {}_4\phi_2\left[\begin{array}{cccc} q^{-N}, & w, & q^{-n}, & a \\ & aq^{1-n}/c, & wq^{1-N}/v \end{array} ; q, \frac{q^2}{cv}\right].$$

化简之后, 定理得证.　　　　　　　　　　　　　　　　　　　　　　　　　　　□

推论 8.6.3　令 N, n 为非负整数, 则有

$$\sum_{m=0}^{n}\sum_{k=0}^{N}\frac{(q^{-n};q)_m}{(q;q)_m}\frac{(q^{-N};q)_k}{(q;q)_k}\frac{q^{m+k+mk}}{(1-aq^m)(1-wq^k)}$$

$$= \frac{(q;q)_n(q;q)_N}{(a;q)_{n+1}(w;q)_{N+1}}\sum_{k=0}^{\min\{n,N\}}\frac{(a,w;q)_k}{(q;q)_k}(-1)^k q^{-\binom{k}{2}}a^{n-k}w^{N-k}.$$
(8.6.16)

证明　在定理 8.6.6 中取 $c \to qa$ 和 $v \to qw$.　　　　　　　　　　　　□

对 (8.6.15) 进行反演, 则有下面的定理.

定理 8.6.7 令 N, n 为非负整数, 则有

$$\sum_{m=0}^{n}\sum_{k=0}^{N}\frac{(q^{-n},a;q)_m}{(q,c;q)_m}\frac{(q^{-N},w;q)_k}{(q,v;q)_k}\left(\frac{c}{a}\right)^m\left(\frac{v}{w}\right)^k q^{mn+Nk-mk}$$

$$=\frac{(c/a;q)_n(v/w;q)_N}{(c;q)_n(v;q)_N}\,{}_4\varphi_2\left[\begin{matrix}q^{-N}, & w, & q^{-n}, & a\\ & aq^{1-n}/c, & wq^{1-N}/v\end{matrix};q,q\right]. \quad (8.6.17)$$

证明 在定理 8.6.6 中, 假设 $q\to\frac{1}{q}$ 和应用 $(c;q^{-1})_k=(-1)^k c^k q^{-\frac{1}{2}k(k-1)}\left(\frac{1}{c};q\right)_k$, 再作变换 $a\to\frac{1}{a}, c\to\frac{1}{c}, w\to\frac{1}{w}, v\to\frac{1}{v}$ 之后, 定理可证. $\square$

推论 8.6.4 令 N, n 为非负整数, 则有

$$\sum_{m=0}^{n}\sum_{k=0}^{N}\frac{(q^{-n};q)_m}{(q;q)_m}\frac{(q^{-N};q)_k}{(q;q)_k}\frac{q^{m+k+mn+Nk-mk}}{(1-aq^m)(1-wq^k)}$$

$$=\frac{(q;q)_n(q;q)_N}{(a;q)_{n+1}(w;q)_{N+1}}\sum_{k=0}^{\min\{n,N\}}\frac{(a,w;q)_k}{(q;q)_k}q^k. \quad (8.6.18)$$

证明 在定理 8.6.7 中取 $c\to qa$ 和 $v\to qw$. $\square$

定理 8.6.8 令 N, n 为非负整数, 则有

$$\sum_{m=0}^{n}\sum_{k=0}^{N}\frac{(q^{-n},a;q)_m}{(q,c;q)_m}\frac{(q^{-N},w;q)_k}{(q,v;q)_k}q^{m+(N+m-n)k}\left(\frac{v}{w}\right)^k$$

$$=a^n\frac{(c/a;q)_n(v/w;q)_N}{(c;q)_n(v;q)_N}\,{}_4\varphi_2\left[\begin{matrix}q^{-N}, & w, & q^{-n}, & q^{1-n}/c\\ & aq^{1-n}/c, & wq^{1-N}/v\end{matrix};q,q\right]. \quad (8.6.19)$$

证明 重写 q-朱世杰-Vandermonde 求和公式 (8.6.10) 为

$$\sum_{m=0}^{n}\frac{(q^{-n},a;q)_m}{(q;q)_m}q^m\cdot(cq^m;q)_\infty=a^n\cdot\frac{(c/a,cq^n;q)_\infty}{(cq^n/a;q)_\infty}.$$

对上式两边变量 c, 应用算子

$${}_2\mathcal{E}_1\left[\begin{matrix}q^{-N}, & w\\ & v\end{matrix};q,-\frac{v}{w}q^{N-n}\theta_q\right],$$

我们有

$$\sum_{m=0}^{n}\frac{(q^{-n},a;q)_m}{(q;q)_m}q^m\cdot{}_2\mathcal{E}_1\left[\begin{matrix}q^{-N}, & w\\ & v\end{matrix};q,-\frac{v}{w}q^{N-n}\theta_q\right]\{(cq^m;q)_\infty\}$$

$$= a^n \cdot {}_2\mathcal{E}_1 \left[\begin{array}{cc} q^{-N}, & w \\ & v \end{array} ; q, -\frac{v}{w} q^{N-n} \theta_q \right] \left\{ \frac{(c/a, cq^n; q)_\infty}{(cq^n/a; q)_\infty} \right\}.$$

因此

$$\sum_{m=0}^n \frac{(q^{-n}, a; q)_m}{(q; q)_m} q^m (cq^m; q)_\infty \, {}_2\varphi_1 \left[\begin{array}{cc} q^{-N}, & w \\ & v \end{array} ; q, \frac{v}{w} q^{N+m-n} \right]$$

$$= a^n \frac{(c/a, cq^n; q)_\infty}{(cq^n/a; q)_\infty} \cdot \frac{(v/w; q)_N}{(v; q)_N} \, {}_4\varphi_2 \left[\begin{array}{cccc} q^{-N}, & w, & q^{-n}, & q^{1-n}/c \\ & & aq^{1-n}/c, & wq^{1-N}/v \end{array} ; q, q \right].$$

化简之后, 定理得证.   □

推论 8.6.5   令 N, n 为非负整数, 则有

$${}_2\phi_1 \left[\begin{array}{cc} q^{-N}, & w \\ & v \end{array} ; q, \frac{v}{w} q^{N-n} \right] = \frac{(v/w; q)_N}{(v; q)_N} \, {}_3\varphi_1 \left[\begin{array}{ccc} q^{-N}, & q^{-n}, & w \\ & & wq^{1-N}/v \end{array} ; q, q \right].$$
$$(8.6.20)$$

证明   在定理 8.6.8 中取 $a \to 1$.   □

推论 8.6.6   令 N, n 为非负整数, 则有

$$\sum_{m=0}^n \sum_{k=0}^N \frac{(q^{-n}; q)_m}{(q; q)_m} \frac{(q^{-N}; q)_k}{(q; q)_k} \frac{q^{m+k+Nk+mk-nk}}{(1-aq^m)(1-wq^k)}$$

$$= a^n \frac{(q; q)_n (q; q)_N}{(a; q)_{n+1} (w; q)_{N+1}} \sum_{k=0}^{\min\{n,N\}} \frac{(q^{-n}/a, w; q)_k}{(q; q)_k} q^k.$$
$$(8.6.21)$$

证明   在定理 8.6.8 中取 $c \to qa$ 和 $v \to qw$.   □

对 (8.6.19) 进行反演, 我们得到下面的定理.

定理 8.6.9   令 N, n 为非负整数, 则有

$$\sum_{m=0}^n \sum_{k=0}^N \frac{(q^{-n}, a; q)_m}{(q, c; q)_m} \frac{(q^{-N}, w; q)_k}{(q, v; q)_k} q^{mn+nk-mk+k} \left(\frac{c}{a} \right)^m$$

$$= \frac{(c/a; q)_n (v/w; q)_N}{(c; q)_n (v; q)_N} w^N \, {}_4\phi_2 \left[\begin{array}{cccc} q^{-N}, & w, & q^{-n}, & q^{1-n}/c \\ & & aq^{1-n}/c, & wq^{1-N}/v \end{array} ; q, \frac{aq^{n+1}}{v} \right].$$
$$(8.6.22)$$

证明   在 (8.6.19) 中, 假设 $q \to \frac{1}{q}$ 和应用 $(c; q^{-1})_k = (-1)^k c^k q^{-\frac{1}{2}k(k-1)} \left(\frac{1}{c}; q \right)_k$, 再作变换 $a \to \frac{1}{a}, c \to \frac{1}{c}, w \to \frac{1}{w}, v \to \frac{1}{v}$ 之后, 定理可证.   □

推论 8.6.7 令 N, n 为非负整数, 则有

$$
{}_2\phi_1\left[\begin{matrix} q^{-N}, & w \\ & v \end{matrix}; q, q^{n+1}\right] = \frac{(v/w; q)_N}{(v; q)_N} w^N \; {}_3\phi_1\left[\begin{matrix} q^{-N}, & q^{-n}, & w \\ & & wq^{1-N}/v \end{matrix}; q, \frac{q^{n+1}}{v}\right].
$$

$$(8.6.23)$$

证明 在定理 8.6.9 中取 $a \to 1$. □

推论 8.6.8 令 N, n 为非负整数, 则有

$$
\sum_{m=0}^{n} \sum_{k=0}^{N} \frac{(q^{-n}; q)_m}{(q; q)_m} \frac{(q^{-N}; q)_k}{(q; q)_k} \frac{q^{mn+nk-mk+k+m}}{(1-aq^m)(1-wq^k)}
$$

$$
= \frac{(q; q)_n (q; q)_N}{(a; q)_{n+1} (w; q)_{N+1}} w^N \sum_{k=0}^{\min\{n,N\}} \frac{(q^{-n}/a, w; q)_k}{(q; q)_k} (-1)^k q^{nk-\binom{k}{2}} \left(\frac{a}{w}\right)^k. \quad (8.6.24)
$$

证明 在定理 8.6.9 中取 $c \to qa$ 和 $v \to qw$. □

注 8.6.5 q-指数算子方法在 q-级数理论方面还有许多应用, 见文献 [175]、[188]— [191] 等. 最近, (q,c)-微分算子被引进, 并且给出了相应的 (q,c)-指数算子及其应用, 具体见 [192].

第 9 章　一类 Hecke 型恒等式

形如

$$\sum_{n=0}^{\infty} q^{An^2+Bn} x^n \quad (A > 0)$$

称为部分 theta 函数. 形如

$$\sum_{n=-\infty}^{\infty} q^{An^2+Bn} x^n \quad (x \neq 0, A > 0)$$

称为 theta 函数. Gauss 函数定义为

$$\psi(q) := \sum_{n=0}^{\infty} q^{\binom{n+1}{2}} = \frac{(q^2;q^2)_{\infty}}{(q;q^2)_{\infty}}.$$

Hecke 首先系统研究拓广联结不定二次型的 theta 级数[193], 例如, 他得到

$$(q)_{\infty}^2 = \sum_{m=-\infty}^{\infty} \sum_{n \geqslant 2|m|} (-1)^{n+m} q^{\binom{n+1}{2}-m(3m-1)/2}. \tag{9.0.1}$$

此等式被 Hecke[193] 发现, 但原始起源于 Rogers[194]. 这些类型的恒等式被系列研究, 见文献 [195]—[199] 等. Hecke 型恒等式在 Mock theta 函数、实二次域、分拆理论等的研究中起着非常重要的作用.

9.1　两个变换公式

第一个变换公式如下.

定理 9.1.1[200]　若 $\{A_n\}$ 是一个复序列, 则在适当的收敛条件下, 我们有

$$\sum_{n=0}^{\infty} \left(\frac{t}{\alpha\beta}\right)^n A_n = \frac{(tq/\alpha, tq/\beta)_{\infty}}{(tq, tq/\alpha\beta)_{\infty}} \sum_{n=0}^{\infty} \frac{(t,\alpha,\beta)_n (-1)^n (1-tq^{2n}) q^{\binom{n}{2}}}{(q, tq/\alpha, tq/\beta)_n (1-t)} \left(\frac{t}{\alpha\beta}\right)^n$$

$$\times \left(\frac{\alpha\beta(1+tq^{2n}) - tq^n(\alpha+\beta)}{\alpha\beta - t}\right) \sum_{j=0}^{n} \frac{(q^{-n}, tq^n)_j q^j}{(\alpha,\beta)_j} A_j. \tag{9.1.1}$$

证明 设 $(\alpha(a,n),\beta(a,n))$ 为一对关于 a 的 Bailey 对, A_n 是任意复序列, 定义

$$\alpha(a,n) = \frac{(-1)^n q^{\binom{n}{2}}(1-aq^{2n})(a)_n}{(q)_n(1-a)}\sum_{j=0}^{n}\frac{(q^{-n},aq^n)_j q^j}{(\rho,\sigma)_j}A_j,$$

将此式与 Bailey 对的反演关系 (5.1.14) 作比较, 可以得到 $\beta(a,n)=A_n/(\rho,\sigma)_n$. 即 $(\alpha(a,n),A_n/(\rho,\sigma)_n)$ 是一个 Bailey 对. 将此 Bailey 对代入 Srivastava 等[110] 的 (3.7) 式子

$$\sum_{n=0}^{\infty}(\rho,\sigma)_n(a/\rho\sigma)^n\beta_n$$

$$=\frac{(aq/\rho,aq/\sigma)_\infty}{(aq,aq/\rho\sigma)_\infty}\sum_{n=0}^{\infty}\frac{(\rho,\sigma)_n(a/\rho\sigma)^n}{(aq/\rho,aq/\sigma)_n}\left(\frac{\rho\sigma(1+aq^{2n})-aq^n(\rho+\sigma)}{\rho\sigma-a}\right)\alpha_n, \quad (9.1.2)$$

中, 经过基本的计算, 令 $a\to t$, $\rho\to\alpha$, $\sigma\to\beta$, 则定理得证. □

注 9.1.1 Denis 等[201] 使用 Verma[202] 的公式直接得到一个 q-级数表示公式, 且在此基础上获得一些变换公式及求和公式.

第二个变换公式如下.

定理 9.1.2[200] 若 $\{A_n\}$ 是一个复序列, 则在适当的收敛条件下, 我们有

$$\sum_{n=0}^{\infty}\left(\frac{t}{\alpha\beta}\right)^n A_n = \frac{(t/\alpha,t/\beta)_\infty}{(tq,t/\alpha\beta)_\infty}\sum_{n=0}^{\infty}\frac{(t,\alpha,\beta)_n(-1)^n(1-tq^{2n})q^{n(n-3)/2}}{(q,t/\alpha,t/\beta)_n(1-t)}\left(\frac{t}{\alpha\beta}\right)^n$$

$$\times\left(\frac{\alpha\beta(1+tq^{2n-1})-tq^{n-1}(\alpha+\beta)}{\alpha\beta-t/q}\right)\sum_{j=0}^{n}\frac{(q^{-n},tq^n)_j q^{2j}}{(\alpha,\beta)_j}A_j$$

$$+t\frac{(tq/\alpha,tq/\beta)_\infty}{(tq,tq/\alpha\beta)_\infty}\sum_{n=0}^{\infty}\frac{(t,\alpha,\beta)_n(-1)^n(1-tq^{2n})q^{\binom{n+1}{2}}}{(q,tq/\alpha,tq/\beta)_n(1-t)}\left(\frac{t}{\alpha\beta}\right)^n$$

$$\times\left(\frac{\alpha\beta(1+tq^{2n})-tq^n(\alpha+\beta)}{\alpha\beta-t}\right)\sum_{j=0}^{n}\frac{(q^{-n},tq^n)_j q^{2j}}{(\alpha,\beta)_j}A_j.$$

$$(9.1.3)$$

证明 在 (5.1.11) 中, 令 $\delta_r=(\rho,\sigma)_r(a/q\rho\sigma)^r$, 则

$$\gamma_n=\sum_{r=0}^{\infty}\frac{(\rho,\sigma)_{r+n}}{(q)_r(aq)_{r+2n}}\left(\frac{a}{q\rho\sigma}\right)^{r+n}$$

$$=\frac{(\rho,\sigma)_n}{(aq)_{2n}}\left(\frac{a}{q\rho\sigma}\right)^n\sum_{r=0}^{\infty}\frac{(\rho q^n,\sigma q^n)_r}{(q,aq^{1+2n})_r}\left(\frac{a}{q\rho\sigma}\right)^r$$

$$
\begin{aligned}
= \ & \frac{(\rho,\sigma)_n}{(aq)_{2n}} \left(\frac{a}{q\rho\sigma} \right)^n \left(\frac{(aq^n/\rho, aq^n/\sigma)_\infty}{(aq^{2n+1}, a/\rho\sigma)_\infty} \left(\frac{\rho\sigma(1+aq^{2n-1}) - aq^{n-1}(\rho+\sigma)}{\rho\sigma - a/q} \right) \right. \\
& \left. + aq^{2n} \frac{(aq^{n+1}/\rho, aq^{n+1}/\sigma)_\infty}{(aq^{2n+1}, aq/\rho\sigma)_\infty} \left(\frac{\rho\sigma(1+aq^{2n}) - aq^n(\rho+\sigma)}{\rho\sigma - a} \right) \right),
\end{aligned}
$$

这里最后一步应用了求和公式 (2.4.10). 代入 δ_n 和 γ_n 的值到 Bailey 变换 (5.1.4), 我们有

$$
\begin{aligned}
& \sum_{n=0}^\infty (\rho,\sigma)_n \left(\frac{a}{q\rho\sigma} \right)^n \beta_n \\
= \ & \frac{(a/\rho, a/\sigma)_\infty}{(aq, a/\rho\sigma)_\infty} \sum_{n=0}^\infty \frac{(\rho,\sigma)_n}{(a/\rho, a/\sigma)_n} \left(\frac{a}{q\rho\sigma} \right)^n \left(\frac{\rho\sigma(1+aq^{2n-1}) - aq^{n-1}(\rho+\sigma)}{\rho\sigma - a/q} \right) \alpha_n \\
& + a \frac{(aq/\rho, aq/\sigma)_\infty}{(aq, aq/\rho\sigma)_\infty} \sum_{n=0}^\infty \frac{(\rho,\sigma)_n}{(aq/\rho, aq/\sigma)_n} \left(\frac{aq}{\rho\sigma} \right)^n \left(\frac{\rho\sigma(1+aq^{2n}) - aq^n(\rho+\sigma)}{\rho\sigma - a} \right) \alpha_n.
\end{aligned}
$$
$$\tag{9.1.4}$$

定义

$$
\alpha(a,n) = \frac{(-1)^n q^{\binom{n}{2}}(1-aq^{2n})(a)_n}{(q)_n(1-a)} \sum_{j=0}^n \frac{(q^{-n}, aq^n)_j q^{2j}}{(\rho,\sigma)_j} A_j,
$$

将此式与 Bailey 对的反演关系 (5.1.14) 作比较, 可以得到 $\beta(a,n) = q^n A_n/(\rho,\sigma)_n$. 即 $(\alpha(a,n), q^n A_n/(\rho,\sigma)_n)$ 是一个 Bailey 对. 代入此 Bailey 对到等式 (9.1.4), 然后令 $a \to t$, $\rho \to \alpha$, $\sigma \to \beta$, 化简, 定理 9.1.2 得证. □

从文献 [151], [203], [204] 中, 可以发现在后面我们将要用到的恒等式:

$$
{}_2\phi_1 \left[\begin{matrix} q^{-n}, q^{n+1} \\ -q \end{matrix} ; q, 1 \right] = (-1)^n q^{-\binom{n+1}{2}} \sum_{j=-n}^n (-1)^j q^{j^2},
\tag{9.1.5}
$$

$$
\sum_{k=0}^n \frac{(q^{-n}, aq^n)_k q^k}{(cq)_k} = a^n q^{n^2} \frac{(q)_n}{(cq)_n} \sum_{j=0}^n \frac{(c)_j a^{-j} q^{j(1-n)}}{(q)_j},
\tag{9.1.6}
$$

$$
\sum_{j=0}^n \frac{q^{-jn}}{(q)_j} = (-1)^n \frac{q^{\binom{n+1}{2}}}{(q)_n} T_n(q),
\tag{9.1.7}
$$

$$
\sum_{j=0}^n \frac{(-1)^j q^{-jn}}{(q)_j} = (-1)^n \frac{(-q)_n}{(q)_n} S_n(q),
\tag{9.1.8}
$$

$$
\sum_{j=0}^n \frac{(-1)^j q^{j(1-n)}}{(q)_j} = (-1)^n \frac{(-q)_{n-1}}{(q)_n} \left\{ q^n S_n(q) - S_{n-1}(q) \right\},
\tag{9.1.9}
$$

$$\sum_{j=0}^{n} \frac{q^{j(1-n)}}{(q)_j} = (-1)^n \frac{q^{\binom{n}{2}}}{(q)_n(1+q^n)} \left\{ q^{2n}T_n(q) - T_{n-1}(q) \right\}, \tag{9.1.10}$$

$$\sum_{j=0}^{n} \frac{q^{-j(n+1)}}{(q)_j} = (-1)^{n+1} \frac{q^{\binom{n+2}{2}}}{(q)_{n+1}} U_n(q), \tag{9.1.11}$$

这里

$$S_n(q) = \sum_{j=-n}^{n} (-1)^j q^{-j^2}, \quad T_n(q) = \sum_{j=-n}^{n} (-1)^j q^{-j(3j+1)/2},$$

$$U_n(q) = \sum_{j=-n-1}^{n} (-1)^j q^{-j(3j+1)/2}.$$

以及文献 [205] 中的恒等式 (2.3) 与 (2.21):

$$_4\phi_3 \left[\begin{matrix} q^{-n}, tq^{n+1}, tcd/q, z \\ tc, td, zq \end{matrix} ; q, q \right]$$

$$= \frac{(q, tq/z)_n z^n}{(tq, zq)_n} \sum_{j=0}^{n} \frac{(1-tq^{2j})(t, q/c, q/d, z)_j}{(1-t)(q, tc, td, tq/z)_j} \left(\frac{tcd}{zq} \right)^j, \tag{9.1.12}$$

$$_5\phi_4 \left[\begin{matrix} q^{-2n}, t^2q^{2n+2}, \lambda, \lambda q, z \\ tq, tq^2, \lambda^2, zq^2 \end{matrix} ; q^2, q^2 \right]$$

$$= \frac{(q^2, t^2q^2/z; q^2)_n z^n}{(t^2q^2, zq^2; q^2)_n} \sum_{j=0}^{n} \frac{(1+tq^{2j})(t^2, z; q^2)_j(-q, qt/\lambda)_j(\lambda/z)^j}{(1+t)(q^2, t^2q^2/z; q^2)_j(t, -\lambda)_j}. \tag{9.1.13}$$

9.2 一类 Hecke 型恒等式

本节我们使用上节两个变换公式得到一些重要的 Hecke 型恒等式.

定理 9.2.1[200]

$$2(-q^2; q^2)_\infty (q)_\infty = \sum_{n=0}^{\infty} \sum_{j=-n}^{n} (-1)^j (1-q^{4n+2}) q^{n^2-n+j^2},$$

$$\sum_{n=0}^{\infty} \frac{(-1)^n q^{n(n-3)/2}}{(-q)_n} = \sum_{n=0}^{\infty} \sum_{j=-n}^{n} (-1)^{n+j} (1-q^n + q^{3n+1} - q^{4n+2}) q^{n(n-3)/2+j^2}.$$

证明 在 (9.1.1) 中, 令 $A_n = q^{-n}(\alpha, \beta)_n/(q^2; q^2)_n$ 和 $t = q$, 我们得到

$$\sum_{n=0}^{\infty} \frac{(\alpha, \beta)_n}{(q^2; q^2)_n} \left(\frac{1}{\alpha\beta} \right)^n = \frac{(q^2/\alpha, q^2/\beta)_\infty}{(q^2, q^2/\alpha\beta)_\infty} \sum_{n=0}^{\infty} \frac{(\alpha, \beta)_n(1-q^{2n+1})(-q/\alpha\beta)^n q^{\binom{n}{2}}}{(q^2/\alpha, q^2/\beta)_n(1-q)}$$

$$\times \left(\frac{\alpha\beta(1+q^{2n+1}) - q^{n+1}(\alpha+\beta)}{\alpha\beta - q} \right) \sum_{j=0}^{n} \frac{(q^{-n}, q^{n+1})_j}{(q^2; q^2)_j}.$$

利用式 (9.1.5), 我们有

$$
\sum_{n=0}^{\infty} \frac{(\alpha,\beta)_n}{(q^2;q^2)_n} \left(\frac{1}{\alpha\beta}\right)^n = \frac{(q^2/\alpha, q^2/\beta)_\infty}{(q, q^2/\alpha\beta)_\infty} \sum_{n=0}^{\infty} \frac{(\alpha,\beta)_n (1 - q^{2n+1})(1/\alpha\beta)^n}{(q^2/\alpha, q^2/\beta)_n}
$$

$$
\times \left(\frac{\alpha\beta(1 + q^{2n+1}) - q^{n+1}(\alpha+\beta)}{\alpha\beta - q}\right) \sum_{j=-n}^{n} (-1)^j q^{j^2}.
$$

$$(9.2.1)$$

在 (9.2.1) 中, 令 $(\alpha,\beta) \to (\infty,\infty)$ 并使用非终止型 q-二项式定理[5,II.2]($q \to q^2$ 和 $z = 1$)

$$
\sum_{n=0}^{\infty} \frac{q^{\binom{n}{2}} z^n}{(q)_n} = (-z)_\infty,
$$

$$(9.2.2)$$

我们得到第一个等式. 在 (9.2.1) 中, 令 $(\alpha,\beta) \to (q,\infty)$, 第二个等式得证.　　□

注 9.2.1　结合 (9.1.2) 和 (9.2.1), 我们能够得到关于 q 的下述 Bailey 对:

$$
\alpha_n = \frac{(1 - q^{2n+1})q^{-n}}{1-q} \sum_{|j| \leqslant n} (-1)^j q^{j^2}, \quad \beta_n = \frac{q^{-n}}{(q^2;q^2)_n}.
$$

定理 9.2.2[200]

$$
\frac{(tq, tq/\alpha\beta)_\infty}{(tq/\alpha, tq/\beta)_\infty} \sum_{n=0}^{\infty} \frac{(\alpha,\beta)_n (t/\alpha\beta)^n}{(cq)_n}
$$

$$
= \sum_{n=0}^{\infty} \frac{(t,\alpha,\beta)_n (1 - tq^{2n})(-t^2/\alpha\beta)^n q^{n(3n-1)/2}}{(cq, tq/\alpha, tq/\beta)_n (1-t)}
$$

$$
\times \left(\frac{\alpha\beta(1 + tq^{2n}) - tq^n(\alpha+\beta)}{\alpha\beta - t}\right) \sum_{j=0}^{n} \frac{(c)_j t^{-j} q^{j(1-n)}}{(q)_j}.
$$

$$(9.2.3)$$

证明　在 (9.1.1) 中, 令 $A_n = (\alpha,\beta)_n/(cq)_n$, 我们得到

$$
\sum_{n=0}^{\infty} \frac{(\alpha,\beta)_n (t/\alpha\beta)^n}{(cq)_n} = \frac{(tq/\alpha, tq/\beta)_\infty}{(tq, tq/\alpha\beta)_\infty} \sum_{n=0}^{\infty} \frac{(t,\alpha,\beta)_n (1 - tq^{2n})(-t/\alpha\beta)^n q^{\binom{n}{2}}}{(q, tq/\alpha, tq/\beta)_n (1-t)}
$$

$$
\times \left(\frac{\alpha\beta(1 + tq^{2n}) - tq^n(\alpha+\beta)}{\alpha\beta - t}\right) \sum_{j=0}^{n} \frac{(q^{-n}, tq^n)_j q^j}{(cq)_j}.
$$

将 (9.1.6) 代入上面等式的右侧可得结果.　　□

注 9.2.2 选取 $A_n = (\alpha, \beta)_n/(cq)_n$, 所对应的 $\beta_n = \dfrac{1}{(cq)_n}$, 这是一个被 Andrews[206], Andrews 和 Hickerson[207] 所研究的著名 Bailey 对. 将文献 [207] 中 Bailey 对, 在 $b = 0$ 情形下代入 (9.1.2), 则有

$$
\sum_{n=0}^{\infty} \frac{(\rho, \sigma)_n (a/\rho\sigma)^n}{(cq)_n}
$$

$$
= \frac{(aq/\rho, aq/\sigma)_\infty}{(aq, aq/\rho\sigma)_\infty} \sum_{n=0}^{\infty} \frac{(\rho, \sigma)_n (a/\rho\sigma)^n}{(aq/\rho, aq/\sigma)_n} \left(\frac{\rho\sigma(1 + aq^{2n}) - aq^n(\rho + \sigma)}{\rho\sigma - a} \right)
$$

$$
\times \frac{(1 - aq^{2n})(a/c)_n (-1)^n a^n c^n q^{\binom{n+1}{2}}}{(1 - a)(cq)_n} \sum_{j=0}^{n} \frac{(1 - aq^{2j-1})(a)_{j-1}(c)_j}{(q, a/c)_j a^j c^j q^{j^2 - j}}.
$$

在此式右端的内部和作变换 $a \to aq, n \to n+1$, 使用文献 [206] 中的 (4.6):

$$
1 + \sum_{j=1}^{n-1} \frac{(aq)_{j-1}(1 - aq^{2j})(b)_j a^{-j} b^{-j} q^{-j^2}}{(q, aq/b)_j} = \frac{b^{1-n}(aq)_{n-1}}{(aq/b)_{n-1}} \sum_{j=0}^{n-1} \frac{(b)_j a^{-j} q^{j(1-n)}}{(q)_j},
$$

最后令 a, ρ, σ 替换为 t, α, β, 也得到定理 9.2.2.

注 9.2.3 如果我们在定理 9.2.2 中对参数 c, t 取值, 则可得到大量含有两个变量 α 和 β 的等式. 再对 α 和 β 取特值后, 我们能得到一系列有趣的 Hecke 型恒等式.

在定理 9.2.2 中令 $c = 0$ 和 $t = q$, 并使用 (9.1.7), 则我们可得

$$
\frac{(q^2, q^2/\alpha\beta)_\infty}{(q^2/\alpha, q^2/\beta)_\infty} \sum_{n=0}^{\infty} (\alpha, \beta)_n (q/\alpha\beta)^n = \sum_{n=0}^{\infty} \frac{(\alpha, \beta)_n (1 - q^{2n+1})(1/\alpha\beta)^n q^{2n^2 + 2n}}{(q^2/\alpha, q^2/\beta)_n (1 - q)}
$$

$$
\times \left(\frac{\alpha\beta(1 + q^{2n+1}) - q^{n+1}(\alpha + \beta)}{\alpha\beta - q} \right) T_n(q).
$$

$$(9.2.4)$$

注 9.2.4 恒等式 (9.2.4) 能应用下述关于 q 的 Bailey 对

$$
\alpha_n = \frac{q^{2n^2 + n}(1 - q^{2n+1})}{1 - q} \sum_{|j| \leqslant n} (-1)^j q^{-j(3j+1)/2}, \quad \beta_n = 1
$$

和 (9.1.2) 得到. 在 (9.2.4) 两边同时乘以

$$
\frac{(1 - q)(1 - q/\alpha\beta)}{(1 - q/\alpha)(1 - q/\beta)}
$$

且 (α, β) 替换为 $(q/a, q/b)$, 则得文献 [152] 中的命题 6.10.

在定理 9.2.2 中令 $c = -1$, $t = q$, 然后使用 (9.1.8), 则我们得到

$$\frac{(q^2, q^2/\alpha\beta)_\infty}{(q^2/\alpha, q^2/\beta)_\infty} \sum_{n=0}^\infty \frac{(\alpha, \beta)_n (q/\alpha\beta)^n}{(-q)_n} = \sum_{n=0}^\infty \frac{(\alpha, \beta)_n (1 - q^{2n+1})(1/\alpha\beta)^n q^{3n(n+1)/2}}{(q^2/\alpha, q^2/\beta)_n (1 - q)}$$

$$\times \left(\frac{\alpha\beta(1 + q^{2n+1}) - q^{n+1}(\alpha + \beta)}{\alpha\beta - q} \right) S_n(q).$$

$$(9.2.5)$$

注 9.2.5　(9.2.5) 可以用下列关于 q 的 Bailey 对

$$\alpha_n = \frac{q^{n(3n+1)/2}(1 - q^{2n+1})}{1 - q} \sum_{|j| \leqslant n} (-1)^j q^{-j^2}, \quad \beta_n = \frac{1}{(-q)_n}$$

和 (9.1.2) 获得. 在 (9.2.5) 两边同时乘以

$$\frac{(1 - q)(1 - q/\alpha\beta)}{(1 - q/\alpha)(1 - q/\beta)}$$

且 (α, β) 替换为 $(q/a, q/b)$, 则可得到文献 [152] 中的命题 6.15.

定理 9.2.3[200]

$$\sum_{n=0}^\infty \frac{q^{n^2-n}}{(-q)_n} = \frac{1}{(q)_\infty} \sum_{n=0}^\infty \sum_{j=-n}^n (-1)^j (1 + q^{2n} - q^{4n+1} - q^{6n+3}) q^{n(5n-1)/2 - j^2},$$

$$\sum_{n=0}^\infty \frac{(-1)^n (q; q^2)_n}{(-q^2; q^2)_n} q^{n^2-2n}$$

$$= \frac{1}{\psi(q)} \sum_{n=0}^\infty \sum_{j=-n}^n (-1)^{n+j} (1 - q^{2n-1} + q^{4n} + q^{6n+1} - q^{8n+2} + q^{10n+5}) q^{4n^2-n-2j^2}.$$

证明　在定理 9.2.2 中令 $c = -1$, $t = 1$, 我们得到

$$\frac{(q, q/\alpha\beta)_\infty}{(q/\alpha, q/\beta)_\infty} \sum_{n=0}^\infty \frac{(\alpha, \beta)_n (1/\alpha\beta)^n}{(-q)_n}$$

$$= 1 + \sum_{n=1}^\infty \frac{(q)_{n-1} (\alpha, \beta)_n (1 - q^{2n})(-1/\alpha\beta)^n q^{n(3n-1)/2}}{(-q, q/\alpha, q/\beta)_n}$$

$$\times \left(\frac{\alpha\beta(1 + q^{2n}) - q^n(\alpha + \beta)}{\alpha\beta - 1} \right) \sum_{j=0}^n \frac{(-1)_j q^{j(1-n)}}{(q)_j}.$$

使用 (9.1.9), 我们发现上式右侧化为

$$\sum_{n=0}^\infty \frac{(\alpha, \beta)_n (1/\alpha\beta)^n q^{n(3n+1)/2}}{(q/\alpha, q/\beta)_n} \left(\frac{\alpha\beta(1 + q^{2n}) - q^n(\alpha + \beta)}{\alpha\beta - 1} \right) S_n(q)$$

$$- \sum_{n=1}^{\infty} \frac{(\alpha,\beta)_n(1/\alpha\beta)^n q^{n(3n-1)/2}}{(q/\alpha,q/\beta)_n} \left(\frac{\alpha\beta(1+q^{2n}) - q^n(\alpha+\beta)}{\alpha\beta - 1} \right) S_{n-1}(q). \quad (9.2.6)$$

在上式第二个求和中把 n 替换为 $n+1$, 并且结合第一个求和, 我们有

$$\frac{(q,q/\alpha\beta)_\infty}{(q/\alpha,q/\beta)_\infty} \sum_{n=0}^{\infty} \frac{(\alpha,\beta)_n(1/\alpha\beta)^n}{(-q)_n}$$

$$= \sum_{n=0}^{\infty} \frac{(\alpha,\beta)_n(1/\alpha\beta)^n q^{n(3n+1)/2}}{(q/\alpha,q/\beta)_n} \left\{ \left(\frac{\alpha\beta(1+q^{2n}) - q^n(\alpha+\beta)}{\alpha\beta - 1} \right) \right.$$

$$\left. - \frac{(1/\alpha - q^n)(1/\beta - q^n)q^{2n+1}}{(1 - q^{n+1}/\alpha)(1 - q^{n+1}/\beta)} \left(\frac{\alpha\beta(1+q^{2n+2}) - q^{n+1}(\alpha+\beta)}{\alpha\beta - 1} \right) \right\} S_n(q).$$

$$(9.2.7)$$

在 (9.2.7) 中令 $\alpha, \beta \to \infty$, 我们得到第一个等式. 令 (α, β, q) 替换为 (q, ∞, q^2), 第二个等式得证. $\quad\square$

注 9.2.6 (9.2.6) 可以由下列关于 1 的 Bailey 对

$$\alpha_n = q^{n(3n+1)/2} \sum_{|j| \leqslant n} (-1)^j q^{-j^2} - q^{n(3n-1)/2} \sum_{|j| \leqslant n-1} (-1)^j q^{-j^2}, \quad \beta_n = \frac{1}{(-q)_n}$$

和 (9.1.2) 得到.

定理 9.2.4[200]

$$\sum_{n=0}^{\infty} q^{n^2-n} = \frac{1}{(q)_\infty} \sum_{n=0}^{\infty} \sum_{j=-n}^{n} (-1)^j (1 + q^{2n} - q^{4n+1} - q^{6n+3}) q^{3n^2 - j(3j+1)/2},$$

$$(9.2.8)$$

$$\sum_{n=0}^{\infty} (-1)^n (q;q^2)_n q^{n^2-2n}$$

$$= \frac{1}{\psi(q)} \sum_{n=0}^{\infty} \sum_{j=-n}^{n} (-1)^{n+j} (1 - q^{2n-1} + q^{4n} + q^{6n+1} - q^{8n+2} + q^{10n+5}) q^{5n^2 - j(3j+1)}.$$

$$(9.2.9)$$

证明 在定理 9.2.2 中令 $c = 0$, $t = 1$, 我们有

$$\frac{(q,q/\alpha\beta)_\infty}{(q/\alpha,q/\beta)_\infty} \sum_{n=0}^{\infty} (\alpha,\beta)_n(1/\alpha\beta)^n$$

$$= 1 + \sum_{n=1}^{\infty} \frac{(q)_{n-1}(\alpha,\beta)_n(1-q^{2n})(-1/\alpha\beta)^n q^{n(3n-1)/2}}{(q/\alpha,q/\beta)_n}$$

$$\times \left(\frac{\alpha\beta(1 + q^{2n}) - q^n(\alpha + \beta)}{\alpha\beta - 1} \right) \sum_{j=0}^{n} \frac{q^{j(1-n)}}{(q)_j}.$$

然后使用 (9.1.10), 我们得到上式右侧化为

$$\sum_{n=0}^{\infty} \frac{(\alpha, \beta)_n (1/\alpha\beta)^n q^{2n^2 + n}}{(q/\alpha, q/\beta)_n} \left(\frac{\alpha\beta(1 + q^{2n}) - q^n(\alpha + \beta)}{\alpha\beta - 1} \right) T_n(q)$$

$$- \sum_{n=1}^{\infty} \frac{(\alpha, \beta)_n (1/\alpha\beta)^n q^{2n^2 - n}}{(q/\alpha, q/\beta)_n} \left(\frac{\alpha\beta(1 + q^{2n}) - q^n(\alpha + \beta)}{\alpha\beta - 1} \right) T_{n-1}(q). \quad (9.2.10)$$

在上式第二个求和中令 n 替换为 $n+1$, 且与第一个求和结合, 则我们得到

$$\frac{(q, q/\alpha\beta)_\infty}{(q/\alpha, q/\beta)_\infty} \sum_{n=0}^{\infty} (\alpha, \beta)_n (1/\alpha\beta)^n$$

$$= \sum_{n=0}^{\infty} \frac{(\alpha, \beta)_n (1/\alpha\beta)^n q^{2n^2 + n}}{(q/\alpha, q/\beta)_n} \left\{ \left(\frac{\alpha\beta(1 + q^{2n}) - q^n(\alpha + \beta)}{\alpha\beta - 1} \right) \right.$$

$$\left. - \frac{(1/\alpha - q^n)(1/\beta - q^n) q^{2n+1}}{(1 - q^{n+1}/\alpha)(1 - q^{n+1}/\beta)} \left(\frac{\alpha\beta(1 + q^{2n+2}) - q^{n+1}(\alpha + \beta)}{\alpha\beta - 1} \right) \right\} T_n(q).$$

$$(9.2.11)$$

在上式中令 $\alpha, \beta \to \infty$ 和 $\alpha = q$, $\beta \to \infty$, $q \to q^2$ 即得结论.   □

注 9.2.7   (9.2.10) 可以由下列关于 1 的 Bailey 对

$$\alpha_n = q^{2n^2 + n} \sum_{|j| \leqslant n} (-1)^j q^{-j(3j+1)/2} - q^{2n^2 - n} \sum_{|j| \leqslant n-1} (-1)^j q^{-j(3j+1)/2}, \quad \beta_n = 1$$

和 (9.1.2) 得到.

在定理 9.2.2 中令 $c = 0$, $t = q^2$ 且使用 (9.1.11), 我们得到

$$- \frac{(q, q^3/\alpha\beta)_\infty}{(q^3/\alpha, q^3/\beta)_\infty} \sum_{n=0}^{\infty} (\alpha, \beta)_n (q^2/\alpha\beta)^n = \sum_{n=0}^{\infty} \frac{(\alpha, \beta)_n (1 - q^{2n+2})(1/\alpha\beta)^n q^{2n^2 + 5n+1}}{(q^3/\alpha, q^3/\beta)_n}$$

$$\times \left(\frac{\alpha\beta(1 + q^{2n+2}) - q^{n+2}(\alpha + \beta)}{\alpha\beta - q^2} \right) U_n(q).$$

$$(9.2.12)$$

在等式 (9.2.12) 中令 $\alpha, \beta \to \infty$ 和 $\alpha \to q^3$, $\beta \to \infty$, $q \to q^2$, 我们得到下面的定理.

定理 **9.2.5**[200]

$$-(q;q^2)_\infty (q^4;q^4)_\infty^2 = \sum_{n=0}^{\infty} \sum_{j=-n-1}^{n} (-1)^j (1 - q^{4n+4}) q^{(3n+1)(n+1)-j(3j+1)/2},$$

(9.2.13)

$$\sum_{n=0}^{\infty} (-1)^n (q;q^2)_{n+1} q^{n^2}$$

$$= -\frac{1}{\psi(q)} \sum_{n=0}^{\infty} \sum_{j=-n-1}^{n} (-1)^{n+j} (1 - q^{2n+1} + q^{6n+5} - q^{8n+8}) q^{5n^2+6n+2-j(3j+1)}.$$

(9.2.14)

注 9.2.8 等式 (9.2.13) 不同于文献 [152] 中的命题 6.2 恒等式:

$$(q;q^2)_\infty (q^4;q^4)_\infty^2 = \sum_{n=0}^{\infty} \sum_{j=-n}^{n} (-1)^j (1 - q^{2n+1}) q^{3n^2+2n-j(3j+1)/2}.$$

等式 (9.2.12) 可以推导出下列关于 q^2 的 Bailey 对

$$\alpha_n = -\frac{(1-q^{2n+2})q^{2n^2+3n+1}}{(1-q)(1-q^2)} \sum_{j=-n-1}^{n} (-1)^j q^{-j(3j+1)/2}, \quad \beta_n = 1.$$

下面我们将从 (9.1.12)—(9.1.13) 来获得一些 Hecke 型恒等式.
在 (9.1.1) 中, 令 $t \to tq$ 和

$$A_n = \frac{(tcd/q, z, \alpha, \beta)_n}{(q, tc, td, zq)_n},$$

然后再右侧使用 (9.1.12), 我们有

$$\frac{(tq, tq^2/\alpha\beta)_\infty}{(tq^2/\alpha, tq^2/\beta)_\infty} {}_4\phi_3 \left[\begin{array}{c} \alpha, \beta, tcd/q, z \\ tc, td, zq \end{array} ; q, \frac{tq}{\alpha\beta} \right]$$

$$= \sum_{n=0}^{\infty} \frac{(1 - tq^{2n+1})(tq/z, \alpha, \beta)_n (-tz/\alpha\beta)^n q^{\binom{n+1}{2}}}{(zq, tq^2/\alpha, tq^2/\beta)_n}$$

$$\times \left(\frac{\alpha\beta(1 + tq^{2n+1}) - tq^{n+1}(\alpha + \beta)}{\alpha\beta - tq} \right)$$

$$\times \sum_{j=0}^{n} \frac{(1 - tq^{2j})(t, q/c, q/d, z)_j}{(1 - t)(q, tc, td, tq/z)_j} \left(\frac{tcd}{zq} \right)^j.$$

(9.2.15)

注意到 A_n 对应的 $\beta_n = \dfrac{(tcd/q, z)_n}{(q, tc, td, zq)_n}$, 此 Bailey 对对应文献 [208] 中定理 7. 进一步令 $t = 1$ 和

$$(\alpha, \beta, c, d, z) \to (q^2, \infty, -q, \infty, -1), (q^2, \infty, -q^2, \infty, -q),$$
$$(q^2, \infty, q, \infty, -q), (q^2, \infty, -q, -q^2, 0),$$

我们得到下面结果.

定理 9.2.6

$$2\sum_{n=0}^{\infty} \frac{q^{n^2-2n}}{(-q;q^2)_n(1+q^{2n})} = \sum_{n=0}^{\infty}\sum_{j=-n}^{n} (-1)^{n+j}(1-q^{2n}+q^{6n+2}-q^{8n+4})q^{2n^2-2n-j^2},$$

$$\tag{9.2.16}$$

$$\sum_{n=0}^{\infty} \frac{q^{n^2-n}}{(-q^2;q^2)_n(1+q^{2n+1})}$$
$$= \sum_{n=0}^{\infty}\sum_{j=-n}^{n} (-1)^{n+j}(1-q^{2n}-q^{2n+1}+q^{4n+1}+q^{4n+2}-q^{6n+3})q^{2n^2-n-j^2},$$

$$\tag{9.2.17}$$

$$\sum_{n=0}^{\infty} \frac{(-1)^n q^{n^2-2n}}{(q;q^2)_n(1+q^{2n+1})}$$
$$= \sum_{n=0}^{\infty}\sum_{j=-n}^{n} (-1)^{n}(1-q^{2n}-q^{2n+1}+q^{4n+1}+q^{4n+2}-q^{6n+3})q^{2n^2-n-j^2-j},$$

$$\tag{9.2.18}$$

$$\sum_{n=0}^{\infty} \frac{(q;q^2)_n(-1)^n q^{n^2-n}}{(-q)_{2n}} = \sum_{n=0}^{\infty}\sum_{j=-n}^{n} (-1)^{n+j}(1-q^{2n}+q^{6n+2}-q^{8n+4})q^{3n^2-n-j^2}.$$

$$\tag{9.2.19}$$

在 (9.1.1) 中, 令 $q \to q^2$, $t \to t^2 q^2$ 以及取

$$A_n = \frac{(\alpha, \beta, \lambda, \lambda q, z; q^2)_n \omega^{-n}}{(tq, tq^2, \lambda^2, zq^2; q^2)_n},$$

然后进一步在其右侧使用 (9.1.13), 我们推出

$$\frac{(t^2q^2, t^2q^4/\alpha\beta; q^2)_\infty}{(t^2q^4/\alpha, t^2q^4/\beta; q^2)_\infty} {}_5\phi_4\left[\begin{array}{c} \alpha, \beta, \lambda, \lambda q, z \\ tq, tq^2, \lambda^2, zq^2 \end{array}; q^2, \frac{t^2q^2}{\alpha\beta}\right]$$
$$= \sum_{n=0}^{\infty} \frac{(1-t^2q^{4n+2})(t^2q^2/z, \alpha, \beta; q^2)_n(-t^2z/\alpha\beta)^n q^{n(n+1)}}{(zq^2, t^2q^4/\alpha, t^2q^4/\beta; q^2)_n}$$

$$\times \left(\frac{\alpha\beta(1+t^2q^{4n+2}) - t^2q^{2n+2}(\alpha+\beta)}{\alpha\beta - t^2q^2} \right)$$

$$\times \sum_{j=0}^{n} \frac{(1+tq^{2j})(t^2, z; q^2)_j (-q, qt/\lambda)_j (\lambda/z)^j}{(1+t)(q^2, t^2q^2/z; q^2)_j (t, -\lambda)_j}. \tag{9.2.20}$$

注 9.2.9 对应此恒等式的 Bailey 对可以从文献 [131] 的定理 2.2 和文献 [209] 中 (2.4) 与 (2.5) 得到.

在 (9.2.20) 中, 令 $t = -1$ 和

$$(\alpha, \beta, \lambda, z) \to (q^2, \infty, \infty, q), (q^2, \infty, q^{\frac{1}{2}}, -q),$$

则得到下面定理.

定理 9.2.7

$$\sum_{n=0}^{\infty} \frac{q^{2n^2-n}}{(-q)_{2n}(1-q^{2n+1})}$$

$$= \sum_{n=0}^{\infty} \sum_{j=-n}^{n} (1 - q^{2n} + q^{2n+1} - q^{4n+1} + q^{4n+2} + q^{6n+3}) q^{2n^2-n-j(j+1)/2}, \tag{9.2.21}$$

$$\sum_{n=0}^{\infty} \frac{(-1)^n (q^{1/2})_{2n} q^{n^2-n}}{(-q)_{2n+1}(q; q^2)_n}$$

$$= \sum_{n=0}^{\infty} \sum_{j=-n}^{n} (-1)^{n+j} (1 - q^{2n} - q^{2n+1} + q^{4n+1} + q^{4n+2} - q^{6n+3}) q^{2n^2-n-j/2}. \tag{9.2.22}$$

下面我们应用等式 (9.1.3), 获得更多类似的 Hecke 型恒等式.

定理 9.2.8

$$(-q^{-1}; q^2)_\infty (q)_\infty = \sum_{n=0}^{\infty} \sum_{j=-n}^{n} (-1)^j (1 + q^{2n} - q^{4n+1} - q^{6n+3}) q^{n^2-2n+j^2}.$$

证明 在 (9.1.3) 中令 $A_n = q^{-2n}(\alpha, \beta)_n / (q^2; q^2)_n$ 和 $t = q$, 我们得到

$$\sum_{n=0}^{\infty} \frac{(\alpha, \beta)_n}{(q^2; q^2)_n} \left(\frac{1}{q\alpha\beta} \right)^n$$

$$= \frac{(q/\alpha, q/\beta)_\infty}{(q^2, q/\alpha\beta)_\infty} \sum_{n=0}^{\infty} \frac{(\alpha, \beta)_n (-1)^n (1 - q^{2n+1}) q^{\binom{n}{2}}}{(q/\alpha, q/\beta)_n (1-q)} \left(\frac{1}{\alpha\beta} \right)^n$$

$$\times \left(\frac{\alpha\beta(1+q^{2n}) - q^n(\alpha+\beta)}{\alpha\beta - 1} \right) \sum_{j=0}^{n} \frac{(q^{-n}, q^{n+1})_j}{(q^2; q^2)_j}$$

$$+ q\frac{(q^2/\alpha, q^2/\beta)_\infty}{(q^2, q^2/\alpha\beta)_\infty} \sum_{n=0}^{\infty} \frac{(\alpha, \beta)_n(-1)^n(1-q^{2n+1})q^{\binom{n+1}{2}}}{(q^2/\alpha, q^2/\beta)_n(1-q)} \left(\frac{q}{\alpha\beta}\right)^n$$

$$\times \left(\frac{\alpha\beta(1+q^{2n+1}) - q^{n+1}(\alpha+\beta)}{\alpha\beta - q}\right) \sum_{j=0}^{n} \frac{(q^{-n}, q^{n+1})_j}{(q^2; q^2)_j},$$

将 (9.1.5) 代入上式右侧, 得到

$$\sum_{n=0}^{\infty} \frac{(\alpha, \beta)_n}{(q^2; q^2)_n} \left(\frac{1}{q\alpha\beta}\right)^n$$

$$= \frac{(q/\alpha, q/\beta)_\infty}{(q, q/\alpha\beta)_\infty} \sum_{n=0}^{\infty} \frac{(\alpha, \beta)_n(1-q^{2n+1})}{(q/\alpha, q/\beta)_n} \left(\frac{1}{q\alpha\beta}\right)^n$$

$$\times \left(\frac{\alpha\beta(1+q^{2n}) - q^n(\alpha+\beta)}{\alpha\beta - 1}\right) \sum_{j=-n}^{n} (-1)^j q^{j^2}$$

$$+ q\frac{(q^2/\alpha, q^2/\beta)_\infty}{(q, q^2/\alpha\beta)_\infty} \sum_{n=0}^{\infty} \frac{(\alpha, \beta)_n(1-q^{2n+1})}{(q^2/\alpha, q^2/\beta)_n}$$

$$\times \left(\frac{q}{\alpha\beta}\right)^n \left(\frac{\alpha\beta(1+q^{2n+1}) - q^{n+1}(\alpha+\beta)}{\alpha\beta - q}\right) \sum_{j=-n}^{n} (-1)^j q^{j^2}.$$

令 $(\alpha, \beta) \to (\infty, \infty)$ 且使用 (9.2.2)($q \to q^2, z = q^{-1}$), 我们有

$$(-q^{-1}; q^2)_\infty = \frac{1}{(q)_\infty} \sum_{n=0}^{\infty} \sum_{j=-n}^{n} (-1)^j(1 + q^{2n} - q^{2n+1} - q^{4n+1})q^{n^2-2n+j^2}$$

$$+ \frac{1}{(q)_\infty} \sum_{n=0}^{\infty} \sum_{j=-n}^{n} (-1)^j(1 - q^{4n+2})q^{n^2+1+j^2}.$$

简化, 即得结论. □

定理 9.2.9[200]

$$\sum_{n=0}^{\infty} \frac{(\alpha, \beta)_n(t/q\alpha\beta)^n}{(cq)_n}$$

$$= \frac{(t/\alpha, t/\beta)_\infty}{(tq, t/\alpha\beta)_\infty} \sum_{n=0}^{\infty} \frac{(t, \alpha, \beta)_n(1-tq^{2n})(-t^2/\alpha\beta)^n q^{3n(n-1)/2}}{(cq, t/\alpha, t/\beta)_n(1-t)}$$

$$\times \left(\frac{\alpha\beta(1+tq^{2n-1}) - tq^{n-1}(\alpha+\beta)}{\alpha\beta - t/q}\right) \sum_{j=0}^{n} \frac{(c)_j t^{-j} q^{j(1-n)}}{(q)_j}$$

$$+ t\frac{(tq/\alpha, tq/\beta)_\infty}{(tq, tq/\alpha\beta)_\infty} \sum_{n=0}^{\infty} \frac{(t, \alpha, \beta)_n(1-tq^{2n})(-t^2/\alpha\beta)^n q^{n(3n+1)/2}}{(cq, tq/\alpha, tq/\beta)_n(1-t)}$$

$$\times \left(\frac{\alpha\beta(1+tq^{2n}) - tq^n(\alpha+\beta)}{\alpha\beta - t} \right) \sum_{j=0}^{n} \frac{(c)_j t^{-j} q^{j(1-n)}}{(q)_j}. \tag{9.2.23}$$

证明 在 (9.1.3) 中令 $A_n = q^{-n}(\alpha,\beta)_n/(cq)_n$, 我们得到

$$\sum_{n=0}^{\infty} \frac{(\alpha,\beta)_n (t/q\alpha\beta)^n}{(cq)_n}$$

$$= \frac{(t/\alpha, t/\beta)_\infty}{(tq, t/\alpha\beta)_\infty} \sum_{n=0}^{\infty} \frac{(t,\alpha,\beta)_n (-1)^n (1-tq^{2n}) q^{n(n-3)/2}}{(q, t/\alpha, t/\beta)_n (1-t)} \left(\frac{t}{\alpha\beta}\right)^n$$

$$\times \left(\frac{\alpha\beta(1+tq^{2n-1}) - tq^{n-1}(\alpha+\beta)}{\alpha\beta - t/q} \right) \sum_{j=0}^{n} \frac{(q^{-n}, tq^n)_j q^j}{(cq)_j}$$

$$+ t \frac{(tq/\alpha, tq/\beta)_\infty}{(tq, tq/\alpha\beta)_\infty} \sum_{n=0}^{\infty} \frac{(t,\alpha,\beta)_n (-1)^n (1-tq^{2n}) q^{\binom{n+1}{2}}}{(q, tq/\alpha, tq/\beta)_n (1-t)} \left(\frac{t}{\alpha\beta}\right)^n$$

$$\times \left(\frac{\alpha\beta(1+tq^{2n}) - tq^n(\alpha+\beta)}{\alpha\beta - t} \right) \sum_{j=0}^{n} \frac{(q^{-n}, tq^n)_j q^j}{(cq)_j}.$$

将 (9.1.6) 代入上式右侧, 即证. □

在定理 9.2.9 中令 $c = 0$ 和 $t = q$, 以及使用 (9.1.7), 我们推出

$$\sum_{n=0}^{\infty} (\alpha,\beta)_n (1/\alpha\beta)^n$$

$$= \frac{(q/\alpha, q/\beta)_\infty}{(q^2, q/\alpha\beta)_\infty} \sum_{n=0}^{\infty} \frac{(\alpha,\beta)_n (1-q^{2n+1})(1/\alpha\beta)^n q^{2n^2+n}}{(q/\alpha, q/\beta)_n (1-q)}$$

$$\times \left(\frac{\alpha\beta(1+q^{2n}) - q^n(\alpha+\beta)}{\alpha\beta - 1} \right) T_n(q)$$

$$+ \frac{(q^2/\alpha, q^2/\beta)_\infty}{(q^2, q^2/\alpha\beta)_\infty} \sum_{n=0}^{\infty} \frac{(\alpha,\beta)_n (1-q^{2n+1})(1/\alpha\beta)^n q^{2n^2+3n+1}}{(q^2/\alpha, q^2/\beta)_n (1-q)}$$

$$\times \left(\frac{\alpha\beta(1+q^{2n+1}) - q^{n+1}(\alpha+\beta)}{\alpha\beta - q} \right) T_n(q). \tag{9.2.24}$$

在 (9.2.24) 中令 $\alpha, \beta \to \infty$, 我们得出

$$\sum_{n=0}^{\infty} q^{n^2-n} = \frac{1}{(q)_\infty} \sum_{n=0}^{\infty} \sum_{j=-n}^{n} (-1)^j (1+q^{2n} - q^{2n+1} - q^{4n+1}) q^{3n^2 - j(3j+1)/2}$$

$$+ \frac{1}{(q)_\infty} \sum_{n=0}^{\infty} \sum_{j=-n}^{n} (-1)^j (1-q^{4n+2}) q^{3n^2+2n+1 - j(3j+1)/2}$$

$$= \frac{1}{(q)_\infty} \sum_{n=0}^\infty \sum_{j=-n}^n (-1)^j (1 + q^{2n} - q^{4n+1} - q^{6n+3}) q^{3n^2 - j(3j+1)/2}.$$

上式与定理 9.2.4 中第一个式子相等.

在定理 9.2.9 中令 $c = -1$, $t = q$, 并结合式 (9.1.8), 我们得到

$$\sum_{n=0}^\infty \frac{(\alpha, \beta)_n (1/\alpha\beta)^n}{(-q)_n}$$

$$= \frac{(q/\alpha, q/\beta)_\infty}{(q^2, q/\alpha\beta)_\infty} \sum_{n=0}^\infty \frac{(\alpha, \beta)_n (1 - q^{2n+1})(1/\alpha\beta)^n q^{n(3n+1)/2}}{(q/\alpha, q/\beta)_n (1 - q)}$$

$$\times \left(\frac{\alpha\beta(1 + q^{2n}) - q^n(\alpha + \beta)}{\alpha\beta - 1} \right) S_n(q)$$

$$+ \frac{(q^2/\alpha, q^2/\beta)_\infty}{(q^2, q^2/\alpha\beta)_\infty} \sum_{n=0}^\infty \frac{(\alpha, \beta)_n (1 - q^{2n+1})(1/\alpha\beta)^n q^{n(3n+5)/2+1}}{(q^2/\alpha, q^2/\beta)_n (1 - q)}$$

$$\times \left(\frac{\alpha\beta(1 + q^{2n+1}) - q^{n+1}(\alpha + \beta)}{\alpha\beta - q} \right) S_n(q). \tag{9.2.25}$$

在 (9.2.25) 中令 $\alpha, \beta \to \infty$, 则有

$$\sum_{n=0}^\infty \frac{q^{n^2-n}}{(-q)_n} = \frac{1}{(q)_\infty} \sum_{n=0}^\infty \sum_{j=-n}^n (-1)^j (1 + q^{2n} - q^{2n+1} - q^{4n+1}) q^{n(5n-1)/2 - j^2}$$

$$+ \frac{1}{(q)_\infty} \sum_{n=0}^\infty \sum_{j=-n}^n (-1)^j (1 - q^{4n+2}) q^{n(5n+3)/2+1-j^2}$$

$$= \frac{1}{(q)_\infty} \sum_{n=0}^\infty \sum_{j=-n}^n (-1)^j (1 + q^{2n} - q^{4n+1} - q^{6n+3}) q^{n(5n-1)/2 - j^2}.$$

上式与定理 9.2.3 中第一个式子相等.

定理 9.2.10

$$\sum_{n=0}^\infty \frac{q^{n^2-2n}}{(-q)_n}$$

$$= \frac{1}{(q)_\infty} \sum_{n=0}^\infty \sum_{j=-n}^n (-1)^j (1 + q^{2n-1} + q^{2n} - q^{6n+1} - q^{6n+2} - q^{8n+4}) q^{n(5n-3)/2 - j^2}.$$

$$\tag{9.2.26}$$

证明　在定理 9.2.9 中令 $c = -1$ 和 $t = 1$, 我们得到

$$\sum_{n=0}^\infty \frac{(\alpha, \beta)_n (1/q\alpha\beta)^n}{(-q)_n}$$

$$= \frac{(1/\alpha,1/\beta)_\infty}{(q,1/\alpha\beta)_\infty}\left\{1+\sum_{n=1}^\infty \frac{(q)_{n-1}(\alpha,\beta)_n(1-q^{2n})(-1/\alpha\beta)^n q^{3n(n-1)/2}}{(-q,1/\alpha,1/\beta)_n}\right.$$

$$\times\left.\left(\frac{\alpha\beta(1+q^{2n-1})-q^{n-1}(\alpha+\beta)}{\alpha\beta-1/q}\right)\sum_{j=0}^n \frac{(-1)_j q^{j(1-n)}}{(q)_j}\right\}$$

$$+\frac{(q/\alpha,q/\beta)_\infty}{(q,q/\alpha\beta)_\infty}\left\{1+\sum_{n=1}^\infty \frac{(q)_{n-1}(\alpha,\beta)_n(1-q^{2n})(-1/\alpha\beta)^n q^{n(3n+1)/2}}{(-q,q/\alpha,q/\beta)_n}\right.$$

$$\times\left.\left(\frac{\alpha\beta(1+q^{2n})-q^n(\alpha+\beta)}{\alpha\beta-1}\right)\sum_{j=0}^n \frac{(-1)_j q^{j(1-n)}}{(q)_j}\right\}. \tag{9.2.27}$$

进一步使用 (9.1.9), 我们发现上式等式右侧等于

$$\frac{(1/\alpha,1/\beta)_\infty}{(q,1/\alpha\beta)_\infty}\left\{\sum_{n=0}^\infty \frac{(\alpha,\beta)_n(1/\alpha\beta)^n q^{n(3n-1)/2}}{(1/\alpha,1/\beta)_n}\left(\frac{\alpha\beta(1+q^{2n-1})-q^{n-1}(\alpha+\beta)}{\alpha\beta-1/q}\right)S_n(q)\right.$$

$$\left.-\sum_{n=1}^\infty \frac{(\alpha,\beta)_n(1/\alpha\beta)^n q^{3n(n-1)/2}}{(1/\alpha,1/\beta)_n}\left(\frac{\alpha\beta(1+q^{2n-1})-q^{n-1}(\alpha+\beta)}{\alpha\beta-1/q}\right)S_{n-1}(q)\right\}$$

$$+\frac{(q/\alpha,q/\beta)_\infty}{(q,q/\alpha\beta)_\infty}\left\{\sum_{n=0}^\infty \frac{(\alpha,\beta)_n(1/\alpha\beta)^n q^{3n(n+1)/2}}{(q/\alpha,q/\beta)_n}\left(\frac{\alpha\beta(1+q^{2n})-q^n(\alpha+\beta)}{\alpha\beta-1}\right)S_n(q)\right.$$

$$\left.-\sum_{n=1}^\infty \frac{(\alpha,\beta)_n(1/\alpha\beta)^n q^{n(3n+1)/2}}{(q/\alpha,q/\beta)_n}\left(\frac{\alpha\beta(1+q^{2n})-q^n(\alpha+\beta)}{\alpha\beta-1}\right)S_{n-1}(q)\right\}.$$

在上式第二个和第四个求和中令 n 替换为 $n+1$ 之后结合第一个和第三个求和, 我们有

$$\sum_{n=0}^\infty \frac{(\alpha,\beta)_n(1/q\alpha\beta)^n}{(-q)_n}$$

$$=\frac{(1/\alpha,1/\beta)_\infty}{(q,1/\alpha\beta)_\infty}\sum_{n=0}^\infty \frac{(\alpha,\beta)_n(1/\alpha\beta)^n q^{n(3n-1)/2}}{(1/\alpha,1/\beta)_n}\left\{\left(\frac{\alpha\beta(1+q^{2n-1})-q^{n-1}(\alpha+\beta)}{\alpha\beta-1/q}\right)\right.$$

$$\left.-\frac{(1/\alpha-q^n)(1/\beta-q^n)q^{2n}}{(1-q^n/\alpha)(1-q^n/\beta)}\left(\frac{\alpha\beta(1+q^{2n+1})-q^n(\alpha+\beta)}{\alpha\beta-1/q}\right)\right\}S_n(q)$$

$$+\frac{(q/\alpha,q/\beta)_\infty}{(q,q/\alpha\beta)_\infty}\sum_{n=0}^\infty \frac{(\alpha,\beta)_n(1/\alpha\beta)^n q^{3n(n+1)/2}}{(q/\alpha,q/\beta)_n}\left\{\left(\frac{\alpha\beta(1+q^{2n})-q^n(\alpha+\beta)}{\alpha\beta-1}\right)\right.$$

$$- \frac{(1/\alpha - q^n)(1/\beta - q^n)q^{2n+2}}{(1-q^{n+1}/\alpha)(1-q^{n+1}/\beta)} \left(\frac{\alpha\beta(1+q^{2n+2}) - q^{n+1}(\alpha+\beta)}{\alpha\beta - 1} \right) \Bigg\} S_n(q).$$
$$(9.2.28)$$

在 (9.2.28) 中令 $\alpha, \beta \to \infty$, 我们得到

$$\sum_{n=0}^{\infty} \frac{q^{n^2-2n}}{(-q)_n} = \frac{1}{(q)_\infty} \sum_{n=0}^{\infty} \sum_{j=-n}^{n} (-1)^j (1 + q^{2n-1} - q^{4n} - q^{6n+1}) q^{n(5n-3)/2 - j^2}$$
$$+ \frac{1}{(q)_\infty} \sum_{n=0}^{\infty} \sum_{j=-n}^{n} (-1)^j (1 + q^{2n} - q^{4n+2} - q^{6n+4}) q^{n(5n+1)/2 - j^2},$$

简化, 即证. □

定理 9.2.11

$$\sum_{n=0}^{\infty} q^{n^2-2n}$$
$$= \frac{1}{(q)_\infty} \sum_{n=0}^{\infty} \sum_{j=-n}^{n} (-1)^j (1 + q^{2n-1} + q^{2n} - q^{6n+1} - q^{6n+2} - q^{8n+4}) q^{3n^2 - n - j(3j+1)/2}.$$
$$(9.2.29)$$

证明　在定理 9.2.9 中令 $c = 0$, $t = 1$, 我们得到

$$\sum_{n=0}^{\infty} (\alpha, \beta)_n (1/q\alpha\beta)^n$$
$$= \frac{(1/\alpha, 1/\beta)_\infty}{(q, 1/\alpha\beta)_\infty} \Bigg\{ 1 + \sum_{n=1}^{\infty} \frac{(q)_{n-1}(\alpha,\beta)_n(1-q^{2n})(-1/\alpha\beta)^n q^{3n(n-1)/2}}{(1/\alpha, 1/\beta)_n}$$
$$\times \left(\frac{\alpha\beta(1+q^{2n-1}) - q^{n-1}(\alpha+\beta)}{\alpha\beta - 1/q} \right) \sum_{j=0}^{n} \frac{q^{j(1-n)}}{(q)_j} \Bigg\}$$
$$+ \frac{(q/\alpha, q/\beta)_\infty}{(q, q/\alpha\beta)_\infty} \Bigg\{ 1 + \sum_{n=1}^{\infty} \frac{(q)_{n-1}(\alpha,\beta)_n(1-q^{2n})(-1/\alpha\beta)^n q^{n(3n+1)/2}}{(q/\alpha, q/\beta)_n}$$
$$\times \left(\frac{\alpha\beta(1+q^{2n}) - q^n(\alpha+\beta)}{\alpha\beta - 1} \right) \sum_{j=0}^{n} \frac{q^{j(1-n)}}{(q)_j} \Bigg\}.$$

然后使用 (9.1.10), 我们容易发现上式右侧等于

$$\frac{(1/\alpha, 1/\beta)_\infty}{(q, 1/\alpha\beta)_\infty} \Bigg\{ \sum_{n=0}^{\infty} \frac{(\alpha,\beta)_n (1/\alpha\beta)^n q^{2n^2}}{(1/\alpha, 1/\beta)_n} \left(\frac{\alpha\beta(1+q^{2n-1}) - q^{n-1}(\alpha+\beta)}{\alpha\beta - 1/q} \right) T_n(q)$$

$$-\sum_{n=1}^{\infty}\frac{(\alpha,\beta)_n(1/\alpha\beta)^n q^{2n^2-2n}}{(1/\alpha,1/\beta)_n}\left(\frac{\alpha\beta(1+q^{2n-1})-q^{n-1}(\alpha+\beta)}{\alpha\beta-1/q}\right)T_{n-1}(q)\Bigg\}$$

$$+\frac{(q/\alpha,q/\beta)_\infty}{(q,q/\alpha\beta)_\infty}\Bigg\{\sum_{n=0}^{\infty}\frac{(\alpha,\beta)_n(1/\alpha\beta)^n q^{2n^2+2n}}{(q/\alpha,q/\beta)_n}\left(\frac{\alpha\beta(1+q^{2n})-q^{n}(\alpha+\beta)}{\alpha\beta-1}\right)T_n(q)$$

$$-\sum_{n=1}^{\infty}\frac{(\alpha,\beta)_n(1/\alpha\beta)^n q^{2n^2}}{(q/\alpha,q/\beta)_n}\left(\frac{\alpha\beta(1+q^{2n})-q^{n}(\alpha+\beta)}{\alpha\beta-1}\right)T_{n-1}(q)\Bigg\}.$$

在上式第二个和第四个求和中令 n 替换为 $n+1$ 之后结合第一个和第三个求和,我们有

$$\sum_{n=0}^{\infty}(\alpha,\beta)_n(1/q\alpha\beta)^n$$

$$=\frac{(1/\alpha,1/\beta)_\infty}{(q,1/\alpha\beta)_\infty}\sum_{n=0}^{\infty}\frac{(\alpha,\beta)_n(1/\alpha\beta)^n q^{2n^2}}{(1/\alpha,1/\beta)_n}\Bigg\{\left(\frac{\alpha\beta(1+q^{2n-1})-q^{n-1}(\alpha+\beta)}{\alpha\beta-1/q}\right)$$

$$-\frac{(1/\alpha-q^n)(1/\beta-q^n)q^{2n}}{(1-q^n/\alpha)(1-q^n/\beta)}\left(\frac{\alpha\beta(1+q^{2n+1})-q^{n}(\alpha+\beta)}{\alpha\beta-1/q}\right)\Bigg\}T_n(q)$$

$$+\frac{(q/\alpha,q/\beta)_\infty}{(q,q/\alpha\beta)_\infty}\sum_{n=0}^{\infty}\frac{(\alpha,\beta)_n(1/\alpha\beta)^n q^{2n^2+2n}}{(q/\alpha,q/\beta)_n}\Bigg\{\left(\frac{\alpha\beta(1+q^{2n})-q^{n}(\alpha+\beta)}{\alpha\beta-1}\right)$$

$$-\frac{(1/\alpha-q^n)(1/\beta-q^n)q^{2n+2}}{(1-q^{n+1}/\alpha)(1-q^{n+1}/\beta)}\left(\frac{\alpha\beta(1+q^{2n+2})-q^{n+1}(\alpha+\beta)}{\alpha\beta-1}\right)\Bigg\}T_n(q).$$

$$\text{(9.2.30)}$$

在 (9.2.30) 中令 $\alpha,\beta\to\infty$, 我们有

$$\sum_{n=0}^{\infty}q^{n^2-2n}=\frac{1}{(q)_\infty}\sum_{n=0}^{\infty}\sum_{j=-n}^{n}(-1)^j(1+q^{2n-1}-q^{4n}-q^{6n+1})q^{3n^2-n-j(3j+1)/2}$$

$$+\frac{1}{(q)_\infty}\sum_{n=0}^{\infty}\sum_{j=-n}^{n}(-1)^j(1+q^{2n}-q^{4n+2}-q^{6n+4})q^{3n^2+n-j(3j+1)/2}.$$

化简, 即证. $\qquad\qquad\qquad\qquad\qquad\qquad\qquad\qquad\qquad\qquad\qquad\square$

在定理 9.2.9 中令 $c=0$, $t=q^2$, 我们有

$$\sum_{n=0}^{\infty}(\alpha,\beta)_n(q/\alpha\beta)^n$$

$$=-\frac{(q^2/\alpha,q^2/\beta)_\infty}{(q,q^2/\alpha\beta)_\infty}\sum_{n=0}^{\infty}\frac{(\alpha,\beta)_n(1-q^{2n+2})(1/\alpha\beta)^n q^{2n^2+4n+1}}{(q^2/\alpha,q^2/\beta)_n}$$

$$\times \left(\frac{\alpha\beta(1+q^{2n+1}) - q^{n+1}(\alpha+\beta)}{\alpha\beta - q} \right) U_n(q)$$

$$- \frac{(q^3/\alpha, q^3/\beta)_\infty}{(q, q^3/\alpha\beta)_\infty} \sum_{n=0}^{\infty} \frac{(\alpha,\beta)_n (1-q^{2n+2})(1/\alpha\beta)^n q^{2n^2+6n+3}}{(q^3/\alpha, q^3/\beta)_n}$$

$$\times \left(\frac{\alpha\beta(1+q^{2n+2}) - q^{n+2}(\alpha+\beta)}{\alpha\beta - q^2} \right) U_n(q). \tag{9.2.31}$$

在 (9.2.31) 中令 $\alpha, \beta \to \infty$, 我们得到

$$\sum_{n=0}^{\infty} q^{n^2} = -\frac{1}{(q)_\infty} \sum_{n=0}^{\infty} \sum_{j=-n-1}^{n} (-1)^j (1+q^{2n+1}-q^{2n+2}-q^{4n+3}) q^{3n^2+3n+1-j(3j+1)/2}$$

$$- \frac{1}{(q)_\infty} \sum_{n=0}^{\infty} \sum_{j=-n-1}^{n} (-1)^j (1-q^{4n+4}) q^{3n^2+5n+3-j(3j+1)/2},$$

化简, 可得下面的定理.

定理 9.2.12

$$\sum_{n=0}^{\infty} q^{n^2} = -\frac{1}{(q)_\infty} \sum_{n=0}^{\infty} \sum_{j=-n-1}^{n} (-1)^j (1+q^{2n+1}-q^{4n+3}-q^{6n+6}) q^{3n^2+3n+1-j(3j+1)/2}.$$

$$\tag{9.2.32}$$

注 9.2.10　　上式不同于文献 [182] 中恒等式命题 6.11:

$$\sum_{n=0}^{\infty} q^{n^2} = \frac{1}{(q)_\infty} \sum_{n=0}^{\infty} \sum_{j=-n}^{n} (-1)^j (1-q^{4n+2}) q^{3n^2+n-j(3j+1)/2}.$$

它可看作部分 theta 函数 $\sum_{n=0}^{\infty} q^{n^2}$ 的另一种表示.

参 考 文 献

[1] Andrews G E. The theory of partitions[M]. Cambridge: Cambridge University Press, 1976.

[2] Bailey W N. Generalized hypergeometric series[M]. Cambridge: Cambridge University Press, 1935.

[3] Slater L J. Generalized hypergeometric functions[M]. Cambridge: Cambridge University Press, 1966.

[4] Andrews G E. q-Series: their development and application in analysis, number theory, combinatorics, physics, and computer algebra[M]. Providence: American Mathematical Society, 1986.

[5] Gasper G, Rahman M. Basic hypergeometric series[M]. Cambridge: Cambridge University Press, 1990.

[6] Cauchy A L. Memoiré sur les fonctions dont plusieurs valeurs sont liées entre elles par une équation linéaire, et sur diverses transformations de produits composés d'un nombre indéfini de facteurs[J]// C. R. Acad. Sci. T. XVII, p. 523, Oeuvres de Cauchy, 1re série, T. VIII, 1843: 42-50.

[7] Heine E. Untersuchungen über die Reihe[J]. J. Reine Angew. Math., 1847, 34: 285-328.

[8] Gauss C F. Zur theorie der neuen transscendenten II[J]. Werke, 1866, 3: 436-445.

[9] Andrews G E, Berndt B C. Ramanujan's lost notebook, Part II[M]. New York: Springer, 2009.

[10] Bailey W N. A note on certain q-identities[J]. Quart. J. Math. (Oxford), 1941, 12: 173-175.

[11] Daum J A. The basic analogue of Kummer's theorem[J]. Bull. Amer. Math. Soc., 1942, 48: 711-713.

[12] Kim Y S, Rathie A K, Lee C H. On q-analog of Kummer's theorem and its contiguous results[J]. Commun. Korean Math. Soc., 2003, 18(1): 151-157.

[13] Andrews G E, Askey R. Enumeration of partitions: the role of Eulerian series and q-orthogonal polynomials[M]// Aigner M. Higher Combinatorics. Dordrech-Holland: D. Reidel Publishing Company, 1977: 3-26.

[14] Zhang Z Z, Jia Z Y. Some transformations on the bilateral series $_2\psi_2$[J]. Rocky Mountain J. Math., 2014, 44(5): 1697-1713.

[15] Verma A. Certain summation formulae for basic hypergeometric series[J]. Canad. Math. Bull., 1977, 20: 369-375.

[16] Stanley R P. Ordered structures and partitions[J]. Memoirs of the Amer. Math. Soc., 1972, 119: 1-104.

[17] Gould H W. A new symmetrical combinatorial identity[J]. J. Comb. Theory, Ser. A, 1972, 13: 278-286.

[18] Nanjundiah T S. Remark on a note of P. Turän[J]. Amer. Math. Monthly, 1958, 65: 354.

[19] Pic G. On a combinatorial formula[J]. Studia Univ. Babes-Bolyai Ser. Math. Phys., 1965, 10: 7-15.

[20] Suranyi J. On a problem of old Chinese mathematics[J]. Publ. Math. Debrecen, 1956, 4: 195-197.

[21] Turan P. On a problem in the history of Chinese mathematics[J]. Mat. Lapok, 1954, 5: 1-6.

[22] Jackson F H. On q-definite integrals[J]. Quart. J. Pure Appl. Math., 1910, 50: 101-112.

[23] Sears D B. On the transformation theory of basic hypergeometric functions[J]. Proc. London Math. Soc., 1951, 53(1): 158-180.

[24] Andrews G E. On the q-analog of Kummer's theorem and applications[J]. Duke Math. J., 1973, 40: 525-528.

[25] Andrews G E. q-identities of Auluck, Carlitz and Rogers[J]. Duke Math. J., 1966, 33: 575-581.

[26] Andrews G E. Applications of basic hypergeometric functions[J]. SIAM Rev., 1974, 16: 441-484.

[27] Jackson F H. Transformations of q-series[J]. Messenger of Math., 1910, 39: 145-153.

[28] Lakin A. A hypergeometric identity related to Dougall's theorem[J]. J. London Math. Soc., 1952, 27: 229-234.

[29] Andrews G E, Warnaar S O. The product of partial theta functions[J]. Adv. Appl. Math., 2007, 39: 116-120.

[30] Warnaar S O. Partial theta functions I. Beyond the lost notebook[J]. Proc. London Math. Soc., 2003, 87: 363-395.

[31] Watson G N. Theorems stated by Ramanujan VII: theorems on continued fractions[J]. J. London Math. Soc., 1929, 4: 39-48.

[32] Carlitz L, Subbarao M V. A simple proof of the quintuple product identity[J]. Proc. Amer. Math. Soc., 1972, 32(1): 42-44.

[33] Thomae J. Beitriäge zur theorie der durch die Heineshe Reihe[J]. J. Reine Angew Math., 1869, 70: 258-281.

[34] Thomae J. Les series Heineennes superirures, ou les series de la forme[J]. Annali di Matematica Pura ed Applicata, 1870, 4: 105-138.

[35] Jackson F H. Basic integration[J]. Quart. J. Math. (Oxford), 1951, 2(2): 1-16.

[36] Kim Y S, Rathie A K, Lee C H. Another method for proving a q-analogue of Gauss's summation theorem[J]. FarEast. J. Math. Sci., 2002, 5(3): 317-322.

[37] Benaoum H B. (q, h)-analogue of Newton's binomial formula[J]. J. Phys. A: Math. & Gen., 1999, 32: 2037-2040.

[38] Schützenberger M P. Une interprétation de certaines solutions de l'équation fonctionelle: $F(x+y) = F(x)F(y)$[J]. C. R. Acad. Sci. Paris, 1953, 236: 352-353.

[39] Johnson W P. A q-analogue of Faa di Bruno's formula[J]. J. Comb. Theory, Ser. A, 1996, 76: 305-314.

[40] Cho S, Madore J, Park K S. Noncommutative geometry of the h-deformed quantum plane[J]. J. Phys. A: Math. & Gen., 1999, 31(11): 2639.

[41] Benaoum H B. h-analogue of Newton's binomial formula[J]. J. Phys. A: Math. & Gen., 1998, 31: L751.

[42] Chu W C, Zhang Z Z. Non-commutative binomial expansions and inverse series relations[C]. Convegno Nazionale Matematica senza Frontiere, Lecce, 2003, 5-8 Marzo: 105-113.

[43] Zhang Z Z, Wang J. Some properties of the (q, h)-binomial coefficients[J]. J. Phys. A: Math. & Gen., 2000, 33: 7653-7658.

[44] Tannery J. Introduction a la théorie des fonctions d'une Variable[M]. 2nd ed. Paris: Libraire Scientifique A. Hermann, 1904.

[45] Bromwich T J I'A. An Introduction to the theory of infinite Series[M]. London: Macmillan, 1949.

[46] Verma A, Jain V K. Transformations between basic hypergeometric series on different bases and identities of Rogers-Ramanujan type[J]. J. Math. Anal. Appl., 1980, 76: 230-269.

[47] Verma A, Jain V K. Transformations of non-terminating basic hypergeometric series, their contour integrals and applications to Rogers-Ramanujan identities[J]. J. Math. Anal. Appl., 1982, 87: 9-44.

[48] Gu N S S, Prodinger H. One-parameter generalizations of Rogers-Ramanujan type identities[J]. Adv. Appl. Math., 2010, 45: 149-196.

[49] Bailey W N. Some identities in combinatory analysis[J]. Proc. London Math. Soc., 1947, 49: 421-435.

[50] Bailey W N. A transformation of nearly-poised basic hypergeomegtric series[J]. J. London Math. Soc., 1947, 22: 237-240.

[51] Srivastava H M, Jain V K. q-Series identities and reducibility of basic double hypergeometric functions[J]. Canad. J. Math., 1986, 38: 215-231.

[52] Srivastava H M. A transformation for an n-balanced $_3\phi_2$[J]. Proc. Amer. Math. Soc., 1987, 101(1): 108-112.

[53] Zhang Z Z, Hu Q X. On some transformation and summation formulae for bivariate basic hypergeometric series[J]. 数学研究与评论, 2009, 29(6): 1029-1034.

[54] Jain V K. Certain transformations of basic hypergeometric series and their applications[J]. Pacific. J. Math., 1982, 101(2): 333-349.

[55] Jackson F H. q-difference equations[J]. Amer. J. Math., 1910, 32: 305-314.

[56] Jain V K. Some transformations of basic hypergeometric functions, Part II[J]. SIAM J. Math. Anal., 1981, 12(6): 957-961.

[57] Andrews G E. On q-analogues of the Watson and Whipple summations[J]. SIAM J. Math. Anal., 1976, 7(3): 332-336.

[58] Andrews G E. On the sum of a terminating $_3F_2(1)$[J]. Quart. J. Math., 1953, 4: 237-240.

[59] Wei C A, Wang X X. Evaluations of series of the q-Watson, q-Dixon, and q-Whipple type[J]. Discrete Math. Theor. Comput. Sci., 2017, 19(1): Paper No. 19: 1-23.

[60] Gasper G. Summation, transformation, and expansion formulas for bibasic series[J]. Trans. Amer. Math. Soc., 1989, 312: 257-277.

[61] Chen W Y C, Hou Q H, Mu Y P. A telescoping method for double summations[J]. J. Comput. Appl. Math., 2006, 196(2): 553-566.

[62] Subbarao M V, Verma A. Some summations of q-series by telescoping[J]. Pacific J. Math., 1999, 191(1): 173-182.

[63] Agarwal R P. On the partial sums of series of hypergeometric type[J]. Proc. Cambridge Phil. Soc., 1953, 49: 441-445.

[64] Andrews G E, Askey R, Roy R. Special functions[M]. Cambridge: Cambridge University Press, 2000.

[65] Chen V Y B, Chen W Y C, Gu N S S. The Abel lemma and q-Gosper algorithm[J]. Math. Comput., 2008, 77(262): 1057-1074.

[66] Askey R, Ismail M E H. The very well poised $_6\psi_6$[J]. Proc. Amer. Math. Soc., 1979, 77: 218-222.

[67] Ismail M E H. A simple proof of Ramanujan's $_1\psi_1$ sum[J]. Proc. Amer. Math. Soc., 1977, 63: 185-186.

[68] Lang L. Complex Analysis[M]. 4th ed. New York: Springer, 1999.

[69] Zhu J M. Generalizations of a terminating summation formula of basic hypergeometric series and their applications[J]. J. Math. Anal. Appl., 2016, 436: 740-747.

[70] Jouhet F, Schlosser M J. Another proof of Bailey's $_6\psi_6$ summation[J]. Aequationes Math., 2005, 70(1/2): 43-50.

[71] Andrews G E, Askey R. Another q-extension of the Beta function[J]. Proc. Amer. Math. Soc., 1981, 81(1): 97-100.

[72] Bailey W N. Series of hypergeometric type which are infinite in both directions[J]. Quart. J. Math. (Oxford), 1936, 7: 105-115.

[73] Askey R. The very well poised $_6\psi_6$ II[J]. Proc. Amer. Math. Soc., 1984, 90: 575-579.

[74] Schlosser M J. A simple proof of Bailey's very-well-poised $_6\psi_6$ summation[J]. Proc. Amer. Math. Soc., 2001, 130: 1113-1123.

[75] Slater L J, Lakin A. Two proofs of the $_6\psi_6$ summation theorem[J]. Proc. Edinburgh Math. Soc., 1956, 9(3): 116-121.

[76] Jouhet F, Schlosser M J. New curious bilateral q-series identities[J]. Axioms, 2012, 1: 365-371.

[77] Schlosser M J. Some new applications of matrix inversions in A_r[J]. Ramanujan J., 1999, 3: 405-461.

[78] Chen W Y C, Chu W C, Gu Nancy S S. Finite form of the quintuple product identity[J]. J. Comb. Theory, Ser. A, 2006, 113: 85-187.

[79] Zhang Z Z, Hu Q X. On the bilateral series $_5\psi_5$[J]. J. Math. Anal. Appl., 2008, 337: 1002-1009.

[80] Zhang Z Z, Hu Q X. On the very-well-poised bilateral basic hypergeometric $_7\psi_7$ series[J]. J. Math. Anal. Appl., 2010, 367: 657-668.

[81] Zhang Z Z, Hu Q X. A transformation formula for a special bilateral basic hepergeometric $_{12}\psi_{12}$ series[J]. Acta Math. Univ. Comenianae, 2009, 78(2): 201-203.

[82] Bailey W N. On the basic bilateral hypergeometric series $_2\psi_2$[J]. Quart. J. Math. (Oxford), 1950, 1(2): 194-198.

[83] Zhang C H, Zhang Z Z. Two new transformation formulas of basic hypergeometric series[J]. J. Math. Anal. Appl., 2007, 336: 777-787.

[84] Chen W Y C, Fu A M. Semi-finite forms of bilateral basic hypergeometrics[J]. Proc. Amer. Math. Soc., 2006, 134: 1719-1725.

[85] Jouhet F. More semi-finite forms of bilateral basic hypergeometric series[J]. Annal. Comb., 2007, 11: 47-57.

[86] Zhu J M. A semi-finite proof of Jacobi's triple product identity[J]. Amer. Math. Monthly, 2015, 122(10): 1008-1009.

[87] Andrews G E. Bailey's transform, lemma, chains and tree[M]//Bustoz J, Ismail M E H, Suslov S K. Special Functions 2000: Current Perspective and Future Directions. Berlin: Springer, 2001: 1-22.

[88] Warnaar S O. 50 years of Bailey's lemma[M]//Betten A, et al. Alg. Combinatorics and Appl. Berlin: Springer, 2001.

[89] Slater L J. Further identities of the Rogers-Ramanujan type[J]. Proc. London Math. Soc. (Ser.2), 1952, 54: 147-167.

[90] Andrews G E. Multiple series Rogers-Ramanujan type identities[J]. Pacific J. Math., 1984, 114(2): 267-283.

[91] Denis R Y, Singh S N, Singh S P, et al. Application of Bailey's pair to q-identities[J]. Bull. Calcutta Math. Soc., 2010, 103(5): 403-412.

[92] Garvan F G, Jennings-Shaffer C. Exotic Bailey-Slater spt-functions II: Hecke-Rogers-type double sums and Bailey pairs from groups A, C, E[J]. Adv. Math., 2016, 299: 605-639.

[93] Guo V J W, Jouhet J, Zeng J. New finite Rogers-Ramanujan identities[J]. Ramanujan J., 2009, 19: 247-266.

[94] Huang J F, Ma X R. Constructive extensions of three summation formulas for q-series and their applications to Bailey pairs[J]. Ramanujan J., 2017, 42(3): 747-775.

[95] Jennings-Shaffer C. Exotic Bailey-Slater spt-functions III: Bailey pairs from groups B, F, G, and J[J]. Acta Arith., 2016, 173(4): 317-364.

[96] Lovejoy J. Ramanujan-type partial theta identities and conjugate Bailey pairs[J]. Ramanujan J., 2012, 29(1/2/3): 51-67.

[97] Lovejoy J. Bailey pairs and indefinite quadratic forms[J]. J. Math. Anal. Appl., 2014, 410(2): 1002-1013.

[98] Ma X R. Six-variable generalization of Ramanujan's reciprocity theorem and its variants[J]. J. Math. Anal. Appl., 2009, 353(1): 320-328.

[99] Ma X R. A new proof of the Askey-Wilson integral via a five-variable Ramanujan's reciprocity theorem[J]. Ramanujan J., 2011, 24(1): 61-65.

[100] Ma X R. Two matrix inversions associated with the Hagen-Rothe formula, their q-analogues and applications[J]. J. Comb. Theory Ser. A, 2011, 118(4): 1475-1493.

[101] Mc-Laughlin J. Some new transformations for Bailey pairs and WP-Bailey pairs[J]. Cent. Eur. J. Math., 2010, 8(3): 474-487.

[102] Mc-Laughlin J. A new summation formula for WP-Bailey pairs[J]. Appl. Anal. Discrete Math., 2011, 5: 67-79.

[103] Mc-Laughlin J, Zimmer P. A reciprocity relation for WP-Bailey pairs[J]. Ramanujan J., 2012, 28(2): 155-173.

[104] Patkowski A E. On Bailey pairs and certain q-series related to quadratic and ternary quadratic forms[J]. Colloq. Math., 2011, 122(2): 265-273.

[105] Patkowski A E. On some new Bailey pairs and new expansions for some mock theta functions[J]. Methods Appl. Anal., 2016, 23(2): 205-213.

[106] Pathak M, Srivastava P. Certain applications of WP-Bailey pairs[J]. Asian-Eur. J. Math., 2019, 12(3): 1950049, 14 pp.

[107] Rowell M J. A new general conjugate Bailey pair[J]. Pacific J. Math., 2008, 238(2): 367-385.

[108] Srivastava H M, Singh S N, Singh S P, et al. Some conjugate WP-Bailey pairs and transformation formulas for q-series[J]. Creat. Math. Inform., 2015, 24(2): 199-209.

[109] Srivastava H M, Singh S N, Singh S P, et al. Certain derived WP-Bailey pairs and transformation formulas for q-hypergeometric series[J]. Filomat, 2017, 31(14): 4619-4628.

[110] Srivastava H M, Singh S N, Singh S P, et al. A note on the Bailey transform, the Bailey pair and the WP Bailey pair and their applications[J]. Russ. J. Math. Phys., 2018, 25(3): 396-408.

[111] Zhang Z Z, Hu Q X. On some transformations of q-series[J]. Utilitas Math., 2008, 77: 277-285.

[112] Jain V K. Some transformations of basic hypergeometric series and their applications[J]. Proc. Amer. Math. Soc., 1980, 78(3): 375-384.

[113] Agarwal A K, Andrews G E, Bressoud D. The Bailey lattice[J]. J. Indian Math. Soc., 1987, 51: 57-73.

[114] Zhang C H, Zhang Z Z. A direct proof of the AAB-Bailey lattice[J]. J. Ramanujan Soc. Math and Math. Sci., 2017, 6(1): 1-6.

[115] Andrews G E. Connection coefficient problems and partitions[J]. Proc. Sympos. Pure Math., 1979, 34: 1-24.

[116] Bressoud D M. A matrix inverse[J]. Proc. Amer. Math. Soc., 1983, 88(2): 446-448.

[117] Warnaar S O. Extensions of the well-poised and elliptic well-poised Bailey lemma[J]. Indag. Math. (N.S.), 2003, 14(3-5): 571-588.

[118] Andrews G E, Berkovich A. The WP-Bailey tree and its implications[J]. J. Lond. Math. Soc., 2002, 66(3): 529-549.

[119] Mc-Laughlin J, Sills A V, Zimmer P. Lifting Bailey pairs to WP-Bailey pairs[J]. Discrete Math., 2009, 309: 5077-5091.

[120] Singh U B. A note on a transformation of Bailey[J]. Quart. J. Math. (Oxford), 1994, 45(2): 111-116.

[121] Zhang Z Z, Huang J L. A WP-Bailey lattice and its applications[J]. International J. Number Theory, 2016, 12(1): 189-203.

[122] Andrews G E. An analytic generalization of the Rogers-Ramanujan identities for odd modoli[J]. Proc. Nat. Acad. Sci. USA, 1974, 71: 4082-4085.

[123] Gordon B. A combinatorial generalization of the Rogers-Ramanujan identities[J]. Amer. J. Math., 1961, 83: 393-399.

[124] Bailey W N. Identities of the Rogers-Ramanujan type[J]. Proc. London Math. Soc., 1949, 50: 1-10.

[125] Mc-Laughlin J, Zimmer P. Some implications of the WP-Bailey tree[J]. Adv. Appl. Math., 2009, 43(2): 162-175.

[126] Mc-Laughlin J, Zimmer P. General WP-Bailey chains[J]. Ramanujan J., 2010, 22: 11-31.

[127] Zhang Z Z, Gu J, Song H F. A new transformation formula involving derived WP-Bailey pair and its applications[J]. Filomat, 2020, 34(13): 4245-4252.

[128] Andrews G E, Schilling A, Warnaar S O. An A_2 Bailey lemma and Rogers-Ramanujan-type identities[J]. Proc. Amer. Math. Soc., 1999, 12(3): 677-702.

[129] Berkovich A, Mccoy B M, Schilling A. $N = 2$ supersymmetry and Bailey pairs[J]. Physical A, 1996, 228: 33-62.

[130] Frederic J. Shifted versions of the Bailey and Well-Poised Bailey lemmas[J]. Ramnujan J., 2010, 23: 315-333.

[131] Bressoud D M, Ismail M E H, Stanton D. Change of base in Bailey pairs[J]. Ramanujan J., 2000, 4: 435-453.

[132] 张之正, 李晓倩. 一类新的 m 重 Rogers-Ramanujan 恒等式及应用[J]. 数学物理学报, 2019, 39A(4): 851-864.

[133] Gessel I, Stanton D. Applications of q-Lagrange inversion to basic hypergeometric series[J]. Trans. Amer. Math. Soc., 1983, 277: 173-203.

[134] Krattenthaler C. A new q-Lagrange formula and some applications[J]. Proc. Amer. Math. Soc., 1984, 90: 338-344.

[135] Krattenthaler C. Operator methods and Lagrange inversion, a unified approach to Lagrange formulas[J]. Trans. Amer. Math. Soc., 1988, 305: 431-465.

[136] Krattenthaler C. A new matrix inverse[J]. Proc. Amer. Math. Soc., 1996, 124: 47-59.

[137] Ma X R. An extension of Warnaar's matrix inversion[J]. Proc. Amer. Math. Soc., 2005, 133: 3179-3189.

[138] Ma X R. The (f, g)-inversion formula and its applications: the (f, g)-summation formula[J]. Adv. Appl. Math., 2007, 38: 227-257.

[139] Milne S C, Bhatnagar G. A characterization of inverse relations[J]. Discrete Math., 1998, 193: 235-245.

[140] Schlosser M J. Inversion of bilateral basic hypergeometric series[J]. Electron. J. Comb., 2003, R10: 1-27.

[141] Warnaar S O. Summation and transformation formulas for elliptic hypergeometric series[J]. Constr. Approx., 2002, 18: 479-502.

[142] Gould H W, Hsu L C. Some new inverse series relations[J]. Duke Math. J., 1973, 40: 885-891.

[143] Carlitz L. Some inverse relations[J]. Duke Math. J., 1973, 40: 893-901.

[144] Chu W C. Gould-Hsu-Carlitz inversions and Rogers-Ramanujan identities[J]. Acta Math. Sin., New Series, 1990, 33(1): 7-12.

[145] 张彩环, 张之正. 基本超几何级数的变换公式及 Rogers-Ramanujan 恒等式[J]. 数学学报, 2010, 53(3): 579-584.

[146] Chu W C. Inversion techniques and combinatorial idntities: Jackson's q-analogue of the Dougall-Dixon theorem and the dual formulae[J]. Compositio Math., 1995, 95: 43-68.

[147] Andrews G E. On the foundations of combinatorial theory V. Eulerian differential operators[J]. Studies in Appl. Math., 1971, 50: 345-375.

[148] Roman S. More on the umbral calculus with emphasis on the q-umbral calculus[J]. J. Math. Anal. Appl., 1985, 107: 222-254.

[149] Jackson F H. On q-functions and a certain difference operator[J]. Trans. R. Soc. Edinb., 1908, 46: 253-281.

[150] Carlitz L. Some q-expansion formulas[J]. Glasnik Mat., 1973, 8(2): 205-213.

[151] Liu Z G. An expansion formula for q-series and applications[J]. Ramanujan J., 2002, 6: 429-447.

[152] Liu Z G. On the q-partial differential equations and q-series[C]. The Legacy of Srinivasa Ramanujan, Ramanujan Math. Soc. Notes Ser. 20, Ramanujan Math. Soc., 2013: 213-250.

[153] Rogers L J. On a three-fold symmetry in the elements of Heine's series[J]. Proc. London Math. Soc., 1893, 24: 171-179.

[154] Szego G. Ein betrag zur theórie der thetafunktionen[J]. Sitz. Preuss, Akad.Wiss. Phys. Math., 1926, 19: 242-252.

[155] Al-Salam W A, Ismail M E H. q-Beta integrals and the q-Hermite polynomials[J]. Pacific. J. Math., 1988, 135: 209-221.

[156] Askey R, Ismail M E H. A generalization of ultraspherical polynomials[M]//Erdös P. Studies in Pure Mathematicas. Boston: Birkhäuser, 1983: 55-78.

[157] Atakishiyev N M, Nagiyev S M. On Rogers-Szegö polynomials[J]. J. Phys. A: Math. & Gen., 1997, 27: L611-L615.

[158] Bressoud D M. A simple proof of Mehler's formula for q-Hermite polynomials[J]. Indiana Univ. Math. J., 1980, 29: 577-580.

[159] Chen W Y C, Fu A M, Zhang B Y. The homogeneous q-difference operator[J]. Adv. Appl. Math., 2003, 31: 659-668.

[160] Chen W Y C, Saad H L, Sun L H. The bivariate Rogers-Szegö polynomials[J]. J. Phys. A: Math. & Gen., 2007, 40(23): 6071-6084.

[161] Ismail M E H, Stanton D. On the Askey-Wilson and Rogers polynomials[J]. Canad. J. Math., 1988, 40: 1025-1045.

[162] Ismail M E H, Stanton D, Viennot G. The combinatorics of q-Hermite polynomials and the Askey-Wilson integral[J]. European J. Combin., 1987, 8: 379-392.

[163] Stanton D. Orthogonal polynomials and combinatorics[M]//Bustoz J, Ismail M E H, Suslov S K. Special Functions 2000: Current Perspective and Future Directions. Berlin: Springer, 2001: 389-410.

[164] Chen W Y C, Liu Z G. Parameter augmentation for basic hypergeometric series II[J]. J. Comb. Theory, Ser. A, 1997, 80: 175-195.

[165] Chen W Y C, Liu Z G. Parameter augmentation for basic hypergeometric series, I[M]//Sagan B E, Stanley R P. Mathematical Essays in Honor of Gian-Carlo Rota, Basel: Birkauser, 1998: 111-129.

[166] Zhang C H, Zhang Z Z. Extensions of two q-series identities[J]. Advan. Stud. Contemp. Math., 2006, 13(1): 81-85.

[167] Alladi K. A fundamental invariant in the theory of partitions[M]//Ahlgren S D, et al. Topics in Number Theory. Dordrecht: Kluwer Academic Publishers, 1999: 101-113.

[168] Zhang Z Z, Wang J. Two operator identities and their applications to terminating basic hypergeometric series and q-integrals[J]. J. Math. Anal. Appl., 2005, 312(2): 653-665.

[169] Liu Z G. An extension of the non-terminating $_6\phi_5$ summation and the Askey-Wilson polynomials[J]. J. Difference Equ. Appl., 2011, 17: 1401-1411.

[170] Ismail M E H, Rahman M, Suslov K. Some summation theorems and transformations for q-series[J]. Can. J. Math., 1997, 49: 543-567.

[171] Askey R. q-extension of Cauchy's form of the beta integral[J]. Quart. J. Math. Oxford, 1981, 32(2): 255-266.

[172] Askey R. Ramanujan's extensions of the gamma and beta functions[J]. Amer. Math. Monthly, 1980, 87: 344-359.

[173] Zhang Z Z. Several symmetric transformations from q-Chu-Vandermonde summation[J]. Utilitas Math., 2007, 73: 267-277.

[174] Zhang Z Z, Liu M X. Applications of operator identities to the multiple q-binomial theorem and q-Gauss summation theorem[J]. Discrete Math., 2006, 306: 1424-1437.

[175] Zhang Z Z, Yang J Z. Several q-series identities from the Euler expansions of $(a;q)_\infty$ and $\dfrac{1}{(a;q)_\infty}$[J]. Archivum Math., 2009, 45: 45-56.

[176] Andrews G E. Ramanujan's "lost" notebook. I. Partial θ-functions[J]. Adv. Math., 1981, 41: 137-172.

[177] Andrews G E. An introduction to Ramanujan's "Lost" Notebook[M]//Berndt B C, Rankin R A. Ramanujan: Essays and Surveys, 2001: 165-184.

[178] Ramanujan S. The Lost Notebook and Other Unpublished Papers[M]. New Delhi: Narosa, 1988.

[179] Berndt B C, Chan S H, Yeap B P, et al. A reciprocity theorem for certain q-series found in Ramanujan's lost notebook[J]. Ramanujan J., 2007, 13: 27-37.

[180] Kang S Y. Generalizations of Ramanujan's reciprocity theorem and their applications[J]. J. London Math. Soc., 2007, 75: 18-34.

[181] Adiga C, Anitha N. On a reciprocity theorem of Ramanujan[J]. Tamsui Oxford J. Math. Sci., 2006, 22: 9-15.

[182] Liu Z G. Some operator identities and q-series transformation formulas[J]. Discrete Math., 2003, 265: 119-139.

[183] Bailey W N. On the analogue of Dixon's theorem for bilateral basic hypergeometric series[J]. Quart. J. Math.(Oxford), 1950, 2: 318-320.

[184] Andrews G E. Problems and prospects for basic hypergeometric functions[M]//Askey R. The Theory and Application of Special Functions. New York: Academic Press, 1975, 191-224.

[185] Guo Victor J W, Zeng J. A short proof of the q-Dixon identity[J]. Discrete Math., 2005, 296: 259-261.

[186] 张之正, 杨继真. 双参数有限 q 指数算子及其应用[J]. 数学学报, 2010, 53(5): 1007-1018.

[187] Chen V Y B, Gu N S S. The Cauchy operator for basic hypergeometric series[J]. Adv. Appl. Math., 2008, 41(2): 177-196.

[188] Fang J P. q-Differential operator identities and applications[J]. J. Math. Anal. Appl., 2007, 332: 1393-1407.

[189] Fang J P. Extensions of q-Chu-Vandermonde's identity[J]. J. Math. Anal. Appl., 2008, 339: 845-852.

[190] Chen W Y C, Fu A M. Cauchy augmentation for basic hypergeometric series[J]. Bull. London Math. Soc., 2004, 36(2): 169-175.

[191] Fang J P. A note on the Rogers-Fine identity[J]. Eletronic J. Comb., 2007, 14: #N17.

[192] Zhang H W J. (q, c)-Derivative operator and its applications[J]. Adv. Appl. Math., 2020, 121: 102081.

[193] Hecke E. Über einen Zusammenhang zwischen elliptischen Modulfunktionen und indefiniten quadratischen Formen[M]//Vandenhoeck und Ruprecht, Mathematische Werke. Göttingen: University of Göttingen Press, 1959: 418-427.

[194] Rogers L J. Second memoir on the expansion of certain infinite products[J]. Proc. Lond. Math. Soc., 1894, 25: 318-343.

[195] Kac V G, Peterson D H. Affine Lie algebras and Hecke modular forms[J]. Bull. Amer. Math. Soc. (N.S.), 1980, 3: 1057-1061.

[196] Bressoud D M. Hecke modular forms and q-Hermite polynomials[J]. Illinois J. Math., 1986, 30: 185-196.

[197] Andrews G E. Hecke modular forms and the Kac-Peterson identities[J]. Trans. Amer. Math. Soc., 1984, 283: 451-458.

[198] Wang C, Yee A J. Truncated Hecke-Rogers type series[J]. Adv. Math., 2020, 365: 107051, 19 pp.

[199] Chan H H, Liu Z G. On certain series of Hecke-type[J]. New Zealand J. Math., 2018, 48: 1-10.

[200] Zhang Z Z, Song H F. Some further Hecke-type identities[J]. International J. Number Theory, 2020, 16(9): 1945-1967.

[201] Denis R Y, Singh S N, Singh S P. Certain transformation and summation formulae for q-series[J]. Italian J. Pure and Appl. Math., 2010, 27: 179-190.

[202] Verma A. Some tranformations of series with arbitrary terms[J]. Institute Lombardo (Rendi Sc.) A, 1972, 106: 342-353.

[203] Liu Z G. On the q-derivative and q-series expansions[J]. Int. J. Number Theory, 2013, 9(8): 2069-2089.

[204] Liu Z G. A q-series expansion formula and the Askey-Wilson polynomials[J]. Ramanujan J., 2013, 30: 193-210.

[205] Wang C, Chern S. Some q-transformation formulas and Hecke type identities[J]. Int. J. Number Theory, 2019, 15(7): 1349-1367.

[206] Andrews G E. The fifth and seventh order mock theta functions[J]. Trans. Amer. Math. Soc., 1986, 293: 113-134.

[207] Andrews G E, Hickerson D. Ramanujan's lost notebook VII: the sixth order mock theta functions[J]. Adv. Math., 1991, 89: 60-105.

[208] Lovejoy J. Lacunary partition functions[J]. Math. Res. Lett., 2002, 9: 191-198.

[209] Lovejoy J. A Bailey lattice[J]. Proc. Amer. Math. Soc., 2003, 132(5): 1507-1516.